ChemCordance

Dev Gualtieri

Tικαlon Press

http://www.tikalonpress.com

ISBN: 978-1-942459-00-2

Table of Contents

AUTHOR'S FOREWORD

The 1939 novel, "Gadsby," contains more than 50,000 words. The unusual thing about the book is that it's written without the letter, "e." The novel is a lipogram, a form of constrained writing in which certain letters are avoided.

I'm sure everyone has seen a coffee mug with the word, "caffeine," spelled with chemical elements as Ca F Fe I Ne. If you're not a coffee drinker, you can find a tee-shirt emblazoned with a similar transliteration for chocolate, C Ho Co La Te

The symbols for the elements in the periodic table are the chemist's alphabet. Nearly every chemist can name the element associated with each symbol, except for the fleeting radioactive elements that occur at high atomic number. By my count, I've used 76 of the 118 elements in various studies. This number is larger than most, since my specialty was the Rare Earth elements.

It's not possible to spell every word using chemical elements. Notably, there are no "J" or "Q" elements, so all "J" and "Q" words are out. The only two "Z" elements are zinc (Zn) and zirconium (Zr); however, no words in the English language start with zn or zr, so all "Z" words are out.

The Webster's Unabridged Dictionary ("Webster's Second") was first published in 1913, and it is now in the public domain. This massive volume was well loved by linguists, so much so that there was much criticism when its replacement ("Webster's Third") was issued in 1961. I subjected the text file of the Project Gutenberg version of Webster's Unabridged Dictionary to extensive computer processing to find all the words therein that could be spelled with the chemical elements.

In order to properly render these "chemical words," I created the Periodic Table type font you see in this book.

Special thanks to my daughter and son-in-law for catching some errors in the text. Any errors that might remain are my fault, alone!

A

acacias

Ac Ac I As

acacin

Ac Ac I N

Ac Ac In

acacine

Ac Ac I Ne

acalycine

Ac Al Y C I Ne

acalysinous

Ac Al Y S I N O U S

Ac Al Y Si N O U S

Ac Al Y S In O U S

Ac Al Y S I No U S

Ac Al Y Si No U S

acari

Ac Ar I

acarina

Ac Ar I Na

acarine

Ac Ar I Ne

acarpous

Ac Ar P O U S

Ac Ar Po U S

acarus

Ac Ar U S

acater

Ac At Er

acates

Ac At Es

acauline

Ac Au Li Ne

accend

Ac Ce Nd

accension

Ac Ce N S I O N

Ac Ce N Si O N

accentless

Ac Ce N Tl Es S

accept

Ac Ce Pt

acceptance

Ac Ce P Ta N Ce

acceptancy

Ac Ce P Ta N C Y

acceptation

Ac Ce Pt At I O N

Ac Ce P Ta Ti O N

accepter

Ac Ce Pt Er

acceptilation

Ac Ce Pt I La Ti O N

Ac Ce P Ti La Ti O N

acception

Ac Ce Pt I O N

Ac Ce P Ti O N

access

Ac Ce S S

Ac C Es S

accessaries

Ac Ce S S Ar I Es

Ac C Es S Ar I Es

accessariness

Ac Ce S S Ar I Ne S S

Ac C Es S Ar I Ne S S

Ac Ce S S Ar I N Es S

Ac C Es S Ar I N Es S

Ac Ce S S Ar In Es S

Ac C Es S Ar In Es S

accessary

Ac Ce S S Ar Y

Ac C Es S Ar Y

accession

Ac Ce S S I O N

Ac C Es S I O N

Ac Ce S Si O N

Ac C Es Si O N

accessional

Ac Ce S S I O N Al

Ac C Es S I O N Al

Ac Ce S Si O N Al

Ac C Es Si O N Al

acciaccatura

Ac C I Ac C At U Ra

accismus

Ac C I Sm U S

accite

Ac C I Te

acclamation

Ac Cl Am At I O N

acclivities

Ac Cl I V I Ti Es

Ac C Li V I Ti Es

acclivous

Ac Cl I V O U S

Ac C Li V O U S

accloy
Ac Cl O Y

accoucheuse
Ac C O U C He U Se
Ac Co U C He U Se
Ac C O U C H Eu Se
Ac Co U C H Eu Se

accountancy
Ac C O U N Ta N C Y
Ac Co U N Ta N C Y

accourage
Ac C O U Ra Ge
Ac C O U Ra Ge
Ac Co U Ra Ge

accoy
Ac C O Y
Ac C O Y
Ac Co Y

accresce
Ac C Re S Ce
Ac C Re S Ce
Ac Cr Es Ce

accrescence
Ac C Re S Ce N Ce
Ac Cr Es Ce N Ce

accrete
Ac C Re Te

accretion
Ac C Re Ti O N

accroach
Ac Cr O Ac H

accrual
Ac Cr U Al
Ac C Ru Al

accruer
Ac Cr U Er
Ac C Ru Er

accubation
Ac C U B At I O N
Ac Cu B At I O N
Ac C U Ba Ti O N
Ac Cu Ba Ti O N

accuracy
Ac C U Ra C Y
Ac Cu Ra C Y

accurate
Ac C U Ra Te
Ac Cu Ra Te

accurateness
Ac C U Ra Te Ne S S
Ac Cu Ra Te Ne S S
Ac C U Ra Te N Es S
Ac Cu Ra Te N Es S

accusal
Ac C U S Al
Ac C U S Al
Ac Cu S Al

accusation
Ac C U S At I O N
Ac Cu S At I O N

accusatival
Ac C U S At I V Al
Ac Cu S At I V Al

accuse
Ac C U Se
Ac C U Se
Ac Cu Se

accuser
Ac C U S Er
Ac C U S Er
Ac Cu S Er

acerb
Ac Er B

acerbate
Ac Er Ba Te

acerbic
Ac Er B I C
Ac Er Bi C

aceric
Ac Er I C

acerose
Ac Er O Se

acerous
Ac Er O U S

acerval
Ac Er V Al

acervation
Ac Er V At I O N

acervose
Ac Er V O Se

acervuline
Ac Er V U Li Ne

aces
Ac Es

acescence
Ac Es Ce N Ce

acescency
Ac Es Ce N C Y

ach
Ac H

achatina
Ac H At I Na

ache
Ac He

achene
Ac He Ne

achenial
Ac He N I Al
Ac He Ni Al

acheron
Ac H Er O N

acherontic
Ac H Er O N Ti C

achiote
Ac H I O Te

achymous
Ac H Y Mo U S

acicula
Ac I C U La
Ac I Cu La

aciculate
Ac I C U La Te
Ac I Cu La Te

aciculite
Ac I C U Li Te
Ac I Cu Li Te

acinaceous
Ac I Na Ce O U S

acinaces
Ac I Na Ce S
Ac I Na C Es
Ac I N Ac Es
Ac In Ac Es

acini
Ac I N I
Ac In I
Ac I Ni

acinose
Ac I N O Se
Ac In O Se
Ac I No Se

acinous
Ac I N O U S
Ac In O U S
Ac I No U S

acinus
Ac I N U S
Ac In U S

aciurgy
Ac I U Rg Y

acknow
Ac K N O W
Ac K No W

aclinic
Ac Li N I C
Ac Li Ni C

acne
Ac Ne

acock
Ac O C K

aconite
Ac O N I Te
Ac O Ni Te

aconitic
Ac O N I Ti C
Ac O Ni Ti C

aconitine
Ac O N I Ti Ne
Ac O Ni Ti Ne

acontias
Ac O N Ti As

acopic
Ac O P I C

acorn
Ac O Rn

acosmism
Ac O Sm I Sm

acouchy
Ac O U C H Y

acoustic
Ac O U S Ti C

acoustical
Ac O U S Ti C Al

acoustics
Ac O U S Ti C S
Ac O U S Ti Cs

acranial
Ac Ra N I Al
Ac Ra Ni Al

acrase
Ac Ra Se

acrasy
Ac Ra S Y

acre
Ac Re

actinal
Ac Ti N Al

actinias
Ac Ti N I As
Ac Ti Ni As

actinic
Ac Ti N I C
Ac Ti Ni C

actinism
Ac Ti N I Sm
Ac Ti Ni Sm

actinolite
Ac Ti N O Li Te
Ac Ti No Li Te

actinolitic
Ac Ti N O Li Ti C
Ac Ti No Li Ti C

actinula
Ac Ti N U La

action
Ac Ti O N

actionary
Ac Ti O N Ar Y

activities
Ac Ti V I Ti Es

actless
Ac Tl Es S
Ac Uut Es S

acuation
Ac U At I O N

acuition
Ac U I Ti O N

acupressure
Ac U P Re S S U Re
Ac U Pr Es S U Re

acute
Ac U Te

acuteness
Ac U Te Ne S S
Ac U Te N Es S

agalagal
Ag Al Ag Al

agami
Ag Am I

agamic
Ag Am I C

agamis
Ag Am I S

agamogenesis
Ag Am O Ge Ne S I S
Ag Am O Ge N Es I S
Ag Am O Ge Ne Si S

agamogenetic
Ag Am O Ge Ne Ti C

agamous
Ag Am O U S

agaragar
Ag Ar Ag Ar

agaric
Ag Ar I C

agasp
Ag As P

agatiferous
Ag At I F Er O U S

agatine
Ag At I Ne

agaty
Ag At Y

aggeneration
Ag Ge N Er At I O N
Ag Ge Ne Ra Ti O N

aggerate
Ag Ge Ra Te

aggeration
Ag Ge Ra Ti O N

agio
Ag I O

agios
Ag I O S
Ag I Os

agiotage
Ag I O Ta Ge

agitate
Ag I Ta Te

agitation
Ag I Ta Ti O N

aglutition
Ag Lu Ti Ti O N

agnate
Ag Na Te

agnatic

Ag N At I C

Ag Na Ti C

agnation

Ag N At I O N

Ag Na Ti O N

agni

Ag N I

Ag Ni

agnition

Ag N I Ti O N

Ag Ni Ti O N

agnostic

Ag N O S Ti C

Ag No S Ti C

Ag N Os Ti C

agnosticism

Ag N O S Ti C I Sm

Ag No S Ti C I Sm

Ag N Os Ti C I Sm

agnus

Ag N U S

agnuses

Ag N U Se S

Ag N U S Es

ago

Ag O

agon

Ag O N

agone

Ag O Ne

agones

Ag O Ne S

Ag O N Es

agonic

Ag O N I C

Ag O Ni C

agonies

Ag O N I Es

Ag O Ni Es

agonism

Ag O N I Sm

Ag O Ni Sm

agonistic

Ag O N I S Ti C

Ag O Ni S Ti C

agonistical

Ag O N I S Ti C Al

Ag O Ni S Ti C Al

agonistics

Ag O N I S Ti C S

Ag O Ni S Ti C S

Ag O N I S Ti Cs

Ag O Ni S Ti Cs

agony

Ag O N Y

agora

Ag O Ra

agouta

Ag O U Ta

agouti

Ag O U Ti

agrace

Ag Ra Ce

agraffe

Ag Ra F Fe

agraphic

Ag Ra P H I C

agrappes

Ag Ra P P Es

agre

Ag Re

agreer

Ag Re Er

agrestic

Ag Re S Ti C

agrestical

Ag Re S Ti C Al

aguise

Ag U I Se

aguish

Ag U I S H

agush

Ag U S H

agynous

Ag Y N O U S

Ag Y No U S

al

Al

alack

Al Ac K

alalonga

Al Al O N Ga

alamire

Al Am I Re

alar

Al Ar

alary

Al Ar Y

alas

Al As

alatern

Al At Er N

alaternus

Al At Er N U S

alation

Al At I O N

alb

Al B

albacore

Al Ba C O Re

Al B Ac O Re

Al Ba Co Re

alban

Al Ba N

albata

Al Ba Ta

albe

Al Be

albertite

Al B Er Ti Te

albescence

Al Be S Ce N Ce

Al B Es Ce N Ce

albication

Al B I C At I O N

Al Bi C At I O N

Al B I Ca Ti O N

Al Bi Ca Ti O N

albicore

Al B I C O Re

Al Bi C O Re

Al B I Co Re

Al Bi Co Re

albification

Al B I F I C At I O N

Al Bi F I C At I O N

Al B I F I Ca Ti O N

Al Bi F I Ca Ti O N

albigenses
Al B I Ge N Se S
Al Bi Ge N Se S
Al B I Ge N S Es
Al Bi Ge N S Es

albigeois
Al B I Ge O I S
Al Bi Ge O I S

albiness
Al B I Ne S S
Al Bi Ne S S
Al B I N Es S
Al Bi N Es S
Al B In Es S

albinism
Al B I N I Sm
Al Bi N I Sm
Al B In I Sm
Al B I Ni Sm
Al Bi Ni Sm

albinistic
Al B I N I S Ti C
Al Bi N I S Ti C
Al B In I S Ti C
Al B I Ni S Ti C
Al Bi Ni S Ti C

albino
Al B I N O
Al Bi N O
Al B In O
Al B I No
Al Bi No

albinoism
Al B I N O I Sm
Al Bi N O I Sm
Al B In O I Sm
Al B I No I Sm
Al Bi No I Sm

albinos
Al B I N O S
Al Bi N O S
Al B In O S
Al B I No S
Al Bi No S
Al B I N Os
Al Bi N Os
Al B In Os

albinotic
Al B I N O Ti C
Al Bi N O Ti C
Al B In O Ti C
Al B I No Ti C
Al Bi No Ti C

albion
Al B I O N
Al Bi O N

albite
Al B I Te
Al Bi Te

albolith
Al B O Li Th

alborak
Al B O Ra K

albumose
Al B U Mo Se

alburn
Al B U Rn

alburnous
Al B U Rn O U S

albyn
Al B Y N

alcaic
Al Ca I C

alcanna
Al Ca N Na

alco
Al C O
Al Co

alcoholate
Al C O H O La Te
Al Co H O La Te
Al C O Ho La Te
Al Co Ho La Te

alcoholic
Al C O H O Li C
Al Co H O Li C
Al C O Ho Li C
Al Co Ho Li C

alcoholism
Al C O H O Li Sm
Al Co H O Li Sm
Al C O Ho Li Sm
Al Co Ho Li Sm

alcoran
Al C O Ra N
Al Co Ra N

alcoranic
Al C O Ra N I C
Al Co Ra N I C
Al C O Ra Ni C
Al Co Ra Ni C

alcyon
Al C Y O N

alcyones
Al C Y O Ne S
Al C Y O N Es

alcyonic
Al C Y O N I C
Al C Y O Ni C

alertly
Al Er Tl Y

aleutic
Al Eu Ti C

alferes
Al Fe Re S
Al F Er Es

alfione
Al F I O Ne

alfresco
Al F Re S C O
Al Fr Es C O
Al F Re Sc O
Al F Re S Co
Al Fr Es Co

alga
Al Ga

algate
Al Ga Te

algates
Al Ga Te S

algebra
Al Ge B Ra

algebraic
Al Ge B Ra I C

algebraical
Al Ge B Ra I C Al

alhambra
Al H Am B Ra

alhambraic
Al H Am B Ra I C

alhenna
Al He N Na

alias
Al I As

aliases
Al I As Es

alibi
Al I B I
Al I Bi

alife
Al I Fe

aliferous
Al I F Er O U S

alimonious
Al I Mo N I O U S
Al I Mo Ni O U S

alimony
Al I Mo N Y

alinasal
Al I Na S Al
Al I N As Al
Al In As Al

aline
Al I Ne

alineation
Al I Ne At I O N

aliner
Al I N Er
Al In Er

alioth
Al I O Th

aliseptal
Al I Se Pt Al

alish
Al I S H

alkalescence
Al K Al Es Ce N Ce

alkalescency
Al K Al Es Ce N C Y

alkali
Al K Al I

alkalies
Al K Al I Es

alkalify
Al K Al I F Y

alkaline
Al K Al I Ne

alkalious
Al K Al I O U S

alkalis
Al K Al I S

alkargen
Al K Ar Ge N

alkarsin
Al K Ar S I N
Al K Ar Si N
Al K Ar S In

alkoran
Al K O Ra N

alkoranic
Al K O Ra N I C
Al K O Ra Ni C

allah
Al La H

allanite
Al La N I Te
Al La Ni Te

allay
Al La Y

allayer
Al La Y Er

allice
Al Li Ce

allies
Al Li Es

alligate
Al Li Ga Te

alligation
Al Li Ga Ti O N

allineation
Al Li Ne At I O N

allis
Al Li S

allision
Al Li S I O N
Al Li Si O N

alliterate
Al Li Te Ra Te

alliteration
Al Li Te Ra Ti O N

allurance
Al Lu Ra N Ce

allure
Al Lu Re

allusion
Al Lu S I O N
Al Lu Si O N

alluvial
Al Lu V I Al

alluvion
Al Lu V I O N

alluvious
Al Lu V I O U S

almner
Al Mn Er

almond
Al Mo Nd

almondine
Al Mo Nd I Ne

almoner
Al Mo N Er

almonership
Al Mo N Er S H I P

almose
Al Mo Se

alnage
Al Na Ge

alnager
Al N Ag Er

aloes
Al O Es

aloin
Al O I N
Al O In

alone
Al O Ne

aloneness
Al O Ne Ne S S
Al O Ne N Es S

aloof
Al O O F

aloofness
Al O O F Ne S S
Al O O F N Es S

alose
Al O Se

alouatte
Al O U At Te

alow
Al O W

alp
Al P

alpaca
Al Pa Ca

alphonsine
Al P H O N S I Ne
Al P Ho N S I Ne
Al P H O N Si Ne
Al P Ho N Si Ne

alpigene
Al P I Ge Ne

alpine
Al P I Ne

als
Al S

also
Al S O

altaic
Al Ta I C

altarage
Al Ta Ra Ge

alteration
Al Te Ra Ti O N

altern
Al Te Rn

alternacy
Al Te Rn Ac Y

alternation
Al Te Rn At I O N

altho
Al Th O

althorn
Al Th O Rn

altincar
Al Ti N C Ar

altisonous
Al Ti S O N O U S
Al Ti S O No U S

altissimo
Al Ti S S I Mo
Al Ti S Si Mo

alula
Al U La

alumni
Al U Mn I

alumnus
Al U Mn U S

alunite
Al U N I Te
Al U Ni Te

alunogen
Al U N O Ge N
Al U No Ge N

alure
Al U Re

alutaceous
Al U Ta Ce O U S

alutation
Al U Ta Ti O N

alveus
Al V Eu S

alvine
Al V I Ne

am
Am

amacratic
Am Ac Ra Ti C

amaracus
Am Ar Ac U S

amarine
Am Ar I Ne

amass
Am As S

amasser
Am As S Er

amb
Am B

ambages
Am Ba Ge S
Am B Ag Es

ambaginous
Am B Ag I N O U S
Am B Ag In O U S
Am B Ag I No U S

ambagious
Am B Ag I O U S

ambassy
Am Ba S S Y
Am B As S Y

amber
Am B Er

ambesas
Am Be S As
Am B Es As

ambi
Am B I
Am Bi

ambigenous
Am B I Ge N O U S
Am Bi Ge N O U S
Am B I Ge No U S
Am Bi Ge No U S

ambiparous
Am B I P Ar O U S
Am Bi P Ar O U S

ambition
Am B I Ti O N
Am Bi Ti O N

ambitious
Am B I Ti O U S
Am Bi Ti O U S

ambitiousness
Am B I Ti O U S Ne S S
Am Bi Ti O U S Ne S S
Am B I Ti O U S N Es S
Am Bi Ti O U S N Es S
Am B I Ti O U Sn Es S
Am Bi Ti O U Sn Es S

ambo
Am B O

ambon
Am B O N

ambos
Am B O S
Am B Os

ambreic
Am B Re I C

ambrein
Am B Re I N
Am B Re In

ambries
Am Br I Es

ambrite
Am Br I Te

ambrose
Am Br O Se

ambrosiac
Am Br O S I Ac
Am Br Os I Ac
Am Br O Si Ac

ambrosial
Am Br O S I Al
Am Br Os I Al
Am Br O Si Al

ambrosin

Am Br O S I N

Am Br Os I N

Am Br O Si N

Am Br O S In

Am Br Os In

ambry

Am Br Y

ambulacra

Am B U La C Ra

ambulacral

Am B U La Cr Al

ambulance

Am B U La N Ce

ambulate

Am B U La Te

ambulation

Am B U La Ti O N

ambush

Am B U S H

ambusher

Am B U S H Er

ambustion

Am B U S Ti O N

amerce

Am Er Ce

amercer

Am Er C Er

american

Am Er I Ca N

americanism

Am Er I Ca N I Sm

Am Er I Ca Ni Sm

amess

Am Es S

amharic

Am H Ar I C

amic

Am I C

amice

Am I Ce

amidships

Am I Ds H I P S

amine

Am I Ne

amir

Am Ir

amiss

Am I S S

amission

Am I S S I O N

Am I S Si O N

amities

Am I Ti Es

ammodyte

Am Mo Dy Te

ammoniac

Am Mo N I Ac

Am Mo Ni Ac

ammoniacal

Am Mo N I Ac Al

Am Mo Ni Ac Al

ammonic

Am Mo N I C

Am Mo Ni C

ammonite

Am Mo N I Te

Am Mo Ni Te

ammonitiferous

Am Mo N I Ti F Er O U S

Am Mo Ni Ti F Er O U S

amnesic

Am Ne S I C

Am N Es I C

Am Ne Si C

amnestic

Am Ne S Ti C

Am N Es Ti C

amnigenous

Am N I Ge N O U S

Am Ni Ge N O U S

Am N I Ge No U S

Am Ni Ge No U S

amnion

Am N I O N

Am Ni O N

amnios

Am N I O S

Am Ni O S

Am N I Os

Am Ni Os

amniota

Am N I O Ta

Am Ni O Ta

amniotic

Am N I O Ti C

Am Ni O Ti C

amolition

Am O Li Ti O N

amoneste

Am O Ne S Te

Am O N Es Te

amotion

Am O Ti O N

amphi

Am P H I

amphibial

Am P H I B I Al

Am P H I Bi Al

amphibiotica

Am P H I B I O Ti Ca

Am P H I Bi O Ti Ca

amphibious

Am P H I B I O U S

Am P H I Bi O U S

amphiblastic

Am P H I B La S Ti C

amphibolic

Am P H I B O Li C

amphibolies

Am P H I B O Li Es

amphibrach

Am P H I B Ra C H

Am P H I Br Ac H

amphicarpic

Am P H I C Ar P I C

amphicarpous

Am P H I C Ar P O U S

Am P H I C Ar Po U S

amphigamous

Am P H I Ga Mo U S

amphigen

Am P H I Ge N

amphigene

Am P H I Ge Ne

amphigenesis

Am P H I Ge Ne S I S

Am P H I Ge N Es I S

Am P H I Ge Ne Si S

amphigenous

Am P H I Ge N O U S

Am P H I Ge No U S

amphineura

Am P H I Ne U Ra

Am P H I N Eu Ra

Am P H In Eu Ra

amphirhina

Am P H Ir H I Na

Am P H I Rh I Na

amphiscii

Am P H I S C I I

Am P H I Sc I I

amphora

Am P H O Ra

Am P Ho Ra

ampliation

Am P Li At I O N

amplificate

Am P Li F I Ca Te

amplification

Am P Li F I C At I O N

Am P Li F I Ca Ti O N

amplifier

Am P Li F I Er

amplify

Am P Li F Y

amputate

Am P U Ta Te

Am Pu Ta Te

amputation

Am P U Ta Ti O N

Am Pu Ta Ti O N

amuck

Am U C K

amuse

Am U Se

amuser

Am U S Er

amy

Am Y

amygdalic

Am Y Gd Al I C

amygdaliferous

Am Y Gd Al I F Er O U S

amygdalin

Am Y Gd Al I N

Am Y Gd Al In

amygdaline

Am Y Gd Al I Ne

amylaceous

Am Y La Ce O U S

amylate

Am Y La Te

amylic

Am Y Li C

amyous

Am Y O U S

amyss

Am Y S S

ar

Ar

aracari

Ar Ac Ar I

arachnitis

Ar Ac H N I Ti S

Ar Ac H Ni Ti S

aragonese

Ar Ag O Ne Se

aragonite

Ar Ag O N I Te

Ar Ag O Ni Te

araguato

Ar Ag U At O

aration

Ar At I O N

arboreal

Ar B O Re Al

arboreous

Ar B O Re O U S

arborescence

Ar B O Re S Ce N Ce

arboreta

Ar B O Re Ta

arbute

Ar B U Te

arc

Ar C

arcana

Ar Ca Na

arcane

Ar Ca Ne

arch

Ar C H

archbishop

Ar C H B I S H O P

Ar C H Bi S H O P

Ar C H B I S Ho P

Ar C H Bi S Ho P

archbishopric

Ar C H B I S H O Pr I C

Ar C H Bi S H O Pr I C

Ar C H B I S Ho Pr I C

Ar C H Bi S Ho Pr I C

archbutler

Ar C H B U Tl Er

archchamberlain

Ar C H C H Am B Er La I N

Ar C H C H Am B Er La In

archebiosis

Ar C He B I O S I S

Ar C He Bi O S I S

Ar C He B I Os I S

Ar C He Bi Os I S

Ar C He B I O Si S

Ar C He Bi O Si S

archer

Ar C H Er

archeress

Ar C He Re S S

Ar C H Er Es S

archership

Ar C H Er S H I P

archery

Ar C H Er Y

arches

Ar C He S

Ar C H Es

archeus

Ar C He U S

Ar C H Eu S

archi

Ar C H I

archiater

Ar C H I At Er

archical

Ar C H I C Al

archilute

Ar C H I Lu Te

architeuthis

Ar C H I Te U Th I S

archival

Ar C H I V Al

archives

Ar C H I V Es

archlute
Ar C H Lu Te

archness
Ar C H Ne S S
Ar C H N Es S

archon
Ar C H O N
Ar C Ho N

archonship
Ar C H O N S H I P
Ar C Ho N S H I P

archontate
Ar C H O N Ta Te
Ar C Ho N Ta Te

archprelate
Ar C H P Re La Te

archwife
Ar C H W I Fe

archwise
Ar C H W I Se

archy
Ar C H Y

arctation
Ar C Ta Ti O N

arctic
Ar C Ti C

arctisca
Ar C Ti S Ca

arcual
Ar C U Al
Ar Cu Al

arcuation
Ar C U At I O N
Ar Cu At I O N

arcubus
Ar C U B U S
Ar Cu B U S

argala
Ar Ga La

argali
Ar Ga Li

argas
Ar Ga S

argentan
Ar Ge N Ta N

argentate
Ar Ge N Ta Te

argentation
Ar Ge N Ta Ti O N

argentic
Ar Ge N Ti C

argentiferous
Ar Ge N Ti F Er O U S

argentine
Ar Ge N Ti Ne

argentite
Ar Ge N Ti Te

arhythmous
Ar H Y Th Mo U S

aricine
Ar I C I Ne

aries
Ar I Es

ariolation
Ar I O La Ti O N

ariose
Ar I O Se

arioso
Ar I O S O
Ar I Os O

arise
Ar I Se

arisen
Ar I Se N

arista
Ar I S Ta

aristate
Ar I S Ta Te

ark
Ar K

arkite
Ar K I Te

armoniac
Ar Mo N I Ac
Ar Mo Ni Ac

arna
Ar Na

arnica
Ar N I Ca
Ar Ni Ca

arnicin
Ar N I C I N
Ar Ni C I N
Ar N I C In
Ar Ni C In

arnicine
Ar N I C I Ne
Ar Ni C I Ne

aroph
Ar O P H

arose
Ar O Se

around
Ar O U Nd

arousal
Ar O U S Al

arouse
Ar O U Se

arow
Ar O W

arpine
Ar P I Ne

arrach
Ar Ra C H

arrack
Ar Ra C K

arrange
Ar Ra N Ge

arrantly
Ar Ra N Tl Y

arras
Ar Ra S

arrasene
Ar Ra Se Ne

arraswise
Ar Ra S W I Se

array
Ar Ra Y

arrayer
Ar Ra Y Er

arrear
Ar Re Ar

arrentation
Ar Re N Ta Ti O N

arreption
Ar Re Pt I O N
Ar Re P Ti O N

arreptitious
Ar Re Pt I Ti O U S
Ar Re P Ti Ti O U S

arrestation
Ar Re S Ta Ti O N

arrhythmous
Ar Rh Y Th Mo U S

arrhythmy
Ar Rh Y Th Y

arschin
Ar S C H I N
Ar Sc H I N
Ar S C H In
Ar Sc H In

arse
Ar Se

arsenal
Ar Se N Al

arsenate
Ar Se Na Te

arsenic
Ar Se N I C
Ar Se Ni C

arsenical
Ar Se N I C Al
Ar Se Ni C Al

arsenicate
Ar Se N I Ca Te
Ar Se Ni Ca Te

arsenicism
Ar Se N I C I Sm
Ar Se Ni C I Sm

arseniferous
Ar Se N I F Er O U S
Ar Se Ni F Er O U S

arsenious
Ar Se N I O U S
Ar Se Ni O U S

arsenite
Ar Se N I Te
Ar Se Ni Te

arshine
Ar S H I Ne

arsine
Ar S I Ne
Ar Si Ne

arsis
Ar S I S
Ar Si S

arson
Ar S O N

articulata
Ar Ti C U La Ta
Ar Ti Cu La Ta

articulate
Ar Ti C U La Te
Ar Ti Cu La Te

articulateness
Ar Ti C U La Te Ne S S
Ar Ti Cu La Te Ne S S
Ar Ti C U La Te N Es S
Ar Ti Cu La Te N Es S

articulation
Ar Ti C U La Ti O N
Ar Ti Cu La Ti O N

articuli
Ar Ti C U Li
Ar Ti Cu Li

articulus
Ar Ti C U Lu S
Ar Ti Cu Lu S

artifice
Ar Ti F I Ce

artificer
Ar Ti F I C Er

artificial
Ar Ti F I C I Al

artificialness
Ar Ti F I C I Al Ne S S
Ar Ti F I C I Al N Es S

artificious
Ar Ti F I C I O U S

artiste
Ar Ti S Te

artistic
Ar Ti S Ti C

artistical
Ar Ti S Ti C Al

artless
Ar Tl Es S

artlessness
Ar Tl Es S Ne S S
Ar Tl Es S N Es S
Ar Tl Es Sn Es S

artly
Ar Tl Y

arundiferous
Ar U Nd I F Er O U S

arundinaceous
Ar U Nd I Na Ce O U S

arundineous
Ar U Nd I Ne O U S

aruspice
Ar U S P I Ce

aruspices
Ar U S P I Ce S
Ar U S P I C Es

aruspicy
Ar U S P I C Y

arval
Ar V Al

as
As

asarone
As Ar O Ne

asbestic
As Be S Ti C
As B Es Ti C

asbestine
As Be S Ti Ne
As B Es Ti Ne

asbolin
As B O Li N

ascend
As Ce Nd

ascension
As Ce N S I O N
As Ce N Si O N

ascensional
As Ce N S I O N Al
As Ce N Si O N Al

ascertain
As C Er Ta I N
As C Er Ta In

ascertainer
As C Er Ta I N Er
As C Er Ta In Er

ascetic
As Ce Ti C

asceticism
As Ce Ti C I Sm

ascham
As C H Am

asci
As C I

ascii
As C I I

ascites

As C I Te S

ascitic

As C I Ti C

ascitical

As C I Ti C Al

ascititious

As C I Ti Ti O U S

ascococci

As C O C O C C I

As Co C O C C I

As C O Co C C I

As Co Co C C I

ascococcus

As C O C O C C U S

As Co C O C C U S

As C O Co C C U S

As Co Co C C U S

As C O C O C Cu S

As Co C O C Cu S

As C O Co C Cu S

As Co Co C Cu S

As Co Co C Cu S

ascospore

As C O S P O Re

As Co S P O Re

As C Os P O Re

As C O S Po Re

As Co S Po Re

As C Os Po Re

ascribe

As Cr I Be

ascript

As Cr I Pt

ascription

As Cr I Pt I O N

As Cr I P Ti O N

ascriptitious

As Cr I Pt I Ti O U S

As Cr I P Ti Ti O U S

ascus

As C U S

As Cu S

ash

As H

ashen

As He N

ashery

As H Er Y

ashes

As He S

As H Es

ashfire

As H F I Re

As Hf I Re

ashine

As H I Ne

ashore

As H O Re

As Ho Re

ashy

As H Y

asiarch

As I Ar C H

asiatic

As I At I C

asiaticism

As I At I C I Sm

asilus

As I Lu S

asinine

As I N I Ne

As In I Ne

As I Ni Ne

asiphonata

As I P H O Na Ta

As I P Ho Na Ta

asiphonate

As I P H O Na Te

As I P Ho Na Te

ask

As K

asker

As K Er

asp

As P

aspalathus

As P Al At H U S

As Pa La Th U S

asparagine

As P Ar Ag I Ne

asparaginous

As P Ar Ag I N O U S

As P Ar Ag In O U S

As P Ar Ag I No U S

asparagus

As P Ar Ag U S

aspartic

As P Ar Ti C

asper

As P Er

asperation

As P Er At I O N

asperges

As P Er Ge S

asperifolious

As P Er I F O Li O U S

asperities

As P Er I Ti Es

aspermous

As P Er Mo U S

asperne

As P Er Ne

asperous

As P Er O U S

asperse

As P Er Se

asperser

As P Er S Er

aspersion

As P Er S I O N

As P Er Si O N

aspersoir

As P Er S O Ir

asphalte

As P H Al Te

asphaltic

As P H Al Ti C

asphaltite

As P H Al Ti Te

asphyctic

As P H Y C Ti C

aspic

As P I C

aspirate

As P I Ra Te

aspiration

As P Ir At I O N

As P I Ra Ti O N

aspire

As P I Re

aspirer

As P Ir Er

aspish
As P I S H

ass
As S

assamar
As S Am Ar

assassin
As S As S I N
As S As Si N
As S As S In

assassinate
As S As S I Na Te
As S As Si Na Te

assassination
As S As S I N At I O N
As S As Si N At I O N
As S As S In At I O N
As S As S I Na Ti O N
As S As Si Na Ti O N

assassinous
As S As S I N O U S
As S As Si N O U S
As S As S In O U S
As S As S I No U S
As S As Si No U S

assastion
As S As Ti O N

asse
As Se

assecuration
As Se C U Ra Ti O N
As Se Cu Ra Ti O N

assecure
As Se C U Re
As Se Cu Re

assecution
As Se C U Ti O N
As Se Cu Ti O N

assegai
As Se Ga I

assentation
As Se N Ta Ti O N

assertion
As S Er Ti O N

asses
As Se S
As S Es

assess
As Se S S
As S Es S

assession
As Se S S I O N
As S Es S I O N
As Se S Si O N
As S Es Si O N

assever
As Se V Er

asseveration
As Se V Er At I O N

assibilate
As S I B I La Te
As Si B I La Te
As S I Bi La Te
As Si Bi La Te

assibilation
As S I B I La Ti O N
As Si B I La Ti O N
As S I Bi La Ti O N
As Si Bi La Ti O N

assish
As S I S H
As S I S H
As Si S H

assistance
As S I S Ta N Ce
As Si S Ta N Ce

assistantly
As S I S Ta N Tl Y
As Si S Ta N Tl Y

assistless
As S I S Tl Es S
As Si S Tl Es S

assober
As S O B Er

associateship
As S O C I At Es H I P

association
As S O C I At I O N

associational
As S O C I At I O N Al

associationism
As S O C I At I O N I Sm
As S O C I At I O Ni Sm

assonance
As S O Na N Ce

assonate
As S O Na Te

assuager
As S U Ag Er

assurance
As S U Ra N Ce

assure
As S U Re

astacus
As Ta C U S
As Ta Cu S

astate
As Ta Te

astatic
As Ta Ti C

astaticism
As Ta Ti C I Sm

astay
As Ta Y

asteism
As Te I Sm

astern
As Te Rn

asternal
As Te Rn Al

astipulate
As Ti P U La Te
As Ti Pu La Te

astipulation
As Ti P U La Ti O N
As Ti Pu La Ti O N

asunder
As U Nd Er

asura
As U Ra

aswoon
As W O O N

asyla
As Y La

asynartete
As Y N Ar Te Te

at
At

atacamite
At Ac Am I Te

athalamous
At H Al Am O U S

athecata
At He Ca Ta

atheism
At He I Sm

atheistic
At He I S Ti C

atheistical
At He I S Ti C Al

atheous
At He O U S

atherine
At H Er I Ne

athermous
At H Er Mo U S

athink
At H I N K
At H In K

ation
At I O N

atlanta
At La N Ta

atlantes
At La N Te S

atlantic
At La N Ti C

atlas
At La S

atlases
At La Se S
At La S Es

atmo
At Mo

atmosphere
At Mo S P He Re

atmospheric
At Mo S P H Er I C

atmospherical
At Mo S P H Er I C Al

atokous
At O K O U S

atone
At O Ne

atoner
At O N Er

atonic
At O N I C
At O Ni C

atony
At O N Y

atop
At O P

atrabiliar
At Ra B I Li Ar
At Ra Bi Li Ar

atrabiliary
At Ra B I Li Ar Y
At Ra Bi Li Ar Y

atrabilious
At Ra B I Li O U S
At Ra Bi Li O U S

atrenne
At Re N Ne

attabal
At Ta B Al

attacca
At Ta C Ca

attach
At Ta C H

attache
At Ta C He

attack
At Ta C K

attacker
At Ta C K Er

attagas
At Ta Ga S

attagen
At Ta Ge N

attain
At Ta I N
At Ta In

attainder
At Ta I Nd Er

attask
At Ta S K

attaste
At Ta S Te

atte
At Te

attend
At Te Nd

attender
At Te Nd Er

attentate
At Te N Ta Te

attention
At Te N Ti O N

attently
At Te N Tl Y

attenuation
At Te N U At I O N

attestation
At Te S Ta Ti O N

attic
At Ti C

attical
At Ti C Al

atticism
At Ti C I Sm

attinge
At Ti N Ge

attire
At Ti Re

atwite
At W I Te

atwo
At W O

atypic
At Y P I C

atypical
At Y P I C Al

aubaine
Au Ba I Ne

aube
Au Be

auberge
Au B Er Ge

aubin
Au B I N
Au Bi N
Au B In

auburn
Au B U Rn

auction
Au C Ti O N

auctionary
Au C Ti O N Ar Y

auctioneer
Au C Ti O Ne Er

aucupation
Au C U P At I O N
Au Cu P At I O N
Au C U Pa Ti O N
Au Cu Pa Ti O N

auf
Au F

auk
Au K

aulic
Au Li C

aune
Au Ne

aura
Au Ra

aurate
Au Ra Te
Au Xe Ti C

aureola
Au Re O La

auspicate
Au S P I Ca Te

auspice
Au S P I Ce

auspices
Au S P I Ce S
Au S P I C Es

auspicial
Au S P I C I Al

auspicious
Au S P I C I O U S

austere
Au S Te Re

austereness
Au S Te Re Ne S S
Au S Te Re N Es S

austin
Au S Ti N

authochthonic
Au Th O C H Th O N I C
Au Th O C H Th O Ni C

authochthons
Au Th O C H Th O N S

authoress
Au Th O Re S S

auxesis
Au Xe S I S
Au Xe Si S

auxetic
Au Xe Ti C

B

b
B

ba
Ba

baal
Ba Al

baalism
Ba Al I Sm

baalite
Ba Al I Te

baas
Ba As

baba
Ba Ba

babe
Ba Be

babery
Ba B Er Y

babies
Ba B I Es
Ba Bi Es

babion
Ba B I O N
Ba Bi O N

babish
Ba B I S H
Ba Bi S H

babism
Ba B I Sm
Ba Bi Sm

bablah
Ba B La H

baboo
Ba B O O

baboon
Ba B O O N

baboonery
Ba B O O N Er Y

baboonish
Ba B O O N I S H
Ba B O O Ni S H

babu
Ba B U

baby
Ba B Y

babyhouse
Ba B Y H O U Se
Ba B Y Ho U Se

babyish
Ba B Y I S H

babyism
Ba B Y I Sm

babyship
Ba B Y S H I P

bac
Ba C
B Ac

baccara
Ba C Ca Ra
B Ac Ca Ra

baccarat
Ba C C Ar At
B Ac C Ar At

baccare
Ba C Ca Re
B Ac Ca Re

baccate
Ba C Ca Te
B Ac Ca Te

bacchic
Ba C C H I C
B Ac C H I C

bacchical
Ba C C H I C Al
B Ac C H I C Al

bacchii
Ba C C H I I
B Ac C H I I

bacchius
Ba C C H I U S
B Ac C H I U S

bacchus
Ba C C H U S
B Ac C H U S

bacciferous
Ba C C I F Er O U S
B Ac C I F Er O U S

bace
Ba Ce

bacharach
Ba C H Ar Ac H
B Ac H Ar Ac H

bachelry
Ba C He Lr Y
B Ac He Lr Y

back
Ba C K
B Ac K

backarack
Ba C K Ar Ac K
B Ac K Ar Ac K

backband
Ba C K Ba Nd
B Ac K Ba Nd

backbite
Ba C K B I Te
B Ac K B I Te
Ba C K Bi Te
B Ac K Bi Te

backbond
Ba C K B O Nd
B Ac K B O Nd

backbone
Ba C K B O Ne
B Ac K B O Ne

backer
Ba C K Er
B Ac K Er

backhouse
Ba C K H O U Se
B Ac K H O U Se
Ba C K Ho U Se
B Ac K Ho U Se

backlash
Ba C K La S H
B Ac K La S H

backplate
Ba C K P La Te
B Ac K P La Te

backrack
Ba C K Ra C K
B Ac K Ra C K
Ba C Kr Ac K
B Ac Kr Ac K

backrag
Ba C Kr Ag
B Ac Kr Ag

backs
Ba C K S
B Ac K S

backsheesh
Ba C K S He Es H
B Ac K S He Es H

backshish
Ba C K S H I S H
B Ac K S H I S H

backstaff
Ba C K S Ta F F
B Ac K S Ta F F

backstair
Ba C K S Ta Ir
B Ac K S Ta Ir

backstairs
Ba C K S Ta Ir S
B Ac K S Ta Ir S

backstay
Ba C K S Ta Y
B Ac K S Ta Y

backstitch
Ba C K S Ti Tc H
B Ac K S Ti Tc H

backwards
Ba C K W Ar Ds
B Ac K W Ar Ds

backwash
Ba C K W As H
B Ac K W As H

backwater
Ba C K W At Er
B Ac K W At Er

backwoods
Ba C K W O O Ds
B Ac K W O O Ds

bacon
Ba C O N
B Ac O N
Ba Co N

baculine
Ba C U Li Ne
B Ac U Li Ne
Ba Cu Li Ne

baculite
Ba C U Li Te
B Ac U Li Te
Ba Cu Li Te

baff
Ba F F

baffler
Ba F Fl Er

bafta
Ba F Ta

bag
B Ag

bagasse
Ba Ga S Se
B Ag As Se

baggage
B Ag Ga Ge

baggala
B Ag Ga La

bagnio
B Ag N I O
B Ag Ni O

bagpiper
B Ag P I P Er

bah
Ba H

bahar
Ba H Ar

bailiff
Ba I Li F F

bailiffwick
Ba I Li F F W I C K

bailiwick
Ba I Li W I C K

bain
Ba I N
Ba In

bairam
Ba Ir Am

bairn
Ba Ir N
Ba I Rn

baker
Ba K Er

bakery
Ba K Er Y

baksheesh
Ba K S He Es H

bakshish
Ba K S H I S H

balaam
Ba La Am

balance
Ba La N Ce

balancer
Ba La N C Er

balaniferous
Ba La N I F Er O U S
Ba La Ni F Er O U S

balanite
Ba La N I Te
Ba La Ni Te

balaustine
Ba La U S Ti Ne
B Al Au S Ti Ne

balbucinate
B Al B U C I Na Te

balbuties
B Al B U Ti Es

balcon
B Al C O N
B Al Co N

balconies
B Al C O N I Es
B Al Co N I Es
B Al C O Ni Es
B Al Co Ni Es

balcony
B Al C O N Y
B Al Co N Y

balk
B Al K

balker
B Al K Er

balkish
B Al K I S H

balky
B Al K Y

ballahoo
B Al La H O O
B Al La Ho O

ballahou
B Al La H O U
B Al La Ho U

ballastage
B Al La S Ta Ge

ballista
B Al Li S Ta

ballistic
B Al Li S Ti C

ballistics
B Al Li S Ti C S
B Al Li S Ti Cs

balneal
B Al Ne Al

balneary
B Al Ne Ar Y

balneation
B Al Ne At I O N

balsam
B Al S Am

balsamation
B Al S Am At I O N

balsamic
B Al S Am I C

balsamical
B Al S Am I C Al

balsamiferous
B Al S Am I F Er O U S

balsamine
B Al S Am I Ne

balsamous
B Al S Am O U S

baltic
B Al Ti C

bam
B Am

bambino
B Am B I N O
B Am Bi N O
B Am B In O
B Am B I No
B Am Bi No

bamboo
B Am B O O

ban
Ba N

banal
Ba N Al

banalities
Ba N Al I Ti Es
Ba Na Li Ti Es

banana
Ba Na Na

banat
Ba N At

banc
Ba N C

banco
Ba N C O
Ba N Co

bancus
Ba N C U S
Ba N Cu S

band
Ba Nd

bander
Ba Nd Er

bandies
Ba Nd I Es

bandolier
Ba Nd O Li Er

bandoline
Ba Nd O Li Ne

bandon
Ba Nd O N

bandore
Ba Nd O Re

bandy
Ba Nd Y
Ba N Dy

bane
Ba Ne

banish
Ba N I S H
Ba Ni S H

banisher
Ba N I S H Er
Ba Ni S H Er

bank
Ba N K

banker
Ba N K Er

bankeress
Ba N K Er Es S

bankrupt
Ba N Kr U Pt
Ba N K Ru Pt

bankruptcies
Ba N Kr U Pt C I Es
Ba N K Ru Pt C I Es
Ba N Kr U P Tc I Es
Ba N K Ru P Tc I Es

bankruptcy
Ba N Kr U Pt C Y
Ba N K Ru Pt C Y
Ba N Kr U P Tc Y
Ba N K Ru P Tc Y

banner
Ba N N Er

bannition
Ba N N I Ti O N
Ba N Ni Ti O N

bannock
Ba N N O C K
Ba N No C K

banns
Ba N N S

baobab
Ba O Ba B

baptism
Ba Pt I Sm
Ba P Ti Sm

baptismal
Ba Pt I Sm Al
Ba P Ti Sm Al

baptistic
Ba Pt I S Ti C
Ba P Ti S Ti C

baptistical
Ba Pt I S Ti C Al
Ba P Ti S Ti C Al

bar
B Ar

barb
B Ar B
Ba Rb

barbacan
B Ar Ba Ca N

barbacanage
B Ar Ba Ca Na Ge

barbaic
B Ar Ba I C

barbara
B Ar Ba Ra

barbarism
B Ar B Ar I Sm
Ba Rb Ar I Sm

barbarities
B Ar B Ar I Ti Es
Ba Rb Ar I Ti Es

barbarous
B Ar B Ar O U S
Ba Rb Ar O U S

barbarousness
B Ar B Ar O U S Ne S S
Ba Rb Ar O U S Ne S S
B Ar B Ar O U S N Es S
Ba Rb Ar O U S N Es S
B Ar B Ar O U Sn Es S
Ba Rb Ar O U Sn Es S

barbary
B Ar B Ar Y
Ba Rb Ar Y

barbate
B Ar Ba Te

barber
B Ar B Er
Ba Rb Er

barbican
B Ar B I Ca N
Ba Rb I Ca N
B Ar Bi Ca N

barbicanage
B Ar B I Ca Na Ge
Ba Rb I Ca Na Ge
B Ar Bi Ca Na Ge

barbiers
B Ar B I Er S
Ba Rb I Er S
B Ar Bi Er S

barbotine
B Ar B O Ti Ne
Ba Rb O Ti Ne

barbre
B Ar B Re
Ba Rb Re

barcon
B Ar C O N
B Ar Co N

bardship
B Ar Ds H I P

bare
Ba Re

bareback
Ba Re Ba C K
Ba Re B Ac K

barebone
Ba Re B O Ne

barege
Ba Re Ge

bareness
Ba Re Ne S S
Ba Re N Es S

baresark
Ba Re S Ar K
B Ar Es Ar K

barfish
B Ar F I S H
Ba Rf I S H

bargain
B Ar Ga I N
B Ar Ga In

bargainer
B Ar Ga I N Er
B Ar Ga In Er

barge
B Ar Ge

barger
Ba Rg Er

baric
B Ar I C

barite
B Ar I Te

bark
B Ar K

barkbound
B Ar K B O U Nd

barker
B Ar K Er

barkery
B Ar K Er Y

barky
B Ar K Y

barmote
B Ar Mo Te

barn
B Ar N
Ba Rn

barnabite
B Ar Na B I Te
B Ar Na Bi Te

barocco
B Ar O C C O
B Ar O C Co

baroko
B Ar O K O

baron
B Ar O N

baronage
B Ar O Na Ge

baroness
B Ar O Ne S S
B Ar O N Es S

baronetage
B Ar O Ne Ta Ge

baronetcy
B Ar O Ne Tc Y

baronial
B Ar O N I Al
B Ar O Ni Al

baronies
B Ar O N I Es
B Ar O Ni Es

barony
B Ar O N Y

baroscopic
B Ar O S C O P I C
B Ar Os C O P I C
B Ar O Sc O P I C
B Ar O S Co P I C
B Ar Os Co P I C

baroscopical
B Ar O S C O P I C Al
B Ar Os C O P I C Al
B Ar O Sc O P I C Al
B Ar O S Co P I C Al
B Ar Os Co P I C Al

barouche
B Ar O U C He

barracan
B Ar Ra Ca N

barrack
B Ar Ra C K

barracoon
B Ar Ra C O O N
B Ar Ra Co O N

barrage
B Ar Ra Ge

barranca
B Ar Ra N Ca

barras
B Ar Ra S

barren
B Ar Re N

barrenness
B Ar Re N Ne S S
B Ar Re N N Es S

barse
B Ar Se

bartender
B Ar Te Nd Er

barth
B Ar Th

barwise
B Ar W I Se

baryphony
B Ar Y P H O N Y
B Ar Y P Ho N Y

baryta
B Ar Y Ta

barytes
B Ar Y Te S

barytic
B Ar Y Ti C

basal
Ba S Al
B As Al

basaltic
Ba S Al Ti C
B As Al Ti C

base
Ba Se

baseborn
Ba Se B O Rn

baseness
Ba Se Ne S S
Ba Se N Es S

bases
Ba Se S
Ba S Es
B As Es

bash
Ba S H
B As H

basic
Ba S I C
B As I C
Ba Si C

basicerite
Ba S I C Er I Te
B As I C Er I Te
Ba Si C Er I Te

basifier
Ba S I F I Er
B As I F I Er
Ba Si F I Er

basify
Ba S I F Y
B As I F Y
Ba Si F Y

basihyal
Ba S I H Y Al
B As I H Y Al
Ba Si H Y Al

basilic
Ba S I Li C
B As I Li C
Ba Si Li C

basilica
Ba S I Li Ca
B As I Li Ca
Ba Si Li Ca

basilical
Ba S I Li C Al
B As I Li C Al
Ba Si Li C Al

basilican
Ba S I Li Ca N
B As I Li Ca N
Ba Si Li Ca N

basilicas
Ba S I Li Ca S
B As I Li Ca S
Ba Si Li Ca S
Ba S I Li C As
B As I Li C As
Ba Si Li C As

basilicok
Ba S I Li C O K
B As I Li C O K
Ba Si Li C O K
Ba S I Li Co K
B As I Li Co K
Ba Si Li Co K

basilicon
- Ba S I Li C O N
- B As I Li C O N
- Ba Si Li C O N
- Ba S I Li Co N
- B As I Li Co N
- Ba Si Li Co N

basilisk
- Ba S I Li S K
- B As I Li S K
- Ba Si Li S K

basin
- Ba S I N
- B As I N
- Ba Si N
- Ba S In
- B As In

basion
- Ba S I O N
- B As I O N
- Ba Si O N

basis
- Ba S I S
- B As I S
- Ba Si S

basisolute
- Ba S I S O Lu Te
- B As I S O Lu Te
- Ba Si S O Lu Te

bask
- Ba S K
- B As K

bason
- Ba S O N
- B As O N

bass
- Ba S S
- B As S

basses
- Ba S Se S
- B As Se S
- Ba S S Es
- B As S Es

basso
- Ba S S O
- B As S O

bassock
- Ba S S O C K
- B As S O C K

bassoon
- Ba S S O O N
- B As S O O N

basta
- Ba S Ta
- B As Ta

baste
- Ba S Te
- B As Te

bastion
- Ba S Ti O N
- B As Ti O N

bat
- B At

batatas
- Ba Ta Ta S
- B At At As

batata
- Ba Ta Ta

batch
- B At C H
- Ba Tc H

bate
- Ba Te

bateau
- Ba Te Au

batfish
- B At F I S H

bath
- B At H
- Ba Th

bathe
- B At He

bather
- B At H Er
- Ba Th Er

bathetic
- B At He Ti C

bathos
- B At H O S
- Ba Th O S
- B At Ho S
- B At H Os
- Ba Th Os

baths
- B At H S
- Ba Th S
- B At Hs

bathybius
- B At H Y B I U S
- Ba Th Y B I U S
- B At H Yb I U S
- Ba Th Yb I U S
- B At H Y Bi U S
- Ba Th Y Bi U S

batiste
- B At I S Te
- Ba Ti S Te

baton
- B At O N

batoon
- B At O O N

batrachophagous
- B At Ra C H O P H Ag O U S
- B At Ra C Ho P H Ag O U S

batta
- B At Ta

battalion
- B At Ta Li O N

batten
- B At Te N

battler
- B At Tl Er

bauk
- Ba U K
- B Au K

bavaroy
- Ba V Ar O Y

bavin
- Ba V I N
- Ba V In

bawcock
- Ba W C O C K
- Ba W Co C K

bawdy
- Ba W Dy

bawdyhouse
- Ba W Dy H O U Se
- Ba W Dy Ho U Se

bawn
- Ba W N

bawsin
- Ba W S I N
- Ba W Si N
- Ba W S In

bawson
Ba W S O N

bay
Ba Y

bayatte
Ba Y At Te

bayou
Ba Y O U

bayous
Ba Y O U S

bays
Ba Y S

be
Be

beach
Be Ac H

beaches
Be Ac He S
Be Ac H Es

beachy
Be Ac H Y

beacon
Be Ac O N

beaconage
Be Ac O Na Ge

beal
Be Al

beam
Be Am

beaminess
Be Am I Ne S S
Be Am I N Es S
Be Am In Es S

beamy
Be Am Y

bear
Be Ar

bearbind
Be Ar B I Nd
Be Ar Bi Nd

bearer
Be Ar Er

bearhound
Be Ar H O U Nd
Be Ar Ho U Nd

bearish
Be Ar I S H

bearishness
Be Ar I S H Ne S S
Be Ar I S H N Es S

bearn
Be Ar N

bearskin
Be Ar S K I N
Be Ar S K In

beastliness
Be As Tl I Ne S S
Be As Tl I N Es S
Be As Tl In Es S

beastly
Be As Tl Y

beat
Be At

beater
Be At Er

beath
Be At H

beatific
Be At I F I C

beatifical
Be At I F I C Al

beatificate
Be At I F I Ca Te

beatification
Be At I F I C At I O N
Be At I F I Ca Ti O N

beatify
Be At I F Y

beau
Be Au

beaucatcher
Be Au C At C H Er
Be Au Ca Tc H Er

beaufin
Be Au F I N
Be Au F In

beauish
Be Au I S H

beaus
Be Au S

beauship
Be Au S H I P

beauteous
Be Au Te O U S

beautifier
Be Au Ti F I Er

beautify
Be Au Ti F Y

bebeerine
Be Be Er I Ne

bebirine
Be B Ir I Ne

beblubber
Be B Lu B B Er

because
Be Ca U Se
Be C Au Se

beccabunga
Be C Ca B U N Ga

beccafico
Be C Ca F I C O
Be C Ca F I Co

beccaficos
Be C Ca F I C O S
Be C Ca F I Co S
Be C Ca F I C Os

bechic
Be C H I C

beck
Be C K

becker
Be C K Er

beckon
Be C K O N

beclap
Be C La P

beclip
Be Cl I P
Be C Li P

becuna
Be C U Na
Be Cu Na

bedsite
Be Ds I Te

bedsore
Be Ds O Re

bedstaff
Be Ds Ta F F

bedstaves
Be Ds Ta V Es

bedswerver
Be Ds W Er V Er

beer
Be Er
beerhouse
Be Er H O U Se
Be Er Ho U Se
beeriness
Be Er I Ne S S
Be Er I N Es S
Be Er In Es S
beery
Be Er Y
beflower
Be Fl O W Er
before
Be F O Re
befringe
Be Fr I N Ge
Be Fr In Ge
bega
Be Ga
began
Be Ga N
behalf
Be H Al F
behemoth
Be He Mo Th
behen
Be He N
behete
Be He Te
behind
Be H I Nd
behither
Be H I Th Er
behn
Be H N
behoof
Be H O O F
Be Ho O F
behoten
Be H O Te N
Be Ho Te N
beige
Be I Ge
beknow
Be K N O W
Be K No W

belace
Be La Ce
belate
Be La Te
belay
Be La Y
belial
Be Li Al
beluga
Be Lu Ga
belute
Be Lu Te
bemock
Be Mo C K
bemourn
Be Mo U Rn
ben
Be N
bench
Be N C H
bencher
Be N C H Er
benches
Be N C He S
Be N C H Es
bend
Be Nd
bender
Be Nd Er
bendwise
Be Nd W I Se
bendy
Be Nd Y
Be N Dy
bene
Be Ne
beneath
Be Ne At H
benefaction
Be Ne F Ac Ti O N
benefic
Be Ne F I C
benefice
Be Ne F I Ce
beneficence
Be Ne F I Ce N Ce

beneficential
Be Ne F I Ce N Ti Al
beneficently
Be Ne F I Ce N Tl Y
beneficial
Be Ne F I C I Al
beneficialness
Be Ne F I C I Al Ne S S
Be Ne F I C I Al N Es S
beneficiaries
Be Ne F I C I Ar I Es
beneficiary
Be Ne F I C I Ar Y
bengali
Be N Ga Li
benison
Be N I S O N
Be Ni S O N
benitier
Be N I Ti Er
Be Ni Ti Er
benne
Be N Ne
benthal
Be N Th Al
benthamic
Be N Th Am I C
benthamism
Be N Th Am I Sm
benthamite
Be N Th Am I Te
bepinch
Be P I N C H
Be P In C H
bepraise
Be P Ra I Se
beprose
Be Pr O Se
berain
Be Ra I N
Be Ra In
berate
Be Ra Te
beray
Be Ra Y
berbe
B Er Be

berber
B Er B Er
Be Rb Er
berberine
B Er B Er I Ne
Be Rb Er I Ne
bere
Be Re
berg
Be Rg
bergander
B Er Ga Nd Er
bergh
Be Rg H
bergmote
Be Rg Mo Te
beriberi
B Er I B Er I
berlin
B Er Li N
bernese
B Er Ne Se
bernouse
B Er N O U Se
Be Rn O U Se
B Er No U Se
berob
B Er O B
berserk
B Er S Er K
berserker
B Er S Er K Er
berth
B Er Th
berthierite
B Er Th I Er I Te
bescorn
Be S C O Rn
B Es C O Rn
Be Sc O Rn
Be S Co Rn
B Es Co Rn
bescratch
Be S Cr At C H
B Es Cr At C H
Be S C Ra Tc H
B Es C Ra Tc H
Be Sc Ra Tc H

beshine
Be S H I Ne
B Es H I Ne
beshone
Be S H O Ne
B Es H O Ne
Be S Ho Ne
B Es Ho Ne
beshow
Be S H O W
B Es H O W
Be S Ho W
B Es Ho W
beshrew
Be S H Re W
B Es H Re W
beslabber
Be S La B B Er
B Es La B B Er
beslaver
Be S La V Er
B Es La V Er
beslubber
Be S Lu B B Er
B Es Lu B B Er
besmirch
Be Sm Ir C H
besnow
Be S N O W
B Es N O W
Be Sn O W
Be S No W
B Es No W
besnuff
Be S N U F F
B Es N U F F
Be Sn U F F
bespice
Be S P I Ce
B Es P I Ce
bestain
Be S Ta I N
B Es Ta I N
Be S Ta In
B Es Ta In
bestial
Be S Ti Al
B Es Ti Al

bestick
Be S Ti C K
B Es Ti C K
betaine
Be Ta I Ne
bete
Be Te
bethink
Be Th I N K
Be Th In K
bever
Be V Er
bevies
Be V I Es
bevy
Be V Y
bewash
Be W As H
bewhore
Be W H O Re
Be W Ho Re
bewitch
Be W I Tc H
bewitcher
Be W I Tc H Er
bewitchery
Be W I Tc H Er Y
bewonder
Be W O Nd Er
bewrap
Be W Ra P
bewray
Be W Ra Y
bewrayer
Be W Ra Y Er
bewreck
Be W Re C K
bey
Be Y
beylic
Be Y Li C
beyond
Be Y O Nd
bhunder
B H U Nd Er
Bh U Nd Er

biarticulate
B I Ar Ti C U La Te
Bi Ar Ti C U La Te
B I Ar Ti Cu La Te
Bi Ar Ti Cu La Te

bias
B I As
Bi As

biases
B I As Es
Bi As Es

bib
B I B
Bi B

bibacious
B I Ba C I O U S
Bi Ba C I O U S
B I B Ac I O U S
Bi B Ac I O U S

bibasic
B I Ba S I C
Bi Ba S I C
B I B As I C
Bi B As I C
B I Ba Si C
Bi Ba Si C

bibb
B I B B
Bi B B

bibbe
B I B Be
Bi B Be

bibber
B I B B Er
Bi B B Er

bibbs
B I B B S
Bi B B S

bibcock
B I B C O C K
Bi B C O C K
B I B Co C K
Bi B Co C K

bibirine
B I B Ir I Ne
Bi B Ir I Ne

biblical
B I B Li C Al
Bi B Li C Al

biblicism
B I B Li C I Sm
Bi B Li C I Sm

bibliophilism
B I B Li O P H I Li Sm
Bi B Li O P H I Li Sm

bibliopolic
B I B Li O P O Li C
Bi B Li O P O Li C
B I B Li O Po Li C
Bi B Li O Po Li C

bibliopolism
B I B Li O P O Li Sm
Bi B Li O P O Li Sm
B I B Li O Po Li Sm
Bi B Li O Po Li Sm

bibliopolistic
B I B Li O P O Li S Ti C
Bi B Li O P O Li S Ti C
B I B Li O Po Li S Ti C
Bi B Li O Po Li S Ti C

bibliotaph
B I B Li O Ta P H
Bi B Li O Ta P H

bicalcarate
B I C Al Ca Ra Te
Bi C Al Ca Ra Te

bicameral
B I C Am Er Al
Bi C Am Er Al

bicarbonate
B I C Ar B O Na Te
Bi C Ar B O Na Te
B I Ca Rb O Na Te
Bi Ca Rb O Na Te

bicarinate
B I C Ar I Na Te
Bi C Ar I Na Te

bice
B I Ce
Bi Ce

bicentenary
B I Ce N Te N Ar Y
Bi Ce N Te N Ar Y

bicentennial
B I Ce N Te N N I Al
Bi Ce N Te N N I Al
B I Ce N Te N Ni Al
Bi Ce N Te N Ni Al

bicephalous
B I Ce P H Al O U S
Bi Ce P H Al O U S

biceps
B I Ce P S
Bi Ce P S

bichir
B I C H Ir
Bi C H Ir

bicho
B I C H O
Bi C H O
B I C Ho
Bi C Ho

bicker
B I C K Er
Bi C K Er

bickerer
B I C K Er Er
Bi C K Er Er

bickern
B I C K Er N
Bi C K Er N

bicorn
B I C O Rn
Bi C O Rn
B I Co Rn
Bi Co Rn

bicornous
B I C O Rn O U S
Bi C O Rn O U S
B I Co Rn O U S
Bi Co Rn O U S

bicostate
B I C O S Ta Te
Bi C O S Ta Te
B I Co S Ta Te
Bi Co S Ta Te
B I C Os Ta Te
Bi C Os Ta Te

bicrenate
B I C Re Na Te
Bi C Re Na Te

bicrescentic

B I C Re S Ce N Ti C

Bi C Re S Ce N Ti C

B I Cr Es Ce N Ti C

Bi Cr Es Ce N Ti C

bicycler

B I C Y Cl Er

Bi C Y Cl Er

bicyclic

B I C Y Cl I C

Bi C Y Cl I C

B I C Y C Li C

Bi C Y C Li C

bicyclism

B I C Y Cl I Sm

Bi C Y Cl I Sm

B I C Y C Li Sm

Bi C Y C Li Sm

bier

B I Er

Bi Er

bierbalk

B I Er B Al K

Bi Er B Al K

bifacial

B I F Ac I Al

Bi F Ac I Al

bifarious

B I F Ar I O U S

Bi F Ar I O U S

biferous

B I F Er O U S

Bi F Er O U S

biffin

B I F F I N

Bi F F I N

B I F F In

Bi F F In

biflorate

B I Fl O Ra Te

Bi Fl O Ra Te

bifoliolate

B I F O Li O La Te

Bi F O Li O La Te

biforate

B I F O Ra Te

Bi F O Ra Te

biforn

B I F O Rn

Bi F O Rn

biga

B I Ga

Bi Ga

bigamous

B I Ga Mo U S

Bi Ga Mo U S

bigential

B I Ge N Ti Al

Bi Ge N Ti Al

bikh

B I K H

Bi K H

biland

B I La Nd

Bi La Nd

bilander

B I La Nd Er

Bi La Nd Er

biliary

B I Li Ar Y

Bi Li Ar Y

biliation

B I Li At I O N

Bi Li At I O N

biliferous

B I Li F Er O U S

Bi Li F Er O U S

bilifuscin

B I Li F U S C I N

Bi Li F U S C I N

B I Li F U Sc I N

Bi Li F U Sc I N

B I Li F U S C In

Bi Li F U S C In

B I Li F U Sc In

Bi Li F U Sc In

bilin

B I Li N

Bi Li N

bilinear

B I Li Ne Ar

Bi Li Ne Ar

bilious

B I Li O U S

Bi Li O U S

biliousness

B I Li O U S Ne S S

Bi Li O U S Ne S S

B I Li O U S N Es S

Bi Li O U S N Es S

B I Li O U Sn Es S

Bi Li O U Sn Es S

biliprasin

B I Li P Ra S I N

Bi Li P Ra S I N

B I Li Pr As I N

Bi Li Pr As I N

B I Li P Ra Si N

Bi Li P Ra Si N

B I Li P Ra S In

Bi Li P Ra S In

B I Li Pr As In

Bi Li Pr As In

bilirubin

B I Li Ru B I N

Bi Li Ru B I N

B I Li Ru Bi N

Bi Li Ru Bi N

B I Li Ru B In

Bi Li Ru B In

biliteralism

B I Li Te Ra Li Sm

Bi Li Te Ra Li Sm

bin

B I N

Bi N

B In

binal

B I N Al

Bi N Al

B In Al

binary

B I N Ar Y

Bi N Ar Y

B In Ar Y

binate

B I Na Te

Bi Na Te

bind

B I Nd

Bi Nd

binder

B I Nd Er

Bi Nd Er

bindery

B I Nd Er Y

Bi Nd Er Y

bine

B I Ne

Bi Ne

bink

B I N K

Bi N K

B In K

binny

B I N N Y

Bi N N Y

B In N Y

binoculate

B I N O C U La Te

Bi N O C U La Te

B In O C U La Te

B I No C U La Te

Bi No C U La Te

B I N O Cu La Te

Bi N O Cu La Te

B In O Cu La Te

B I No Cu La Te

Bi No Cu La Te

binous

B I N O U S

Bi N O U S

B In O U S

B I No U S

Bi No U S

biodynamics

B I O Dy N Am I C S

Bi O Dy N Am I C S

B I O Dy N Am I Cs

Bi O Dy N Am I Cs

biogen

B I O Ge N

Bi O Ge N

biogenesis

B I O Ge Ne S I S

Bi O Ge Ne S I S

B I O Ge N Es I S

Bi O Ge N Es I S

B I O Ge Ne Si S

Bi O Ge Ne Si S

biogenetic

B I O Ge Ne Ti C

Bi O Ge Ne Ti C

biogeny

B I O Ge N Y

Bi O Ge N Y

bion

B I O N

Bi O N

bioplasm

B I O P La Sm

Bi O P La Sm

bioplasmic

B I O P La Sm I C

Bi O P La Sm I C

bioplastic

B I O P La S Ti C

Bi O P La S Ti C

biostatics

B I O S Ta Ti C S

Bi O S Ta Ti C S

B I Os Ta Ti C S

Bi Os Ta Ti C S

B I O S Ta Ti Cs

Bi O S Ta Ti Cs

B I Os Ta Ti Cs

Bi Os Ta Ti Cs

biostatistics

B I O S Ta Ti S Ti C S

Bi O S Ta Ti S Ti C S

B I Os Ta Ti S Ti C S

Bi Os Ta Ti S Ti C S

B I O S Ta Ti S Ti Cs

Bi O S Ta Ti S Ti Cs

B I Os Ta Ti S Ti Cs

Bi Os Ta Ti S Ti Cs

biotic

B I O Ti C

Bi O Ti C

biotite

B I O Ti Te

Bi O Ti Te

biparous

B I P Ar O U S

Bi P Ar O U S

bipartite

B I P Ar Ti Te

Bi P Ar Ti Te

bipartition

B I P Ar Ti Ti O N

Bi P Ar Ti Ti O N

bipinnate

B I P I N Na Te

Bi P I N Na Te

B I P In Na Te

Bi P In Na Te

biplicate

B I P Li Ca Te

Bi P Li Ca Te

bipontine

B I P O N Ti Ne

Bi P O N Ti Ne

B I Po N Ti Ne

Bi Po N Ti Ne

bipunctate

B I P U N C Ta Te

Bi P U N C Ta Te

B I Pu N C Ta Te

Bi Pu N C Ta Te

biramous

B Ir Am O U S

B I Ra Mo U S

Bi Ra Mo U S

birch

B Ir C H

birchen

B Ir C He N

birches

B Ir C He S

B Ir C H Es

birgander

B Ir Ga Nd Er

birk

B Ir K

birlaw

B Ir La W

birrus

B Ir Ru S

birse

B Ir Se

birth

B Ir Th

birthplace

B Ir Th P La Ce

bis
B I S
Bi S
bisaccate
B I S Ac Ca Te
Bi S Ac Ca Te
biscotin
B I S C O Ti N
Bi S C O Ti N
B I Sc O Ti N
Bi Sc O Ti N
B I S Co Ti N
Bi S Co Ti N
biscutate
B I S C U Ta Te
Bi S C U Ta Te
B I Sc U Ta Te
Bi Sc U Ta Te
B I S Cu Ta Te
Bi S Cu Ta Te
bise
B I Se
Bi Se
bisection
B I Se C Ti O N
Bi Se C Ti O N
biseptate
B I Se P Ta Te
Bi Se P Ta Te
biserial
B I S Er I Al
Bi S Er I Al
biserrate
B I S Er Ra Te
Bi S Er Ra Te
bish
B I S H
Bi S H
bishop
B I S H O P
Bi S H O P
B I S Ho P
Bi S Ho P
bishopric
B I S H O Pr I C
Bi S H O Pr I C
B I S Ho Pr I C
Bi S Ho Pr I C
bisilicate
B I S I Li Ca Te
Bi S I Li Ca Te
B I Si Li Ca Te
Bi Si Li Ca Te
bisk
B I S K
Bi S K
bismer
B I Sm Er
Bi Sm Er
bismite
B I Sm I Te
Bi Sm I Te
bismuth
B I Sm U Th
Bi Sm U Th
bismuthal
B I Sm U Th Al
Bi Sm U Th Al
bismuthic
B I Sm U Th I C
Bi Sm U Th I C
bismuthiferous
B I Sm U Th I F Er O U S
Bi Sm U Th I F Er O U S
bismuthine
B I Sm U Th I Ne
Bi Sm U Th I Ne
bismuthinite
B I Sm U Th I N I Te
Bi Sm U Th I N I Te
B I Sm U Th In I Te
Bi Sm U Th In I Te
B I Sm U Th I Ni Te
Bi Sm U Th I Ni Te
bismuthous
B I Sm U Th O U S
Bi Sm U Th O U S
bison
B I S O N
Bi S O N
bispinose
B I S P I N O Se
Bi S P I N O Se
B I S P In O Se
Bi S P In O Se
B I S P I No Se
Bi S P I No Se
bisson
B I S S O N
Bi S S O N
bitch
B I Tc H
Bi Tc H
bite
B I Te
Bi Te
bitless
B I Tl Es S
Bi Tl Es S
bivalvous
B I V Al V O U S
Bi V Al V O U S
bivial
B I V I Al
Bi V I Al
bivious
B I V I O U S
Bi V I O U S
bivouac
B I V O U Ac
Bi V O U Ac
blab
B La B
blabber
B La B B Er
black
B La C K
blackband
B La C K Ba Nd
blackcap
B La C K Ca P
blackcoat
B La C K C O At
B La C K Co At
blackcock
B La C K C O C K
B La C K Co C K
blackfin
B La C K F I N
B La C K F In
blackfish
B La C K F I S H
blackish
B La C K I S H

blackness
B La C K Ne S S
B La C K N Es S

blacks
B La C K S

blacksmith
B La C K Sm I Th

blackthorn
B La C K Th O Rn

blackwash
B La C K W As H

blady
B La Dy

blain
B La I N
B La In

blanch
B La N C H

blancher
B La N C H Er

bland
B La Nd

blandation
B La Nd At I O N

blandise
B La Nd I Se

blandish
B La Nd I S H

blandisher
B La Nd I S H Er

blandness
B La Nd Ne S S
B La Nd N Es S

blank
B La N K

blankness
B La N K Ne S S
B La N K N Es S

blare
B La Re

blase
B La Se

blasphemous
B La S P He Mo U S

blatancy
B La Ta N C Y

blatantly
B La Ta N Tl Y

blatherskite
B La Th Er S K I Te

blaubok
B La U B O K

blay
B La Y

blin
B Li N

blind
B Li Nd

blinder
B Li Nd Er

blindfish
B Li Nd F I S H

blindness
B Li Nd Ne S S
B Li Nd N Es S

blink
B Li N K

blinker
B Li N K Er

bliss
B Li S S

blisses
B Li S Se S
B Li S S Es

blite
B Li Te

blub
B Lu B

blubber
B Lu B B Er

blubbery
B Lu B B Er Y

blucher
B Lu C H Er

bluff
B Lu F F

bluffer
B Lu F F Er

bluffness
B Lu F F Ne S S
B Lu F F N Es S

bluffy
B Lu F F Y

bluish
B Lu I S H

blunder
B Lu Nd Er

blunderbuss
B Lu Nd Er B U S S

blunderer
B Lu Nd Er Er

blunge
B Lu N Ge

bluntish
B Lu N Ti S H

bluntly
B Lu N Tl Y

blush
B Lu S H

blusher
B Lu S H Er

blushy
B Lu S H Y

bo
B O

boar
B O Ar

boarfish
B O Ar F I S H

boarish
B O Ar I S H

boas
B O As

boastance
B O As Ta N Ce

boastless
B O As Tl Es S

boat
B O At

boathouse
B O At H O U Se
B O At Ho U Se

boation
B O At I O N

bob
B O B

bobac
B O Ba C
B O B Ac

bobance
B O Ba N Ce

bobber
B O B B Er

bobbery

B O B B Er Y

bobbin

B O B B I N

B O B Bi N

B O B Bi N

B O B B In

bobbish

B O B B I S H

B O B Bi S H

bobby

B O B B Y

bobfly

B O B Fl Y

bobolink

B O B O Li N K

bobstay

B O B S Ta Y

bobwhite

B O B W H I Te

bocal

B O C Al

bocasine

B O Ca S I Ne

B O C As I Ne

B O Ca Si Ne

bocca

B O C Ca

boce

B O Ce

bockland

B O C K La Nd

body

B O Dy

boer

B O Er

boes

B O Es

bogey

B O Ge Y

boiar

B O I Ar

bolas

B O La S

bolis

B O Li S

bolus

B O Lu S

boluses

B O Lu Se S

B O Lu S Es

bon

B O N

bonair

B O Na Ir

bonapartism

B O Na P Ar Ti Sm

bonassus

B O Na S S U S

B O N As S U S

bonasus

B O Na S U S

B O N As U S

bonbon

B O N B O N

B O Nb O N

bonce

B O N Ce

boncilate

B O N C I La Te

bond

B O Nd

bondager

B O Nd Ag Er

bondar

B O Nd Ar

bonder

B O Nd Er

bonduc

B O Nd U C

bone

B O Ne

boneache

B O Ne Ac He

boneblack

B O Ne B La C K

bonefish

B O Ne F I S H

bonfire

B O N F I Re

bonify

B O N I F Y

B O Ni F Y

boniness

B O N I Ne S S

B O Ni Ne S S

B O N I N Es S

B O Ni N Es S

B O N In Es S

bonne

B O N Ne

bonnetless

B O N Ne Tl Es S

bonnilass

B O N N I La S S

B O N Ni La S S

bonniness

B O N N I Ne S S

B O N Ni Ne S S

B O N N I N Es S

B O N Ni N Es S

bonny

B O N N Y

bonnyclabber

B O N N Y C La B B Er

bontebok

B O N Te B O K

bonus

B O N U S

bonuses

B O N U Se S

B O N U S Es

bony

B O N Y

boobies

B O O B I Es

B O O Bi Es

booby

B O O B Y

boobyish

B O O B Y I S H

boohoo

B O O H O O

B O O Ho O

book

B O O K

bookbinder

B O O K B I Nd Er

B O O K Bi Nd Er

bookbindery

B O O K B I Nd Er Y

B O O K Bi Nd Er Y

bookcase

B O O K Ca Se

booker

B O O K Er

bookish

B O O K I S H

bookland

B O O K La Nd

bookplate

B O O K P La Te

bookshelves

B O O K S He Lv Es

bookshop

B O O K S H O P

B O O K S Ho P

bookstand

B O O K S Ta Nd

booky

B O O K Y

boolies

B O O Li Es

boomdas

B O O Md As

boomorah

B O O Mo Ra H

boon

B O O N

boose

B O O Se

booser

B O O S Er

B O Os Er

bootblack

B O O Tb La C K

bootes

B O O Te S

booth

B O O Th

boothose

B O O Th O Se

boothy

B O O Th Y

bootikin

B O O Ti K I N

B O O Ti K In

bootless

B O O Tl Es S

bootlick

B O O Tl I C K

borachte

B O Ra C H Te

boracic

B O Ra C I C

boracite

B O Ra C I Te

boracous

B O Ra C O U S

B O Ra Co U S

borage

B O Ra Ge

borate

B O Ra Te

bore

B O Re

boreal

B O Re Al

boreas

B O Re As

born

B O Rn

bornite

B O Rn I Te

bos

B O S

B Os

boscage

B O S Ca Ge

B Os Ca Ge

bosh

B O S H

B Os H

boshbok

B O S H B O K

B Os H B O K

boshes

B O S He S

B Os He S

B O S H Es

B Os H Es

boshvark

B O S H V Ar K

B Os H V Ar K

bosk

B O S K

B Os K

boskiness

B O S K I Ne S S

B Os K I Ne S S

B O S K I N Es S

B Os K I N Es S

B O S K In Es S

B Os K In Es S

bosky

B O S K Y

B Os K Y

boson

B O S O N

B Os O N

bosporus

B O S P O Ru S

B Os P O Ru S

B O S Po Ru S

B Os Po Ru S

boss

B O S S

B Os S

bosses

B O S Se S

B Os Se S

B O S S Es

B Os S Es

bossism

B O S S I Sm

B Os S I Sm

B O S Si Sm

B Os Si Sm

bossy

B O S S Y

B Os S Y

botanic

B O Ta N I C

B O Ta Ni C

botanical

B O Ta N I C Al

B O Ta Ni C Al

botanies

B O Ta N I Es

B O Ta Ni Es

botany

B O Ta N Y

botargo

B O Ta Rg O

botch

B O Tc H

botcher
B O Tc H Er

botchery
B O Tc H Er Y

botches
B O Tc He S
B O Tc H Es

botchy
B O Tc H Y

bote
B O Te

both
B O Th

bother
B O Th Er

botheration
B O Th Er At I O N

botherer
B O Th Er Er

bothnic
B O Th N I C
B O Th Ni C

bothy
B O Th Y

bouch
B O U C H

bouche
B O U C He

bouchees
B O U C He Es

bouffe
B O U F Fe

bouge
B O U Ge

bouk
B O U K

boun
B O U N

bounce
B O U N Ce

bouncer
B O U N C Er

bound
B O U Nd

boundaries
B O U Nd Ar I Es

boundary
B O U Nd Ar Y

bounder
B O U Nd Er

bounteous
B O U N Te O U S

bounties
B O U N Ti Es

bourbon
B O U Rb O N

bourbonism
B O U Rb O N I Sm
B O U Rb O Ni Sm

bourn
B O U Rn

bournonite
B O U Rn O N I Te
B O U Rn O Ni Te

bournous
B O U Rn O U S

bouse
B O U Se

bouser
B O U S Er

bousy
B O U S Y

boutefeu
B O U Te Fe U
B O U Te F Eu

bovine
B O V I Ne

bow
B O W

bower
B O W Er

boweries
B O W Er I Es

bowery
B O W Er Y

bowess
B O W Es S

bowfin
B O W F I N
B O W F In

bowge
B O W Ge

bowline
B O W Li Ne

bowne
B O W Ne

bowse
B O W Se

bowssen
B O W S Se N

bowwow
B O W W O W

bowyer
B O W Y Er

boxen
B O Xe N

boxes
B O Xe S

boy
B O Y

boyar
B O Y Ar

boyau
B O Y Au

boyaus
B O Y Au S

boyer
B O Y Er

boyish
B O Y I S H

boyishness
B O Y I S H Ne S S
B O Y I S H N Es S

boyism
B O Y I Sm

brabantine
B Ra Ba N Ti Ne

braccate
B Ra C Ca Te
Br Ac Ca Te

brace
B Ra Ce

bracer
B Ra C Er
Br Ac Er

brach
B Ra C H
Br Ac H

brachial
B Ra C H I Al
Br Ac H I Al

brachycephalic
B Ra C H Y Ce P H Al I C
Br Ac H Y Ce P H Al I C

brachycephalism

B Ra C H Y Ce P H Al I Sm

Br Ac H Y Ce P H Al I Sm

brachycephalous

B Ra C H Y Ce P H Al O U S

Br Ac H Y Ce P H Al O U S

brachycephaly

B Ra C H Y Ce P H Al Y

Br Ac H Y Ce P H Al Y

brachyceral

B Ra C H Y C Er Al

Br Ac H Y C Er Al

brachyptera

B Ra C H Y P Te Ra

Br Ac H Y P Te Ra

brachypteres

B Ra C H Y P Te Re S

Br Ac H Y P Te Re S

B Ra C H Y Pt Er Es

Br Ac H Y Pt Er Es

brachypterous

B Ra C H Y Pt Er O U S

Br Ac H Y Pt Er O U S

brachyura

B Ra C H Y U Ra

Br Ac H Y U Ra

brachyuran

B Ra C H Y U Ra N

Br Ac H Y U Ra N

brack

B Ra C K

Br Ac K

brackish

B Ra C K I S H

Br Ac K I S H

brackishness

B Ra C K I S H Ne S S

Br Ac K I S H Ne S S

B Ra C K I S H N Es S

Br Ac K I S H N Es S

bracky

B Ra C K Y

Br Ac K Y

bracteal

B Ra C Te Al

Br Ac Te Al

bracteolate

B Ra C Te O La Te

Br Ac Te O La Te

bractless

B Ra C Tl Es S

Br Ac Tl Es S

brag

Br Ag

brahmoism

B Ra H Mo I Sm

brain

B Ra I N

B Ra In

brainish

B Ra I N I S H

B Ra In I S H

B Ra I Ni S H

brainpan

B Ra I N Pa N

B Ra In Pa N

brainsick

B Ra I N S I C K

B Ra In S I C K

B Ra I N Si C K

B Ra In Si C K

brainy

B Ra I N Y

B Ra In Y

braise

B Ra I Se

braiser

B Ra I S Er

braky

B Ra K Y

bramin

Br Am I N

Br Am In

braminic

Br Am I N I C

Br Am In I C

Br Am I Ni C

bran

B Ra N

branch

B Ra N C H

brancher

B Ra N C H Er

branchery

B Ra N C H Er Y

branches

B Ra N C He S

B Ra N C H Es

branchial

B Ra N C H I Al

branchiferous

B Ra N C H I F Er O U S

branchiness

B Ra N C H I Ne S S

B Ra N C H I N Es S

B Ra N C H In Es S

branchiostege

B Ra N C H I O S Te Ge

B Ra N C H I Os Te Ge

branchiura

B Ra N C H I U Ra

branchy

B Ra N C H Y

brand

B Ra Nd

brander

B Ra Nd Er

brandies

B Ra Nd I Es

brandish

B Ra Nd I S H

brandisher

B Ra Nd I S H Er

brandlin

B Ra Nd Li N

brandy

B Ra Nd Y

B Ra N Dy

brandywine

B Ra Nd Y W I Ne

B Ra N Dy W I Ne

brank

B Ra N K

branks

B Ra N K S

branlin

B Ra N Li N

branny

B Ra N N Y

brasen

B Ra Se N

brash
[B] [Ra] [S] [H]
[Br] [As] [H]

brasier
[B] [Ra] [S] [I] [Er]
[Br] [As] [I] [Er]
[B] [Ra] [Si] [Er]

brass
[B] [Ra] [S] [S]
[Br] [As] [S]

brasse
[B] [Ra] [S] [Se]
[B] [Ra] [S] [Se]
[Br] [As] [Se]

brasses
[B] [Ra] [S] [Se] [S]
[B] [Ra] [S] [Se] [S]
[Br] [As] [Se] [S]
[B] [Ra] [S] [S] [Es]
[Br] [As] [S] [Es]

brassica
[B] [Ra] [S] [S] [I] [Ca]
[Br] [As] [S] [I] [Ca]
[Br] [As] [S] [I] [Ca]
[B] [Ra] [S] [Si] [Ca]
[B] [Ra] [S] [Si] [Ca]
[Br] [As] [Si] [Ca]

brassicaceous
[B] [Ra] [S] [S] [I] [Ca] [Ce] [O] [U] [S]
[Br] [As] [S] [I] [Ca] [Ce] [O] [U] [S]
[B] [Ra] [S] [Si] [Ca] [Ce] [O] [U] [S]
[Br] [As] [Si] [Ca] [Ce] [O] [U] [S]

brassiness
[B] [Ra] [S] [S] [I] [Ne] [S] [S]
[Br] [As] [S] [I] [Ne] [S] [S]
[B] [Ra] [S] [Si] [Ne] [S] [S]
[Br] [As] [Si] [Ne] [S] [S]
[B] [Ra] [S] [S] [I] [N] [Es] [S]
[Br] [As] [S] [I] [N] [Es] [S]
[B] [Ra] [S] [Si] [N] [Es] [S]
[Br] [As] [Si] [N] [Es] [S]
[B] [Ra] [S] [S] [In] [Es] [S]
[Br] [As] [S] [In] [Es] [S]
[Br] [As] [S] [In] [Es] [S]

brassy
[B] [Ra] [S] [S] [Y]
[Br] [As] [S] [Y]

brat
[Br] [At]

bratsche
[Br] [At] [S] [C] [He]
[Br] [At] [Sc] [He]

brattice
[Br] [At] [Ti] [Ce]

braunite
[B] [Ra] [U] [N] [I] [Te]
[Br] [Au] [N] [I] [Te]
[B] [Ra] [U] [Ni] [Te]
[Br] [Au] [Ni] [Te]

bravery
[B] [Ra] [V] [Er] [Y]

bravo
[B] [Ra] [V] [O]

bravoes
[B] [Ra] [V] [O] [Es]

bravura
[B] [Ra] [V] [U] [Ra]

brawn
[B] [Ra] [W] [N]

brawner
[B] [Ra] [W] [N] [Er]

brawniness
[B] [Ra] [W] [N] [I] [Ne] [S] [S]
[B] [Ra] [W] [Ni] [Ne] [S] [S]
[B] [Ra] [W] [N] [I] [N] [Es] [S]
[B] [Ra] [W] [Ni] [N] [Es] [S]
[B] [Ra] [W] [N] [In] [Es] [S]

brawny
[B] [Ra] [W] [N] [Y]

bray
[B] [Ra] [Y]

brayer
[B] [Ra] [Y] [Er]

breach
[B] [Re] [Ac] [H]

breachy
[B] [Re] [Ac] [H] [Y]

bream
[B] [Re] [Am]

breastbone
[B] [Re] [As] [Tb] [O] [Ne]

breasthook
[B] [Re] [As] [Th] [O] [O] [K]

breath
[B] [Re] [At] [H]

breathe
[B] [Re] [At] [He]

breather
[B] [Re] [At] [H] [Er]

brehon
[B] [Re] [H] [O] [N]
[B] [Re] [Ho] [N]

bren
[B] [Re] [N]

brennage
[B] [Re] [N] [Na] [Ge]

brenne
[B] [Re] [N] [Ne]

brere
[B] [Re] [Re]

breste
[B] [Re] [S] [Te]
[Br] [Es] [Te]

brethren
[B] [Re] [Th] [Re] [N]

breviaries
[B] [Re] [V] [I] [Ar] [I] [Es]

breviary
[B] [Re] [V] [I] [Ar] [Y]

breviature
[B] [Re] [V] [I] [At] [U] [Re]

brevier
[B] [Re] [V] [I] [Er]

brevities
[B] [Re] [V] [I] [Ti] [Es]

brew
[B] [Re] [W]

brewer
[B] [Re] [W] [Er]

brewery
[B] [Re] [W] [Er] [Y]

brewhouse
[B] [Re] [W] [H] [O] [U] [Se]
[B] [Re] [W] [Ho] [U] [Se]

brewis
[B] [Re] [W] [I] [S]

briar
[Br] [I] [Ar]

bribe
[Br] [I] [Be]

briber
[Br] [I] [B] [Er]

briberies
Br I B Er I Es

bribery
Br I B Er Y

brick
Br I C K

brickbat
Br I C K B At

bricklayer
Br I C K La Y Er

bricky
Br I C K Y

brier
Br I Er

briery
Br I Er Y

brigand
Br I Ga Nd

brigandine
Br I Ga Nd I Ne

brigandish
Br I Ga Nd I S H

brigandism
Br I Ga Nd I Sm

brigantine
Br I Ga N Ti Ne

brin
Br I N
Br In

brine
Br I Ne

brininess
Br I N I Ne S S
Br In I Ne S S
Br I Ni Ne S S
Br I N I N Es S
Br In I N Es S
Br I Ni N Es S
Br I N In Es S
Br In In Es S

brinish
Br I N I S H
Br In I S H
Br I Ni S H

brinishness
Br I N I S H Ne S S
Br In I S H Ne S S
Br I Ni S H Ne S S
Br I N I S H N Es S
Br In I S H N Es S
Br I Ni S H N Es S

brink
Br I N K
Br In K

briny
Br I N Y
Br In Y

briony
Br I O N Y

brisk
Br I S K

briskness
Br I S K Ne S S
Br I S K N Es S

bristliness
Br I S Tl I Ne S S
Br I S Tl I N Es S
Br I S Tl In Es S

bristly
Br I S Tl Y

brisure
Br I S U Re

britannic
Br I Ta N N I C
Br I Ta N Ni C

brite
Br I Te

briticism
Br I Ti C I Sm

british
Br I Ti S H

britisher
Br I Ti S H Er

broach
Br O Ac H

broacher
Br O Ac H Er

brob
Br O B

brocage
Br O Ca Ge

broccoli
Br O C C O Li
Br O C Co Li

broche
Br O C He

brochure
Br O C H U Re

brock
Br O C K

brockish
Br O C K I S H

brogan
Br O Ga N

broker
Br O K Er

brokery
Br O K Er Y

bronchi
Br O N C H I

bronchial
Br O N C H I Al

bronchic
Br O N C H I C

bronchitic
Br O N C H I Ti C

bronchitis
Br O N C H I Ti S

broncho
Br O N C H O
Br O N C Ho

bronchophony
Br O N C H O P H O N Y
Br O N C Ho P H O N Y
Br O N C H O P Ho N Y
Br O N C Ho P Ho N Y

bronchus
Br O N C H U S

bronco
Br O N C O
Br O N Co

brond
Br O Nd

brooch
Br O O C H

broody
Br O O Dy

brook
Br O O K

brookite
Br O O K I Te

brose
Br O Se

broth
Br O Th
brother
Br O Th Er
brotherliness
Br O Th Er Li Ne S S
Br O Th Er Li N Es S
brothers
Br O Th Er S
brow
Br O W
browbeat
Br O W Be At
browbound
Br O W B O U Nd
brown
Br O W N
brownback
Br O W N Ba C K
Br O W N B Ac K
Br O W Nb Ac K
brownish
Br O W N I S H
Br O W Ni S H
brownism
Br O W N I Sm
Br O W Ni Sm
brownness
Br O W N Ne S S
Br O W N N Es S
browny
Br O W N Y
browse
Br O W Se
browser
Br O W S Er
brucine
Br U C I Ne
B Ru C I Ne
brucite
Br U C I Te
B Ru C I Te
bruh
Br U H
B Ru H
bruin
Br U I N
B Ru I N
Br U In
B Ru In
bruise
Br U I Se
B Ru I Se
bruiser
Br U I S Er
B Ru I S Er
brumous
Br U Mo U S
B Ru Mo U S
brun
Br U N
B Ru N
brunion
Br U N I O N
B Ru N I O N
Br U Ni O N
B Ru Ni O N
brush
Br U S H
B Ru S H
brusher
Br U S H Er
B Ru S H Er
brushiness
Br U S H I Ne S S
B Ru S H I Ne S S
Br U S H I N Es S
B Ru S H I N Es S
Br U S H In Es S
B Ru S H In Es S
brushite
Br U S H I Te
B Ru S H I Te
brushy
Br U S H Y
B Ru S H Y
brusk
Br U S K
B Ru S K
brusten
Br U S Te N
B Ru S Te N
bruta
Br U Ta
B Ru Ta
brutalism
Br U Ta Li Sm
B Ru Ta Li Sm
brutalities
Br U Ta Li Ti Es
B Ru Ta Li Ti Es
brute
Br U Te
B Ru Te
bruteness
Br U Te Ne S S
B Ru Te Ne S S
Br U Te N Es S
B Ru Te N Es S
brutify
Br U Ti F Y
B Ru Ti F Y
brutish
Br U Ti S H
B Ru Ti S H
brutism
Br U Ti Sm
B Ru Ti Sm
bryonin
Br Y O N I N
Br Y O Ni N
Br Y O N In
bryony
Br Y O N Y
bryophyta
Br Y O P H Y Ta
buat
B U At
bub
B U B
bubaline
B U B Al I Ne
B U Ba Li Ne
bubby
B U B B Y
bubo
B U B O
buboes
B U B O Es
bubonic
B U B O N I C
B U B O Ni C

buccal
B U C C Al

buccaneer
B U C Ca Ne Er

buccaneerish
B U C Ca Ne Er I S H

buccinal
B U C C I N Al
B U C C In Al

buceros
B U C Er O S
B U C Er Os

buchu
B U C H U

buck
B U C K

bucker
B U C K Er

buckhound
B U C K H O U Nd
B U C K Ho U Nd

buckish
B U C K I S H

buckra
B U C K Ra

buckram
B U C Kr Am

buckskin
B U C K S K I N
B U C K S K In

buckthorn
B U C K Th O Rn

buckwheat
B U C K W He At

bucolic
B U C O Li C
B U Co Li C

bucolical
B U C O Li C Al
B U Co Li C Al

buff
B U F F

buffalo
B U F F Al O

buffaloes
B U F F Al O Es

buffer
B U F F Er

buffin
B U F F I N
B U F F In

buffo
B U F F O

buffoon
B U F F O O N

buffooneries
B U F F O O N Er I Es

buffoonery
B U F F O O N Er Y

buffoonish
B U F F O O N I S H
B U F F O O Ni S H

buffoonism
B U F F O O N I Sm
B U F F O O Ni Sm

buffy
B U F F Y

bufo
B U F O

bufonite
B U F O N I Te
B U F O Ni Te

bugaboo
B U Ga B O O

bukshish
B U K S H I S H

bulau
B U La U

bulrush
B U Lr U S H

bun
B U N

bunch
B U N C H

bunchiness
B U N C H I Ne S S
B U N C H I N Es S
B U N C H In Es S

bunchy
B U N C H Y

bund
B U Nd

bunder
B U Nd Er

bundesrath
B U Nd Es Ra Th

bunion
B U N I O N
B U Ni O N

bunk
B U N K

bunker
B U N K Er

bunko
B U N K O

bunn
B U N N

bunny
B U N N Y

buntine
B U N Ti Ne

buntline
B U N Tl I Ne

bunyon
B U N Y O N

buoy
B U O Y

bureau
B U Re Au

bureaucracy
B U Re Au C Ra C Y
B U Re Au Cr Ac Y

bureaucrat
B U Re Au Cr At

bureaucratic
B U Re Au Cr At I C
B U Re Au C Ra Ti C

bureaucratical
B U Re Au Cr At I C Al
B U Re Au C Ra Ti C Al

bureaus
B U Re Au S

burg
B U Rg

burgess
B U Rg Es S

burgh
B U Rg H

burghal
B U Rg H Al

burghbote
B U Rg H B O Te

burghbrech
B U Rg H B Re C H

burgher
B U Rg H Er

burghership
B U Rg H Er S H I P

burghmote
B U Rg H Mo Te

burgoo
B U Rg O O

burgrass
B U Rg Ra S S

burgundy
B U Rg U Nd Y
B U Rg U N Dy

burh
B U Rh

burn
B U Rn

burner
B U Rn Er

burnish
B U Rn I S H

burnisher
B U Rn I S H Er

burnoose
B U Rn O O Se

burnous
B U Rn O U S

bus
B U S

busbies
B U S B I Es
B U Sb I Es
B U S Bi Es

busby
B U S B Y
B U Sb Y

buscon
B U S C O N
B U Sc O N
B U S Co N

bush
B U S H

bushboy
B U S H B O Y

bushelage
B U S He La Ge

bushiness
B U S H I Ne S S
B U S H I N Es S
B U S H In Es S

bushwhacker
B U S H W H Ac K Er

bushy
B U S H Y

business
B U S I Ne S S
B U Si Ne S S
B U S I N Es S
B U Si N Es S
B U S In Es S

businesses
B U S I Ne S Se S
B U Si Ne S Se S
B U S I N Es Se S
B U Si N Es Se S
B U S In Es Se S
B U S I Ne S S Es
B U Si Ne S S Es
B U S I N Es S Es
B U Si N Es S Es
B U S In Es S Es

busk
B U S K

buskin
B U S K I N
B U S K In

busky
B U S K Y

buss
B U S S

bustler
B U S Tl Er

busy
B U S Y

busybody
B U S Y B O Dy
B U S Yb O Dy

butane
B U Ta Ne

butcher
B U Tc H Er

butcherliness
B U Tc H Er Li Ne S S
B U Tc H Er Li N Es S

butchery
B U Tc H Er Y

butler
B U Tl Er

butlership
B U Tl Er S H I P

buxeous
B U Xe O U S

buy
B U Y

buyer
B U Y Er

by
B Y

byland
B Y La Nd

bylander
B Y La Nd Er

bypath
B Y P At H
B Y Pa Th

bypaths
B Y P At H S
B Y Pa Th S
B Y P At Hs

byplay
B Y P La Y

byre
B Y Re

byss
B Y S S

byssi
B Y S S I
B Y S Si

byssiferous
B Y S S I F Er O U S
B Y S Si F Er O U S

byssin
B Y S S I N
B Y S Si N
B Y S S In

byssine

B Y S S I Ne

B Y S Si Ne

byssolite

B Y S S O Li Te

byssus

B Y S S U S

byssuses

B Y S S U Se S

B Y S S U S Es

bystander

B Y S Ta Nd Er

C

c
C
caas
Ca As
cab
Ca B
cabal
Ca B Al
cabala
Ca Ba La
cabalism
Ca B Al I Sm
Ca Ba Li Sm
cabalistic
Ca B Al I S Ti C
Ca Ba Li S Ti C
cabalistical
Ca B Al I S Ti C Al
Ca Ba Li S Ti C Al
caballine
Ca B Al Li Ne
cabas
Ca Ba S
Ca B As
cabassou
Ca Ba S S O U
Ca B As S O U
cabbage
Ca B Ba Ge
cabbiri
Ca B B Ir I
cabeca
Ca Be Ca
caber
Ca B Er
cabesse
Ca Be S Se
Ca B Es Se
cabin
Ca B I N
Ca Bi N
Ca B In
cabiric
Ca B Ir I C
cabob
Ca B O B
caboose
Ca B O O Se
cabotage
Ca B O Ta Ge
cabrerite
Ca Br Er I Te
caburn
Ca B U Rn
cacaine
Ca Ca I Ne
cacao
Ca Ca O
cache
Ca C He
C Ac He
cachectic
Ca C He C Ti C
C Ac He C Ti C
cachectical
Ca C He C Ti C Al
C Ac He C Ti C Al
cachinnation
Ca C H I N N At I O N
C Ac H I N N At I O N
Ca C H In N At I O N
C Ac H In N At I O N
Ca C H I N Na Ti O N
C Ac H I N Na Ti O N
Ca C H In Na Ti O N
C Ac H In Na Ti O N
cachiri
Ca C H Ir I
C Ac H Ir I
cachou
Ca C H O U
C Ac H O U
Ca C Ho U
C Ac Ho U
cack
Ca C K
C Ac K
cacodylic
Ca C O Dy Li C
C Ac O Dy Li C
Ca Co Dy Li C
cacoon
Ca C O O N
C Ac O O N
Ca Co O N

cacophonic

Ca C O P H O N I C
C Ac O P H O N I C
Ca Co P H O N I C
Ca C O P Ho N I C
C Ac O P Ho N I C
Ca Co P Ho N I C
Ca C O P H O Ni C
C Ac O P H O Ni C
Ca Co P H O Ni C
Ca C O P Ho Ni C
C Ac O P Ho Ni C
Ca Co P Ho Ni C

cacophonical

Ca C O P H O N I C Al
C Ac O P H O N I C Al
Ca Co P H O N I C Al
Ca C O P Ho N I C Al
C Ac O P Ho N I C Al
Ca Co P Ho N I C Al
Ca C O P H O Ni C Al
C Ac O P H O Ni C Al
Ca Co P H O Ni C Al
Ca C O P Ho Ni C Al
C Ac O P Ho Ni C Al
Ca Co P Ho Ni C Al

cacophonies

Ca C O P H O N I Es
C Ac O P H O N I Es
Ca Co P H O N I Es
Ca C O P Ho N I Es
C Ac O P Ho N I Es
Ca Co P Ho N I Es
Ca C O P H O Ni Es
C Ac O P H O Ni Es
Ca Co P H O Ni Es
Ca C O P Ho Ni Es
C Ac O P Ho Ni Es
Ca Co P Ho Ni Es

cacophonious

Ca C O P H O N I O U S
C Ac O P H O N I O U S
Ca Co P H O N I O U S
Ca C O P Ho N I O U S
C Ac O P Ho N I O U S
Ca Co P Ho N I O U S
Ca C O P H O Ni O U S
C Ac O P H O Ni O U S
Ca Co P H O Ni O U S
Ca C O P Ho Ni O U S
C Ac O P Ho Ni O U S
Ca Co P Ho Ni O U S

cacophonous

Ca C O P H O N O U S
C Ac O P H O N O U S
Ca Co P H O N O U S
Ca C O P Ho N O U S
C Ac O P Ho N O U S
Ca Co P Ho N O U S
Ca C O P H O No U S
C Ac O P H O No U S
Ca Co P H O No U S
Ca C O P Ho No U S
C Ac O P Ho No U S
Ca Co P Ho No U S

cacophony

Ca C O P H O N Y
C Ac O P H O N Y
Ca Co P H O N Y
Ca C O P Ho N Y
C Ac O P Ho N Y
Ca Co P Ho N Y

cacotechny

Ca C O Te C H N Y
C Ac O Te C H N Y
Ca Co Te C H N Y

cacoxene

Ca C O Xe Ne
C Ac O Xe Ne
Ca Co Xe Ne

cacoxenite

Ca C O Xe N I Te
C Ac O Xe N I Te
Ca Co Xe N I Te
Ca C O Xe Ni Te
C Ac O Xe Ni Te
Ca Co Xe Ni Te

cactaceous

Ca C Ta Ce O U S
C Ac Ta Ce O U S

cacti

Ca C Ti
C Ac Ti

cady

Ca Dy

caesar

Ca Es Ar

caesarism

Ca Es Ar I Sm

caesious

Ca Es I O U S

caesura

Ca Es U Ra

caesuras

Ca Es U Ra S

cafe

Ca Fe

cafeneh

Ca Fe Ne H

caffeic

Ca F Fe I C

caffeine

Ca F Fe I Ne

caffetannic

Ca F Fe Ta N N I C
Ca F Fe Ta N Ni C

caffila

Ca F F I La

caffre

Ca F F Re

cafila

Ca F I La

caftan

Ca F Ta N

cag

C Ag

cage

Ca Ge

cahier

Ca H I Er

cahincic

Ca H I N C I C
Ca H In C I C

caira

Ca I Ra

cairn

Ca Ir N
Ca I Rn

caisson

Ca I S S O N

caitiff

Ca I Ti F F

cal
C Al

calabar
Ca La B Ar

calabarine
Ca La B Ar I Ne

calabash
Ca La Ba S H
Ca La B As H

calaboose
Ca La B O O Se

calaite
Ca La I Te

calamar
C Al Am Ar

calamary
C Al Am Ar Y

calambac
C Al Am Ba C
C Al Am B Ac

calami
C Al Am I

calamiferous
C Al Am I F Er O U S

calamine
C Al Am I Ne

calamite
C Al Am I Te

calamities
C Al Am I Ti Es

calamus
C Al Am U S

calando
Ca La Nd O

calash
Ca La S H
C Al As H

calaverite
Ca La V Er I Te

calcaneal
C Al Ca Ne Al

calcar
C Al C Ar

calcarate
C Al Ca Ra Te

calcareous
C Al Ca Re O U S

calcareousness
C Al Ca Re O U S Ne S S
C Al Ca Re O U S N Es S
C Al Ca Re O U Sn Es S

calcariferous
C Al C Ar I F Er O U S

calcarine
C Al C Ar I Ne

calceolate
C Al Ce O La Te

calces
C Al Ce S
C Al C Es

calcic
C Al C I C

calciferous
C Al C I F Er O U S

calcific
C Al C I F I C

calcification
C Al C I F I C At I O N
C Al C I F I Ca Ti O N

calcify
C Al C I F Y

calcigenous
C Al C I Ge N O U S
C Al C I Ge No U S

calcinate
C Al C I Na Te

calcination
C Al C I N At I O N
C Al C In At I O N
C Al C I Na Ti O N

calcine
C Al C I Ne

calciner
C Al C I N Er
C Al C In Er

calcite
C Al C I Te

calculate
C Al C U La Te
C Al Cu La Te

calculation
C Al C U La Ti O N
C Al Cu La Ti O N

calculi
C Al C U Li
C Al Cu Li

calculus
C Al C U Lu S
C Al Cu Lu S

calescence
C Al Es Ce N Ce

calf
C Al F

calfskin
C Al F S K I N
C Al F S K In

cali
C Al I
Ca Li

caliber
C Al I B Er
Ca Li B Er

calibrate
C Al I B Ra Te
Ca Li B Ra Te

calibration
C Al I Br At I O N
Ca Li Br At I O N
C Al I B Ra Ti O N
Ca Li B Ra Ti O N

calibre
C Al I B Re
Ca Li B Re

calice
C Al I Ce
Ca Li Ce

calico
C Al I C O
Ca Li C O
C Al I Co
Ca Li Co

calicoback
C Al I C O Ba C K
Ca Li C O Ba C K
C Al I Co Ba C K
Ca Li Co Ba C K
C Al I C O B Ac K
Ca Li C O B Ac K
C Al I Co B Ac K
Ca Li Co B Ac K

calicoes

C Al I C O Es

Ca Li C O Es

C Al I Co Es

Ca Li Co Es

caliculate

C Al I C U La Te

Ca Li C U La Te

C Al I Cu La Te

Ca Li Cu La Te

calif

C Al I F

Ca Li F

caligation

C Al I Ga Ti O N

Ca Li Ga Ti O N

calin

C Al I N

Ca Li N

C Al In

calipash

C Al I Pa S H

Ca Li Pa S H

C Al I P As H

Ca Li P As H

calipers

C Al I P Er S

Ca Li P Er S

caliph

C Al I P H

Ca Li P H

calippic

C Al I P P I C

Ca Li P P I C

caliver

C Al I V Er

Ca Li V Er

calk

C Al K

calker

C Al K Er

calkin

C Al K I N

C Al K In

calla

C Al La

calliopsis

C Al Li O P S I S

C Al Li O P Si S

callipash

C Al Li Pa S H

C Al Li P As H

callipers

C Al Li P Er S

callisection

C Al Li Se C Ti O N

callus

C Al Lu S

calmness

C Al Mn Es S

calorescence

C Al O Re S Ce N Ce

caloyer

C Al O Y Er

calumniation

C Al U Mn I At I O N

Ca Lu Mn I At I O N

calumnies

C Al U Mn I Es

Ca Lu Mn I Es

calumnious

C Al U Mn I O U S

Ca Lu Mn I O U S

calumny

C Al U Mn Y

Ca Lu Mn Y

calvary

C Al V Ar Y

Ca Lv Ar Y

calver

C Al V Er

Ca Lv Er

calves

C Al V Es

Ca Lv Es

calvinism

C Al V I N I Sm

Ca Lv I N I Sm

C Al V In I Sm

Ca Lv In I Sm

C Al V I Ni Sm

Ca Lv I Ni Sm

calvinistic

C Al V I N I S Ti C

Ca Lv I N I S Ti C

C Al V In I S Ti C

Ca Lv In I S Ti C

C Al V I Ni S Ti C

Ca Lv I Ni S Ti C

calvinistical

C Al V I N I S Ti C Al

Ca Lv I N I S Ti C Al

C Al V In I S Ti C Al

Ca Lv In I S Ti C Al

C Al V I Ni S Ti C Al

Ca Lv I Ni S Ti C Al

calvish

C Al V I S H

Ca Lv I S H

calxes

C Al Xe S

calyces

C Al Y Ce S

C Al Y C Es

calycinal

C Al Y C I N Al

C Al Y C In Al

calycine

C Al Y C I Ne

calyculate

C Al Y C U La Te

C Al Y Cu La Te

calyon

C Al Y O N

calypso

C Al Y P S O

calyptra

C Al Y Pt Ra

calyxes

C Al Y Xe S

cam

C Am

camarasaurus

C Am Ar As Au Ru S

camass

C Am As S

camber

C Am B Er

cambial

C Am B I Al

C Am Bi Al

camboge

C Am B O Ge

camboose
C Am B O O Se

cambrasine
C Am B Ra S I Ne
C Am Br As I Ne
C Am B Ra Si Ne

cambric
C Am Br I C

cameralistic
C Am Er Al I S Ti C

cameralistics
C Am Er Al I S Ti C S
C Am Er Al I S Ti Cs

cameras
C Am Er As

cameration
C Am Er At I O N

camis
C Am I S

cammock
C Am Mo C K

camous
C Am O U S
Ca Mo U S

camoys
C Am O Y S
Ca Mo Y S

camp
C Am P

campagna
C Am P Ag Na

campana
C Am Pa Na

campanero
C Am Pa N Er O

campanes
C Am Pa Ne S
C Am Pa N Es

campanula
C Am Pa N U La

campanulaceous
C Am Pa N U La Ce O U S

campanulate
C Am Pa N U La Te

camper
C Am P Er

camphene
C Am P He Ne

camphine
C Am P H I Ne

camphire
C Am P H I Re

camphogen
C Am P H O Ge N
C Am P Ho Ge N

camphoraceous
C Am P H O Ra Ce O U S
C Am P Ho Ra Ce O U S

camphorate
C Am P H O Ra Te
C Am P Ho Ra Te

camphretic
C Am P H Re Ti C

campion
C Am P I O N

campus
C Am P U S
C Am Pu S

camus
C Am U S

can
Ca N

canakin
Ca Na K I N
Ca Na K In

canal
Ca N Al

canalcoal
Ca N Al C O Al
Ca N Al Co Al

canaliculate
Ca N Al I C U La Te
Ca Na Li C U La Te
Ca N Al I Cu La Te
Ca Na Li Cu La Te

canaliculi
Ca N Al I C U Li
Ca Na Li C U Li
Ca N Al I Cu Li
Ca Na Li Cu Li

canaliculus
Ca N Al I C U Lu S
Ca Na Li C U Lu S
Ca N Al I Cu Lu S
Ca Na Li Cu Lu S

canarese
Ca Na Re Se

canaries
Ca N Ar I Es

canary
Ca N Ar Y

canbuoy
Ca N B U O Y
Ca Nb U O Y

cancan
Ca N Ca N

cancelier
Ca N Ce Li Er

cancer
Ca N C Er

cancerate
Ca N Ce Ra Te

canceration
Ca N C Er At I O N
Ca N Ce Ra Ti O N

cancerite
Ca N C Er I Te

cancrine
Ca N Cr I Ne

cancrinite
Ca N Cr I N I Te
Ca N Cr In I Te
Ca N Cr I Ni Te

cand
Ca Nd

canderos
Ca Nd Er O S
Ca Nd Er Os

candescence
Ca Nd Es Ce N Ce

candify
Ca Nd I F Y

candite
Ca Nd I Te

candock
Ca Nd O C K

candy
Ca Nd Y
Ca N Dy

cane
Ca Ne

canes
Ca Ne S

Ca N Es

canhook
Ca N H O O K

Ca N Ho O K

caninal
Ca N I N Al

Ca Ni N Al

Ca N In Al

canine
Ca N I Ne

Ca Ni Ne

canis
Ca N I S

Ca Ni S

canker
Ca N K Er

cankerfly
Ca N K Er Fl Y

cankerous
Ca N K Er O U S

cankerrash
Ca N K Er Ra S H

cankery
Ca N K Er Y

canna
Ca N Na

cannabene
Ca N Na Be Ne

cannabin
Ca N Na B I N

Ca N Na Bi N

Ca N Na B In

cannabine
Ca N Na B I Ne

Ca N Na Bi Ne

cannabis
Ca N Na B I S

Ca N Na Bi S

cannei
Ca N Ne I

cannery
Ca N N Er Y

cannibal
Ca N N I B Al

Ca N Ni B Al

cannibalism
Ca N N I B Al I Sm

Ca N Ni B Al I Sm

Ca N N I Ba Li Sm

Ca N Ni Ba Li Sm

cannicula
Ca N N I C U La

Ca N Ni C U La

Ca N N I Cu La

Ca N Ni Cu La

cannikin
Ca N N I K I N

Ca N Ni K I N

Ca N N I K In

Ca N Ni K In

canniness
Ca N N I Ne S S

Ca N Ni Ne S S

Ca N N I N Es S

Ca N Ni N Es S

Ca N N In Es S

cannon
Ca N N O N

Ca N No N

cannonbone
Ca N N O N B O Ne

Ca N No N B O Ne

Ca N N O Nb O Ne

Ca N No Nb O Ne

cannoneer
Ca N N O Ne Er

Ca N No Ne Er

cannonical
Ca N N O N I C Al

Ca N No N I C Al

Ca N N O Ni C Al

Ca N No Ni C Al

cannonier
Ca N N O N I Er

Ca N No N I Er

Ca N N O Ni Er

Ca N No Ni Er

cannons
Ca N N O N S

Ca N No N S

cannula
Ca N N U La

canny
Ca N N Y

canoes
Ca N O Es

Ca No Es

canon
Ca N O N

Ca No N

canonbone
Ca N O N B O Ne

Ca No N B O Ne

Ca N O Nb O Ne

Ca No Nb O Ne

canoness
Ca N O Ne S S

Ca No Ne S S

Ca N O N Es S

Ca No N Es S

canonic
Ca N O N I C

Ca No N I C

Ca N O Ni C

Ca No Ni C

canonicalness
Ca N O N I C Al Ne S S

Ca No N I C Al Ne S S

Ca N O Ni C Al Ne S S

Ca No Ni C Al Ne S S

Ca N O N I C Al N Es S

Ca No N I C Al N Es S

Ca N O Ni C Al N Es S

Ca No Ni C Al N Es S

canonicals
Ca N O N I C Al S

Ca No N I C Al S

Ca N O Ni C Al S

Ca No Ni C Al S

canonicate
Ca N O N I Ca Te

Ca No N I Ca Te

Ca N O Ni Ca Te

Ca No Ni Ca Te

canonistic
Ca N O N I S Ti C

Ca No N I S Ti C

Ca N O Ni S Ti C

Ca No Ni S Ti C

canonship
Ca N O N S H I P
Ca No N S H I P
canopes
Ca N O P Es
Ca No P Es
canopies
Ca N O P I Es
Ca No P I Es
canopus
Ca N O P U S
Ca No P U S
Ca N O Pu S
Ca No Pu S
canopy
Ca N O P Y
Ca No P Y
canstick
Ca N S Ti C K
cantab
Ca N Ta B
cantankerous
Ca N Ta N K Er O U S
cantata
Ca N Ta Ta
cantation
Ca N Ta Ti O N
cantharis
Ca N Th Ar I S
canthi
Ca N Th I
canthook
Ca N Th O O K
canthus
Ca N Th U S
canticles
Ca N Ti Cl Es
canticoy
Ca N Ti C O Y
Ca N Ti Co Y
cantine
Ca N Ti Ne
cantion
Ca N Ti O N
canuck
Ca N U C K
canula
Ca N U La

canvas
Ca N V As
canvasback
Ca N V As Ba C K
Ca N V As B Ac K
canvass
Ca N V As S
canvasser
Ca N V As S Er
cany
Ca N Y
canyon
Ca N Y O N
caoutchin
Ca O U Tc H I N
Ca O U Tc H In
caoutchouc
Ca O U Tc H O U C
Ca O U Tc Ho U C
caoutchoucin
Ca O U Tc H O U C I N
Ca O U Tc Ho U C I N
Ca O U Tc H O U C In
Ca O U Tc Ho U C In
cap
Ca P
capabilities
Ca Pa B I Li Ti Es
Ca Pa Bi Li Ti Es
capacify
Ca Pa C I F Y
Ca P Ac I F Y
capacious
Ca Pa C I O U S
Ca P Ac I O U S
capaciousness
Ca Pa C I O U S Ne S S
Ca P Ac I O U S Ne S S
Ca Pa C I O U S N Es S
Ca P Ac I O U S N Es S
Ca Pa C I O U Sn Es S
Ca P Ac I O U Sn Es S
capacitate
Ca Pa C I Ta Te
Ca P Ac I Ta Te
capacities
Ca Pa C I Ti Es
Ca P Ac I Ti Es

caparison
Ca P Ar I S O N
capcase
Ca P Ca Se
caper
Ca P Er
caperbush
Ca P Er B U S H
caperclaw
Ca P Er C La W
caperer
Ca P Er Er
capias
Ca P I As
capibara
Ca P I Ba Ra
capita
Ca P I Ta
capitate
Ca P I Ta Te
capitation
Ca P I Ta Ti O N
capite
Ca P I Te
capivi
Ca P I V I
caplin
Ca P Li N
capoc
Ca P O C
Ca Po C
capoch
Ca P O C H
Ca Po C H
capoches
Ca P O C He S
Ca Po C He S
Ca P O C H Es
Ca Po C H Es
capon
Ca P O N
Ca Po N
capote
Ca P O Te
Ca Po Te

capouch
Ca P O U C H
Ca Po U C H
cappaper
Ca P Pa P Er
capper
Ca P P Er
capra
Ca P Ra
caprate
Ca P Ra Te
capreolate
Ca P Re O La Te
capreoline
Ca P Re O Li Ne
capric
Ca Pr I C
caprice
Ca Pr I Ce
capricioso
Ca Pr I C I O S O
Ca Pr I C I Os O
capricious
Ca Pr I C I O U S
capricorn
Ca Pr I C O Rn
Ca Pr I Co Rn
caprification
Ca Pr I F I C At I O N
Ca Pr I F I Ca Ti O N
caprigenous
Ca Pr I Ge N O U S
Ca Pr I Ge No U S
caprine
Ca Pr I Ne
caproic
Ca Pr O I C
caprylate
Ca Pr Y La Te
caprylic
Ca Pr Y Li C
capsicin
Ca P S I C I N
Ca P Si C I N
Ca P S I C In
Ca P Si C In
capsicine
Ca P S I C I Ne
Ca P Si C I Ne
capstan
Ca P S Ta N
capsulate
Ca P S U La Te
captain
Ca P Ta I N
Ca P Ta In
captaincy
Ca P Ta I N C Y
Ca P Ta In C Y
captainship
Ca P Ta I N S H I P
Ca P Ta In S H I P
captation
Ca Pt At I O N
Ca P Ta Ti O N
caption
Ca Pt I O N
Ca P Ti O N
captious
Ca Pt I O U S
Ca P Ti O U S
captiousness
Ca Pt I O U S Ne S S
Ca P Ti O U S Ne S S
Ca Pt I O U S N Es S
Ca P Ti O U S N Es S
Ca Pt I O U Sn Es S
Ca P Ti O U Sn Es S
captivation
Ca Pt I V At I O N
Ca P Ti V At I O N
capture
Ca Pt U Re
capuccio
Ca P U C C I O
Ca Pu C C I O
capuchin
Ca P U C H I N
Ca Pu C H I N
Ca P U C H In
Ca Pu C H In
capucine
Ca P U C I Ne
Ca Pu C I Ne
capulin
Ca P U Li N
Ca Pu Li N
capybara
Ca P Y Ba Ra
car
C Ar
carabine
Ca Ra B I Ne
Ca Ra Bi Ne
carabineer
Ca Ra B I Ne Er
Ca Ra Bi Ne Er
carabus
Ca Ra B U S
carac
Ca Ra C
C Ar Ac
caracal
Ca Ra C Al
C Ar Ac Al
caracara
Ca Ra Ca Ra
carack
Ca Ra C K
C Ar Ac K
caracora
Ca Ra C O Ra
C Ar Ac O Ra
Ca Ra Co Ra
caracore
Ca Ra C O Re
C Ar Ac O Re
Ca Ra Co Re
carafe
Ca Ra Fe
carambola
C Ar Am B O La
carapace
Ca Ra Pa Ce
carapato
Ca Ra P At O
carat
C Ar At
carbamic
C Ar B Am I C
Ca Rb Am I C
carbamine
C Ar B Am I Ne
Ca Rb Am I Ne

carbine
C Ar B I Ne
Ca Rb I Ne
C Ar Bi Ne

carbineer
C Ar B I Ne Er
Ca Rb I Ne Er
C Ar Bi Ne Er

carbolic
C Ar B O Li C
Ca Rb O Li C

carbon
C Ar B O N
Ca Rb O N

carbonaceous
C Ar B O Na Ce O U S
Ca Rb O Na Ce O U S

carbonari
C Ar B O N Ar I
Ca Rb O N Ar I

carbonarism
C Ar B O N Ar I Sm
Ca Rb O N Ar I Sm

carbonaro
C Ar B O N Ar O
Ca Rb O N Ar O

carbonatation
C Ar B O N At At I O N
Ca Rb O N At At I O N
C Ar B O Na Ta Ti O N
Ca Rb O Na Ta Ti O N

carbonate
C Ar B O Na Te
Ca Rb O Na Te

carbone
C Ar B O Ne
Ca Rb O Ne

carbonic
C Ar B O N I C
Ca Rb O N I C
C Ar B O Ni C
Ca Rb O Ni C

carboniferous
C Ar B O N I F Er O U S
Ca Rb O N I F Er O U S
C Ar B O Ni F Er O U S
Ca Rb O Ni F Er O U S

carboy
C Ar B O Y
Ca Rb O Y

carbunculation
C Ar B U N C U La Ti O N
Ca Rb U N C U La Ti O N
C Ar B U N Cu La Ti O N
Ca Rb U N Cu La Ti O N

carcase
C Ar Ca Se

carcass
C Ar Ca S S
C Ar C As S

carcasses
C Ar Ca S Se S
C Ar C As Se S
C Ar Ca S S Es
C Ar C As S Es

carcelage
C Ar Ce La Ge

carceral
C Ar C Er Al

carcinosys
C Ar C I N O S Y S
C Ar C In O S Y S
C Ar C I No S Y S
C Ar C I N Os Y S
C Ar C In Os Y S

care
Ca Re

career
Ca Re Er

carene
Ca Re Ne

caress
Ca Re S S
C Ar Es S

careworn
Ca Re W O Rn

carf
C Ar F
Ca Rf

cargason
C Ar Ga S O N
Ca Rg As O N

cargo
Ca Rg O

cargoes
Ca Rg O Es

cargoose
Ca Rg O O Se

carib
C Ar I B

caribe
C Ar I Be

caribou
C Ar I B O U

caricature
C Ar I C At U Re

cariccio
C Ar I C C I O

caricous
C Ar I C O U S
C Ar I Co U S

caries
C Ar I Es

carina
C Ar I Na

carinate
C Ar I Na Te

cariopsis
C Ar I O P S I S
C Ar I O P Si S

carious
C Ar I O U S

cark
C Ar K

carlin
C Ar Li N

carline
C Ar Li Ne

carnage
C Ar Na Ge

carnal
C Ar N Al
Ca Rn Al

carnalism
C Ar N Al I Sm
Ca Rn Al I Sm
C Ar Na Li Sm

carnallite
C Ar N Al Li Te
Ca Rn Al Li Te

carnary
C Ar N Ar Y
Ca Rn Ar Y

carnassial
C Ar Na S S I Al
C Ar N As S I Al
Ca Rn As S I Al
C Ar Na S Si Al
C Ar N As Si Al
Ca Rn As Si Al

carnate
C Ar Na Te

carnation
C Ar N At I O N
Ca Rn At I O N
C Ar Na Ti O N

carnauba
C Ar Na U Ba
C Ar N Au Ba
Ca Rn Au Ba

carneous
C Ar Ne O U S

carney
C Ar Ne Y

carnification
C Ar N I F I C At I O N
Ca Rn I F I C At I O N
C Ar Ni F I C At I O N
C Ar N I F I Ca Ti O N
Ca Rn I F I Ca Ti O N
C Ar Ni F I Ca Ti O N

carnify
C Ar N I F Y
Ca Rn I F Y
C Ar Ni F Y

carnin
C Ar N I N
Ca Rn I N
C Ar Ni N
C Ar N In
Ca Rn In

carnival
C Ar N I V Al
Ca Rn I V Al
C Ar Ni V Al

carnivora
C Ar N I V O Ra
Ca Rn I V O Ra
C Ar Ni V O Ra

carnivore
C Ar N I V O Re
Ca Rn I V O Re
C Ar Ni V O Re

carnose
C Ar N O Se
Ca Rn O Se
C Ar No Se

carnous
C Ar N O U S
Ca Rn O U S
C Ar No U S

carob
C Ar O B

caroche
C Ar O C He

caroli
C Ar O Li

carolin
C Ar O Li N

carolinapink
C Ar O Li Na P I N K
C Ar O Li Na P In K

caroline
C Ar O Li Ne

carolitic
C Ar O Li Ti C

carolus
C Ar O Lu S

caroluses
C Ar O Lu Se S
C Ar O Lu S Es

carotic
C Ar O Ti C

carotin
C Ar O Ti N

carousal
C Ar O U S Al

carouse
C Ar O U Se

carouser
C Ar O U S Er

carp
C Ar P

carpal
C Ar P Al

carper
C Ar P Er

carpi
C Ar P I

carpogenic
C Ar P O Ge N I C
C Ar Po Ge N I C
C Ar P O Ge Ni C
C Ar Po Ge Ni C

carpolite
C Ar P O Li Te
C Ar Po Li Te

carpophagous
C Ar P O P H Ag O U S
C Ar Po P H Ag O U S

carpophore
C Ar P O P H O Re
C Ar Po P H O Re
C Ar P O P Ho Re
C Ar Po P Ho Re

carpophyte
C Ar P O P H Y Te
C Ar Po P H Y Te

carpospore
C Ar P O S P O Re
C Ar Po S P O Re
C Ar P Os P O Re
C Ar P O S Po Re
C Ar Po S Po Re
C Ar P Os Po Re

carps
C Ar P S

carpus
C Ar P U S
C Ar Pu S

carrack
C Ar Ra C K

carse
C Ar Se

cartage
C Ar Ta Ge

cartbote
C Ar Tb O Te

carte
C Ar Te

carteblanche
C Ar Te B La N C He

carthamin
C Ar Th Am I N
C Ar Th Am In
cartilage
C Ar Ti La Ge
carucage
C Ar U Ca Ge
Ca Ru Ca Ge
carucate
C Ar U Ca Te
Ca Ru Ca Te
caruncula
C Ar U N C U La
Ca Ru N C U La
C Ar U N Cu La
Ca Ru N Cu La
carunculate
C Ar U N C U La Te
Ca Ru N C U La Te
C Ar U N Cu La Te
Ca Ru N Cu La Te
carus
C Ar U S
Ca Ru S
carver
C Ar V Er
caryatic
C Ar Y At I C
caryatids
C Ar Y At I Ds
caryopses
C Ar Y O P Se S
C Ar Y O P S Es
caryopsis
C Ar Y O P S I S
C Ar Y O P Si S
casal
Ca S Al
C As Al
cascalho
Ca S C Al H O
C As C Al H O
Ca Sc Al H O
Ca S C Al Ho
C As C Al Ho
Ca Sc Al Ho
case
Ca Se

caseation
Ca Se At I O N
caseic
Ca Se I C
casein
Ca Se I N
Ca Se In
caseknife
Ca Se K N I Fe
Ca Se K Ni Fe
caseous
Ca Se O U S
casern
Ca S Er N
C As Er N
Ca Se Rn
cash
Ca S H
C As H
cashbook
Ca S H B O O K
C As H B O O K
cashew
Ca S He W
C As He W
cashier
Ca S H I Er
C As H I Er
cashierer
Ca S H I Er Er
C As H I Er Er
cashoo
Ca S H O O
C As H O O
Ca S Ho O
C As Ho O
casini
Ca S I N I
C As I N I
Ca Si N I
Ca S In I
C As In I
Ca S I Ni
C As I Ni
Ca Si Ni
casino
Ca S I N O
C As I N O

Ca Si N O
Ca S In O
C As In O
Ca S I No
C As I No
Ca Si No
casinos
Ca S I N O S
C As I N O S
Ca Si N O S
Ca S In O S
C As In O S
Ca S I No S
C As I No S
Ca Si No S
Ca S I N Os
C As I N Os
Ca Si N Os
Ca S In Os
C As In Os
cask
Ca S K
C As K
cass
Ca S S
C As S
cassation
Ca S S At I O N
C As S At I O N
cassepaper
Ca S Se Pa P Er
C As Se Pa P Er
cassican
Ca S S I Ca N
C As S I Ca N
Ca S Si Ca N
C As Si Ca N
cassino
Ca S S I N O
C As S I N O
Ca S Si N O
C As Si N O
Ca S S In O
C As S In O
Ca S S I No
C As S I No
Ca S Si No
C As Si No

cassius

Ca S S I U S

C As S I U S

Ca S Si U S

C As Si U S

cassock

Ca S S O C K

C As S O C K

cassowaries

Ca S S O W Ar I Es

C As S O W Ar I Es

cassowary

Ca S S O W Ar Y

C As S O W Ar Y

caste

Ca S Te

C As Te

castigate

Ca S Ti Ga Te

C As Ti Ga Te

castigation

Ca S Ti Ga Ti O N

C As Ti Ga Ti O N

castlery

Ca S Tl Er Y

C As Tl Er Y

casual

Ca S U Al

C As U Al

casualism

Ca S U Al I Sm

C As U Al I Sm

casualness

Ca S U Al Ne S S

C As U Al Ne S S

Ca S U Al N Es S

C As U Al N Es S

casualties

Ca S U Al Ti Es

C As U Al Ti Es

casuarina

Ca S U Ar I Na

C As U Ar I Na

casuistic

Ca S U I S Ti C

C As U I S Ti C

casus

Ca S U S

C As U S

cat

C At

cata

Ca Ta

catabasion

Ca Ta Ba S I O N

Ca Ta B As I O N

Ca Ta Ba Si O N

catabiotic

Ca Ta B I O Ti C

Ca Ta Bi O Ti C

catacaustic

Ca Ta Ca U S Ti C

Ca Ta C Au S Ti C

C At Ac Au S Ti C

catachresis

Ca Ta C H Re S I S

C At Ac H Re S I S

Ca Ta C H Re Si S

C At Ac H Re Si S

catachrestic

Ca Ta C H Re S Ti C

C At Ac H Re S Ti C

catachrestical

Ca Ta C H Re S Ti C Al

C At Ac H Re S Ti C Al

cataclysm

Ca Ta Cl Y Sm

cataclysmal

Ca Ta Cl Y Sm Al

cataclysmic

Ca Ta Cl Y Sm I C

catacoustic

Ca Ta C O U S Ti C

C At Ac O U S Ti C

Ca Ta Co U S Ti C

catafalco

Ca Ta F Al C O

Ca Ta F Al Co

catalan

Ca Ta La N

catallacta

C At Al La C Ta

catallactics

C At Al La C Ti C S

C At Al La C Ti Cs

catalpa

C At Al Pa

catalyse

C At Al Y Se

catalysis

C At Al Y S I S

C At Al Y Si S

catalytic

C At Al Y Ti C

catamite

C At Am I Te

catapasm

Ca Ta Pa Sm

cataphonic

Ca Ta P H O N I C

Ca Ta P Ho N I C

Ca Ta P H O Ni C

Ca Ta P Ho Ni C

cataphonics

Ca Ta P H O N I C S

Ca Ta P Ho N I C S

Ca Ta P H O Ni C S

Ca Ta P Ho Ni C S

Ca Ta P H O N I Cs

Ca Ta P Ho N I Cs

Ca Ta P H O Ni Cs

Ca Ta P Ho Ni Cs

cataphractic

Ca Ta P H Ra C Ti C

cataphysical

Ca Ta P H Y S I C Al

Ca Ta P H Y Si C Al

cataplasm

Ca Ta P La Sm

catapuce

Ca Ta P U Ce

Ca Ta Pu Ce

catarrh

C At Ar Rh

catarrhal

C At Ar Rh Al

catarrhine

C At Ar Rh I Ne

catarrhous

C At Ar Rh O U S

catastasis
Ca Ta S Ta S I S
C At As Ta S I S
Ca Ta S Ta Si S
C At As Ta Si S

catawba
Ca Ta W Ba

catawbas
Ca Ta W Ba S
Ca Ta W B As

catboat
C At B O At
Ca Tb O At

catch
C At C H
Ca Tc H

catcher
C At C H Er
Ca Tc H Er

catchfly
C At C H Fl Y
Ca Tc H Fl Y

catchup
C At C H U P
Ca Tc H U P

catchwater
C At C H W At Er
Ca Tc H W At Er

cate
Ca Te

catechetic
Ca Te C He Ti C

catechetical
Ca Te C He Ti C Al

catechetics
Ca Te C He Ti C S
Ca Te C He Ti Cs

catechin
Ca Te C H I N
Ca Te C H In

catechisation
Ca Te C H I S At I O N

catechise
Ca Te C H I Se

catechiser
Ca Te C H I S Er

catechism
Ca Te C H I Sm

catechismal
Ca Te C H I Sm Al

catechistic
Ca Te C H I S Ti C

catechistical
Ca Te C H I S Ti C Al

catechu
Ca Te C H U

catechuic
Ca Te C H U I C

catena
Ca Te Na

catenary
Ca Te N Ar Y

catenate
Ca Te Na Te

catenation
Ca Te N At I O N
Ca Te Na Ti O N

catene
Ca Te Ne

catenulate
Ca Te N U La Te

cater
C At Er

cateran
Ca Te Ra N

caterer
C At Er Er

cateress
Ca Te Re S S
C At Er Es S
C At Fm Es S

catery
C At Er Y

cates
Ca Te S
C At Es

catfish
C At F I S H

catharical
C At H Ar I C Al
Ca Th Ar I C Al

catharsis
C At H Ar S I S
Ca Th Ar S I S
C At H Ar Si S
Ca Th Ar Si S

cathartic
C At H Ar Ti C
Ca Th Ar Ti C

cathartin
C At H Ar Ti N
Ca Th Ar Ti N

catheretic
C At He Re Ti C

catheti
C At He Ti

catholic
C At H O Li C
Ca Th O Li C
C At Ho Li C

catholical
C At H O Li C Al
Ca Th O Li C Al
C At Ho Li C Al

catholicism
C At H O Li C I Sm
Ca Th O Li C I Sm
C At Ho Li C I Sm

catholicly
C At H O Li Cl Y
Ca Th O Li Cl Y
C At Ho Li Cl Y

catholicness
C At H O Li C Ne S S
Ca Th O Li C Ne S S
C At Ho Li C Ne S S
C At H O Li C N Es S
Ca Th O Li C N Es S
C At Ho Li C N Es S
C At H O Li Cn Es S
Ca Th O Li Cn Es S
C At Ho Li Cn Es S

catholicon
C At H O Li C O N
Ca Th O Li C O N
C At Ho Li C O N
C At H O Li Co N
Ca Th O Li Co N
C At Ho Li Co N

catholicos

C At H O Li C O S

Ca Th O Li C O S

C At Ho Li C O S

C At H O Li Co S

Ca Th O Li Co S

C At Ho Li Co S

C At H O Li C Os

Ca Th O Li C Os

C At Ho Li C Os

cation

C At I O N

Ca Ti O N

catkin

C At K I N

C At K In

catlinite

Ca Tl I N I Te

C At Li N I Te

Ca Tl In I Te

Ca Tl I Ni Te

C At Li Ni Te

catnip

C At N I P

C At Ni P

catopron

C At O Pr O N

catopter

C At O Pt Er

catso

C At S O

catsos

C At S O S

C At S Os

catstick

C At S Ti C K

catstitch

C At S Ti Tc H

catsup

C At S U P

cattish

C At Ti S H

caucus

Ca U C U S

C Au C U S

Ca U Cu S

C Au Cu S

cauf

Ca U F

C Au F

cauk

Ca U K

C Au K

cauker

Ca U K Er

C Au K Er

cauliculi

Ca U Li C U Li

C Au Li C U Li

Ca U Li Cu Li

C Au Li Cu Li

cauliculus

Ca U Li C U Lu S

C Au Li C U Lu S

Ca U Li Cu Lu S

C Au Li Cu Lu S

cauliflower

Ca U Li Fl O W Er

C Au Li Fl O W Er

cauline

Ca U Li Ne

C Au Li Ne

caulis

Ca U Li S

C Au Li S

causal

Ca U S Al

C Au S Al

causation

Ca U S At I O N

C Au S At I O N

cause

Ca U Se

C Au Se

causer

Ca U S Er

C Au S Er

causeuse

Ca U Se U Se

C Au Se U Se

Ca U S Eu Se

C Au S Eu Se

causey

Ca U Se Y

C Au Se Y

caustic

Ca U S Ti C

C Au S Ti C

caustical

Ca U S Ti C Al

C Au S Ti C Al

causticness

Ca U S Ti C Ne S S

C Au S Ti C Ne S S

Ca U S Ti C N Es S

C Au S Ti C N Es S

Ca U S Ti Cn Es S

C Au S Ti Cn Es S

caution

Ca U Ti O N

C Au Ti O N

cautionary

Ca U Ti O N Ar Y

C Au Ti O N Ar Y

cautioner

Ca U Ti O N Er

C Au Ti O N Er

cautious

Ca U Ti O U S

C Au Ti O U S

cautiousness

Ca U Ti O U S Ne S S

C Au Ti O U S Ne S S

Ca U Ti O U S N Es S

C Au Ti O U S N Es S

Ca U Ti O U Sn Es S

C Au Ti O U Sn Es S

cavalero

Ca V Al Er O

cavalier

Ca V Al I Er

cavalierish

Ca V Al I Er I S H

cavalierism

Ca V Al I Er I Sm

cavalierness

Ca V Al I Er Ne S S

Ca V Al I Er N Es S

cavaliero

Ca V Al I Er O

cavatina

Ca V At I Na

cavern
Ca V Er N

cavernous
Ca V Er N O U S
Ca V Er No U S

cavesson
Ca V Es S O N

caviar
Ca V I Ar

cavicorn
Ca V I C O Rn
Ca V I Co Rn

cavies
Ca V I Es

cavin
Ca V I N
Ca V In

cavities
Ca V I Ti Es

cavy
Ca V Y

caw
Ca W

cawk
Ca W K

cawker
Ca W K Er

cawky
Ca W K Y

cay
Ca Y

cayugas
Ca Y U Ga S

cayuse
Ca Y U Se

celandine
Ce La Nd I Ne

celiac
Ce Li Ac

celibacy
Ce Li Ba C Y
Ce Li B Ac Y

celibate
Ce Li Ba Te

cenanthy
Ce Na N Th Y

cenation
Ce N At I O N
Ce Na Ti O N

cenobite
Ce N O B I Te
Ce No B I Te
Ce N O Bi Te
Ce No Bi Te

cenobitic
Ce N O B I Ti C
Ce No B I Ti C
Ce N O Bi Ti C
Ce No Bi Ti C

cenobitical
Ce N O B I Ti C Al
Ce No B I Ti C Al
Ce N O Bi Ti C Al
Ce No Bi Ti C Al

cenobitism
Ce N O B I Ti Sm
Ce No B I Ti Sm
Ce N O Bi Ti Sm
Ce No Bi Ti Sm

cenotaph
Ce N O Ta P H
Ce No Ta P H

cenotaphy
Ce N O Ta P H Y
Ce No Ta P H Y

cense
Ce N Se

censer
Ce N S Er

censual
Ce N S U Al

censure
Ce N S U Re

census
Ce N S U S

centage
Ce N Ta Ge

centare
Ce N Ta Re

centenaries
Ce N Te N Ar I Es

centenary
Ce N Te N Ar Y

centennial
Ce N Te N N I Al
Ce N Te N Ni Al

centesimo
Ce N Te S I Mo
Ce N Te Si Mo

centesm
Ce N Te Sm

centifolious
Ce N Ti F O Li O U S

centinody
Ce N Ti N O Dy
Ce N Ti No Dy

centistere
Ce N Ti S Te Re

cephalaspis
Ce P H Al As P I S

cephalic
Ce P H Al I C

cephalitis
Ce P H Al I Ti S

cephalo
Ce P H Al O

cephalocercal
Ce P H Al O C Er C Al

cephalon
Ce P H Al O N

cephalophora
Ce P H Al O P H O Ra
Ce P H Al O P Ho Ra

cephaloptera
Ce P H Al O P Te Ra

cephalous
Ce P H Al O U S

cepheus
Ce P He U S
Ce P H Eu S

ceraceous
Ce Ra Ce O U S

cerago
C Er Ag O

ceramic
C Er Am I C

ceramics
C Er Am I C S
C Er Am I Cs

cerasin
Ce Ra S I N
C Er As I N
Ce Ra Si N
Ce Ra S In
C Er As In

cerasinous
Ce Ra S I N O U S
C Er As I N O U S
Ce Ra Si N O U S
Ce Ra S In O U S
C Er As In O U S
Ce Ra S I No U S
C Er As I No U S
Ce Ra Si No U S

cerastes
Ce Ra S Te S
C Er As Te S

cerate
Ce Ra Te

ceratine
C Er At I Ne
Ce Ra Ti Ne

ceratobranchial
C Er At O B Ra N C H I Al

ceratohyal
C Er At O H Y Al

ceratosaurus
C Er At O S Au Ru S
C Er At Os Au Ru S

ceraunics
Ce Ra U N I C S
C Er Au N I C S
Ce Ra U Ni C S
C Er Au Ni C S
Ce Ra U N I Cs
C Er Au N I Cs
Ce Ra U Ni Cs
C Er Au Ni Cs

cerberus
C Er B Er U S
Ce Rb Er U S
C Er Be Ru S

cercal
C Er C Al

cerci
C Er C I

cercus
C Er C U S
C Er Cu S

cere
Ce Re

cereal
Ce Re Al

cerealin
Ce Re Al I N
Ce Re Al In

cerebra
Ce Re B Ra

cerebral
Ce Re Br Al

cerebralism
Ce Re Br Al I Sm
Ce Re B Ra Li Sm

cerebrate
Ce Re B Ra Te

cerebration
Ce Re Br At I O N
Ce Re B Ra Ti O N

cerebric
Ce Re Br I C

cerebrin
Ce Re Br I N
Ce Re Br In

cerebritis
Ce Re Br I Ti S

cerebropathy
Ce Re Br O P At H Y
Ce Re Br O Pa Th Y

cerebroscopy
Ce Re Br O S C O P Y
Ce Re Br Os C O P Y
Ce Re Br O Sc O P Y
Ce Re Br O S Co P Y
Ce Re Br Os Co P Y

cerebrose
Ce Re Br O Se

cerecloth
Ce Re Cl O Th

ceremonial
Ce Re Mo N I Al
Ce Re Mo Ni Al

ceremonialism
Ce Re Mo N I Al I Sm
Ce Re Mo Ni Al I Sm

ceremonialness
Ce Re Mo N I Al Ne S S
Ce Re Mo Ni Al Ne S S
Ce Re Mo N I Al N Es S
Ce Re Mo Ni Al N Es S

ceremonies
Ce Re Mo N I Es
Ce Re Mo Ni Es

ceremonious
Ce Re Mo N I O U S
Ce Re Mo Ni O U S

ceremoniousness
Ce Re Mo N I O U S Ne S S
Ce Re Mo Ni O U S Ne S S
Ce Re Mo N I O U S N Es S
Ce Re Mo Ni O U S N Es S
Ce Re Mo N I O U Sn Es S
Ce Re Mo Ni O U Sn Es S

ceremony
Ce Re Mo N Y

cereous
Ce Re O U S

ceres
Ce Re S
C Er Es

ceresin
Ce Re S I N
C Er Es I N
Ce Re Si N
Ce Re S In
C Er Es In

cereus
Ce Re U S
C Er Eu S

cerial
C Er I Al

ceriferous
C Er I F Er O U S

cerin
C Er I N
C Er In

ceriph
C Er I P H

cerise
C Er I Se

cerite
C Er I Te

cernuous

C Er N U O U S

Ce Rn U O U S

cero

C Er O

cerolite

C Er O Li Te

ceroon

C Er O O N

ceroplastic

C Er O P La S Ti C

ceroplastics

C Er O P La S Ti C S

C Er O P La S Ti Cs

cerosin

C Er O S I N

C Er Os I N

C Er O Si N

C Er O S In

C Er Os In

cerote

C Er O Te

cerotene

C Er O Te Ne

cerotic

C Er O Ti C

cerotin

C Er O Ti N

certain

C Er Ta I N

C Er Ta In

certainness

C Er Ta I N Ne S S

C Er Ta In Ne S S

C Er Ta I N N Es S

C Er Ta In N Es S

certainties

C Er Ta I N Ti Es

C Er Ta In Ti Es

certes

C Er Te S

certificate

C Er Ti F I Ca Te

certification

C Er Ti F I C At I O N

C Er Ti F I Ca Ti O N

certifier

C Er Ti F I Er

certify

C Er Ti F Y

cerulific

C Er U Li F I C

Ce Ru Li F I C

ceruse

C Er U Se

Ce Ru Se

cerusite

C Er U S I Te

Ce Ru S I Te

C Er U Si Te

Ce Ru Si Te

cerussite

C Er U S S I Te

Ce Ru S S I Te

C Er U S Si Te

Ce Ru S Si Te

cervical

C Er V I C Al

cervices

C Er V I Ce S

C Er V I C Es

cervine

C Er V I Ne

cervixes

C Er V I Xe S

cervus

C Er V U S

cesarism

Ce S Ar I Sm

C Es Ar I Sm

cespitine

Ce S P I Ti Ne

C Es P I Ti Ne

cespititious

Ce S P I Ti Ti O U S

C Es P I Ti Ti O U S

cess

Ce S S

C Es S

cessation

Ce S S At I O N

C Es S At I O N

cesser

Ce S S Er

C Es S Er

cession

Ce S S I O N

C Es S I O N

Ce S Si O N

C Es Si O N

cessionary

Ce S S I O N Ar Y

C Es S I O N Ar Y

Ce S Si O N Ar Y

C Es Si O N Ar Y

cesura

Ce S U Ra

C Es U Ra

cetaceous

Ce Ta Ce O U S

cete

Ce Te

cetene

Ce Te Ne

ceterach

Ce Te Ra C H

cetic

Ce Ti C

cetin

Ce Ti N

ceylanite

Ce Y La N I Te

Ce Y La Ni Te

chaconne

C H Ac O N Ne

chalcanthite

C H Al Ca N Th I Te

chalchihuitl

C H Al C H I H U I Tl

chalcocite

C H Al C O C I Te

C H Al Co C I Te

chalice

C H Al I Ce

chalk

C H Al K

chalkiness

C H Al K I Ne S S

C H Al K I N Es S

C H Al K In Es S

chalky

C H Al K Y

challis
C H Al Li S

chalon
C H Al O N

chalybeous
C H Al Y Be O U S

chalybite
C H Al Y B I Te
C H Al Yb I Te
C H Al Y Bi Te

cham
C H Am

chamal
C H Am Al

chamber
C H Am B Er

chamberer
C H Am B Er Er

chamberlain
C H Am B Er La I N
C H Am B Er La In

chamberlainship
C H Am B Er La I N S H I P
C H Am B Er La In S H I P

chambertin
C H Am B Er Ti N

chamfer
C H Am F Er

chamfron
C H Am Fr O N

chamois
C H Am O I S

champ
C H Am P

champagne
C H Am P Ag Ne

champer
C H Am P Er

champion
C H Am P I O N

championness
C H Am P I O N Ne S S
C H Am P I O N N Es S

championship
C H Am P I O N S H I P

chamsin
C H Am S I N
C H Am Si N
C H Am S In

char
C H Ar

charbon
C H Ar B O N

charcoal
C H Ar C O Al
C H Ar Co Al

charge
C H Ar Ge

chargehouse
C H Ar Ge H O U Se
C H Ar Ge Ho U Se

chargeous
C H Ar Ge O U S

chargeship
C H Ar Ge S H I P

chariness
C H Ar I Ne S S
C H Ar I N Es S
C H Ar In Es S

charioteer
C H Ar I O Te Er

charism
C H Ar I Sm

charismatic
C H Ar I Sm At I C

charities
C H Ar I Ti Es

charivari
C H Ar I V Ar I

chark
C H Ar K

charlatan
C H Ar La Ta N

charlatanic
C H Ar La Ta N I C
C H Ar La Ta Ni C

charlatanical
C H Ar La Ta N I C Al
C H Ar La Ta Ni C Al

charlatanism
C H Ar La Ta N I Sm
C H Ar La Ta Ni Sm

charneco
C H Ar Ne C O
C H Ar Ne Co

charnico
C H Ar N I C O
C H Ar Ni C O
C H Ar N I Co
C H Ar Ni Co

charon
C H Ar O N

charras
C H Ar Ra S

charre
C H Ar Re

charta
C H Ar Ta

chartaceous
C H Ar Ta Ce O U S

charte
C H Ar Te

charterhouse
C H Ar Te Rh O U Se

chartism
C H Ar Ti Sm

chartless
C H Ar Tl Es S

chary
C H Ar Y

chaser
C H As Er

chasse
C H As Se

chasselas
C H As Se La S

chassis
C H As S I S
C H As Si S

chaste
C H As Te

chasten
C H As Te N

chastener
C H As Te N Er

chasteness
C H As Te Ne S S
C H As Te N Es S

chastise
C H As Ti Se

chastiser
C H As Ti S Er

chat

C H At

chati

C H At I

chattelism

C H At Te Li Sm

chatteration

C H At Te Ra Ti O N

chattiness

C H At Ti Ne S S

C H At Ti N Es S

chauffer

C H Au F F Er

chaun

C H Au N

chaus

C H Au S

chausses

C H Au S Se S

C H Au S S Es

chaussure

C H Au S S U Re

chauvinism

C H Au V I N I Sm

C H Au V In I Sm

C H Au V I Ni Sm

chear

C He Ar

cheat

C He At

cheater

C He At Er

chebacco

C He Ba C C O

C He B Ac C O

C He Ba C Co

C He B Ac Co

chebec

C He Be C

check

C He C K

checker

C He C K Er

checkers

C He C K Er S

checkrein

C He C K Re I N

C He C K Re In

checky

C He C K Y

cheer

C He Er

cheerer

C He Er Er

cheeriness

C He Er I Ne S S

C He Er I N Es S

C He Er In Es S

cheerisness

C He Er I S Ne S S

C He Er I S N Es S

C He Er I Sn Es S

cheesiness

C He Es I Ne S S

C He Es I N Es S

C He Es In Es S

cheesy

C He Es Y

chef

C He F

cheirepter

C He I Re Pt Er

cheiroptera

C He Ir O P Te Ra

cheiropterous

C He Ir O Pt Er O U S

cheirosophy

C He Ir O S O P H Y

C He Ir Os O P H Y

chela

C He La

chelate

C He La Te

chelicera

C He Li Ce Ra

chelifer

C He Li F Er

cheliferous

C He Li F Er O U S

chelura

C He Lu Ra

chemosmosis

C He Mo Sm O S I S

C He Mo S Mo S I S

C He Mo Sm Os I S

C He Mo Sm O Si S

C He Mo S Mo Si S

chemosmotic

C He Mo Sm O Ti C

C He Mo S Mo Ti C

cherif

C H Er I F

cherimoyer

C H Er I Mo Y Er

cherish

C H Er I S H

cherisher

C H Er I S H Er

chersonese

C H Er S O Ne Se

cherub

C H Er U B

C He Ru B

cherubic

C H Er U B I C

C He Ru B I C

C H Er U Bi C

C He Ru Bi C

cherubical

C H Er U B I C Al

C He Ru B I C Al

C H Er U Bi C Al

C He Ru Bi C Al

cherubin

C H Er U B I N

C He Ru B I N

C H Er U Bi N

C He Ru Bi N

C H Er U B In

C He Ru B In

cherubs

C H Er U B S

C He Ru B S

cherup

C H Er U P

C He Ru P

ches

C He S

C H Es

chese

C He Se

cheslip

C He S Li P

C H Es Li P

chess

C He S S

C H Es S

chesses

C He S Se S

C H Es Se S

C He S S Es

C H Es S Es

chessycopper

C He S S Y C O P P Er

C H Es S Y C O P P Er

C He S S Y Co P P Er

C H Es S Y Co P P Er

chesteyn

C He S Te Y N

C H Es Te Y N

chetah

C He Ta H

cheval

C He V Al

chevalier

C He V Al I Er

chevy

C He V Y

chew

C He W

chewer

C He W Er

chewink

C He W I N K

C He W In K

chibbal

C H I B B Al

chibouk

C H I B O U K

chic

C H I C

chica

C H I Ca

chicane

C H I Ca Ne

chicaner

C H I Ca N Er

chicanery

C H I Ca N Er Y

chich

C H I C H

chiches

C H I C He S

C H I C H Es

chichevache

C H I C He V Ac He

chick

C H I C K

chicky

C H I C K Y

chierte

C H I Er Te

chiffo

C H I F F O

chiffonier

C H I F F O N I Er

C H I F F O Ni Er

chili

C H I Li

chiliagon

C H I Li Ag O N

chiliarch

C H I Li Ar C H

chiliarchy

C H I Li Ar C H Y

chiliastic

C H I Li As Ti C

chin

C H I N

C H In

china

C H I Na

chincapin

C H I N Ca P I N

C H In Ca P I N

C H I N Ca P In

C H In Ca P In

chinch

C H I N C H

C H In C H

chinche

C H I N C He

C H In C He

chinchona

C H I N C H O Na

C H In C H O Na

C H I N C Ho Na

C H In C Ho Na

chincona

C H I N C O Na

C H In C O Na

C H I N Co Na

C H In Co Na

chine

C H I Ne

chinese

C H I Ne Se

chink

C H I N K

C H In K

chinky

C H I N K Y

C H In K Y

chinoline

C H I N O Li Ne

C H In O Li Ne

C H I No Li Ne

chinone

C H I N O Ne

C H In O Ne

C H I No Ne

chinook

C H I N O O K

C H In O O K

C H I No O K

chinse

C H I N Se

C H In Se

chioppine

C H I O P P I Ne

chip

C H I P

chipmunk

C H I Pm U N K

chipper

C H I P P Er

chippy

C H I P P Y

chips

C H I P S

chiragra

C H Ir Ag Ra

chirk

C H Ir K

chiromonic

C H Ir O Mo N I C

C H Ir O Mo Ni C

chiropody

C H Ir O P O Dy

C H Ir O Po Dy

chirp

C H Ir P

chirper

C H Ir P Er

chirre

C H Ir Re

chirrup

C H Ir Ru P

chirrupy

C H Ir Ru P Y

chirurgery

C H Ir U Rg Er Y

C H I Ru Rg Er Y

chirurgic

C H Ir U Rg I C

C H I Ru Rg I C

chirurgical

C H Ir U Rg I C Al

C H I Ru Rg I C Al

chitchat

C H I Tc H At

chitin

C H I Ti N

chitinous

C H I Ti N O U S

C H I Ti No U S

chivy

C H I V Y

chock

C H O C K

C Ho C K

chocolate

C H O C O La Te

C Ho C O La Te

C H O Co La Te

C Ho Co La Te

choctaws

C H O C Ta W S

C Ho C Ta W S

choice

C H O I Ce

C Ho I Ce

choiceness

C H O I Ce Ne S S

C Ho I Ce Ne S S

C H O I Ce N Es S

C Ho I Ce N Es S

choir

C H O Ir

C Ho Ir

choker

C H O K Er

C Ho K Er

cholate

C H O La Te

C Ho La Te

choliamb

C H O Li Am B

C Ho Li Am B

choliambic

C H O Li Am B I C

C Ho Li Am B I C

C H O Li Am Bi C

C Ho Li Am Bi C

cholic

C H O Li C

C Ho Li C

choline

C H O Li Ne

C Ho Li Ne

cholinic

C H O Li N I C

C Ho Li N I C

C H O Li Ni C

C Ho Li Ni C

choose

C H O O Se

C Ho O Se

chooser

C H O O S Er

C Ho O S Er

C H O Os Er

C Ho Os Er

chop

C H O P

C Ho P

chopboat

C H O P B O At

C Ho P B O At

C H O Pb O At

C Ho Pb O At

chophouse

C H O P H O U Se

C Ho P H O U Se

C H O P Ho U Se

C Ho P Ho U Se

chopin

C H O P I N

C Ho P I N

C H O P In

C Ho P In

chopine

C H O P I Ne

C Ho P I Ne

chopness

C H O P Ne S S

C Ho P Ne S S

C H O P N Es S

C Ho P N Es S

chopper

C H O P P Er

C Ho P P Er

choppy

C H O P P Y

C Ho P P Y

chops

C H O P S

C Ho P S

chopstick

C H O P S Ti C K

C Ho P S Ti C K

chore

C H O Re

C Ho Re

choreic

C H O Re I C

C Ho Re I C

chorepiscopal

C H O Re P I S C O P Al

C Ho Re P I S C O P Al

C H O Re P I Sc O P Al

C Ho Re P I Sc O P Al

C H O Re P I S Co P Al

C Ho Re P I S Co P Al

chorepiscopi

C H O Re P I S C O P I

C Ho Re P I S C O P I

C H O Re P I Sc O P I

C Ho Re P I Sc O P I

C H O Re P I S Co P I

C Ho Re P I S Co P I

chorepiscopus

C H O Re P I S C O P U S

C Ho Re P I S C O P U S

C H O Re P I Sc O P U S

C Ho Re P I Sc O P U S

C H O Re P I S Co P U S

C Ho Re P I S Co P U S

C H O Re P I S C O Pu S

C Ho Re P I S C O Pu S

C H O Re P I Sc O Pu S

C Ho Re P I Sc O Pu S

C H O Re P I S Co Pu S

C Ho Re P I S Co Pu S

choreus

C H O Re U S

C Ho Re U S

chorus

C H O Ru S

C Ho Ru S

choruses

C H O Ru Se S

C Ho Ru Se S

C H O Ru S Es

C Ho Ru S Es

chose

C H O Se

C Ho Se

chosen

C H O Se N

C Ho Se N

choses

C H O Se S

C Ho Se S

C H O S Es

C Ho S Es

C H Os Es

chouse

C H O U Se

C Ho U Se

chowchow

C H O W C H O W

C Ho W C H O W

C H O W C Ho W

C Ho W C Ho W

chreotechnics

C H Re O Te C H N I C S

C H Re O Te C H Ni C S

C H Re O Te C H N I Cs

C H Re O Te C H Ni Cs

chthonic

C H Th O N I C

C H Th O Ni C

chthonophagy

C H Th O N O P H Ag Y

C H Th O No P H Ag Y

chub

C H U B

chubby

C H U B B Y

chuck

C H U C K

chuff

C H U F F

chuffiness

C H U F F I Ne S S

C H U F F I N Es S

C H U F F In Es S

chuffy

C H U F F Y

chulan

C H U La N

chunam

C H U N Am

chunk

C H U N K

chunky

C H U N K Y

churn

C H U Rn

chuse

C H U Se

chute

C H U Te

chylaceous

C H Y La Ce O U S

chylifaction

C H Y Li F Ac Ti O N

chyliferous

C H Y Li F Er O U S

chylific

C H Y Li F I C

chylification

C H Y Li F I C At I O N

C H Y Li F I Ca Ti O N

chylify

C H Y Li F Y

chymous

C H Y Mo U S

cibarious

C I B Ar I O U S

cibation

C I B At I O N

C I Ba Ti O N

cicala

C I Ca La

cicero

C I C Er O

cicerone

C I C Er O Ne

cicerones

C I C Er O Ne S

C I C Er O N Es

ciceroni

C I C Er O N I

C I C Er O Ni

cichoraceous

C I C H O Ra Ce O U S

C I C Ho Ra Ce O U S

cicisbei

C I C I S Be I

cicisbeism

C I C I S Be I Sm

cicisbeo

C I C I S Be O

ciclatoun

C I Cl At O U N

cicurate

C I C U Ra Te

C I Cu Ra Te

cicuration

C I C U Ra Ti O N

C I Cu Ra Ti O N

cicuta

C I C U Ta

C I Cu Ta

cierge
C I Er Ge

ciliary
C I Li Ar Y

cilice
C I Li Ce

cilicious
C I Li C I O U S

cimolite
C I Mo Li Te

cinch
C I N C H
C In C H

cinchona
C I N C H O Na
C In C H O Na
C I N C Ho Na
C In C Ho Na

cinchonaceous
C I N C H O Na Ce O U S
C In C H O Na Ce O U S
C I N C Ho Na Ce O U S
C In C Ho Na Ce O U S

cinchonic
C I N C H O N I C
C In C H O N I C
C I N C Ho N I C
C In C Ho N I C
C I N C H O Ni C
C In C H O Ni C
C I N C Ho Ni C
C In C Ho Ni C

cinchonine
C I N C H O N I Ne
C In C H O N I Ne
C I N C Ho N I Ne
C In C Ho N I Ne
C I N C H O Ni Ne
C In C H O Ni Ne
C I N C Ho Ni Ne
C In C Ho Ni Ne

cinchonism
C I N C H O N I Sm
C In C H O N I Sm
C I N C Ho N I Sm
C In C Ho N I Sm
C I N C H O Ni Sm
C In C H O Ni Sm
C I N C Ho Ni Sm
C In C Ho Ni Sm

cinder
C I Nd Er

cindery
C I Nd Er Y

cinefaction
C I Ne F Ac Ti O N

cineraceous
C I Ne Ra Ce O U S

cinerary
C I N Er Ar Y
C In Er Ar Y

cineration
C I N Er At I O N
C In Er At I O N
C I Ne Ra Ti O N

cinereous
C I Ne Re O U S

cineritious
C I N Er I Ti O U S
C In Er I Ti O U S

cinnabar
C I N Na B Ar
C In Na B Ar

cinnabarine
C I N Na B Ar I Ne
C I N Na B Ar I Ne C
In Na B Ar I Ne

cinnamic
C I N N Am I C
C In N Am I C

cinnamon
C I N N Am O N
C In N Am O N
C I N Na Mo N
C In Na Mo N

cinnamone
C I N N Am O Ne
C In N Am O Ne
C I N Na Mo Ne
C In Na Mo Ne

cinnoline
C I N N O Li Ne
C In N O Li Ne
C I N No Li Ne
C In No Li Ne

cinura
C I N U Ra
C In U Ra

cion
C I O N

cipher
C I P H Er

cipherer
C I P H Er Er

cipolin
C I P O Li N
C I Po Li N

cippi
C I P P I

cippus
C I P P U S
C I P Pu S

circ
C Ir C

circar
C Ir C Ar

circensial
C Ir Ce N S I Al
C Ir Ce N Si Al

circinal
C Ir C I N Al
C Ir C In Al

circinate
C Ir C I Na Te

circination
C Ir C I N At I O N
C Ir C In At I O N
C Ir C I Na Ti O N

circler
C Ir Cl Er

circuiteer
C Ir C U I Te Er
C Ir Cu I Te Er

circuition
C Ir C U I Ti O N
C Ir Cu I Ti O N

circulate
C Ir C U La Te
C Ir Cu La Te

circulation
C Ir C U La Ti O N
C Ir Cu La Ti O N

circuline
C Ir C U Li Ne
C Ir Cu Li Ne
circumduce
C Ir C U Md U Ce
C Ir Cu Md U Ce
circumduction
C Ir C U Md U C Ti O N
C Ir Cu Md U C Ti O N
circumgestation
C Ir C U Mg Es Ta Ti O N
C Ir Cu Mg Es Ta Ti O N
circumgyrate
C Ir C U Mg Y Ra Te
C Ir Cu Mg Y Ra Te
circumgyration
C Ir C U Mg Y Ra Ti O N
C Ir Cu Mg Y Ra Ti O N
circumgyre
C Ir C U Mg Y Re
C Ir Cu Mg Y Re
circumnutate
C Ir C U Mn U Ta Te
C Ir Cu Mn U Ta Te
circumnutation
C Ir C U Mn U Ta Ti O N
C Ir Cu Mn U Ta Ti O N
circumterraneous
C Ir C U Mt Er Ra Ne O U S
C Ir Cu Mt Er Ra Ne O U S
circus
C Ir C U S
C Ir Cu S
circuses
C Ir C U Se S
C Ir Cu Se S
C Ir C U S Es
C Ir Cu S Es
cirrate
C Ir Ra Te
cirrhiferous
C Ir Rh I F Er O U S
cirrhose
C Ir Rh O Se
cirrhosis
C Ir Rh O S I S
C Ir Rh Os I S
C Ir Rh O Si S

cirrhotic
C Ir Rh O Ti C
cirrhous
C Ir Rh O U S
cirrhus
C Ir Rh U S
cirrus
C Ir Ru S
cisalpine
C I S Al P I Ne
cisatlantic
C I S At La N Ti C
cisco
C I S C O
C I Sc O
C I S Co
ciselure
C I Se Lu Re
cismontane
C I Sm O N Ta Ne
C I S Mo N Ta Ne
cistern
C I S Te Rn
cistic
C I S Ti C
citation
C I Ta Ti O N
cite
C I Te
citess
C I Te S S
citharistic
C I Th Ar I S Ti C
cithern
C I Th Er N
citicism
C I Ti C I Sm
cities
C I Ti Es
citiner
C I Ti N Er
civic
C I V I C
civicism
C I V I C I Sm
civics
C I V I C S
C I V I Cs

civilities
C I V I Li Ti Es
civism
C I V I Sm
clabber
C La B B Er
clack
C La C K
Cl Ac K
clacker
C La C K Er
Cl Ac K Er
claik
C La I K
clam
Cl Am
clamation
Cl Am At I O N
clamatores
Cl Am At O Re S
clamber
Cl Am B Er
clamp
Cl Am P
clamper
Cl Am P Er
clan
C La N
clandestine
C La Nd Es Ti Ne
clank
C La N K
clannish
C La N N I S H
C La N Ni S H
clanship
C La N S H I P
clap
C La P
clapper
C La P P Er
clapperclaw
C La P P Er C La W
claps
C La P S
claptrap
C La Pt Ra P

clare

C La Re

clarence

C La Re N Ce

clarendon

C La Re Nd O N

clarification

Cl Ar I F I C At I O N

Cl Ar I F I Ca Ti O N

clarifier

Cl Ar I F I Er

clarify

Cl Ar I F Y

clarigate

Cl Ar I Ga Te

clarino

Cl Ar I N O

Cl Ar In O

Cl Ar I No

clarion

Cl Ar I O N

clarisonus

Cl Ar I S O N U S

clarre

Cl Ar Re

clary

Cl Ar Y

clash

C La S H

Cl As H

clasp

C La S P

Cl As P

clasper

C La S P Er

Cl As P Er

class

C La S S

Cl As S

classes

C La S Se S

Cl As Se S

C La S S Es

Cl As S Es

classic

C La S S I C

Cl As S I C

C La S Si C

Cl As Si C

classical

C La S S I C Al

Cl As S I C Al

C La S Si C Al

Cl As Si C Al

classicalism

C La S S I C Al I Sm

Cl As S I C Al I Sm

C La S Si C Al I Sm

Cl As Si C Al I Sm

C La S S I Ca Li Sm

Cl As S I Ca Li Sm

C La S Si Ca Li Sm

Cl As Si Ca Li Sm

classicalness

C La S S I C Al Ne S S

Cl As S I C Al Ne S S

C La S Si C Al Ne S S

Cl As Si C Al Ne S S

C La S S I C Al N Es S

Cl As S I C Al N Es S

C La S Si C Al N Es S

Cl As Si C Al N Es S

classicism

C La S S I C I Sm

Cl As S I C I Sm

C La S Si C I Sm

Cl As Si C I Sm

classific

C La S S I F I C

Cl As S I F I C

C La S Si F I C

Cl As Si F I C

classification

C La S S I F I C At I O N

Cl As S I F I C At I O N

C La S Si F I C At I O N

Cl As Si F I C At I O N

C La S S I F I Ca Ti O N

Cl As S I F I Ca Ti O N

C La S Si F I Ca Ti O N

Cl As Si F I Ca Ti O N

classifier

C La S S I F I Er

Cl As S I F I Er

C La S Si F I Er

Cl As Si F I Er

classify

C La S S I F Y

Cl As S I F Y

C La S Si F Y

Cl As Si F Y

classis

C La S S I S

Cl As S I S

C La S Si S

Cl As Si S

clastic

C La S Ti C

Cl As Ti C

clathrate

Cl At H Ra Te

C La Th Ra Te

clause

C La U Se

Cl Au Se

clausure

C La U S U Re

Cl Au S U Re

claver

C La V Er

claves

C La V Es

clavicorn

C La V I C O Rn

C La V I Co Rn

clavicornes

C La V I C O Rn Es

C La V I Co Rn Es

clavier

C La V I Er

clavies

C La V I Es

clavis

C La V I S

clavises

C La V I Se S

C La V I S Es

clavus

C La V U S

clavy

C La V Y

claw

C La W

clawback

C La W Ba C K

C La W B Ac K

clay

C La Y

clayes

C La Y Es

clayish

C La Y I S H

claymore

C La Y Mo Re

clergeon

Cl Er Ge O N

cleric

Cl Er I C

clerical

Cl Er I C Al

clericalism

Cl Er I C Al I Sm

Cl Er I Ca Li Sm

clerisy

Cl Er I S Y

clerk

Cl Er K

clerkliness

Cl Er K Li Ne S S

Cl Er K Li N Es S

clerkship

Cl Er K S H I P

cliche

Cl I C He

C Li C He

click

Cl I C K

C Li C K

clicker

Cl I C K Er

C Li C K Er

clicky

Cl I C K Y

C Li C K Y

cliff

Cl I F F

C Li F F

cliffy

Cl I F F Y

C Li F F Y

clinch

Cl I N C H

C Li N C H

Cl In C H

clincher

Cl I N C H Er

C Li N C H Er

Cl In C H Er

clinic

Cl I N I C

C Li N I C

Cl In I C

Cl I Ni C

C Li Ni C

clinical

Cl I N I C Al

C Li N I C Al

Cl In I C Al

Cl I Ni C Al

C Li Ni C Al

clink

Cl I N K

C Li N K

Cl In K

clinker

Cl I N K Er

C Li N K Er

Cl In K Er

clio

Cl I O

C Li O

clione

Cl I O Ne

C Li O Ne

clip

Cl I P

C Li P

clipper

Cl I P P Er

C Li P P Er

clivers

Cl I V Er S

C Li V Er S

clivities

Cl I V I Ti Es

C Li V I Ti Es

cloacal

Cl O Ac Al

clock

Cl O C K

cloff

Cl O F F

cloisonne

Cl O I S O N Ne

clonic

Cl O N I C

Cl O Ni C

cloop

Cl O O P

close

Cl O Se

closen

Cl O Se N

closeness

Cl O Se Ne S S

Cl O Se N Es S

closer

Cl O S Er

Cl Os Er

closh

Cl O S H

Cl Os H

closure

Cl O S U Re

Cl Os U Re

clote

Cl O Te

cloth

Cl O Th

clothes

Cl O Th Es

clothesline

Cl O Th Es Li Ne

clothespin

Cl O Th Es P I N

Cl O Th Es P In

clothespress

Cl O Th Es P Re S S

Cl O Th Es Pr Es S

clothier

Cl O Th I Er

cloths

Cl O Th S

cloudy

Cl O U Dy

clover

Cl O V Er

clown

Cl O W N

clownage

Cl O W Na Ge

clownery

Cl O W N Er Y

clownish

Cl O W N I S H

Cl O W Ni S H

clownishness

Cl O W N I S H Ne S S

Cl O W Ni S H Ne S S

Cl O W N I S H N Es S

Cl O W Ni S H N Es S

cloy

Cl O Y

club

Cl U B

C Lu B

clubber

Cl U B B Er

C Lu B B Er

clubbish

Cl U B B I S H

C Lu B B I S H

Cl U B Bi S H

C Lu B Bi S H

clubhouse

Cl U B H O U Se

C Lu B H O U Se

Cl U Bh O U Se

C Lu Bh O U Se

Cl U B Ho U Se

C Lu B Ho U Se

cluck

Cl U C K

C Lu C K

clunch

Cl U N C H

C Lu N C H

cluniac

Cl U N I Ac

C Lu N I Ac

Cl U Ni Ac

C Lu Ni Ac

clutch

Cl U Tc H

C Lu Tc H

clypeus

Cl Y P Eu S

clysmic

Cl Y Sm I C

coacervation

C O Ac Er V At I O N

Co Ac Er V At I O N

coach

C O Ac H

Co Ac H

coaction

C O Ac Ti O N

Co Ac Ti O N

coag

C O Ag

Co Ag

coagula

C O Ag U La

Co Ag U La

coagulate

C O Ag U La Te

Co Ag U La Te

coagulation

C O Ag U La Ti O N

Co Ag U La Ti O N

coal

C O Al

Co Al

coalery

C O Al Er Y

Co Al Er Y

coalesce

C O Al Es Ce

Co Al Es Ce

coalescence

C O Al Es Ce N Ce

Co Al Es Ce N Ce

coalfish

C O Al F I S H

Co Al F I S H

coalite

C O Al I Te

Co Al I Te

coalition

C O Al I Ti O N

Co Al I Ti O N

coalitioner

C O Al I Ti O N Er

Co Al I Ti O N Er

coalmouse

C O Al Mo U Se

Co Al Mo U Se

coaly

C O Al Y

Co Al Y

coarctate

C O Ar C Ta Te

Co Ar C Ta Te

coarctation

C O Ar C Ta Ti O N

Co Ar C Ta Ti O N

coarse

C O Ar Se

Co Ar Se

coarsen

C O Ar Se N

Co Ar Se N

coarseness

C O Ar Se Ne S S

Co Ar Se Ne S S

C O Ar Se N Es S

Co Ar Se N Es S

coarticulation

C O Ar Ti C U La Ti O N

Co Ar Ti C U La Ti O N

C O Ar Ti Cu La Ti O N

Co Ar Ti Cu La Ti O N

coat

C O At

Co At

coati

C O At I

Co At I

cob

C O B

Co B

cobaltic

C O B Al Ti C

Co B Al Ti C

cobaltiferous

C O B Al Ti F Er O U S

Co B Al Ti F Er O U S

cobaltine

C O B Al Ti Ne

Co B Al Ti Ne

cobaltite

C O B Al Ti Te

Co B Al Ti Te

cobby

C O B B Y

Co B B Y

cobiron

C O B Ir O N

Co B Ir O N

cobishop

C O B I S H O P

Co B I S H O P

C O Bi S H O P

Co Bi S H O P

C O B I S Ho P

Co B I S Ho P

C O Bi S Ho P

Co Bi S Ho P

coboose

C O B O O Se

Co B O O Se

cobourg

C O B O U Rg

Co B O U Rg

cobra

C O B Ra

Co B Ra

coca

C O Ca

Co Ca

cocagne

C O C Ag Ne

Co C Ag Ne

cocaine

C O Ca I Ne

Co Ca I Ne

cocci

C O C C I

Co C C I

cocciferous

C O C C I F Er O U S

Co C C I F Er O U S

coccolite

C O C C O Li Te

Co C C O Li Te

C O C Co Li Te

Co C Co Li Te

coccolith

C O C C O Li Th

Co C C O Li Th

C O C Co Li Th

Co C Co Li Th

coccosphere

C O C C O S P He Re

Co C C O S P He Re

C O C Co S P He Re

Co C Co S P He Re

C O C C Os P He Re

Co C C Os P He Re

coccosteus

C O C C O S Te U S

Co C C O S Te U S

C O C Co S Te U S

Co C Co S Te U S

C O C C Os Te U S

Co C C Os Te U S

cocculusindicus

C O C C U Lu S I Nd I C U S

Co C C U Lu S I Nd I C U S

C O C Cu Lu S I Nd I C U S

Co C Cu Lu S I Nd I C U S

C O C C U Lu Si Nd I C U S

Co C C U Lu Si Nd I C U S

C O C Cu Lu Si Nd I C U S

Co C Cu Lu Si Nd I C U S

C O C C U Lu S I Nd I Cu S

Co C C U Lu S I Nd I Cu S

C O C Cu Lu S I Nd I Cu S

Co C Cu Lu S I Nd I Cu S

C O C C U Lu Si Nd I Cu S

Co C C U Lu Si Nd I Cu S

C O C Cu Lu Si Nd I Cu S

Co C Cu Lu Si Nd I Cu S

coccus

C O C C U S

Co C C U S

C O C Cu S

Co C Cu S

coccygeal

C O C C Y Ge Al

Co C C Y Ge Al

coccygeous

C O C C Y Ge O U S

Co C C Y Ge O U S

coccyges

C O C C Y Ge S

Co C C Y Ge S

cochineal

C O C H I Ne Al

Co C H I Ne Al

cock

C O C K

Co C K

cockal

C O C K Al

Co C K Al

cockamaroo

C O C K Am Ar O O

Co C K Am Ar O O

cockatoo

C O C K At O O

Co C K At O O

cockboat

C O C K B O At

Co C K B O At

cockcrow

C O C K Cr O W

Co C K Cr O W

cocker

C O C K Er

Co C K Er

cockney

C O C K Ne Y

Co C K Ne Y

cockneyfy

C O C K Ne Y F Y

Co C K Ne Y F Y

cockneyish

C O C K Ne Y I S H

Co C K Ne Y I S H

cockneyism

C O C K Ne Y I Sm

Co C K Ne Y I Sm

cockneys

C O C K Ne Y S

Co C K Ne Y S

cockroach

C O C Kr O Ac H

Co C Kr O Ac H

cockshy
[C][O][C][K][S][H][Y]
[Co][C][K][S][H][Y]

cocksure
[C][O][C][K][S][U][Re]
[Co][C][K][S][U][Re]

cockup
[C][O][C][K][U][P]
[Co][C][K][U][P]

cocky
[C][O][C][K][Y]
[Co][C][K][Y]

coco
[C][O][C][O]
[Co][C][O]
[C][O][Co]
[Co][Co]

cocobolas
[C][O][C][O][B][O][La][S]
[Co][C][O][B][O][La][S]
[C][O][Co][B][O][La][S]
[Co][Co][B][O][La][S]

cocoon
[C][O][C][O][O][N]
[Co][C][O][O][N]
[C][O][Co][O][N]
[Co][Co][O][N]

cocoonery
[C][O][C][O][O][N][Er][Y]
[Co][C][O][O][N][Er][Y]
[C][O][Co][O][N][Er][Y]
[Co][Co][O][N][Er][Y]

coction
[C][O][C][Ti][O][N]
[Co][C][Ti][O][N]

coerce
[C][O][Er][Ce]
[Co][Er][Ce]

coercion
[C][O][Er][C][I][O][N]
[Co][Er][C][I][O][N]

coessential
[C][O][Es][Se][N][Ti][Al]
[Co][Es][Se][N][Ti][Al]

coestate
[C][O][Es][Ta][Te]
[Co][Es][Ta][Te]

coffer
[C][O][F][F][Er]
[Co][F][F][Er]

cofferer
[C][O][F][F][Er][Er]
[Co][F][F][Er][Er]

coffin
[C][O][F][F][I][N]
[Co][F][F][I][N]
[C][O][F][F][In]
[Co][F][F][In]

cogency
[C][O][Ge][N][C][Y]
[Co][Ge][N][C][Y]

cogenial
[C][O][Ge][N][I][Al]
[Co][Ge][N][I][Al]
[C][O][Ge][Ni][Al]
[Co][Ge][Ni][Al]

cogently
[C][O][Ge][N][Tl][Y]
[Co][Ge][N][Tl][Y]

coheir
[C][O][He][Ir]
[Co][He][Ir]

coheiress
[C][O][He][I][Re][S][S]
[Co][He][I][Re][S][S]
[C][O][He][Ir][Es][S]
[Co][He][Ir][Es][S]

coheirship
[C][O][He][Ir][S][H][I][P]
[Co][He][Ir][S][H][I][P]

cohere
[C][O][He][Re]
[Co][He][Re]

coherence
[C][O][He][Re][N][Ce]
[Co][He][Re][N][Ce]

coherency
[C][O][He][Re][N][C][Y]
[Co][He][Re][N][C][Y]

coherently
[C][O][He][Re][N][Tl][Y]
[Co][He][Re][N][Tl][Y]

cohesion
[C][O][He][S][I][O][N]
[Co][He][S][I][O][N]
[C][O][H][Es][I][O][N]
[Co][H][Es][I][O][N]
[C][O][He][Si][O][N]
[Co][He][Si][O][N]

cohibition
[C][O][H][I][B][I][Ti][O][N]
[Co][H][I][B][I][Ti][O][N]
[C][O][H][I][Bi][Ti][O][N]
[Co][H][I][Bi][Ti][O][N]

cohobate
[C][O][H][O][Ba][Te]
[Co][H][O][Ba][Te]
[C][O][Ho][Ba][Te]
[Co][Ho][Ba][Te]

cohobation
[C][O][H][O][B][At][I][O][N]
[Co][H][O][B][At][I][O][N]
[C][O][Ho][B][At][I][O][N]
[Co][Ho][B][At][I][O][N]
[C][O][H][O][Ba][Ti][O][N]
[Co][H][O][Ba][Ti][O][N]
[C][O][Ho][Ba][Ti][O][N]
[Co][Ho][Ba][Ti][O][N]

cohorn
[C][O][H][O][Rn]
[Co][H][O][Rn]
[C][O][Ho][Rn]
[Co][Ho][Rn]

cohosh
[C][O][H][O][S][H]
[Co][H][O][S][H]
[C][O][Ho][S][H]
[Co][Ho][S][H]
[C][O][H][Os][H]
[Co][H][Os][H]

coif
[C][O][I][F]
[Co][I][F]

coiffure
[C][O][I][F][F][U][Re]
[Co][I][F][F][U][Re]

coin
[C][O][I][N]
[Co][I][N]
[C][O][In]
[Co][In]

coinage

C O I Na Ge

Co I Na Ge

coincibency

C O I N C I Be N C Y

Co I N C I Be N C Y

C O In C I Be N C Y

Co In C I Be N C Y

coindication

C O I Nd I C At I O N

Co I Nd I C At I O N

C O I Nd I Ca Ti O N

Co I Nd I Ca Ti O N

coiner

C O I N Er

Co I N Er

C O In Er

Co In Er

coinhere

C O I N He Re

Co I N He Re

C O In He Re

Co In He Re

coinheritance

C O I N H Er I Ta N Ce

Co I N H Er I Ta N Ce

C O In H Er I Ta N Ce

Co In H Er I Ta N Ce

coinitial

C O I N I Ti Al

Co I N I Ti Al

C O In I Ti Al

Co In I Ti Al

C O I Ni Ti Al

Co I Ni Ti Al

coinstantaneous

C O I N S Ta N Ta Ne O U S

Co I N S Ta N Ta Ne O U S

C O In S Ta N Ta Ne O U S

Co In S Ta N Ta Ne O U S

cointense

C O I N Te N Se

Co I N Te N Se

C O In Te N Se

Co In Te N Se

cointension

C O I N Te N S I O N

Co I N Te N S I O N

C O In Te N S I O N

Co In Te N S I O N

C O I N Te N Si O N

Co I N Te N Si O N

C O In Te N Si O N

Co In Te N Si O N

coir

C O Ir

Co Ir

coition

C O I Ti O N

Co I Ti O N

cokes

C O K Es

Co K Es

colander

C O La Nd Er

Co La Nd Er

colation

C O La Ti O N

Co La Ti O N

colic

C O Li C

Co Li C

colical

C O Li C Al

Co Li C Al

colicky

C O Li C K Y

Co Li C K Y

colies

C O Li Es

Co Li Es

colin

C O Li N

Co Li N

colitis

C O Li Ti S

Co Li Ti S

coluber

C O Lu B Er

Co Lu B Er

colubrine

C O Lu Br I Ne

Co Lu Br I Ne

column

C O Lu Mn

Co Lu Mn

columnar

C O Lu Mn Ar

Co Lu Mn Ar

columniation

C O Lu Mn I At I O N

Co Lu Mn I At I O N

colure

C O Lu Re

Co Lu Re

colures

C O Lu Re S

Co Lu Re S

comose

C O Mo Se

Co Mo Se

comtism

C O Mt I Sm

Co Mt I Sm

con

C O N

Co N

conacre

C O Na C Re

Co Na C Re

C O N Ac Re

Co N Ac Re

conation

C O N At I O N

Co N At I O N

C O Na Ti O N

Co Na Ti O N

conatus

C O N At U S

Co N At U S

concameration

C O N C Am Er At I O N

Co N C Am Er At I O N

concatenate

C O N Ca Te Na Te

Co N Ca Te Na Te

concatenation

C O N Ca Te N At I O N

Co N Ca Te N At I O N

C O N Ca Te Na Ti O N

Co N Ca Te Na Ti O N

concause

C O N Ca U Se

Co N Ca U Se

C O N C Au Se

Co N C Au Se

concavation

C O N Ca V At I O N

Co N Ca V At I O N

concavities

C O N Ca V I Ti Es

Co N Ca V I Ti Es

concavous

C O N Ca V O U S

Co N Ca V O U S

conceal

C O N Ce Al

Co N Ce Al

concealer

C O N Ce Al Er

Co N Ce Al Er

conceitless

C O N Ce I Tl Es S

Co N Ce I Tl Es S

conceiver

C O N Ce I V Er

Co N Ce I V Er

concept

C O N Ce Pt

Co N Ce Pt

conception

C O N Ce Pt I O N

Co N Ce Pt I O N

C O N Ce P Ti O N

Co N Ce P Ti O N

conceptional

C O N Ce Pt I O N Al

Co N Ce Pt I O N Al

C O N Ce P Ti O N Al

Co N Ce P Ti O N Al

conceptious

C O N Ce Pt I O U S

Co N Ce Pt I O U S

C O N Ce P Ti O U S

Co N Ce P Ti O U S

conceptual

C O N Ce Pt U Al

Co N Ce Pt U Al

conceptualism

C O N Ce Pt U Al I Sm

Co N Ce Pt U Al I Sm

concern

C O N C Er N

Co N C Er N

C O N Ce Rn

Co N Ce Rn

concertante

C O N C Er Ta N Te

Co N C Er Ta N Te

concertation

C O N C Er Ta Ti O N

Co N C Er Ta Ti O N

concertina

C O N C Er Ti Na

Co N C Er Ti Na

concertino

C O N C Er Ti N O

Co N C Er Ti N O

C O N C Er Ti No

Co N C Er Ti No

concertion

C O N C Er Ti O N

Co N C Er Ti O N

concession

C O N Ce S S I O N

Co N Ce S S I O N

C O N C Es S I O N

Co N C Es S I O N

C O N Ce S Si O N

Co N Ce S Si O N

C O N C Es Si O N

Co N C Es Si O N

conch

C O N C H

Co N C H

conchal

C O N C H Al

Co N C H Al

conchifer

C O N C H I F Er

Co N C H I F Er

conchifera

C O N C H I Fe Ra

Co N C H I Fe Ra

conchiferous

C O N C H I F Er O U S

Co N C H I F Er O U S

conchinine

C O N C H I N I Ne

Co N C H I N I Ne

C O N C H In I Ne

Co N C H In I Ne

C O N C H I Ni Ne

Co N C H I Ni Ne

conchite

C O N C H I Te

Co N C H I Te

conchitic

C O N C H I Ti C

Co N C H I Ti C

conchylaceous

C O N C H Y La Ce O U S

Co N C H Y La Ce O U S

conchylious

C O N C H Y Li O U S

Co N C H Y Li O U S

concierge

C O N C I Er Ge

Co N C I Er Ge

conciliar

C O N C I Li Ar

Co N C I Li Ar

conciliary

C O N C I Li Ar Y

Co N C I Li Ar Y

conciliation

C O N C I Li At I O N

Co N C I Li At I O N

concinnate

C O N C I N Na Te

Co N C I N Na Te

C O N C In Na Te

Co N C In Na Te

concinnous

C O N C I N N O U S

Co N C I N N O U S

C O N C In N O U S

Co N C In N O U S

C O N C I N No U S

Co N C I N No U S

C O N C In No U S

Co N C In No U S

concionate

C O N C I O Na Te

Co N C I O Na Te

concise

C O N C I Se

Co N C I Se

conciseness

C O N C I Se Ne S S

Co N C I Se Ne S S

C O N C I Se N Es S

Co N C I Se N Es S

concision

C O N C I S I O N

Co N C I S I O N

C O N C I Si O N

Co N C I Si O N

concitation

C O N C I Ta Ti O N

Co N C I Ta Ti O N

concite

C O N C I Te

Co N C I Te

conclamation

C O N Cl Am At I O N

Co N Cl Am At I O N

conclusion

C O N Cl U S I O N

Co N Cl U S I O N

C O N C Lu S I O N

Co N C Lu S I O N

C O N Cl U Si O N

Co N Cl U Si O N

C O N C Lu Si O N

Co N C Lu Si O N

concoction

C O N C O C Ti O N

Co N C O C Ti O N

C O N Co C Ti O N

Co N Co C Ti O N

concrescence

C O N C Re S Ce N Ce

Co N C Re S Ce N Ce

C O N Cr Es Ce N Ce

Co N Cr Es Ce N Ce

concrete

C O N C Re Te

Co N C Re Te

concreteness

C O N C Re Te Ne S S

Co N C Re Te Ne S S

C O N C Re Te N Es S

Co N C Re Te N Es S

concretion

C O N C Re Ti O N

Co N C Re Ti O N

concretional

C O N C Re Ti O N Al

Co N C Re Ti O N Al

concretionary

C O N C Re Ti O N Ar Y

Co N C Re Ti O N Ar Y

concrew

C O N C Re W

Co N C Re W

concubinacy

C O N C U B I Na C Y

Co N C U B I Na C Y

C O N Cu B I Na C Y

Co N Cu B I Na C Y

C O N C U Bi Na C Y

Co N C U Bi Na C Y

C O N Cu Bi Na C Y

Co N Cu Bi Na C Y

C O N C U B I N Ac Y

Co N C U B I N Ac Y

C O N Cu B I N Ac Y

Co N Cu B I N Ac Y

C O N C U Bi N Ac Y

Co N C U Bi N Ac Y

C O N Cu Bi N Ac Y

Co N Cu Bi N Ac Y

C O N C U B In Ac Y

Co N C U B In Ac Y

C O N Cu B In Ac Y

Co N Cu B In Ac Y

concubinage

C O N C U B I Na Ge

Co N C U B I Na Ge

C O N Cu B I Na Ge

Co N Cu B I Na Ge

C O N C U Bi Na Ge

Co N C U Bi Na Ge

C O N Cu Bi Na Ge

Co N Cu Bi Na Ge

concubinal

C O N C U B I N Al

Co N C U B I N Al

C O N Cu B I N Al

Co N Cu B I N Al

C O N C U Bi N Al

Co N C U Bi N Al

C O N Cu Bi N Al

Co N Cu Bi N Al

C O N C U B In Al

Co N C U B In Al

C O N Cu B In Al

Co N Cu B In Al

concubinaries

C O N C U B I N Ar I Es

Co N C U B I N Ar I Es

C O N Cu B I N Ar I Es

Co N Cu B I N Ar I Es

C O N C U Bi N Ar I Es

Co N C U Bi N Ar I Es

C O N Cu Bi N Ar I Es

Co N Cu Bi N Ar I Es

C O N C U B In Ar I Es

Co N C U B In Ar I Es

C O N Cu B In Ar I Es

Co N Cu B In Ar I Es

concubinary

C O N C U B I N Ar Y

Co N C U B I N Ar Y

C O N Cu B I N Ar Y

Co N Cu B I N Ar Y

C O N C U Bi N Ar Y

Co N C U Bi N Ar Y

C O N Cu Bi N Ar Y

Co N Cu Bi N Ar Y

C O N C U B In Ar Y

Co N C U B In Ar Y

C O N Cu B In Ar Y

Co N Cu B In Ar Y

concubinate

C O N C U B I Na Te

Co N C U B I Na Te

C O N Cu B I Na Te

Co N Cu B I Na Te

C O N C U Bi Na Te

Co N C U Bi Na Te

C O N Cu Bi Na Te

Co N Cu Bi Na Te

concubine

C O N C U B I Ne
Co N C U B I Ne
C O N Cu B I Ne
Co N Cu B I Ne
C O N C U Bi Ne
Co N C U Bi Ne
C O N Cu Bi Ne
Co N Cu Bi Ne

concupiscence

C O N C U P I S Ce N Ce
Co N C U P I S Ce N Ce
C O N Cu P I S Ce N Ce
Co N Cu P I S Ce N Ce

concupiscential

C O N C U P I S Ce N Ti Al
Co N C U P I S Ce N Ti Al
C O N Cu P I S Ce N Ti Al
Co N Cu P I S Ce N Ti Al

concupiscentious

C O N C U P I S Ce N Ti O U S
Co N C U P I S Ce N Ti O U S
C O N Cu P I S Ce N Ti O U S
Co N Cu P I S Ce N Ti O U S

concupy

C O N C U P Y
Co N C U P Y
C O N Cu P Y
Co N Cu P Y

concuss

C O N C U S S
Co N C U S S
C O N Cu S S
Co N Cu S S

concussation

C O N C U S S At I O N
Co N C U S S At I O N
C O N Cu S S At I O N
Co N Cu S S At I O N

concussion

C O N C U S S I O N
Co N C U S S I O N
C O N Cu S S I O N
Co N Cu S S I O N
C O N C U S Si O N
Co N C U S Si O N
C O N Cu S Si O N
Co N Cu S Si O N

cond

C O Nd
Co Nd

conder

C O Nd Er
Co Nd Er

condescend

C O Nd Es Ce Nd
Co Nd Es Ce Nd

condescension

C O Nd Es Ce N S I O N
Co Nd Es Ce N S I O N
C O Nd Es Ce N Si O N
Co Nd Es Ce N Si O N

condite

C O Nd I Te
Co Nd I Te

condition

C O Nd I Ti O N
Co Nd I Ti O N

conditional

C O Nd I Ti O N Al
Co Nd I Ti O N Al

conditionate

C O Nd I Ti O Na Te
Co Nd I Ti O Na Te

condonation

C O Nd O N At I O N
Co Nd O N At I O N
C O Nd O Na Ti O N
Co Nd O Na Ti O N

condone

C O Nd O Ne
Co Nd O Ne

conduce

C O Nd U Ce
Co Nd U Ce

conduction

C O Nd U C Ti O N
Co Nd U C Ti O N

conduplicate

C O Nd U P Li Ca Te
Co Nd U P Li Ca Te

conduplication

C O Nd U P Li C At I O N
Co Nd U P Li C At I O N
C O Nd U P Li Ca Ti O N
Co Nd U P Li Ca Ti O N

cone

C O Ne
Co Ne

coneine

C O Ne I Ne
Co Ne I Ne

conepate

C O Ne Pa Te
Co Ne Pa Te

conepatl

C O Ne Pa Tl
Co Ne Pa Tl

coney

C O Ne Y
Co Ne Y

confalon

C O N F Al O N
Co N F Al O N

confarreation

C O N F Ar Re At I O N
Co N F Ar Re At I O N

confection

C O N Fe C Ti O N
Co N Fe C Ti O N

confectionary

C O N Fe C Ti O N Ar Y
Co N Fe C Ti O N Ar Y

confectioner

C O N Fe C Ti O N Er
Co N Fe C Ti O N Er

confectionery

C O N Fe C Ti O N Er Y
Co N Fe C Ti O N Er Y

confer

C O N F Er
Co N F Er

conference

C O N Fe Re N Ce
Co N Fe Re N Ce

conferential

C O N Fe Re N Ti Al
Co N Fe Re N Ti Al

confervous

C O N F Er V O U S
Co N F Er V O U S

confess

C O N Fe S S

Co N Fe S S

C O N F Es S

Co N F Es S

confessary

C O N Fe S S Ar Y

Co N Fe S S Ar Y

C O N F Es S Ar Y

Co N F Es S Ar Y

confesser

C O N Fe S S Er

Co N Fe S S Er

C O N F Es S Er

Co N F Es S Er

confession

C O N Fe S S I O N

Co N Fe S S I O N

C O N F Es S I O N

Co N F Es S I O N

C O N Fe S Si O N

Co N Fe S Si O N

C O N F Es Si O N

Co N F Es Si O N

confessional

C O N Fe S S I O N Al

Co N Fe S S I O N Al

C O N F Es S I O N Al

Co N F Es S I O N Al

C O N Fe S Si O N Al

Co N Fe S Si O N Al

C O N F Es Si O N Al

Co N F Es Si O N Al

confessionalism

C O N Fe S S I O N Al I Sm

Co N Fe S S I O N Al I Sm

C O N F Es S I O N Al I Sm

Co N F Es S I O N Al I Sm

C O N Fe S Si O N Al I Sm

Co N Fe S Si O N Al I Sm

C O N F Es Si O N Al I Sm

Co N F Es Si O N Al I Sm

C O N Fe S S I O Na Li Sm

Co N Fe S S I O Na Li Sm

C O N F Es S I O Na Li Sm

Co N F Es S I O Na Li Sm

C O N Fe S Si O Na Li Sm

Co N Fe S Si O Na Li Sm

C O N F Es Si O Na Li Sm

Co N F Es Si O Na Li Sm

confessionary

C O N Fe S S I O N Ar Y

Co N Fe S S I O N Ar Y

C O N F Es S I O N Ar Y

Co N F Es S I O N Ar Y

C O N Fe S Si O N Ar Y

Co N Fe S Si O N Ar Y

C O N F Es Si O N Ar Y

Co N F Es Si O N Ar Y

confestly

C O N Fe S Tl Y

Co N Fe S Tl Y

C O N F Es Tl Y

Co N F Es Tl Y

confine

C O N F I Ne

Co N F I Ne

confiner

C O N F I N Er

Co N F I N Er

C O N F In Er

Co N F In Er

confiscate

C O N F I S Ca Te

Co N F I S Ca Te

confiscation

C O N F I S C At I O N

Co N F I S C At I O N

C O N F I Sc At I O N

Co N F I Sc At I O N

C O N F I S Ca Ti O N

Co N F I S Ca Ti O N

conflagration

C O N Fl Ag Ra Ti O N

Co N Fl Ag Ra Ti O N

conflate

C O N F La Te

Co N F La Te

conflation

C O N Fl At I O N

Co N Fl At I O N

C O N F La Ti O N

Co N F La Ti O N

confocal

C O N F O C Al

Co N F O C Al

confound

C O N F O U Nd

Co N F O U Nd

confounder

C O N F O U Nd Er

Co N F O U Nd Er

confragose

C O N Fr Ag O Se

Co N Fr Ag O Se

confraternities

C O N Fr At Er N I Ti Es

Co N Fr At Er N I Ti Es

C O N F Ra Te Rn I Ti Es

Co N F Ra Te Rn I Ti Es

C O N Fr At Er Ni Ti Es

Co N Fr At Er Ni Ti Es

confrere

C O N F Re Re

Co N F Re Re

confrication

C O N Fr I C At I O N

Co N Fr I C At I O N

C O N Fr I Ca Ti O N

Co N Fr I Ca Ti O N

confrier

C O N Fr I Er

Co N Fr I Er

confrontation

C O N Fr O N Ta Ti O N

Co N Fr O N Ta Ti O N

confronte

C O N Fr O N Te

Co N Fr O N Te

confus

C O N F U S

Co N F U S

confuse

C O N F U Se

Co N F U Se

confusion

C O N F U S I O N

Co N F U S I O N

C O N F U Si O N

Co N F U Si O N

confutation

C O N F U Ta Ti O N

Co N F U Ta Ti O N

confute

C O N F U Te

Co N F U Te

conge

C O N Ge

Co N Ge

congeal

C O N Ge Al

Co N Ge Al

congelation

C O N Ge La Ti O N

Co N Ge La Ti O N

congener

C O N Ge N Er

Co N Ge N Er

congeneracy

C O N Ge Ne Ra C Y

Co N Ge Ne Ra C Y

C O N Ge N Er Ac Y

Co N Ge N Er Ac Y

congeneric

C O N Ge N Er I C

Co N Ge N Er I C

congenerical

C O N Ge N Er I C Al

Co N Ge N Er I C Al

congenerous

C O N Ge N Er O U S

Co N Ge N Er O U S

congenial

C O N Ge N I Al

Co N Ge N I Al

C O N Ge Ni Al

Co N Ge Ni Al

congenialness

C O N Ge N I Al Ne S S

Co N Ge N I Al Ne S S

C O N Ge Ni Al Ne S S

Co N Ge Ni Al Ne S S

C O N Ge N I Al N Es S

Co N Ge N I Al N Es S

C O N Ge Ni Al N Es S

Co N Ge Ni Al N Es S

congenious

C O N Ge N I O U S

Co N Ge N I O U S

C O N Ge Ni O U S

Co N Ge Ni O U S

congenite

C O N Ge N I Te

Co N Ge N I Te

C O N Ge Ni Te

Co N Ge Ni Te

congestion

C O N Ge S Ti O N

Co N Ge S Ti O N

conic

C O N I C

Co N I C

C O Ni C

Co Ni C

conical

C O N I C Al

Co N I C Al

C O Ni C Al

Co Ni C Al

conicalness

C O N I C Al Ne S S

Co N I C Al Ne S S

C O Ni C Al Ne S S

Co Ni C Al Ne S S

C O N I C Al N Es S

Co N I C Al N Es S

C O Ni C Al N Es S

Co Ni C Al N Es S

conics

C O N I C S

Co N I C S

C O Ni C S

Co Ni C S

C O N I Cs

Co N I Cs

C O Ni Cs

Co Ni Cs

conifer

C O N I F Er

Co N I F Er

C O Ni F Er

Co Ni F Er

coniferin

C O N I F Er I N

Co N I F Er I N

C O Ni F Er I N

Co Ni F Er I N

C O N I F Er In

Co N I F Er In

C O Ni F Er In

Co Ni F Er In

coniferous

C O N I F Er O U S

Co N I F Er O U S

C O Ni F Er O U S

Co Ni F Er O U S

coniine

C O N I I Ne

Co N I I Ne

C O Ni I Ne

Co Ni I Ne

conine

C O N I Ne

Co N I Ne

C O Ni Ne

Co Ni Ne

conite

C O N I Te

Co N I Te

C O Ni Te

Co Ni Te

conn

C O N N

Co N N

connascence

C O N Na S Ce N Ce

Co N Na S Ce N Ce

C O N N As Ce N Ce

Co N N As Ce N Ce

connascency

C O N Na S Ce N C Y

Co N Na S Ce N C Y

C O N N As Ce N C Y

Co N N As Ce N C Y

connate

C O N Na Te

Co N Na Te

connation

C O N N At I O N

Co N N At I O N

C O N Na Ti O N

Co N Na Ti O N

connature

C O N N At U Re

Co N N At U Re

connection

C O N Ne C Ti O N

Co N Ne C Ti O N

conner

C O N N Er

Co N N Er

conniver

C O N N I V Er

Co N N I V Er

C O N Ni V Er

Co N Ni V Er

connotate

C O N N O Ta Te

Co N N O Ta Te

C O N No Ta Te

Co N No Ta Te

connotation

C O N N O Ta Ti O N

Co N N O Ta Ti O N

C O N No Ta Ti O N

Co N No Ta Ti O N

connote

C O N N O Te

Co N N O Te

C O N No Te

Co N No Te

connubial

C O N N U B I Al

Co N N U B I Al

C O N N U Bi Al

Co N N U Bi Al

conny

C O N N Y

Co N N Y

consarcination

C O N S Ar C I N At I O N

Co N S Ar C I N At I O N

C O N S Ar C In At I O N

Co N S Ar C In At I O N

C O N S Ar C I Na Ti O N

Co N S Ar C I Na Ti O N

conscious

C O N S C I O U S

Co N S C I O U S

C O N Sc I O U S

Co N Sc I O U S

consciousness

C O N S C I O U S Ne S S

Co N S C I O U S Ne S S

C O N Sc I O U S Ne S S

Co N Sc I O U S Ne S S

C O N S C I O U S N Es S

Co N S C I O U S N Es S

C O N Sc I O U S N Es S

Co N Sc I O U S N Es S

C O N S C I O U Sn Es S

Co N S C I O U Sn Es S

C O N Sc I O U Sn Es S

Co N Sc I O U Sn Es S

conscribe

C O N S Cr I Be

Co N S Cr I Be

conscript

C O N S Cr I Pt

Co N S Cr I Pt

conscription

C O N S Cr I Pt I O N

Co N S Cr I Pt I O N

C O N S Cr I P Ti O N

Co N S Cr I P Ti O N

consecrate

C O N Se C Ra Te

Co N Se C Ra Te

consecrater

C O N Se Cr At Er

Co N Se Cr At Er

consecration

C O N Se Cr At I O N

Co N Se Cr At I O N

C O N Se C Ra Ti O N

Co N Se C Ra Ti O N

consectaneous

C O N Se C Ta Ne O U S

Co N Se C Ta Ne O U S

consecute

C O N Se C U Te

Co N Se C U Te

C O N Se Cu Te

Co N Se Cu Te

consecution

C O N Se C U Ti O N

Co N Se C U Ti O N

C O N Se Cu Ti O N

Co N Se Cu Ti O N

consension

C O N Se N S I O N

Co N Se N S I O N

C O N Se N Si O N

Co N Se N Si O N

consensual

C O N Se N S U Al

Co N Se N S U Al

consensus

C O N Se N S U S

Co N Se N S U S

consentaneous

C O N Se N Ta Ne O U S

Co N Se N Ta Ne O U S

consertion

C O N S Er Ti O N

Co N S Er Ti O N

conservation

C O N S Er V At I O N

Co N S Er V At I O N

conservational

C O N S Er V At I O N Al

Co N S Er V At I O N Al

conservatism

C O N S Er V At I Sm

Co N S Er V At I Sm

conservatoire

C O N S Er V At O I Re

Co N S Er V At O I Re

conserver

C O N S Er V Er

Co N S Er V Er

consistence

C O N S I S Te N Ce

Co N S I S Te N Ce

C O N Si S Te N Ce

Co N Si S Te N Ce

consistency

C O N S I S Te N C Y

Co N S I S Te N C Y

C O N Si S Te N C Y

Co N Si S Te N C Y

consistently

C O N S I S Te N Tl Y

Co N S I S Te N Tl Y

C O N Si S Te N Tl Y

Co N Si S Te N Tl Y

consociation

C O N S O C I At I O N

Co N S O C I At I O N

consociational

C O N S O C I At I O N Al

Co N S O C I At I O N Al

consolate

C O N S O La Te

Co N S O La Te

consolation

C O N S O La Ti O N

Co N S O La Ti O N

consonance

C O N S O Na N Ce

Co N S O Na N Ce

consonancy

C O N S O Na N C Y

Co N S O Na N C Y

consonantly

C O N S O Na N Tl Y

Co N S O Na N Tl Y

consonous

C O N S O N O U S

Co N S O N O U S

C O N S O No U S

Co N S O No U S

consopiation

C O N S O P I At I O N

Co N S O P I At I O N

consopite

C O N S O P I Te

Co N S O P I Te

consound

C O N S O U Nd

Co N S O U Nd

conspersion

C O N S P Er S I O N

Co N S P Er S I O N

C O N S P Er Si O N

Co N S P Er Si O N

conspicuous

C O N S P I C U O U S

Co N S P I C U O U S

C O N S P I Cu O U S

Co N S P I Cu O U S

conspiracies

C O N S P I Ra C I Es

Co N S P I Ra C I Es

C O N S P Ir Ac I Es

Co N S P Ir Ac I Es

conspiracy

C O N S P I Ra C Y

Co N S P I Ra C Y

C O N S P Ir Ac Y

Co N S P Ir Ac Y

conspiration

C O N S P Ir At I O N

Co N S P Ir At I O N

C O N S P I Ra Ti O N

Co N S P I Ra Ti O N

conspire

C O N S P I Re

Co N S P I Re

conspirer

C O N S P Ir Er

Co N S P Ir Er

conspissation

C O N S P I S S At I O N

Co N S P I S S At I O N

constancy

C O N S Ta N C Y

Co N S Ta N C Y

constantly

C O N S Ta N Tl Y

Co N S Ta N Tl Y

constate

C O N S Ta Te

Co N S Ta Te

consternation

C O N S Te Rn At I O N

Co N S Te Rn At I O N

constipate

C O N S Ti Pa Te

Co N S Ti Pa Te

constipation

C O N S Ti P At I O N

Co N S Ti P At I O N

C O N S Ti Pa Ti O N

Co N S Ti Pa Ti O N

consubstantial

C O N S U B S Ta N Ti Al

Co N S U B S Ta N Ti Al

consubstantialism

C O N S U B S Ta N Ti Al I Sm

Co N S U B S Ta N Ti Al I Sm

consubstantiation

C O N S U B S Ta N Ti At I O N

Co N S U B S Ta N Ti At I O N

consulage

C O N S U La Ge

Co N S U La Ge

consulate

C O N S U La Te

Co N S U La Te

contaction

C O N Ta C Ti O N

Co N Ta C Ti O N

contain

C O N Ta I N

Co N Ta I N

C O N Ta In

Co N Ta In

container

C O N Ta I N Er

Co N Ta I N Er

C O N Ta In Er

Co N Ta In Er

contection

C O N Te C Ti O N

Co N Te C Ti O N

contek

C O N Te K

Co N Te K

contemn

C O N Te Mn

Co N Te Mn

contemner

C O N Te Mn Er

Co N Te Mn Er

contend

C O N Te Nd

Co N Te Nd

contender

C O N Te Nd Er

Co N Te Nd Er

contendress

C O N Te Nd Re S S

Co N Te Nd Re S S

contentation

C O N Te N Ta Ti O N

Co N Te N Ta Ti O N

contention

C O N Te N Ti O N

Co N Te N Ti O N

contentious
C O N Te N Ti O U S
Co N Te N Ti O U S

contentless
C O N Te N Tl Es S
Co N Te N Tl Es S

contently
C O N Te N Tl Y
Co N Te N Tl Y

contesseration
C O N Te S S Er At I O N
Co N Te S S Er At I O N
C O N Te S Se Ra Ti O N
Co N Te S Se Ra Ti O N

contestation
C O N Te S Ta Ti O N
Co N Te S Ta Ti O N

continence
C O N Ti Ne N Ce
Co N Ti Ne N Ce

continency
C O N Ti Ne N C Y
Co N Ti Ne N C Y

continently
C O N Ti Ne N Tl Y
Co N Ti Ne N Tl Y

contingence
C O N Ti N Ge N Ce
Co N Ti N Ge N Ce

contingencies
C O N Ti N Ge N C I Es
Co N Ti N Ge N C I Es

contingency
C O N Ti N Ge N C Y
Co N Ti N Ge N C Y

contingently
C O N Ti N Ge N Tl Y
Co N Ti N Ge N Tl Y

continual
C O N Ti N U Al
Co N Ti N U Al

continuation
C O N Ti N U At I O N
Co N Ti N U At I O N

continuer
C O N Ti N U Er
Co N Ti N U Er

continuities
C O N Ti N U I Ti Es
Co N Ti N U I Ti Es

continuo
C O N Ti N U O
Co N Ti N U O

continuous
C O N Ti N U O U S
Co N Ti N U O U S

contline
C O N Tl I Ne
Co N Tl I Ne

conure
C O N U Re
Co N U Re

conus
C O N U S
Co N U S

convalesce
C O N V Al Es Ce
Co N V Al Es Ce

convalescence
C O N V Al Es Ce N Ce
Co N V Al Es Ce N Ce

convalescency
C O N V Al Es Ce N C Y
Co N V Al Es Ce N C Y

convalescently
C O N V Al Es Ce N Tl Y
Co N V Al Es Ce N Tl Y

converge
C O N V Er Ge
Co N V Er Ge

convergence
C O N V Er Ge N Ce
Co N V Er Ge N Ce

convergency
C O N V Er Ge N C Y
Co N V Er Ge N C Y

conversation
C O N V Er S At I O N
Co N V Er S At I O N

conversational
C O N V Er S At I O N Al
Co N V Er S At I O N Al

conversationism
C O N V Er S At I O N I Sm
Co N V Er S At I O N I Sm
C O N V Er S At I O Ni Sm
Co N V Er S At I O Ni Sm

converse
C O N V Er Se
Co N V Er Se

converser
C O N V Er S Er
Co N V Er S Er

conversion
C O N V Er S I O N
Co N V Er S I O N
C O N V Er Si O N
Co N V Er Si O N

convertend
C O N V Er Te Nd
Co N V Er Te Nd

convertite
C O N V Er Ti Te
Co N V Er Ti Te

convicinities
C O N V I C I N I Ti Es
Co N V I C I N I Ti Es
C O N V I C In I Ti Es
Co N V I C In I Ti Es
C O N V I C I Ni Ti Es
Co N V I C I Ni Ti Es

convicious
C O N V I C I O U S
Co N V I C I O U S

conviction
C O N V I C Ti O N
Co N V I C Ti O N

convictism
C O N V I C Ti Sm
Co N V I C Ti Sm

convince
C O N V I N Ce
Co N V I N Ce
C O N V In Ce
Co N V In Ce

convincer
C O N V I N C Er
Co N V I N C Er
C O N V In C Er
Co N V In C Er

convival
C O N V I V Al
Co N V I V Al

convivial

[C][O][N][V][I][V][I][Al]

[Co][N][V][I][V][I][Al]

convivialities

[C][O][N][V][I][V][I][Al][I][Ti][Es]

[Co][N][V][I][V][I][Al][I][Ti][Es]

convocate

[C][O][N][V][O][Ca][Te]

[Co][N][V][O][Ca][Te]

convocation

[C][O][N][V][O][C][At][I][O][N]

[Co][N][V][O][C][At][I][O][N]

[C][O][N][V][O][Ca][Ti][O][N]

[Co][N][V][O][Ca][Ti][O][N]

convocational

[C][O][N][V][O][C][At][I][O][N][Al]

[Co][N][V][O][C][At][I][O][N][Al]

[C][O][N][V][O][Ca][Ti][O][N][Al]

[Co][N][V][O][Ca][Ti][O][N][Al]

convoluluses

[C][O][N][V][O][Lu][Lu][Se][S]

[Co][N][V][O][Lu][Lu][Se][S]

[C][O][N][V][O][Lu][Lu][S][Es]

[Co][N][V][O][Lu][Lu][S][Es]

convolute

[C][O][N][V][O][Lu][Te]

[Co][N][V][O][Lu][Te]

convolution

[C][O][N][V][O][Lu][Ti][O][N]

[Co][N][V][O][Lu][Ti][O][N]

convolvulaceous

[C][O][N][V][O][Lv][U][La][Ce][O][U][S]

[Co][N][V][O][Lv][U][La][Ce][O][U][S]

convolvuli

[C][O][N][V][O][Lv][U][Li]

[Co][N][V][O][Lv][U][Li]

convolvulin

[C][O][N][V][O][Lv][U][Li][N]

[Co][N][V][O][Lv][U][Li][N]

convolvulus

[C][O][N][V][O][Lv][U][Lu][S]

[Co][N][V][O][Lv][U][Lu][S]

convoy

[C][O][N][V][O][Y]

[Co][N][V][O][Y]

cony

[C][O][N][Y]

[Co][N][Y]

coo

[C][O][O]

[Co][O]

cook

[C][O][O][K]

[Co][O][K]

cookbook

[C][O][O][K][B][O][O][K]

[Co][O][K][B][O][O][K]

cookery

[C][O][O][K][Er][Y]

[Co][O][K][Er][Y]

cookies

[C][O][O][K][I][Es]

[Co][O][K][I][Es]

cookshop

[C][O][O][K][S][H][O][P]

[Co][O][K][S][H][O][P]

[C][O][O][K][S][Ho][P]

[Co][O][K][S][Ho][P]

cooky

[C][O][O][K][Y]

[Co][O][K][Y]

coolies

[C][O][O][Li][Es]

[Co][O][Li][Es]

coolish

[C][O][O][Li][S][H]

[Co][O][Li][S][H]

coon

[C][O][O][N]

[Co][O][N]

coop

[C][O][O][P]

[Co][O][P]

cooper

[C][O][O][P][Er]

[Co][O][P][Er]

cooperation

[C][O][O][P][Er][At][I][O][N]

[Co][O][P][Er][At][I][O][N]

coopery

[C][O][O][P][Er][Y]

[Co][O][P][Er][Y]

coopt

[C][O][O][Pt]

[Co][O][Pt]

cooptate

[C][O][O][P][Ta][Te]

[Co][O][P][Ta][Te]

cooptation

[C][O][O][Pt][At][I][O][N]

[Co][O][Pt][At][I][O][N]

[C][O][O][P][Ta][Ti][O][N]

[Co][O][P][Ta][Ti][O][N]

cop

[C][O][P]

[Co][P]

copaiba

[C][O][Pa][I][Ba]

[Co][Pa][I][Ba]

copal

[C][O][P][Al]

[Co][P][Al]

coparcenaries

[C][O][P][Ar][Ce][N][Ar][I][Es]

[Co][P][Ar][Ce][N][Ar][I][Es]

coparcenary

[C][O][P][Ar][Ce][N][Ar][Y]

[Co][P][Ar][Ce][N][Ar][Y]

coparcener

[C][O][P][Ar][Ce][N][Er]

[Co][P][Ar][Ce][N][Er]

coparceny

[C][O][P][Ar][Ce][N][Y]

[Co][P][Ar][Ce][N][Y]

copatain

[C][O][Pa][Ta][I][N]

[Co][Pa][Ta][I][N]

[C][O][Pa][Ta][In]

[Co][Pa][Ta][In]

copernican

[C][O][P][Er][N][I][Ca][N]

[Co][P][Er][N][I][Ca][N]

[C][O][P][Er][Ni][Ca][N]

[Co][P][Er][Ni][Ca][N]

copier

[C][O][P][I][Er]

[Co][P][I][Er]

copies

[C][O][P][I][Es]

[Co][P][I][Es]

copious

[C][O][P][I][O][U][S]

[Co][P][I][O][U][S]

copiousness
C O P I O U S Ne S S
Co P I O U S Ne S S
C O P I O U S N Es S
Co P I O U S N Es S
C O P I O U Sn Es S
Co P I O U Sn Es S

copland
C O P La Nd
Co P La Nd

coplaner
C O P La N Er
Co P La N Er

copper
C O P P Er
Co P P Er

copperas
C O P P Er As
Co P P Er As

copperish
C O P P Er I S H
Co P P Er I S H

copperplate
C O P P Er P La Te
Co P P Er P La Te

coppersmith
C O P P Er Sm I Th
Co P P Er Sm I Th

coppery
C O P P Er Y
Co P P Er Y

coppice
C O P P I Ce
Co P P I Ce

coppin
C O P P I N
Co P P I N
C O P P In
Co P P In

copps
C O P P S
Co P P S

copra
C O P Ra
Co P Ra

coprolite
C O Pr O Li Te
Co Pr O Li Te

coprolitic
C O Pr O Li Ti C
Co Pr O Li Ti C

coprophagous
C O Pr O P H Ag O U S
Co Pr O P H Ag O U S

cops
C O P S
Co P S

copse
C O P Se
Co P Se

copsy
C O P S Y
Co P S Y

coptic
C O Pt I C
Co Pt I C
C O P Ti C
Co P Ti C

copts
C O Pt S
Co Pt S

copula
C O P U La
Co P U La
C O Pu La
Co Pu La

copulate
C O P U La Te
Co P U La Te
C O Pu La Te
Co Pu La Te

copulation
C O P U La Ti O N
Co P U La Ti O N
C O Pu La Ti O N
Co Pu La Ti O N

copy
C O P Y
Co P Y

copyer
C O P Y Er
Co P Y Er

cora
C O Ra
Co Ra

corage
C O Ra Ge
Co Ra Ge

coranach
C O Ra Na C H
Co Ra Na C H
C O Ra N Ac H
Co Ra N Ac H

corb
C O Rb
Co Rb

corbies
C O Rb I Es
Co Rb I Es

corbiestep
C O Rb I Es Te P
Co Rb I Es Te P

corby
C O Rb Y
Co Rb Y

core
C O Re
Co Re

coreopsis
C O Re O P S I S
Co Re O P S I S
C O Re O P Si S
Co Re O P Si S

corf
C O Rf
Co Rf

corfiote
C O Rf I O Te
Co Rf I O Te

corfute
C O Rf U Te
Co Rf U Te

corn
C O Rn
Co Rn

cornamute
C O Rn Am U Te
Co Rn Am U Te

cornbind
C O Rn B I Nd
Co Rn B I Nd
C O Rn Bi Nd
Co Rn Bi Nd

corncob
C O Rn C O B
Co Rn C O B
C O Rn Co B
Co Rn Co B

corncrib
C O Rn Cr I B
Co Rn Cr I B

corner
C O Rn Er
Co Rn Er

cornercap
C O Rn Er Ca P
Co Rn Er Ca P

cornerwise
C O Rn Er W I Se
Co Rn Er W I Se

cornflower
C O Rn Fl O W Er
Co Rn Fl O W Er

corni
C O Rn I
Co Rn I

cornic
C O Rn I C
Co Rn I C

cornice
C O Rn I Ce
Co Rn I Ce

cornicula
C O Rn I C U La
Co Rn I C U La
C O Rn I Cu La
Co Rn I Cu La

corniferous
C O Rn I F Er O U S
Co Rn I F Er O U S

cornific
C O Rn I F I C
Co Rn I F I C

cornification
C O Rn I F I C At I O N
Co Rn I F I C At I O N
C O Rn I F I Ca Ti O N
Co Rn I F I Ca Ti O N

cornin
C O Rn I N
Co Rn I N
C O Rn In
Co Rn In

cornish
C O Rn I S H
Co Rn I S H

cornshuck
C O Rn S H U C K
Co Rn S H U C K

cornu
C O Rn U
Co Rn U

cornuammonis
C O Rn U Am Mo N I S
Co Rn U Am Mo N I S
C O Rn U Am Mo Ni S
Co Rn U Am Mo Ni S

cornucopias
C O Rn U C O P I As
Co Rn U C O P I As
C O Rn U Co P I As
Co Rn U Co P I As

cornute
C O Rn U Te
Co Rn U Te

corny
C O Rn Y
Co Rn Y

coruscate
C O Ru S Ca Te
Co Ru S Ca Te

coruscation
C O Ru S C At I O N
Co Ru S C At I O N
C O Ru Sc At I O N
Co Ru Sc At I O N
C O Ru S Ca Ti O N
Co Ru S Ca Ti O N

cosen
C O Se N
Co Se N

cosenage
C O Se Na Ge
Co Se Na Ge

cosey
C O Se Y
Co Se Y

cosher
C O S H Er
Co S H Er
C Os H Er

cosherer
C O S H Er Er
Co S H Er Er
C Os H Er Er

cosier
C O S I Er
Co S I Er
C Os I Er
C O Si Er
Co Si Er

cosinage
C O S I Na Ge
Co S I Na Ge
C Os I Na Ge
C O Si Na Ge
Co Si Na Ge

cosine
C O S I Ne
Co S I Ne
C Os I Ne
C O Si Ne
Co Si Ne

cosmic
C O Sm I C
Co Sm I C

cosmical
C O Sm I C Al
Co Sm I C Al

cosmolabe
C O Sm O La Be
Co Sm O La Be
C O S Mo La Be
Co S Mo La Be
C Os Mo La Be

cosmoline

C O Sm O Li Ne

Co Sm O Li Ne

C O S Mo Li Ne

Co S Mo Li Ne

C Os Mo Li Ne

cosmoplastic

C O Sm O P La S Ti C

Co Sm O P La S Ti C

C O S Mo P La S Ti C

Co S Mo P La S Ti C

C Os Mo P La S Ti C

cosmopolitan

C O Sm O P O Li Ta N

Co Sm O P O Li Ta N

C O S Mo P O Li Ta N

Co S Mo P O Li Ta N

C Os Mo P O Li Ta N

C O Sm O Po Li Ta N

Co Sm O Po Li Ta N

C O S Mo Po Li Ta N

Co S Mo Po Li Ta N

C Os Mo Po Li Ta N

cosmopolitanism

C O Sm O P O Li Ta N I Sm

Co Sm O P O Li Ta N I Sm

C O S Mo P O Li Ta N I Sm

Co S Mo P O Li Ta N I Sm

C Os Mo P O Li Ta N I Sm

C O Sm O Po Li Ta N I Sm

Co Sm O Po Li Ta N I Sm

C O S Mo Po Li Ta N I Sm

Co S Mo Po Li Ta N I Sm

C Os Mo Po Li Ta N I Sm

C O Sm O P O Li Ta Ni Sm

Co Sm O P O Li Ta Ni Sm

C O S Mo P O Li Ta Ni Sm

Co S Mo P O Li Ta Ni Sm

C Os Mo P O Li Ta Ni Sm

C O Sm O Po Li Ta Ni Sm

Co Sm O Po Li Ta Ni Sm

C O S Mo Po Li Ta Ni Sm

Co S Mo Po Li Ta Ni Sm

C Os Mo Po Li Ta Ni Sm

cosmopolite

C O Sm O P O Li Te

Co Sm O P O Li Te

C O S Mo P O Li Te

Co S Mo P O Li Te

C Os Mo P O Li Te

C O Sm O Po Li Te

Co Sm O Po Li Te

C O S Mo Po Li Te

Co S Mo Po Li Te

C Os Mo Po Li Te

cosmopolitical

C O Sm O P O Li Ti C Al

Co Sm O P O Li Ti C Al

C O S Mo P O Li Ti C Al

Co S Mo P O Li Ti C Al

C Os Mo P O Li Ti C Al

C O Sm O Po Li Ti C Al

Co Sm O Po Li Ti C Al

C O S Mo Po Li Ti C Al

Co S Mo Po Li Ti C Al

C Os Mo Po Li Ti C Al

cosmopolitism

C O Sm O P O Li Ti Sm

Co Sm O P O Li Ti Sm

C O S Mo P O Li Ti Sm

Co S Mo P O Li Ti Sm

C Os Mo P O Li Ti Sm

C O Sm O Po Li Ti Sm

Co Sm O Po Li Ti Sm

C O S Mo Po Li Ti Sm

Co S Mo Po Li Ti Sm

C Os Mo Po Li Ti Sm

cosmos

C O Sm O S

Co Sm O S

C O S Mo S

Co S Mo S

C Os Mo S

C O Sm Os

Co Sm Os

cosmosphere

C O Sm O S P He Re

Co Sm O S P He Re

C O S Mo S P He Re

Co S Mo S P He Re

C Os Mo S P He Re

C O Sm Os P He Re

Co Sm Os P He Re

coss

C O S S

Co S S

C Os S

cossack

C O S S Ac K

Co S S Ac K

C Os S Ac K

cossas

C O S S As

Co S S As

C Os S As

cossic

C O S S I C

Co S S I C

C Os S I C

C O S Si C

Co S Si C

C Os Si C

cossical

C O S S I C Al

Co S S I C Al

C Os S I C Al

C O S Si C Al

Co S Si C Al

C Os Si C Al

costa

C O S Ta

Co S Ta

C Os Ta

costage

C O S Ta Ge

Co S Ta Ge

C Os Ta Ge

costate

C O S Ta Te

Co S Ta Te

C Os Ta Te

costiferous

C O S Ti F Er O U S

Co S Ti F Er O U S

C Os Ti F Er O U S

costless

C O S Tl Es S

Co S Tl Es S

C Os Tl Es S

costliness
C O S Tl I Ne S S
Co S Tl I Ne S S
C Os Tl I Ne S S
C O S Tl I N Es S
Co S Tl I N Es S
C Os Tl I N Es S
C O S Tl In Es S
Co S Tl In Es S
C Os Tl In Es S

costly
C O S Tl Y
Co S Tl Y
C Os Tl Y

costmary
C O S Tm Ar Y
Co S Tm Ar Y
C Os Tm Ar Y

cosureties
C O S U Re Ti Es
Co S U Re Ti Es
C Os U Re Ti Es

cosy
C O S Y
Co S Y
C Os Y

cotarnine
C O Ta Rn I Ne
Co Ta Rn I Ne

cote
C O Te
Co Te

cothurn
C O Th U Rn
Co Th U Rn

cothurnus
C O Th U Rn U S
Co Th U Rn U S

cotinga
C O Ti N Ga
Co Ti N Ga

cotise
C O Ti Se
Co Ti Se

coucal
C O U C Al
Co U C Al

couch
C O U C H
Co U C H

couche
C O U C He
Co U C He

coucher
C O U C H Er
Co U C H Er

couchgrass
C O U C Hg Ra S S
Co U C Hg Ra S S

coulisse
C O U Li S Se
Co U Li S Se

countenance
C O U N Te Na N Ce
Co U N Te Na N Ce

countenancer
C O U N Te Na N C Er
Co U N Te Na N C Er

counteraction
C O U N Te Ra C Ti O N
Co U N Te Ra C Ti O N

counterbore
C O U N Te Rb O Re
Co U N Te Rb O Re

counterbrace
C O U N Te Rb Ra Ce
Co U N Te Rb Ra Ce

counterbuff
C O U N Te Rb U F F
Co U N Te Rb U F F

countess
C O U N Te S S
Co U N Te S S

countesses
C O U N Te S Se S
Co U N Te S Se S
C O U N Te S S Es
Co U N Te S S Es

counties
C O U N Ti Es
Co U N Ti Es

countless
C O U N Tl Es S
Co U N Tl Es S

coup
C O U P
Co U P

coupon
C O U P O N
Co U P O N
C O U Po N
Co U Po N

coupure
C O U P U Re
Co U P U Re
C O U Pu Re
Co U Pu Re

courage
C O U Ra Ge
Co U Ra Ge

courageous
C O U Ra Ge O U S
Co U Ra Ge O U S

courageousness
C O U Ra Ge O U S Ne S S
Co U Ra Ge O U S Ne S S
C O U Ra Ge O U S N Es S
Co U Ra Ge O U S N Es S
C O U Ra Ge O U Sn Es S
Co U Ra Ge O U Sn Es S

courap
C O U Ra P
Co U Ra P

courb
C O U Rb
Co U Rb

couscous
C O U S C O U S
Co U S C O U S
C O U Sc O U S
Co U Sc O U S
C O U S Co U S
Co U S Co U S

couscousou
C O U S C O U S O U
Co U S C O U S O U
C O U Sc O U S O U
Co U Sc O U S O U
C O U S Co U S O U
Co U S Co U S O U

cousin
C O U S I N
Co U S I N
C O U Si N
Co U Si N
C O U S In
Co U S In

cousinage
C O U S I Na Ge
Co U S I Na Ge
C O U Si Na Ge
Co U Si Na Ge

cousinship
C O U S I N S H I P
Co U S I N S H I P
C O U Si N S H I P
Co U Si N S H I P
C O U S In S H I P
Co U S In S H I P

couteau
C O U Te Au
Co U Te Au

couth
C O U Th
Co U Th

cover
C O V Er
Co V Er

coverer
C O V Er Er
Co V Er Er

coversedsine
C O V Er Se Ds I Ne
Co V Er Se Ds I Ne

covertbaron
C O V Er Tb Ar O N
Co V Er Tb Ar O N

covertly
C O V Er Tl Y
Co V Er Tl Y

covin
C O V I N
Co V I N
C O V In
Co V In

covinous
C O V I N O U S
Co V I N O U S
C O V In O U S
Co V In O U S
C O V I No U S
Co V I No U S

cow
C O W
Co W

cowardship
C O W Ar Ds H I P
Co W Ar Ds H I P

cowbane
C O W Ba Ne
Co W Ba Ne

cowblakes
C O W B La K Es
Co W B La K Es

cowboy
C O W B O Y
Co W B O Y

cower
C O W Er
Co W Er

cowfish
C O W F I S H
Co W F I S H

cowish
C O W I S H
Co W I S H

cowitch
C O W I Tc H
Co W I Tc H

cowlick
C O W Li C K
Co W Li C K

cowparsnip
C O W P Ar S N I P
Co W P Ar S N I P
C O W P Ar Sn I P
Co W P Ar Sn I P
C O W P Ar S Ni P
Co W P Ar S Ni P

cowpock
C O W P O C K
Co W P O C K
C O W Po C K
Co W Po C K

cows
C O W S
Co W S

cowslip
C O W S Li P
Co W S Li P

cowwheat
C O W W He At
Co W W He At

coy
C O Y
Co Y

coyish
C O Y I S H
Co Y I S H

coyness
C O Y Ne S S
Co Y Ne S S
C O Y N Es S
Co Y N Es S

coyote
C O Y O Te
Co Y O Te

coypu
C O Y P U
Co Y P U
C O Y Pu
Co Y Pu

crab
C Ra B

crabber
C Ra B B Er

crabbish
C Ra B B I S H
C Ra B Bi S H

crabby
C Ra B B Y

crabeater
C Ra Be At Er

craber
C Ra B Er

crabstick
C Ra B S Ti C K

crache
C Ra C He
Cr Ac He

crack
C Ra C K
Cr Ac K

cracker
C Ra C K Er
Cr Ac K Er

cracowes
C Ra C O W Es
Cr Ac O W Es
C Ra Co W Es

craftiness
C Ra F Ti Ne S S
C Ra F Ti N Es S

craftless
C Ra F Tl Es S

crag
Cr Ag

craker
C Ra K Er

cram
Cr Am

crambo
Cr Am B O

cramoisy
Cr Am O I S Y
C Ra Mo I S Y

cramp
Cr Am P

crampfish
Cr Am P F I S H

crampiron
Cr Am P Ir O N

crampon
Cr Am P O N
Cr Am Po N

crampoons
Cr Am P O O N S
Cr Am Po O N S

crampy
Cr Am P Y

cran
C Ra N

cranage
C Ra Na Ge

cranch
C Ra N C H

crane
C Ra Ne

cranial
C Ra N I Al
C Ra Ni Al

cranioclasm
C Ra N I O C La Sm
C Ra Ni O C La Sm

craniofacial
C Ra N I O F Ac I Al
C Ra Ni O F Ac I Al

cranioscopy
C Ra N I O S C O P Y
C Ra Ni O S C O P Y
C Ra N I Os C O P Y
C Ra Ni Os C O P Y
C Ra N I O Sc O P Y
C Ra Ni O Sc O P Y
C Ra N I O S Co P Y
C Ra Ni O S Co P Y
C Ra N I Os Co P Y
C Ra Ni Os Co P Y

craniota
C Ra N I O Ta
C Ra Ni O Ta

crank
C Ra N K

crankiness
C Ra N K I Ne S S
C Ra N K I N Es S
C Ra N K In Es S

crankness
C Ra N K Ne S S
C Ra N K N Es S

cranky
C Ra N K Y

crannies
C Ra N N I Es
C Ra N Ni Es

crannoge
C Ra N N O Ge
C Ra N No Ge

cranny
C Ra N N Y

crantara
C Ra N Ta Ra

craps
C Ra P S

crapula
C Ra P U La
C Ra Pu La

crapy
C Ra P Y

crare
C Ra Re

crase
C Ra Se

crash
C Ra S H
Cr As H

crasis
C Ra S I S
Cr As I S
C Ra Si S

crass
C Ra S S
Cr As S

crassness
C Ra S S Ne S S
Cr As S Ne S S
C Ra S S N Es S
Cr As S N Es S
C Ra S Sn Es S
Cr As Sn Es S

crastination
C Ra S Ti N At I O N
Cr As Ti N At I O N
C Ra S Ti Na Ti O N
Cr As Ti Na Ti O N

cratch
Cr At C H
C Ra Tc H

crate
C Ra Te

crater
Cr At Er

craterous
Cr At Er O U S

craunch
C Ra U N C H
Cr Au N C H

cravat
C Ra V At

craver
C Ra V Er

craw
C Ra W

crawfish
C Ra W F I S H

cray
C Ra Y

crayer

C Ra Y Er

crayfish

C Ra Y F I S H

crayon

C Ra Y O N

cream

C Re Am

creameries

C Re Am Er I Es

creamery

C Re Am Er Y

creaminess

C Re Am I Ne S S

C Re Am I N Es S

C Re Am In Es S

creamy

C Re Am Y

creaser

C Re As Er

creasy

C Re As Y

creat

C Re At

creatic

C Re At I C

creatin

C Re At I N

C Re At In

creatinin

C Re At I N I N

C Re At In I N

C Re At I Ni N

C Re At I N In

C Re At In In

creation

C Re At I O N

creational

C Re At I O N Al

creationism

C Re At I O N I Sm

C Re At I O Ni Sm

creatress

C Re At Re S S

creature

C Re At U Re

creatureship

C Re At U Re S H I P

crebricostate

C Re Br I C O S Ta Te

C Re Br I Co S Ta Te

C Re Br I C Os Ta Te

crebrous

C Re Br O U S

crees

C Re Es

cremocarp

C Re Mo C Ar P

cremona

C Re Mo Na

cremosin

C Re Mo S I N

C Re Mo Si N

C Re Mo S In

crenate

C Re Na Te

crenation

C Re N At I O N

C Re Na Ti O N

crenature

C Re N At U Re

crenelate

C Re Ne La Te

crenelation

C Re Ne La Ti O N

crenulate

C Re N U La Te

crenulation

C Re N U La Ti O N

creosote

C Re O S O Te

C Re Os O Te

crepance

C Re Pa N Ce

crepane

C Re Pa Ne

crepitate

C Re P I Ta Te

crepitation

C Re P I Ta Ti O N

crepon

C Re P O N

C Re Po N

crept

C Re Pt

crepusculine

C Re P U S C U Li Ne

C Re Pu S C U Li Ne

C Re P U Sc U Li Ne

C Re Pu Sc U Li Ne

C Re P U S Cu Li Ne

C Re Pu S Cu Li Ne

crescence

C Re S Ce N Ce

Cr Es Ce N Ce

crescendo

C Re S Ce Nd O

Cr Es Ce Nd O

crescentic

C Re S Ce N Ti C

Cr Es Ce N Ti C

cress

C Re S S

Cr Es S

cresses

C Re S Se S

Cr Es Se S

C Re S S Es

Cr Es S Es

cressy

C Re S S Y

Cr Es S Y

crestless

C Re S Tl Es S

Cr Es Tl Es S

cresylic

C Re S Y Li C

Cr Es Y Li C

cretaceous

C Re Ta Ce O U S

cretan

C Re Ta N

crete

C Re Te

cretic

C Re Ti C

creticism

C Re Ti C I Sm

cretin

C Re Ti N

cretinism

C Re Ti N I Sm

C Re Ti Ni Sm

cretinous

C Re Ti N O U S

C Re Ti No U S

cretism

C Re Ti Sm

crevasse

C Re V As Se

crevice

C Re V I Ce

crevis

C Re V I S

crew

C Re W

crib

Cr I B

cribbage

Cr I B Ba Ge

criber

Cr I B Er

cribrate

Cr I B Ra Te

cribration

Cr I Br At I O N

Cr I B Ra Ti O N

cribrose

Cr I Br O Se

cric

Cr I C

crick

Cr I C K

crier

Cr I Er

cries

Cr I Es

crimosin

Cr I Mo S I N

Cr I Mo Si N

Cr I Mo S In

crinal

Cr I N Al

Cr In Al

cringe

Cr I N Ge

Cr In Ge

crinite

Cr I N I Te

Cr In I Te

Cr I Ni Te

crinoline

Cr I N O Li Ne

Cr In O Li Ne

Cr I No Li Ne

crinose

Cr I N O Se

Cr In O Se

Cr I No Se

crises

Cr I Se S

Cr I S Es

crisis

Cr I S I S

Cr I Si S

crisp

Cr I S P

crispate

Cr I S Pa Te

crispation

Cr I S P At I O N

Cr I S Pa Ti O N

crispature

Cr I S P At U Re

crisper

Cr I S P Er

crispin

Cr I S P I N

Cr I S P In

crispness

Cr I S P Ne S S

Cr I S P N Es S

crispy

Cr I S P Y

crissal

Cr I S S Al

crisscross

Cr I S S Cr O S S

Cr I S S Cr Os S

cristate

Cr I S Ta Te

crith

Cr I Th

critic

Cr I Ti C

critical

Cr I Ti C Al

criticalness

Cr I Ti C Al Ne S S

Cr I Ti C Al N Es S

criticise

Cr I Ti C I Se

criticiser

Cr I Ti C I S Er

criticism

Cr I Ti C I Sm

croat

Cr O At

crocein

Cr O Ce I N

Cr O Ce In

croceous

Cr O Ce O U S

crocetin

Cr O Ce Ti N

croche

Cr O C He

crociary

Cr O C I Ar Y

crocin

Cr O C I N

Cr O C In

crock

Cr O C K

crocker

Cr O C K Er

crockery

Cr O C K Er Y

crocky

Cr O C K Y

crocoisite

Cr O C O I S I Te

Cr O Co I S I Te

Cr O C O I Si Te

Cr O Co I Si Te

crocoite

Cr O C O I Te

Cr O Co I Te

croconate

Cr O C O Na Te

Cr O Co Na Te

croconic

Cr O C O N I C

Cr O Co N I C

Cr O C O Ni C

Cr O Co Ni C

crocose

Cr O C O Se

Cr O Co Se

crocus

Cr O C U S

Cr O Cu S

croesus

Cr O Es U S

crois

Cr O I S

croise

Cr O I Se

croker

Cr O K Er

crone

Cr O Ne

cronies

Cr O N I Es

Cr O Ni Es

crony

Cr O N Y

crook

Cr O O K

crookback

Cr O O K Ba C K

Cr O O K B Ac K

croon

Cr O O N

crop

Cr O P

cropper

Cr O P P Er

cropsick

Cr O P S I C K

Cr O P Si C K

crore

Cr O Re

crosier

Cr O S I Er

Cr Os I Er

Cr O Si Er

cross

Cr O S S

Cr Os S

crossbar

Cr O S S B Ar

Cr Os S B Ar

Cr O S Sb Ar

Cr Os Sb Ar

crossbeam

Cr O S S Be Am

Cr Os S Be Am

crossbite

Cr O S S B I Te

Cr Os S B I Te

Cr O S Sb I Te

Cr Os Sb I Te

Cr O S S Bi Te

Cr Os S Bi Te

crossbones

Cr O S S B O Ne S

Cr Os S B O Ne S

Cr O S Sb O Ne S

Cr Os Sb O Ne S

Cr O S S B O N Es

Cr Os S B O N Es

Cr O S Sb O N Es

Cr Os Sb O N Es

crossbow

Cr O S S B O W

Cr Os S B O W

Cr O S Sb O W

Cr Os Sb O W

crossbower

Cr O S S B O W Er

Cr Os S B O W Er

Cr O S Sb O W Er

Cr Os Sb O W Er

crossfish

Cr O S S F I S H

Cr Os S F I S H

crossflow

Cr O S S Fl O W

Cr Os S Fl O W

crossnath

Cr O S S N At H

Cr Os S N At H

Cr O S Sn At H

Cr Os Sn At H

Cr O S S Na Th

Cr Os S Na Th

crossness

Cr O S S Ne S S

Cr Os S Ne S S

Cr O S S N Es S

Cr Os S N Es S

Cr O S Sn Es S

Cr Os Sn Es S

crosspatch

Cr O S S P At C H

Cr Os S P At C H

Cr O S S Pa Tc H

Cr Os S Pa Tc H

crossrow

Cr O S Sr O W

Cr Os Sr O W

crossruff

Cr O S Sr U F F

Cr Os Sr U F F

Cr O S S Ru F F

Cr Os S Ru F F

crosswise

Cr O S S W I Se

Cr Os S W I Se

crotaline

Cr O Ta Li Ne

crotalus

Cr O Ta Lu S

crotaphite

Cr O Ta P H I Te

crotaphitic

Cr O Ta P H I Ti C

crotch

Cr O Tc H

crotches

Cr O Tc He S

Cr O Tc H Es

crotchetiness

Cr O Tc He Ti Ne S S

Cr O Tc He Ti N Es S

crouch

Cr O U C H

croup

Cr O U P

croupal

Cr O U P Al

crouper

Cr O U P Er

croupier

Cr O U P I Er

croupous

Cr O U P O U S

Cr O U Po U S

croupy
[Cr][O][U][P][Y]

crouse
[Cr][O][U][Se]

crow
[Cr][O][W]

crowbar
[Cr][O][W][B][Ar]

crowdy
[Cr][O][W][Dy]

crowflower
[Cr][O][W][Fl][O][W][Er]

crown
[Cr][O][W][N]

crowner
[Cr][O][W][N][Er]

crownoffice
[Cr][O][W][N][O][F][F][I][Ce]
[Cr][O][W][No][F][F][I][Ce]

crows
[Cr][O][W][S]

crowstep
[Cr][O][W][S][Te][P]

crowth
[Cr][O][W][Th]

croys
[Cr][O][Y][S]

cruces
[Cr][U][Ce][S]
[C][Ru][Ce][S]
[Cr][U][C][Es]
[C][Ru][C][Es]

crucial
[Cr][U][C][I][Al]
[C][Ru][C][I][Al]

cruciation
[Cr][U][C][I][At][I][O][N]
[C][Ru][C][I][At][I][O][N]

crucifer
[Cr][U][C][I][F][Er]
[C][Ru][C][I][F][Er]

cruciferous
[Cr][U][C][I][F][Er][O][U][S]
[C][Ru][C][I][F][Er][O][U][S]

crucifier
[Cr][U][C][I][F][I][Er]
[C][Ru][C][I][F][I][Er]

crucifixes
[Cr][U][C][I][F][I][Xe][S]
[C][Ru][C][I][F][I][Xe][S]

crucify
[Cr][U][C][I][F][Y]
[C][Ru][C][I][F][Y]

crudy
[Cr][U][Dy]
[C][Ru][Dy]

cruise
[Cr][U][I][Se]
[C][Ru][I][Se]

cruiser
[Cr][U][I][S][Er]
[C][Ru][I][S][Er]

crunch
[Cr][U][N][C][H]
[C][Ru][N][C][H]

crunk
[Cr][U][N][K]
[C][Ru][N][K]

crup
[Cr][U][P]
[C][Ru][P]

crupper
[Cr][U][P][P][Er]
[C][Ru][P][P][Er]

crura
[Cr][U][Ra]
[C][Ru][Ra]

crus
[Cr][U][S]
[C][Ru][S]

cruse
[Cr][U][Se]
[C][Ru][Se]

crush
[Cr][U][S][H]
[C][Ru][S][H]

crusher
[Cr][U][S][H][Er]
[C][Ru][S][H][Er]

crusta
[Cr][U][S][Ta]
[C][Ru][S][Ta]

crustaceous
[Cr][U][S][Ta][Ce][O][U][S]
[C][Ru][S][Ta][Ce][O][U][S]

crustaceousness
[Cr][U][S][Ta][Ce][O][U][S][Ne][S][S]
[C][Ru][S][Ta][Ce][O][U][S][Ne][S][S]
[Cr][U][S][Ta][Ce][O][U][S][N][Es][S]
[C][Ru][S][Ta][Ce][O][U][S][N][Es][S]
[Cr][U][S][Ta][Ce][O][U][Sn][Es][S]
[C][Ru][S][Ta][Ce][O][U][Sn][Es][S]

crustation
[Cr][U][S][Ta][Ti][O][N]
[C][Ru][S][Ta][Ti][O][N]

crustific
[Cr][U][S][Ti][F][I][C]
[C][Ru][S][Ti][F][I][C]

crustiness
[Cr][U][S][Ti][Ne][S][S]
[C][Ru][S][Ti][Ne][S][S]
[Cr][U][S][Ti][N][Es][S]
[C][Ru][S][Ti][N][Es][S]

crutch
[Cr][U][Tc][H]
[C][Ru][Tc][H]

crutches
[Cr][U][Tc][He][S]
[C][Ru][Tc][He][S]
[Cr][U][Tc][H][Es]
[C][Ru][Tc][H][Es]

cruth
[Cr][U][Th]
[C][Ru][Th]

cruxes
[Cr][U][Xe][S]
[C][Ru][Xe][S]

crwth
[Cr][W][Th]

cry
[Cr][Y]

cryal
[Cr][Y][Al]

cryer
[Cr][Y][Er]

cryolite
[Cr][Y][O][Li][Te]

cryophorus
[Cr][Y][O][P][H][O][Ru][S]
[Cr][Y][O][P][Ho][Ru][S]

crypt
[Cr][Y][Pt]

cryptal

Cr Y Pt Al

cryptic

Cr Y Pt I C

Cr Y P Ti C

cryptical

Cr Y Pt I C Al

Cr Y P Ti C Al

cryptogamous

Cr Y Pt O Ga Mo U S

cryptopine

Cr Y Pt O P I Ne

ctenophora

C Te N O P H O Ra

C Te No P H O Ra

C Te N O P Ho Ra

C Te No P Ho Ra

ctenophore

C Te N O P H O Re

C Te No P H O Re

C Te N O P Ho Re

C Te No P Ho Re

cub

C U B

Cu B

cuban

C U Ba N

Cu Ba N

cubation

C U B At I O N

Cu B At I O N

C U Ba Ti O N

Cu Ba Ti O N

cubature

C U B At U Re

Cu B At U Re

cubby

C U B B Y

Cu B B Y

cube

C U Be

Cu Be

cubeb

C U Be B

Cu Be B

cubebic

C U Be B I C

Cu Be B I C

C U Be Bi C

Cu Be Bi C

cubic

C U B I C

Cu B I C

C U Bi C

Cu Bi C

cubical

C U B I C Al

Cu B I C Al

C U Bi C Al

Cu Bi C Al

cubicalness

C U B I C Al Ne S S

Cu B I C Al Ne S S

C U Bi C Al Ne S S

Cu Bi C Al Ne S S

C U B I C Al N Es S

Cu B I C Al N Es S

C U Bi C Al N Es S

Cu Bi C Al N Es S

cuca

C U Ca

Cu Ca

cuckoo

C U C K O O

Cu C K O O

cuckooflower

C U C K O O Fl O W Er

Cu C K O O Fl O W Er

cucurbitaceous

C U C U Rb I Ta Ce O U S

Cu C U Rb I Ta Ce O U S

C U Cu Rb I Ta Ce O U S

Cu Cu Rb I Ta Ce O U S

cucurbite

C U C U Rb I Te

Cu C U Rb I Te

C U Cu Rb I Te

Cu Cu Rb I Te

cuerpo

C U Er P O

Cu Er P O

C U Er Po

Cu Er Po

cuff

C U F F

Cu F F

cuffy

C U F F Y

Cu F F Y

cufic

C U F I C

Cu F I C

cuinage

C U I Na Ge

Cu I Na Ge

cuirass

C U I Ra S S

Cu I Ra S S

C U Ir As S

Cu Ir As S

cuirasses

C U I Ra S Se S

Cu I Ra S Se S

C U Ir As Se S

Cu Ir As Se S

C U I Ra S S Es

Cu I Ra S S Es

C U Ir As S Es

Cu Ir As S Es

cuirassier

C U I Ra S S I Er

Cu I Ra S S I Er

C U Ir As S I Er

Cu Ir As S I Er

C U I Ra S Si Er

Cu I Ra S Si Er

C U Ir As Si Er

Cu Ir As Si Er

cuish

C U I S H

Cu I S H

cuisine

C U I S I Ne

Cu I S I Ne

C U I Si Ne

Cu I Si Ne

culasse

C U La S Se

Cu La S Se

culinary

C U Li N Ar Y

Cu Li N Ar Y

culver
C U Lv Er
Cu Lv Er

culverhouse
C U Lv Er H O U Se
Cu Lv Er H O U Se
C U Lv Er Ho U Se
Cu Lv Er Ho U Se

culverin
C U Lv Er I N
Cu Lv Er I N
C U Lv Er In
Cu Lv Er In

cun
C U N
Cu N

cunabula
C U Na B U La
Cu Na B U La

cunctation
C U N C Ta Ti O N
Cu N C Ta Ti O N

cund
C U Nd
Cu Nd

cuneal
C U Ne Al
Cu Ne Al

cuneatic
C U Ne At I C
Cu Ne At I C

cunner
C U N N Er
Cu N N Er

cup
C U P
Cu P

cupbearer
C U P Be Ar Er
Cu P Be Ar Er

cupola
C U P O La
Cu P O La
C U Po La
Cu Po La

cupolas
C U P O La S
Cu P O La S
C U Po La S
Cu Po La S

cupper
C U P P Er
Cu P P Er

cupreous
C U P Re O U S
Cu P Re O U S

cupric
C U Pr I C
Cu Pr I C

cupriferous
C U Pr I F Er O U S
Cu Pr I F Er O U S

cuprite
C U Pr I Te
Cu Pr I Te

cuprous
C U Pr O U S
Cu Pr O U S

cupulate
C U P U La Te
Cu P U La Te
C U Pu La Te
Cu Pu La Te

cupuliferous
C U P U Li F Er O U S
Cu P U Li F Er O U S
C U Pu Li F Er O U S
Cu Pu Li F Er O U S

curacao
C U Ra Ca O
Cu Ra Ca O

curacies
C U Ra C I Es
Cu Ra C I Es

curacy
C U Ra C Y
Cu Ra C Y

curare
C U Ra Re
Cu Ra Re

curassow
C U Ra S S O W
Cu Ra S S O W

curate
C U Ra Te
Cu Ra Te

curateship
C U Ra Te S H I P
Cu Ra Te S H I P

curation
C U Ra Ti O N
Cu Ra Ti O N

curb
C U Rb
Cu Rb

cure
C U Re
Cu Re

cushat
C U S H At
Cu S H At

cushion
C U S H I O N
Cu S H I O N

cushiony
C U S H I O N Y
Cu S H I O N Y

cushite
C U S H I Te
Cu S H I Te

cusk
C U S K
Cu S K

cuskin
C U S K I N
Cu S K I N
C U S K In
Cu S K In

cusp
C U S P
Cu S P

cuspis
C U S P I S
Cu S P I S

cutaneous
C U Ta Ne O U S
Cu Ta Ne O U S

cutch
C U Tc H
Cu Tc H

cutchery
C U Tc H Er Y
Cu Tc H Er Y

cute
[C][U][Te]
[Cu][Te]

cuteness
[C][U][Te][Ne][S][S]
[Cu][Te][Ne][S][S]
[C][U][Te][N][Es][S]
[Cu][Te][N][Es][S]

cutin
[C][U][Ti][N]
[Cu][Ti][N]

cutis
[C][U][Ti][S]
[Cu][Ti][S]

cutlass
[C][U][Tl][As][S]
[Cu][Tl][As][S]

cutlasses
[C][U][Tl][As][Se][S]
[Cu][Tl][As][Se][S]
[C][U][Tl][As][S][Es]
[Cu][Tl][As][S][Es]

cutler
[C][U][Tl][Er]
[Cu][Tl][Er]

cutlery
[C][U][Tl][Er][Y]
[Cu][Tl][Er][Y]

cyatholith
[C][Y][At][H][O][Li][Th]
[C][Y][At][Ho][Li][Th]

cycas
[C][Y][Ca][S]
[C][Y][C][As]

cyclamin
[C][Y][Cl][Am][I][N]
[C][Y][Cl][Am][In]

cyclas
[C][Y][C][La][S]
[C][Y][Cl][As]

cyclic
[C][Y][Cl][I][C]
[C][Y][C][Li][C]

cyclical
[C][Y][Cl][I][C][Al]
[C][Y][C][Li][C][Al]

cyclone
[C][Y][Cl][O][Ne]

cyclonic
[C][Y][Cl][O][N][I][C]
[C][Y][Cl][O][Ni][C]

cyclop
[C][Y][Cl][O][P]

cyclopic
[C][Y][Cl][O][P][I][C]

cyclops
[C][Y][Cl][O][P][S]

cyclosis
[C][Y][Cl][O][S][I][S]
[C][Y][Cl][Os][I][S]
[C][Y][Cl][O][Si][S]

cylinder
[C][Y][Li][Nd][Er]

cylindraceous
[C][Y][Li][Nd][Ra][Ce][O][U][S]

cymogene
[C][Y][Mo][Ge][Ne]

cymose
[C][Y][Mo][Se]

cymous
[C][Y][Mo][U][S]

cynanche
[C][Y][Na][N][C][He]

cynegetics
[C][Y][Ne][Ge][Ti][C][S]
[C][Y][Ne][Ge][Ti][Cs]

cynic
[C][Y][N][I][C]
[C][Y][Ni][C]

cynical
[C][Y][N][I][C][Al]
[C][Y][Ni][C][Al]

cynicalness
[C][Y][N][I][C][Al][Ne][S][S]
[C][Y][Ni][C][Al][Ne][S][S]
[C][Y][N][I][C][Al][N][Es][S]
[C][Y][Ni][C][Al][N][Es][S]

cynicism
[C][Y][N][I][C][I][Sm]
[C][Y][Ni][C][I][Sm]

cynosure
[C][Y][N][O][S][U][Re]
[C][Y][No][S][U][Re]
[C][Y][N][Os][U][Re]

cyon
[C][Y][O][N]

cyperus
[C][Y][P][Er][U][S]

cypher
[C][Y][P][H][Er]

cyphonautes
[C][Y][P][H][O][Na][U][Te][S]
[C][Y][P][Ho][Na][U][Te][S]
[C][Y][P][H][O][N][Au][Te][S]
[C][Y][P][Ho][N][Au][Te][S]

cyphonism
[C][Y][P][H][O][N][I][Sm]
[C][Y][P][Ho][N][I][Sm]
[C][Y][P][H][O][Ni][Sm]
[C][Y][P][Ho][Ni][Sm]

cypres
[C][Y][P][Re][S]
[C][Y][Pr][Es]

cypress
[C][Y][P][Re][S][S]
[C][Y][Pr][Es][S]

cypresses
[C][Y][P][Re][S][Se][S]
[C][Y][Pr][Es][Se][S]
[C][Y][P][Re][S][S][Es]
[C][Y][Pr][Es][S][Es]

cyprine
[C][Y][Pr][I][Ne]

cypris
[C][Y][Pr][I][S]

cyprus
[C][Y][Pr][U][S]
[C][Y][P][Ru][S]

cypruslawn
[C][Y][Pr][U][S][La][W][N]
[C][Y][P][Ru][S][La][W][N]

cypsela
[C][Y][P][Se][La]

cyrenaic
[C][Y][Re][Na][I][C]

cystic

C Y S Ti C

cysticerce

C Y S Ti C Er Ce

cysticercus

C Y S Ti C Er C U S

C Y S Ti C Er Cu S

cystine

C Y S Ti Ne

cystis

C Y S Ti S

cystitis

C Y S Ti Ti S

D

dyas
Dy As
dyer
Dy Er
dynam
Dy N Am
dynamic
Dy N Am I C
dynamical
Dy N Am I C Al
dynamics
Dy N Am I C S
Dy N Am I Cs
dynamism
Dy N Am I Sm
dynamite
Dy N Am I Te
dynamitism
Dy N Am I Ti Sm
dynamo
Dy N Am O
Dy Na Mo

dynasta
Dy Na S Ta
Dy N As Ta
dynastic
Dy Na S Ti C
Dy N As Ti C
dynastical
Dy Na S Ti C Al
Dy N As Ti C Al
dynasties
Dy Na S Ti Es
Dy N As Ti Es
dyne
Dy Ne
dyscrasite
Dy S C Ra S I Te
Dy Sc Ra S I Te
Dy S Cr As I Te
Dy S C Ra Si Te
Dy Sc Ra Si Te
dyscrasy
Dy S C Ra S Y
Dy Sc Ra S Y
Dy S Cr As Y

dysgenesic
Dy S Ge Ne S I C
Dy S Ge N Es I C
Dy S Ge Ne Si C
dysgenesis
Dy S Ge Ne S I S
Dy S Ge N Es I S
Dy S Ge Ne Si S
dysluite
Dy S Lu I Te
dysphagy
Dy S P H Ag Y
dysphony
Dy S P H O N Y
Dy S P Ho N Y
dyspnoic
Dy S P N O I C
Dy S P No I C

E

eras
Er As

eraser
Er As Er

erasion
Er As I O N

erasure
Er As U Re

erato
Er At O

erf
Er F

eriach
Er I Ac H

eric
Er I C

erica
Er I Ca

ericaceous
Er I Ca Ce O U S

ericius
Er I C I U S

ericolin
Er I C O Li N
Er I Co Li N

erin
Er I N
Er In

erinaceous
Er I Na Ce O U S

erinite
Er I N I Te
Er In I Te
Er I Ni Te

erinyes
Er I N Y Es
Er In Y Es

erinys
Er I N Y S
Er In Y S

eristalis
Er I S Ta Li S

eristic
Er I S Ti C

eristical
Er I S Ti C Al

ern
Er N

erne
Er Ne

erogate
Er O Ga Te

erogation
Er O Ga Ti O N

eros
Er O S
Er Os

erose
Er O Se

erosion
Er O S I O N
Er Os I O N
Er O Si O N

erotesis
Er O Te S I S
Er O Te Si S

erotic
Er O Ti C

erotical
Er O Ti C Al

eroticism
Er O Ti C I Sm

errabund
Er Ra B U Nd

errancy
Er Ra N C Y

errand
Er Ra Nd

errata
Er Ra Ta

erratic
Er Ra Ti C

erratical
Er Ra Ti C Al

erration
Er Ra Ti O N

ers
Er S

erse
Er Se

ersh
Er S H

erthine
Er Th I Ne

erubescence
Er U Be S Ce N Ce
Er U B Es Ce N Ce

erubescency
Er U Be S Ce N C Y
Er U B Es Ce N C Y

erubescite
Er U Be S C I Te
Er U B Es C I Te
Er U Be Sc I Te

eruca
Er U Ca

erucic
Er U C I C

eructate
Er U C Ta Te

eructation
Er U C Ta Ti O N

erugate
Er U Ga Te

erupt
Er U Pt

eruption
Er U Pt I O N
Er U P Ti O N

eruptional
Er U Pt I O N Al
Er U P Ti O N Al

escalop
Es C Al O P

escambio
Es C Am B I O
Es C Am Bi O

escaper
Es Ca P Er

escargatoire
Es Ca Rg At O I Re

escarp
Es C Ar P

eschar
Es C H Ar

escharine
Es C H Ar I Ne

escharotic
Es C H Ar O Ti C

eschaunge
Es C H Au N Ge

escheat
Es C He At

eschevin
Es C He V I N
Es C He V In

eschew
Es C He W

eschewer
Es C He W Er

eschynite
Es C H Y N I Te
Es C H Y Ni Te

escocheon
Es C O C He O N
Es Co C He O N

escript
Es Cr I Pt

escrow
Es Cr O W

esculapius
Es C U La P I U S
Es Cu La P I U S

esculic
Es C U Li C
Es Cu Li C

esculin
Es C U Li N
Es Cu Li N

escutcheon
Es C U Tc He O N
Es Cu Tc He O N

eserine
Es Er I Ne

eskar
Es K Ar

esker
Es K Er

eskimo
Es K I Mo

eskimos
Es K I Mo S

esnecy
Es Ne C Y

esophagal
Es O P H Ag Al

esophagus
Es O P H Ag U S

esopic
Es O P I C

espace
Es Pa Ce

espalier
Es P Al I Er
Es Pa Li Er

espial
Es P I Al

espier
Es P I Er

espies
Es P I Es

espionage
Es P I O Na Ge

espousal
Es P O U S Al
Es Po U S Al

espouse
Es P O U Se
Es Po U Se

espouser
Es P O U S Er
Es Po U S Er

espressivo
Es P Re S S I V O
Es Pr Es S I V O
Es P Re S Si V O
Es Pr Es Si V O

espy
Es P Y

essence
Es Se N Ce

essene
Es Se Ne

essenes
Es Se Ne S
Es Se N Es

essenism
Es Se N I Sm
Es Se Ni Sm

essential
Es Se N Ti Al

essoin
Es S O I N
Es S O In

essoiner
Es S O I N Er
Es S O In Er
essonite
Es S O N I Te
Es S O Ni Te
establish
Es Ta B Li S H
establisher
Es Ta B Li S H Er
estate
Es Ta Te
estatlich
Es Ta Tl I C H
estatly
Es Ta Tl Y
estiferous
Es Ti F Er O U S
estival
Es Ti V Al
estivation
Es Ti V At I O N
eu
Eu
eucairite
Eu Ca Ir I Te
eucalyn
Eu C Al Y N
eucalyptus
Eu C Al Y Pt U S
eucharis
Eu C H Ar I S
eucharistic
Eu C H Ar I S Ti C
eucharistical
Eu C H Ar I S Ti C Al
euchite
Eu C H I Te
euchre
Eu C H Re
euclase
Eu C La Se
eucrasy
Eu C Ra S Y
Eu Cr As Y
euctical
Eu C Ti C Al

euge
Eu Ge
eugenic
Eu Ge N I C
Eu Ge Ni C
eugenics
Eu Ge N I C S
Eu Ge Ni C S
Eu Ge N I Cs
Eu Ge Ni Cs
eugenin
Eu Ge N I N
Eu Ge Ni N
Eu Ge N In
eugeny
Eu Ge N Y
eugetic
Eu Ge Ti C
eugetinic
Eu Ge Ti N I C
Eu Ge Ti Ni C
euharmonic
Eu H Ar Mo N I C
Eu H Ar Mo Ni C
eulachon
Eu La C H O N
Eu La C Ho N
eunuch
Eu N U C H
eunuchism
Eu N U C H I Sm
euornithes
Eu O Rn I Th Es
eupathy
Eu P At H Y
Eu Pa Th Y
euphonic
Eu P H O N I C
Eu P Ho N I C
Eu P H O Ni C
Eu P Ho Ni C
euphonical
Eu P H O N I C Al
Eu P Ho N I C Al
Eu P H O Ni C Al
Eu P Ho Ni C Al
euphonicon
Eu P H O N I C O N

Eu P Ho N I C O N
Eu P H O Ni C O N
Eu P Ho Ni C O N
Eu P H O N I Co N
Eu P Ho N I Co N
Eu P H O Ni Co N
Eu P Ho Ni Co N
euphonies
Eu P H O N I Es
Eu P Ho N I Es
Eu P H O Ni Es
Eu P Ho Ni Es
euphonious
Eu P H O N I O U S
Eu P Ho N I O U S
Eu P H O Ni O U S
Eu P Ho Ni O U S
euphonism
Eu P H O N I Sm
Eu P Ho N I Sm
Eu P H O Ni Sm
Eu P Ho Ni Sm
euphonon
Eu P H O N O N
Eu P Ho N O N
Eu P H O No N
Eu P Ho No N
euphonous
Eu P H O N O U S
Eu P Ho N O U S
Eu P H O No U S
Eu P Ho No U S
euphony
Eu P H O N Y
Eu P Ho N Y
euphorbial
Eu P H O Rb I Al
Eu P Ho Rb I Al
euphrasy
Eu P H Ra S Y
euphuism
Eu P H U I Sm
euphuistic
Eu P H U I S Ti C
eupione
Eu P I O Ne
euplastic
Eu P La S Ti C

eupryion

Eu Pr Y I O N

eurasiatio

Eu Ra S I At I O

Eu Ra Si At I O

eurus

Eu Ru S

euthyneura

Eu Th Y Ne U Ra

Eu Th Y N Eu Ra

euxenite

Eu Xe N I Te

Eu Xe Ni Te

F

f

F

fac

F Ac

facial

F Ac I Al

facies

F Ac I Es

facilitate

F Ac I Li Ta Te

facilitation

F Ac I Li Ta Ti O N

facilities

F Ac I Li Ti Es

facound

F Ac O U Nd

facta

F Ac Ta

faction

F Ac Ti O N

factionary

F Ac Ti O N Ar Y

factioner

F Ac Ti O N Er

factious

F Ac Ti O U S

factitious

F Ac Ti Ti O U S

facund

F Ac U Nd

facundious

F Ac U Nd I O U S

fag

F Ag

falcate

F Al Ca Te

falcation

F Al C At I O N

F Al Ca Ti O N

falcer

F Al C Er

falchion

F Al C H I O N

falcon

F Al C O N

F Al Co N

falconer

F Al C O N Er

F Al Co N Er

falconine

F Al C O N I Ne

F Al Co N I Ne

F Al C O Ni Ne

F Al Co Ni Ne

falcula

F Al C U La

F Al Cu La

falculate

F Al C U La Te

F Al Cu La Te

falk

F Al K

fallacies

F Al La C I Es

fallacious

F Al La C I O U S

fallacy

F Al La C Y

falness

F Al Ne S S

F Al N Es S

falsary

F Al S Ar Y

false

F Al Se

falseness

F Al Se Ne S S

F Al Se N Es S

falser

F Al S Er

falsification

F Al S I F I C At I O N

F Al Si F I C At I O N

F Al S I F I Ca Ti O N

F Al Si F I Ca Ti O N

falsifier

F Al S I F I Er

F Al Si F I Er

falsify

F Al S I F Y

F Al Si F Y

falsism
F Al S I Sm
F Al Si Sm
falsities
F Al S I Ti Es
F Al Si Ti Es
faluns
F Al U N S
familiar
F Am I Li Ar
familiarities
F Am I Li Ar I Ti Es
familiarness
F Am I Li Ar Ne S S
F Am I Li Ar N Es S
familiary
F Am I Li Ar Y
families
F Am I Li Es
familism
F Am I Li Sm
familistic
F Am I Li S Ti C
familistical
F Am I Li S Ti C Al
famine
F Am I Ne
famish
F Am I S H
famous
F Am O U S
famousness
F Am O U S Ne S S
F Am O U S N Es S
F Am O U Sn Es S
famulate
F Am U La Te
far
F Ar
farce
F Ar Ce
farcical
F Ar C I C Al
farcilite
F Ar C I Li Te
farcin
F Ar C I N
F Ar C In
farctate
F Ar C Ta Te
farcy
F Ar C Y
farfetch
F Ar Fe Tc H
farfow
F Ar F O W
farina
F Ar I Na
farinaceous
F Ar I Na Ce O U S
farinose
F Ar I N O Se
F Ar In O Se
F Ar I No Se
farness
F Ar Ne S S
F Ar N Es S
faro
F Ar O
farrand
F Ar Ra Nd
farreation
F Ar Re At I O N
farse
F Ar Se
farther
F Ar Th Er
fartherer
F Ar Th Er Er
farthermore
F Ar Th Er Mo Re
fasces
F As Ce S
F As C Es
fascial
F As C I Al
fasciation
F As C I At I O N
fasciculate
F As C I C U La Te
F As C I Cu La Te
fasciculi
F As C I C U Li
F As C I Cu Li
fasciculus
F As C I C U Lu S
F As C I Cu Lu S
fascinate
F As C I Na Te
fascination
F As C I N At I O N
F As C In At I O N
F As C I Na Ti O N
fascine
F As C I Ne
fascinous
F As C I N O U S
F As C In O U S
F As C I No U S
fasciola
F As C I O La
faser
F As Er
fash
F As H
fashion
F As H I O N
fashioner
F As H I O N Er
fasten
F As Te N
fastener
F As Te N Er
fasti
F As Ti
fastish
F As Ti S H
fastly
F As Tl Y
fat
F At
fatal
F At Al
fatalism
F At Al I Sm
fatalistic
F At Al I S Ti C
fatalities
F At Al I Ti Es
fatalness
F At Al Ne S S
F At Al N Es S

fatback
F At Ba C K
F At B Ac K
father
F At H Er
fatherland
F At H Er La Nd
fatherliness
F At H Er Li Ne S S
F At H Er Li N Es S
fathership
F At H Er S H I P
fatiferous
F At I F Er O U S
fatigate
F At I Ga Te
fatigation
F At I Ga Ti O N
fatiscence
F At I S Ce N Ce
fatner
F At N Er
fatness
F At Ne S S
F At N Es S
fatten
F At Te N
fattener
F At Te N Er
fattiness
F At Ti Ne S S
F At Ti N Es S
fattish
F At Ti S H
fatuous
F At U O U S
faubourg
F Au B O U Rg
faucal
F Au C Al
fauces
F Au Ce S
F Au C Es
fauchion
F Au C H I O N
faucial
F Au C I Al

faun
F Au N
fauna
F Au Na
faunal
F Au N Al
fauni
F Au N I
F Au Ni
faunus
F Au N U S
fausen
F Au Se N
feal
Fe Al
fear
Fe Ar
fearer
Fe Ar Er
feasibilities
Fe As I B I Li Ti Es
Fe As I Bi Li Ti Es
feat
Fe At
feather
Fe At H Er
featherness
Fe At H Er Ne S S
Fe At H Er N Es S
Fe At He Rn Es S
feathery
Fe At H Er Y
featness
Fe At Ne S S
Fe At N Es S
feature
Fe At U Re
febricitate
Fe Br I C I Ta Te
febriferous
Fe Br I F Er O U S
febrific
Fe Br I F I C
febrifuge
Fe Br I F U Ge
february
Fe Br U Ar Y
Fe B Ru Ar Y

februation
Fe Br U At I O N
Fe B Ru At I O N
fecal
Fe C Al
fecche
Fe C C He
feces
Fe Ce S
Fe C Es
fecial
Fe C I Al
fecks
Fe C K S
fecula
Fe C U La
Fe Cu La
fecund
Fe C U Nd
Fe Cu Nd
fecundation
Fe C U Nd At I O N
Fe Cu Nd At I O N
fecundify
Fe C U Nd I F Y
Fe Cu Nd I F Y
feine
Fe I Ne
felanders
Fe La Nd Er S
felicitate
Fe Li C I Ta Te
felicitation
Fe Li C I Ta Ti O N
felicities
Fe Li C I Ti Es
feline
Fe Li Ne
felis
Fe Li S
felucca
Fe Lu C Ca
femora
Fe Mo Ra
fen
Fe N
fence
Fe N Ce

fencer
Fe N C Er

fend
Fe Nd

fender
Fe Nd Er

fendliche
Fe Nd Li C He

fenerate
Fe Ne Ra Te

feneration
Fe N Er At I O N
Fe Ne Ra Ti O N

fenks
Fe N K S

fennec
Fe N Ne C

fennish
Fe N N I S H
Fe N Ni S H

fenny
Fe N N Y

feoff
Fe O F F

feoffer
Fe O F F Er

fer
F Er

feracious
Fe Ra C I O U S
F Er Ac I O U S

feral
F Er Al

fere
Fe Re

fergusonite
Fe Rg U S O N I Te
Fe Rg U S O Ni Te

ferial
F Er I Al

feriation
F Er I At I O N

ferier
F Er I Er

ferine
F Er I Ne

fern
F Er N
Fe Rn

fernery
F Er N Er Y
Fe Rn Er Y

ferny
F Er N Y
Fe Rn Y

ferocious
F Er O C I O U S

feroher
F Er O H Er

ferous
F Er O U S

ferrandine
F Er Ra Nd I Ne

ferrara
F Er Ra Ra

ferrarese
F Er Ra Re Se

ferrate
F Er Ra Te

ferre
F Er Re

ferreous
F Er Re O U S

fers
F Er S

fertilitate
F Er Ti Li Ta Te

ferula
F Er U La
Fe Ru La

ferulaceous
F Er U La Ce O U S
Fe Ru La Ce O U S

ferulic
F Er U Li C
Fe Ru Li C

fescennine
Fe S Ce N N I Ne
F Es Ce N N I Ne
Fe S Ce N Ni Ne
F Es Ce N Ni Ne

fess
Fe S S
F Es S

fesse
Fe S Se
Fe S Se F Es Se

fesswise
Fe S S W I Se
F Es S W I Se

feste
Fe S Te
F Es Te

festennine
Fe S Te N N I Ne
F Es Te N N I Ne
Fe S Te N Ni Ne
F Es Te N Ni Ne

festinate
Fe S Ti Na Te
F Es Ti Na Te

festination
Fe S Ti N At I O N
F Es Ti N At I O N
Fe S Ti Na Ti O N
F Es Ti Na Ti O N

festival
Fe S Ti V Al
F Es Ti V Al

festivities
Fe S Ti V I Ti Es
F Es Ti V I Ti Es

festivous
Fe S Ti V O U S
F Es Ti V O U S

festlich
Fe S Tl I C H
F Es Tl I C H

fetation
Fe Ta Ti O N

fetch
Fe Tc H

fete
Fe Te

fethcer
Fe Th C Er

fetich
Fe Ti C H

fetichism
Fe Ti C H I Sm

fetichistic
Fe Ti C H I S Ti C

feticism
Fe Ti C I Sm

fetiferous

Fe Ti F Er O U S

fetis

Fe Ti S

fetish

Fe Ti S H

fetishism

Fe Ti S H I Sm

fetishistic

Fe Ti S H I S Ti C

fetlock

Fe Tl O C K

feu

Fe U

F Eu

feuar

Fe U Ar

F Eu Ar

fever

Fe V Er

feverfew

Fe V Er Fe W

feverish

Fe V Er I S H

feverous

Fe V Er O U S

fevery

Fe V Er Y

few

Fe W

fewness

Fe W Ne S S

Fe W N Es S

fey

Fe Y

feyne

Fe Y Ne

feyre

Fe Y Re

fiacre

F I Ac Re

fiar

F I Ar

fiasco

F I As C O

F I As Co

fiascoes

F I As C O Es

F I As Co Es

fiat

F I At

fib

F I B

fibber

F I B B Er

fiber

F I B Er

fibre

F I B Re

fibrin

F I Br I N

F I Br In

fibrination

F I Br I N At I O N

F I Br In At I O N

F I Br I Na Ti O N

fibrine

F I Br I Ne

fibrinogen

F I Br I N O Ge N

F I Br In O Ge N

F I Br I No Ge N

fibrinogenous

F I Br I N O Ge N O U S

F I Br In O Ge N O U S

F I Br I No Ge N O U S

F I Br I N O Ge No U S

F I Br In O Ge No U S

F I Br I No Ge No U S

fibrinoplastic

F I Br I N O P La S Ti C

F I Br In O P La S Ti C

F I Br I No P La S Ti C

fibrinoplastin

F I Br I N O P La S Ti N

F I Br In O P La S Ti N

F I Br I No P La S Ti N

fibrinous

F I Br I N O U S

F I Br In O U S

F I Br I No U S

fibrocartilage

F I Br O C Ar Ti La Ge

fibroin

F I Br O I N

F I Br O In

fibrolite

F I Br O Li Te

fibrous

F I Br O U S

fibula

F I B U La

fibulare

F I B U La Re

fice

F I Ce

fiche

F I C He

fichu

F I C H U

fico

F I C O

F I Co

ficoes

F I C O Es

F I Co Es

fiction

F I C Ti O N

fictional

F I C Ti O N Al

fictious

F I C Ti O U S

fictitious

F I C Ti Ti O U S

ficus

F I C U S

F I Cu S

fierasfer

F I Er As F Er

fierce

F I Er Ce

fieriness

F I Er I Ne S S

F I Er I N Es S

F I Er In Es S

fiery

F I Er Y

fife

F I Fe

fifer

F I F Er

fifth

F I F Th

fifties

F I F Ti Es

figeater

F I Ge At Er

filaceous

F I La Ce O U S

filacer

F I La C Er

filander

F I La Nd Er

filanders

F I La Nd Er S

filial

F I Li Al

filiation

F I Li At I O N

filical

F I Li C Al

filicic

F I Li C I C

filiferous

F I Li F Er O U S

fin

F I N

F In

final

F I N Al

F In Al

finalities

F I N Al I Ti Es

F In Al I Ti Es

F I Na Li Ti Es

finance

F I Na N Ce

financial

F I Na N C I Al

financier

F I Na N C I Er

finary

F I N Ar Y

F In Ar Y

finback

F I N Ba C K

F In Ba C K

F I N B Ac K

F In B Ac K

F I Nb Ac K

finch

F I N C H

F In C H

find

F I Nd

finder

F I Nd Er

findy

F I Nd Y

F I N Dy

F In Dy

fine

F I Ne

fineer

F I Ne Er

fineness

F I Ne Ne S S

F I Ne N Es S

finer

F I N Er

F In Er

finery

F I N Er Y

F In Er Y

finespun

F I Ne S P U N

F I N Es P U N

F In Es P U N

F I Ne S Pu N

F I N Es Pu N

F In Es Pu N

finesse

F I Ne S Se

F I N Es Se

F In Es Se

finew

F I Ne W

finfish

F I N F I S H

F In F I S H

finial

F I N I Al

F In I Al

F I Ni Al

finical

F I N I C Al

F In I C Al

F I Ni C Al

finicky

F I N I C K Y

F In I C K Y

F I Ni C K Y

finific

F I N I F I C

F In I F I C

F I Ni F I C

finify

F I N I F Y

F In I F Y

F I Ni F Y

finikin

F I N I K I N

F In I K I N

F I Ni K I N

F I N I K In

F In I K In

F I Ni K In

finis

F I N I S

F In I S

F I Ni S

finish

F I N I S H

F In I S H

F I Ni S H

finisher

F I N I S H Er

F In I S H Er

F I Ni S H Er

finite

F I N I Te

F In I Te

F I Ni Te

finiteness

F I N I Te Ne S S

F In I Te Ne S S

F I Ni Te Ne S S

F I N I Te N Es S

F In I Te N Es S

F I Ni Te N Es S

finlander

F I N La Nd Er

F In La Nd Er

finn

F I N N

F In N

finner

F I N N Er

F In N Er

finnic

F I N N I C

F In N I C

F I N Ni C

F In Ni C

finnikin

F I N N I K I N

F In N I K I N

F I N Ni K I N

F In Ni K I N

F I N N I K In

F In N I K In

F I N Ni K In

F In Ni K In

finnish

F I N N I S H

F In N I S H

F I N Ni S H

F In Ni S H

finns

F I N N S

F In N S

finny

F I N N Y

F In N Y

finochio

F I N O C H I O

F In O C H I O

F I No C H I O

finos

F I N O S

F In O S

F I No S

F I N Os

F In Os

fir

F Ir

fire

F I Re

fireback

F I Re Ba C K

F I Re B Ac K

firebare

F I Re Ba Re

firebote

F I Re B O Te

firebrand

F I Re B Ra Nd

firecracker

F I Re C Ra C K Er

F I Re Cr Ac K Er

firefish

F I Re F I S H

fireflaire

F I Re F La I Re

fireflies

F I Re Fl I Es

F I Re F Li Es

firefly

F I Re Fl Y

fireplace

F I Re P La Ce

fireproof

F I Re Pr O O F

firer

F Ir Er

firk

F Ir K

firkin

F Ir K I N

F Ir K In

firmness

F Ir Mn Es S

firstborn

F Ir S Tb O Rn

firstly

F Ir S Tl Y

firth

F Ir Th

fisc

F I S C

F I Sc

fiscal

F I S C Al

F I Sc Al

fisetic

F I Se Ti C

fisetin

F I Se Ti N

fish

F I S H

fisher

F I S H Er

fisheries

F I S H Er I Es

fishery

F I S H Er Y

fishes

F I S He S

F I S H Es

fishhook

F I S H H O O K

F I S H Ho O K

fishify

F I S H I F Y

fishiness

F I S H I Ne S S

F I S H I N Es S

F I S H In Es S

fishskin

F I S H S K I N

F I S Hs K I N

F I S H S K In

F I S Hs K In

fishwife

F I S H W I Fe

fishy

F I S H Y

fisk

F I S K

fission

F I S S I O N

F I S Si O N

fissipara

F I S S I Pa Ra

F I S Si Pa Ra

fissiparism

F I S S I P Ar I Sm

F I S Si P Ar I Sm

fissiparous

F I S S I P Ar O U S

F I S Si P Ar O U S

fissipation

F I S S I P At I O N

F I S Si P At I O N

F I S S I Pa Ti O N

F I S Si Pa Ti O N

fissuration

F I S S U Ra Ti O N

fissure
F I S S U Re

fistic
F I S Ti C

fisticuff
F I S Ti C U F F
F I S Ti Cu F F

fitch
F I Tc H

fitche
F I Tc He

fitches
F I Tc He S
F I Tc H Es

fitchew
F I Tc He W

fitchy
F I Tc H Y

fitly
F I Tl Y

fives
F I V Es

flabbergastation
F La B B Er Ga S Ta Ti O N
F La B Be Rg As Ta Ti O N

flabbiness
F La B B I Ne S S
F La B Bi Ne S S
F La B B I N Es S
F La B Bi N Es S
F La B B In Es S

flabby
F La B B Y

flacker
F La C K Er
Fl Ac K Er

flag
Fl Ag

flagitate
Fl Ag I Ta Te

flagitation
Fl Ag I Ta Ti O N

flagitious
Fl Ag I Ti O U S

flagon
Fl Ag O N

flagrance
Fl Ag Ra N Ce

flagrancies
Fl Ag Ra N C I Es

flagrancy
Fl Ag Ra N C Y

flagrantly
Fl Ag Ra N Tl Y

flagrate
Fl Ag Ra Te

flagration
Fl Ag Ra Ti O N

flagship
Fl Ag S H I P

flagstaff
Fl Ag S Ta F F

flain
F La I N
F La In

flakiness
F La K I Ne S S
F La K I N Es S
F La K In Es S

flaky
F La K Y

flam
Fl Am

flambeau
Fl Am Be Au

flambeaus
Fl Am Be Au S

flamboyer
Fl Am B O Y Er

flamineous
Fl Am I Ne O U S

flamines
Fl Am I Ne S
Fl Am I N Es
Fl Am In Es

flaminical
Fl Am I N I C Al
Fl Am In I C Al
Fl Am I Ni C Al

flamy
Fl Am Y

flanch
F La N C H

flanches
F La N C He S
F La N C H Es

flange
F La N Ge

flank
F La N K

flanker
F La N K Er

flannen
F La N Ne N

flap
F La P

flapper
F La P P Er

flare
F La Re

flash
F La S H
Fl As H

flasher
F La S H Er
Fl As H Er

flashes
F La S He S
Fl As He S
F La S H Es
Fl As H Es

flashiness
F La S H I Ne S S
Fl As H I Ne S S
F La S H I N Es S
Fl As H I N Es S
F La S H In Es S
Fl As H In Es S

flashy
F La S H Y
Fl As H Y

flask
F La S K
Fl As K

flat
Fl At

flatboat
Fl At B O At
F La Tb O At

flatfish
Fl At F I S H

flatiron
Fl At Ir O N

flatly
F La Tl Y

flatness
Fl At Ne S S
Fl At N Es S

flatten
Fl At Te N

flattish
Fl At Ti S H

flatuous
Fl At U O U S

flatus
Fl At U S

flatuses
Fl At U Se S
Fl At U S Es

flatwise
Fl At W I Se

flavicomous
F La V I C O Mo U S
F La V I Co Mo U S

flavin
F La V I N
F La V In

flavine
F La V I Ne

flavous
F La V O U S

flaw
F La W

flawn
F La W N

flawy
F La W Y

flaxen
F La Xe N

flay
F La Y

flayer
F La Y Er

flesh
Fl Es H

flesher
Fl Es H Er

fleshiness
Fl Es H I Ne S S
Fl Es H I N Es S
Fl Es H In Es S

fleshliness
Fl Es H Li Ne S S
Fl Es H Li N Es S

fleshy
Fl Es H Y

flibbergib
Fl I B Be Rg I B
F Li B Be Rg I B

flibustier
Fl I B U S Ti Er
F Li B U S Ti Er

flick
Fl I C K
F Li C K

flicker
Fl I C K Er
F Li C K Er

flickermouse
Fl I C K Er Mo U Se
F Li C K Er Mo U Se

flier
Fl I Er
F Li Er

flies
Fl I Es
F Li Es

flinch
Fl I N C H
F Li N C H
Fl In C H

flincher
Fl I N C H Er
F Li N C H Er
Fl In C H Er

flindermouse
Fl I Nd Er Mo U Se
F Li Nd Er Mo U Se

flinders
Fl I Nd Er S
F Li Nd Er S

flintiness
Fl I N Ti Ne S S
F Li N Ti Ne S S
Fl In Ti Ne S S
Fl I N Ti N Es S
F Li N Ti N Es S
Fl In Ti N Es S

flintlock
Fl I N Tl O C K
F Li N Tl O C K
Fl In Tl O C K

flip
Fl I P
F Li P

flippancy
Fl I P Pa N C Y
F Li P Pa N C Y

flippantly
Fl I P Pa N Tl Y
F Li P Pa N Tl Y

flipper
Fl I P P Er
F Li P P Er

flirtation
Fl Ir Ta Ti O N

flisk
Fl I S K
F Li S K

flitch
Fl I Tc H
F Li Tc H

flitches
Fl I Tc He S
F Li Tc He S
Fl I Tc H Es
F Li Tc H Es

flite
Fl I Te
F Li Te

flo
Fl O

float
Fl O At

floatation
Fl O At At I O N

floater
Fl O At Er

floaty
Fl O At Y

flocci
Fl O C C I

floccose
Fl O C C O Se
Fl O C Co Se

flocculate

Fl O C C U La Te

Fl O C Cu La Te

flocculation

Fl O C C U La Ti O N

Fl O C Cu La Ti O N

flocculi

Fl O C C U Li

Fl O C Cu Li

flocculus

Fl O C C U Lu S

Fl O C Cu Lu S

floccus

Fl O C C U S

Fl O C Cu S

flock

Fl O C K

flocky

Fl O C K Y

flon

Fl O N

flook

Fl O O K

flooky

Fl O O K Y

floorage

Fl O O Ra Ge

flop

Fl O P

floppy

Fl O P P Y

flora

Fl O Ra

floran

Fl O Ra N

floreal

Fl O Re Al

floren

Fl O Re N

florence

Fl O Re N Ce

florentine

Fl O Re N Ti Ne

florescence

Fl O Re S Ce N Ce

flosh

Fl O S H

Fl Os H

floss

Fl O S S

Fl Os S

flossification

Fl O S S I F I C At I O N

Fl Os S I F I C At I O N

Fl O S Si F I C At I O N

Fl Os Si F I C At I O N

Fl O S S I F I Ca Ti O N

Fl Os S I F I Ca Ti O N

Fl O S Si F I Ca Ti O N

Fl Os Si F I Ca Ti O N

flossy

Fl O S S Y

Fl Os S Y

flota

Fl O Ta

flotage

Fl O Ta Ge

flotation

Fl O Ta Ti O N

flote

Fl O Te

flounce

Fl O U N Ce

flounder

Fl O U Nd Er

flow

Fl O W

flower

Fl O W Er

flowerer

Fl O W Er Er

floweriness

Fl O W Er I Ne S S

Fl O W Er I N Es S

Fl O W Er In Es S

flowery

Fl O W Er Y

flowk

Fl O W K

flown

Fl O W N

floyte

Fl O Y Te

flucan

Fl U Ca N

F Lu Ca N

fluctiferous

Fl U C Ti F Er O U S

F Lu C Ti F Er O U S

fluctisonous

Fl U C Ti S O N O U S

F Lu C Ti S O N O U S

Fl U C Ti S O No U S

F Lu C Ti S O No U S

fluff

Fl U F F

F Lu F F

fluffy

Fl U F F Y

F Lu F F Y

fluky

Fl U K Y

F Lu K Y

flunk

Fl U N K

F Lu N K

flunkies

Fl U N K I Es

F Lu N K I Es

flunky

Fl U N K Y

F Lu N K Y

fluoborate

Fl U O B O Ra Te

F Lu O B O Ra Te

fluocerine

Fl U O C Er I Ne

F Lu O C Er I Ne

fluocerite

Fl U O C Er I Te

F Lu O C Er I Te

fluorene

Fl U O Re Ne

F Lu O Re Ne

fluorescein

Fl U O Re S Ce I N

F Lu O Re S Ce I N

Fl U O Re S Ce In

F Lu O Re S Ce In

fluorescence

Fl U O Re S Ce N Ce

F Lu O Re S Ce N Ce

fluorescin

Fl U O Re S C I N

F Lu O Re S C I N

Fl U O Re Sc I N

F Lu O Re Sc I N

Fl U O Re S C In

F Lu O Re S C In

Fl U O Re Sc In

F Lu O Re Sc In

fluosilicate

Fl U O S I Li Ca Te

F Lu O S I Li Ca Te

Fl U Os I Li Ca Te

F Lu Os I Li Ca Te

Fl U O Si Li Ca Te

F Lu O Si Li Ca Te

fluosilicic

Fl U O S I Li C I C

F Lu O S I Li C I C

Fl U Os I Li C I C

F Lu Os I Li C I C

Fl U O Si Li C I C

F Lu O Si Li C I C

flush

Fl U S H

F Lu S H

flusher

Fl U S H Er

F Lu S H Er

flushness

Fl U S H Ne S S

F Lu S H Ne S S

Fl U S H N Es S

F Lu S H N Es S

flusteration

Fl U S Te Ra Ti O N

F Lu S Te Ra Ti O N

flute

Fl U Te

F Lu Te

flutemouth

Fl U Te Mo U Th

F Lu Te Mo U Th

fluvial

Fl U V I Al

F Lu V I Al

fluviatic

Fl U V I At I C

F Lu V I At I C

fly

Fl Y

flybane

Fl Y Ba Ne

flyboat

Fl Y B O At

Fl Yb O At

flycatcher

Fl Y C At C H Er

Fl Y Ca Tc H Er

flyer

Fl Y Er

flyfish

Fl Y F I S H

flysch

Fl Y S C H

Fl Y Sc H

fnese

F Ne Se

fo

F O

foal

F O Al

foam

F O Am

foamy

F O Am Y

fob

F O B

focal

F O C Al

foci

F O C I

focus

F O C U S

F O Cu S

focuses

F O C U Se S

F O Cu Se S

F O C U S Es

F O Cu S Es

foge

F O Ge

foh

F O H

foin

F O I N

F O In

foinery

F O I N Er Y

F O In Er Y

foison

F O I S O N

foistiness

F O I S Ti Ne S S

F O I S Ti N Es S

foliar

F O Li Ar

foliation

F O Li At I O N

foliature

F O Li At U Re

folier

F O Li Er

foliferous

F O Li F Er O U S

folio

F O Li O

folios

F O Li O S

F O Li Os

foliose

F O Li O Se

folious

F O Li O U S

fon

F O N

fond

F O Nd

fondness

F O Nd Ne S S

F O Nd N Es S

fondon

F O Nd O N

fondus

F O Nd U S

fone

F O Ne

fonge

F O N Ge

fonne

F O N Ne

fontange

F O N Ta N Ge

foody
F O O Dy

foolahs
F O O La H S
F O O La Hs

foolify
F O O Li F Y

foolish
F O O Li S H

foolishness
F O O Li S H Ne S S
F O O Li S H N Es S

footbath
F O O Tb At H

footboy
F O O Tb O Y

foothook
F O O Th O O K

footless
F O O Tl Es S

footlicker
F O O Tl I C K Er

footmark
F O O Tm Ar K

fop
F O P

fopperies
F O P P Er I Es

foppery
F O P P Er Y

foppish
F O P P I S H

fora
F O Ra

forage
F O Ra Ge

foralite
F O Ra Li Te

forasmuch
F O Ra Sm U C H

foray
F O Ra Y

forayer
F O Ra Y Er

forbathe
F O Rb At He

forblack
F O Rb La C K

forbore
F O Rb O Re

forbruise
F O Rb Ru I Se

forby
F O Rb Y

fore
F O Re

forebeam
F O Re Be Am

forebear
F O Re Be Ar

forebrace
F O Re B Ra Ce

forebrain
F O Re B Ra I N
F O Re B Ra In

foreby
F O Re B Y

forechosen
F O Re C H O Se N
F O Re C Ho Se N

foreclose
F O Re Cl O Se

foreclosure
F O Re Cl O S U Re
F O Re Cl Os U Re

forefather
F O Re F At H Er

forefence
F O Re Fe N Ce

forefend
F O Re Fe Nd

foreflow
F O Re Fl O W

foregather
F O Re Ga Th Er

forehear
F O Re He Ar

forehearth
F O Re He Ar Th

forehend
F O Re He Nd

forehew
F O Re He W

forehook
F O Re H O O K
F O Re Ho O K

forein
F O Re I N
F O Re In

foreknew
F O Re K Ne W

foreknow
F O Re K N O W
F O Re K No W

foreknower
F O Re K N O W Er
F O Re K No W Er

foreknown
F O Re K N O W N
F O Re K No W N

foreland
F O Re La Nd

forelay
F O Re La Y

foremostly
F O Re Mo S Tl Y

foremother
F O Re Mo Th Er

forenoon
F O Re N O O N
F O Re No O N

forenotice
F O Re N O Ti Ce
F O Re No Ti Ce

forensal
F O Re N S Al

forensic
F O Re N S I C
F O Re N Si C

forensical
F O Re N S I C Al
F O Re N Si C Al

foreran
F O Re Ra N

forerank
F O Re Ra N K

forereach
F O Re Re Ac H

forerun
F O Re Ru N

forerunner
F O Re Ru N N Er

foreseer
F O Re Se Er

foreshew
F O Re S He W

foreship
F O Re S H I P

foreshow
F O Re S H O W
F O Re S Ho W

foreshower
F O Re S H O W Er
F O Re S Ho W Er

foreskin
F O Re S K I N
F O Re S K In

foreslack
F O Re S La C K

forestaff
F O Re S Ta F F

forestage
F O Re S Ta Ge

forestay
F O Re S Ta Y

forestick
F O Re S Ti C K

foretaste
F O Re Ta S Te

foreteach
F O Re Te Ac H

forethink
F O Re Th I N K
F O Re Th In K

forever
F O Re V Er

forewarn
F O Re W Ar N

forewaste
F O Re W As Te

forewish
F O Re W I S H

forewiste
F O Re W I S Te

forewisten
F O Re W I S Te N

forewite
F O Re W I Te

forewiten
F O Re W I Te N

foreworn
F O Re W O Rn

forficate
F O Rf I Ca Te

forficula
F O Rf I C U La
F O Rf I Cu La

forgat
F O Rg At

forgather
F O Rg At H Er

forger
F O Rg Er

forgeries
F O Rg Er I Es

forgery
F O Rg Er Y

forgiver
F O Rg I V Er

forgo
F O Rg O

forgone
F O Rg O Ne

fornical
F O Rn I C Al

fornicate
F O Rn I Ca Te

fornication
F O Rn I C At I O N
F O Rn I Ca Ti O N

fornicatress
F O Rn I C At Re S S

fornices
F O Rn I Ce S
F O Rn I C Es

fosse
F O S Se
F O S Se
F Os Se

fossiliferous
F O S S I Li F Er O U S
F Os S I Li F Er O U S
F O S Si Li F Er O U S
F Os Si Li F Er O U S

fossilification
F O S S I Li F I C At I O N
F Os S I Li F I C At I O N
F O S Si Li F I C At I O N
F Os Si Li F I C At I O N
F O S S I Li F I Ca Ti O N
F Os S I Li F I Ca Ti O N
F O S Si Li F I Ca Ti O N
F Os Si Li F I Ca Ti O N

fossilism
F O S S I Li Sm
F Os S I Li Sm
F Os S I Li Sm
F O S Si Li Sm
F O S Si Li Sm
F Os Si Li Sm

fossores
F O S S O Re S
F Os S O Re S

fossulate
F O S S U La Te
F Os S U La Te

fosterage
F O S Te Ra Ge
F Os Te Ra Ge

fother
F O Th Er

fotmal
F O Tm Al

fougasse
F O U Ga S Se

found
F O U Nd

foundation
F O U Nd At I O N

foundationer
F O U Nd At I O N Er

founder
F O U Nd Er

founderies
F O U Nd Er I Es

founderous
F O U Nd Er O U S

foundery
F O U Nd Er Y

foundress
F O U Nd Re S S

fountain
F O U N Ta I N
F O U N Ta In

fourb
F O U Rb

fourgon
F O U Rg O N

foxearth

F O Xe Ar Th

foxes

F O Xe S

foy

F O Y

foyer

F O Y Er

foyson

F O Y S O N

fra

F Ra

frab

F Ra B

fracas

F Ra Ca S

F Ra C As

Fr Ac As

fracho

F Ra C H O

Fr Ac H O

F Ra C Ho

Fr Ac Ho

fraction

F Ra C Ti O N

Fr Ac Ti O N

fractional

F Ra C Ti O N Al

Fr Ac Ti O N Al

fractionary

F Ra C Ti O N Ar Y

Fr Ac Ti O N Ar Y

fractionate

F Ra C Ti O Na Te

Fr Ac Ti O Na Te

fractious

F Ra C Ti O U S

Fr Ac Ti O U S

fragrance

Fr Ag Ra N Ce

fragrancy

Fr Ag Ra N C Y

fraise

F Ra I Se

framer

Fr Am Er

franc

F Ra N C

franchise

F Ra N C H I Se

francic

F Ra N C I C

franciscan

F Ra N C I S Ca N

francolin

F Ra N C O Li N

F Ra N Co Li N

francolite

F Ra N C O Li Te

F Ra N Co Li Te

franion

F Ra N I O N

F Ra Ni O N

frank

F Ra N K

frankincense

F Ra N K I N Ce N Se

F Ra N K In Ce N Se

frankish

F Ra N K I S H

franklin

F Ra N K Li N

franklinic

F Ra N K Li N I C

F Ra N K Li Ni C

franklinite

F Ra N K Li N I Te

F Ra N K Li Ni Te

frankness

F Ra N K Ne S S

F Ra N K N Es S

frantic

F Ra N Ti C

frap

F Ra P

frater

Fr At Er

fraternal

Fr At Er N Al

F Ra Te Rn Al

fraternate

Fr At Er Na Te

fraternation

Fr At Er N At I O N

F Ra Te Rn At I O N

Fr At Er Na Ti O N

fraternism

Fr At Er N I Sm

F Ra Te Rn I Sm

Fr At Er Ni Sm

fraternities

Fr At Er N I Ti Es

F Ra Te Rn I Ti Es

Fr At Er Ni Ti Es

fratery

Fr At Er Y

fratrage

Fr At Ra Ge

fray

F Ra Y

freck

F Re C K

freer

F Re Er

fremd

F Re Md

fren

F Re N

frena

F Re Na

french

F Re N C H

frenchify

F Re N C H I F Y

frenchism

F Re N C H I Sm

frenetical

F Re Ne Ti C Al

frere

F Re Re

fresco

F Re S C O

Fr Es C O

F Re Sc O

F Re S Co

Fr Es Co

frescoes

F Re S C O Es

Fr Es C O Es

F Re Sc O Es

F Re S Co Es

Fr Es Co Es

frescos
F Re S C O S
Fr Es C O S
F Re Sc O S
F Re S Co S
Fr Es Co S
F Re S C Os
Fr Es C Os
F Re Sc Os

fresh
F Re S H
Fr Es H

freshen
F Re S He N
Fr Es He N

freshes
F Re S He S
Fr Es He S
F Re S H Es
Fr Es H Es

freshness
F Re S H Ne S S
Fr Es H Ne S S
F Re S H N Es S
Fr Es H N Es S

freta
F Re Ta

friar
Fr I Ar

friary
Fr I Ar Y

friation
Fr I At I O N

friborg
Fr I B O Rg

friborgh
Fr I B O Rg H

fricace
Fr I Ca Ce

fricando
Fr I Ca Nd O

frication
Fr I C At I O N
Fr I Ca Ti O N

frictional
Fr I C Ti O N Al

frier
Fr I Er

friesic
Fr I Es I C

friesish
Fr I Es I S H

frigate
Fr I Ga Te

frigefaction
Fr I Ge F Ac Ti O N

frigerate
Fr I Ge Ra Te

fringe
Fr I N Ge
Fr In Ge

fripper
Fr I P P Er

fripperer
Fr I P P Er Er

frippery
Fr I P P Er Y

frisk
Fr I S K

friskal
Fr I S K Al

frisker
Fr I S K Er

friskiness
Fr I S K I Ne S S
Fr I S K I N Es S
Fr I S K In Es S

frisky
Fr I S K Y

frisure
Fr I S U Re

frith
Fr I Th

frithy
Fr I Th Y

fritinancy
Fr I Ti Na N C Y

frivolism
Fr I V O Li Sm

frivolities
Fr I V O Li Ti Es

fro
Fr O

frock
Fr O C K

froise
Fr O I Se

frolic
Fr O Li C

frolicky
Fr O Li C K Y

frolicly
Fr O Li Cl Y

frond
Fr O Nd

frondation
Fr O Nd At I O N

frondesce
Fr O Nd Es Ce

frondescence
Fr O Nd Es Ce N Ce

frondiferous
Fr O Nd I F Er O U S

frondose
Fr O Nd O Se

frondous
Fr O Nd O U S

frons
Fr O N S

frontage
Fr O N Ta Ge

frontate
Fr O N Ta Te

frontier
Fr O N Ti Er

frontiniac
Fr O N Ti N I Ac
Fr O N Ti Ni Ac

frontless
Fr O N Tl Es S

froppish
Fr O P P I S H

frore
Fr O Re

frorn
Fr O Rn

frostbite
Fr O S Tb I Te
Fr Os Tb I Te

frostiness
Fr O S Ti Ne S S
Fr Os Ti Ne S S
Fr O S Ti N Es S
Fr Os Ti N Es S

frostless
Fr O S Tl Es S
Fr Os Tl Es S

frote
Fr O Te

froth
Fr O Th

frothiness
Fr O Th I Ne S S
Fr O Th I N Es S
Fr O Th In Es S

frothy
Fr O Th Y

frounce
Fr O U N Ce

frow
Fr O W

frower
Fr O W Er

frown
Fr O W N

frowny
Fr O W N Y

frowy
Fr O W Y

frubish
Fr U B I S H
F Ru B I S H
Fr U Bi S H
F Ru Bi S H

fructescence
Fr U C Te S Ce N Ce
F Ru C Te S Ce N Ce

fructiferuos
Fr U C Ti F Er U O S
F Ru C Ti F Er U O S
Fr U C Ti Fe Ru O S
F Ru C Ti Fe Ru O S
Fr U C Ti F Er U Os
F Ru C Ti F Er U Os
Fr U C Ti Fe Ru Os
F Ru C Ti Fe Ru Os

fructification
Fr U C Ti F I C At I O N
F Ru C Ti F I C At I O N
Fr U C Ti F I Ca Ti O N
F Ru C Ti F I Ca Ti O N

fructify
Fr U C Ti F Y
F Ru C Ti F Y

frugalities
Fr U Ga Li Ti Es
F Ru Ga Li Ti Es

fruitage
Fr U I Ta Ge
F Ru I Ta Ge

fruiteress
Fr U I Te Re S S
F Ru I Te Re S S

fruitestere
Fr U I Te S Te Re
F Ru I Te S Te Re

fruition
Fr U I Ti O N
F Ru I Ti O N

fruitless
Fr U I Tl Es S
F Ru I Tl Es S

frush
Fr U S H
F Ru S H

frusta
Fr U S Ta
F Ru S Ta

frutage
Fr U Ta Ge
F Ru Ta Ge

fruticose
Fr U Ti C O Se
F Ru Ti C O Se
Fr U Ti Co Se
F Ru Ti Co Se

fruticous
Fr U Ti C O U S
F Ru Ti C O U S
Fr U Ti Co U S
F Ru Ti Co U S

fry
Fr Y

fryery
Fr Y Er Y

ftiction
F Ti C Ti O N

fuar
F U Ar

fub
F U B

fubbery
F U B B Er Y

fubby
F U B B Y

fubs
F U B S

fubsy
F U B S Y

fucate
F U Ca Te

fuchs
F U C H S
F U C Hs

fuchsias
F U C H S I As
F U C Hs I As
F U C H Si As

fuchsine
F U C H S I Ne
F U C Hs I Ne
F U C H Si Ne

fuci
F U C I

fucus
F U C U S
F U Cu S

fuero
F U Er O

fuff
F U F F

fuffy
F U F F Y

fuga
F U Ga

fugacious
F U Ga C I O U S

fugaciousness
F U Ga C I O U S Ne S S
F U Ga C I O U S N Es S
F U Ga C I O U Sn Es S

fugacy
F U Ga C Y

fulahs
F U La H S
F U La Hs

fulvous
F U Lv O U S

fumous
F U Mo U S

fun
F U N

funambulate
F U N Am B U La Te

funambulation
F U N Am B U La Ti O N

funambulus
F U N Am B U Lu S

function
F U N C Ti O N

functional
F U N C Ti O N Al

functionaries
F U N C Ti O N Ar I Es

functionary
F U N C Ti O N Ar Y

functionate
F U N C Ti O Na Te

fund
F U Nd

fundus
F U Nd U S

funebrial
F U Ne Br I Al

funebrious
F U Ne Br I O U S

funeral
F U N Er Al

funerate
F U Ne Ra Te

funeration
F U N Er At I O N
F U Ne Ra Ti O N

funereal
F U Ne Re Al

fungate
F U N Ga Te

funge
F U N Ge

funic
F U N I C
F U Ni C

funiculate
F U N I C U La Te
F U Ni C U La Te
F U N I Cu La Te
F U Ni Cu La Te

funiculi
F U N I C U Li
F U Ni C U Li
F U N I Cu Li
F U Ni Cu Li

funiculus
F U N I C U Lu S
F U Ni C U Lu S
F U N I Cu Lu S
F U Ni Cu Lu S

funis
F U N I S
F U Ni S

funk
F U N K

funky
F U N K Y

funnies
F U N N I Es
F U N Ni Es

funny
F U N N Y

furacious
F U Ra C I O U S

furbish
F U Rb I S H

furbisher
F U Rb I S H Er

furfuraceous
F U Rf U Ra Ce O U S

furfuran
F U Rf U Ra N

furfuration
F U Rf U Ra Ti O N

furnish
F U Rn I S H

furnisher
F U Rn I S H Er

fuscation
F U S C At I O N
F U Sc At I O N
F U S Ca Ti O N

fuscin
F U S C I N
F U Sc I N
F U S C In
F U Sc In

fuscine
F U S C I Ne
F U Sc I Ne

fuscous
F U S C O U S
F U Sc O U S
F U S Co U S

fuse
F U Se

fusilier
F U S I Li Er
F U Si Li Er

fusiness
F U S I Ne S S
F U Si Ne S S
F U S I N Es S
F U Si N Es S
F U S In Es S

fusion
F U S I O N
F U Si O N

fuss
F U S S

fussiness
F U S S I Ne S S
F U S Si Ne S S
F U S S I N Es S
F U S Si N Es S
F U S S In Es S

fussure
F U S S U Re

fussy
F U S S Y

fustic
F U S Ti C

fustigate
F U S Ti Ga Te

fustigation
F U S Ti Ga Ti O N

fy
F Y

G

gab
[Ga][B]

gabarage
[Ga][Ba][Ra][Ge]

gabber
[Ga][B][B][Er]

gabbier
[Ga][B][B][I][Er]
[Ga][B][Bi][Er]

gabbro
[Ga][B][Br][O]

gabion
[Ga][B][I][O][N]
[Ga][Bi][O][N]

gabionage
[Ga][B][I][O][Na][Ge]
[Ga][Bi][O][Na][Ge]

gaby
[Ga][B][Y]

gaff
[Ga][F][F]

gaffer
[Ga][F][F][Er]

gagate
[Ga][Ga][Te]

gage
[Ga][Ge]

gahnite
[Ga][H][N][I][Te]
[Ga][H][Ni][Te]

gain
[Ga][I][N]
[Ga][In]

gainage
[Ga][I][Na][Ge]

gainer
[Ga][I][N][Er]
[Ga][In][Er]

gainpain
[Ga][I][N][Pa][I][N]
[Ga][In][Pa][I][N]
[Ga][I][N][Pa][In]
[Ga][In][Pa][In]

gainstand
[Ga][I][N][S][Ta][Nd]
[Ga][In][S][Ta][Nd]

gairish
[Ga][Ir][I][S][H]

gala
[Ga][La]

galactic
[Ga][La][C][Ti][C]

galactin
[Ga][La][C][Ti][N]

galage
[Ga][La][Ge]

galanga
[Ga][La][N][Ga]

galantine
[Ga][La][N][Ti][Ne]

gamogenesis
[Ga][Mo][Ge][Ne][S][I][S]
[Ga][Mo][Ge][N][Es][I][S]
[Ga][Mo][Ge][Ne][Si][S]

gamogenetic
[Ga][Mo][Ge][Ne][Ti][C]

gamosepalous
[Ga][Mo][Se][P][Al][O][U][S]

gan
[Ga][N]

ganch
[Ga][N][C][H]

gander
[Ga][Nd][Er]

gane
[Ga][Ne]

gangetic
[Ga][N][Ge][Ti][C]

ganocephalous
[Ga][N][O][Ce][P][H][Al][O][U][S]
[Ga][No][Ce][P][H][Al][O][U][S]

ganoine
[Ga][N][O][I][Ne]
[Ga][No][I][Ne]

gantline
[Ga][N][Tl][I][Ne]

gap
[Ga][P]

gaper
[Ga][P][Er]

gapes
Ga P Es

garancin
Ga Ra N C I N
Ga Ra N C In

garb
Ga Rb

gare
Ga Re

garfish
Ga Rf I S H

gargarism
Ga Rg Ar I Sm

garner
Ga Rn Er

garnierite
Ga Rn I Er I Te

garnish
Ga Rn I S H

garnisher
Ga Rn I S H Er

gas
Ga S

gasalier
Ga S Al I Er

gascoines
Ga S C O I Ne S
Ga Sc O I Ne S
Ga S Co I Ne S
Ga S C O I N Es
Ga Sc O I N Es
Ga S Co I N Es
Ga S C O In Es
Ga Sc O In Es
Ga S Co In Es

gascon
Ga S C O N
Ga Sc O N
Ga S Co N

gascoynes
Ga S C O Y Ne S
Ga Sc O Y Ne S
Ga S Co Y Ne S
Ga S C O Y N Es
Ga Sc O Y N Es
Ga S Co Y N Es

gaseous
Ga Se O U S

gases
Ga Se S
Ga S Es

gash
Ga S H

gasification
Ga S I F I C At I O N
Ga Si F I C At I O N
Ga S I F I Ca Ti O N
Ga Si F I Ca Ti O N

gasify
Ga S I F Y
Ga Si F Y

gaskins
Ga S K I N S
Ga S K In S

gasogen
Ga S O Ge N

gasolier
Ga S O Li Er

gasoline
Ga S O Li Ne

gasp
Ga S P

gassy
Ga S S Y

gastly
Ga S Tl Y

gate
Ga Te

gatehouse
Ga Te H O U Se
Ga Te Ho U Se

gatewise
Ga Te W I Se

gather
Ga Th Er

gatherer
Ga Th Er Er

gauche
Ga U C He

gaucho
Ga U C H O
Ga U C Ho

gauchos
Ga U C H O S
Ga U C Ho S
Ga U C H Os

gaudy
Ga U Dy

gauffer
Ga U F F Er

gauffre
Ga U F F Re

gauge
Ga U Ge

gaulish
Ga U Li S H

gauntly
Ga U N Tl Y

gaure
Ga U Re

gaverick
Ga V Er I C K

gavial
Ga V I Al

gawby
Ga W B Y

gawk
Ga W K

gawky
Ga W K Y

gawn
Ga W N

gay
Ga Y

gayal
Ga Y Al

gaylussite
Ga Y Lu S S I Te
Ga Y Lu S Si Te

gayne
Ga Y Ne

gayness
Ga Y Ne S S
Ga Y N Es S

geal
Ge Al

gear
Ge Ar

geason
Ge As O N

geat
Ge At

geck
Ge C K

gecko

Ge C K O

geckoes

Ge C K O Es

geer

Ge Er

gehenna

Ge He N Na

geic

Ge I C

gein

Ge I N

Ge In

gelastic

Ge La S Ti C

gelatification

Ge La Ti F I C At I O N

Ge La Ti F I Ca Ti O N

gelatigenous

Ge La Ti Ge N O U S

Ge La Ti Ge No U S

gelatin

Ge La Ti N

gelatinate

Ge La Ti Na Te

gelatination

Ge La Ti N At I O N

Ge La Ti Na Ti O N

gelatine

Ge La Ti Ne

gelatiniferous

Ge La Ti N I F Er O U S

Ge La Ti Ni F Er O U S

gelatinous

Ge La Ti N O U S

Ge La Ti No U S

gelation

Ge La Ti O N

gemote

Ge Mo Te

gena

Ge Na

gender

Ge Nd Er

genearch

Ge Ne Ar C H

genera

Ge Ne Ra

general

Ge N Er Al

generalissimo

Ge N Er Al I S S I Mo

Ge Ne Ra Li S S I Mo

Ge N Er Al I S Si Mo

Ge Ne Ra Li S Si Mo

generalities

Ge N Er Al I Ti Es

Ge Ne Ra Li Ti Es

generalness

Ge N Er Al Ne S S

Ge N Er Al N Es S

generalship

Ge N Er Al S H I P

generate

Ge Ne Ra Te

generation

Ge N Er At I O N

Ge Ne Ra Ti O N

generic

Ge N Er I C

generical

Ge N Er I C Al

genericalness

Ge N Er I C Al Ne S S

Ge N Er I C Al N Es S

generification

Ge N Er I F I C At I O N

Ge N Er I F I Ca Ti O N

generous

Ge N Er O U S

genesial

Ge Ne S I Al

Ge N Es I Al

Ge Ne Si Al

genesis

Ge Ne S I S

Ge N Es I S

Ge Ne Si S

genethliac

Ge Ne Th Li Ac

genethliacal

Ge Ne Th Li Ac Al

genethliacs

Ge Ne Th Li Ac S

genethliatic

Ge Ne Th Li At I C

genetic

Ge Ne Ti C

genetical

Ge Ne Ti C Al

genial

Ge N I Al

Ge Ni Al

genialness

Ge N I Al Ne S S

Ge Ni Al Ne S S

Ge N I Al N Es S

Ge Ni Al N Es S

geniculate

Ge N I C U La Te

Ge Ni C U La Te

Ge N I Cu La Te

Ge Ni Cu La Te

geniculation

Ge N I C U La Ti O N

Ge Ni C U La Ti O N

Ge N I Cu La Ti O N

Ge Ni Cu La Ti O N

genii

Ge N I I

Ge Ni I

genio

Ge N I O

Ge Ni O

genipap

Ge N I Pa P

Ge Ni Pa P

genista

Ge N I S Ta

Ge Ni S Ta

genitival

Ge N I Ti V Al

Ge Ni Ti V Al

genius

Ge N I U S

Ge Ni U S

geniuses

Ge N I U Se S

Ge Ni U Se S

Ge N I U S Es

Ge Ni U S Es

genre

Ge N Re

gens
Ge N S

gentes
Ge N Te S

gentilish
Ge N Ti Li S H

gentilism
Ge N Ti Li Sm

gentilitial
Ge N Ti Li Ti Al

gentilitious
Ge N Ti Li Ti O U S

gentiopikrin
Ge N Ti O P I Kr I N
Ge N Ti O P I Kr In

gentisin
Ge N Ti S I N
Ge N Ti Si N
Ge N Ti S In

gentleship
Ge N Tl Es H I P

gentlesse
Ge N Tl Es Se

gently
Ge N Tl Y

genu
Ge N U

genuine
Ge N U I Ne

genus
Ge N U S

genys
Ge N Y S

geocronite
Ge O Cr O N I Te
Ge O Cr O Ni Te

geocyclic
Ge O C Y Cl I C
Ge O C Y C Li C

geophagism
Ge O P H Ag I Sm

geophagous
Ge O P H Ag O U S

geophila
Ge O P H I La
Ge Y S Er I Te

geoponic
Ge O P O N I C
Ge O Po N I C
Ge O P O Ni C
Ge O Po Ni C

geoponical
Ge O P O N I C Al
Ge O Po N I C Al
Ge O P O Ni C Al
Ge O Po Ni C Al

geoponics
Ge O P O N I C S
Ge O Po N I C S
Ge O P O Ni C S
Ge O Po Ni C S
Ge O P O N I Cs
Ge O Po N I Cs
Ge O P O Ni Cs
Ge O Po Ni Cs

georgic
Ge O Rg I C

georgical
Ge O Rg I C Al

geoscopy
Ge O S C O P Y
Ge Os C O P Y
Ge O Sc O P Y
Ge O S Co P Y
Ge Os Co P Y

geostatic
Ge O S Ta Ti C
Ge Os Ta Ti C

geosynclinal
Ge O S Y N Cl I N Al
Ge Os Y N Cl I N Al
Ge O S Y N C Li N Al
Ge Os Y N C Li N Al
Ge O S Y N Cl In Al
Ge Os Y N Cl In Al

geotic
Ge O Ti C

gepound
Ge P O U Nd
Ge Po U Nd

gerah
Ge Ra H

geraniine
Ge Ra N I I Ne
Ge Ra Ni I Ne

geranine
Ge Ra N I Ne
Ge Ra Ni Ne

gere
Ge Re

gerfalcon
Ge Rf Al C O N
Ge Rf Al Co N

gern
Ge Rn

gerner
Ge Rn Er

gerund
Ge Ru Nd

gerundial
Ge Ru Nd I Al

gesse
Ge S Se

gestation
Ge S Ta Ti O N

geste
Ge S Te

gestic
Ge S Ti C

gesticulate
Ge S Ti C U La Te
Ge S Ti Cu La Te

gesticulation
Ge S Ti C U La Ti O N
Ge S Ti Cu La Ti O N

geten
Ge Te N

geth
Ge Th

gewgaw
Ge W Ga W

geyser
Ge Y S Er

geyserite
Ge Y S Er I Te

H

h

H

hachure

H Ac H U Re

hack

H Ac K

hackamore

H Ac K Am O Re

hackbuss

H Ac K B U S S

hacker

H Ac K Er

hackery

H Ac K Er Y

hackney

H Ac K Ne Y

hackneys

H Ac K Ne Y S

hag

H Ag

hagborn

H Ag B O Rn

hagiarchy

H Ag I Ar C H Y

hagiocracy

H Ag I O C Ra C Y

H Ag I O Cr Ac Y

hagship

H Ag S H I P

halachoth

H Al Ac H O Th

H Al Ac Ho Th

halation

H Al At I O N

halcyon

H Al C Y O N

half

H Al F

halfcock

H Al F C O C K

H Al F Co C K

halfen

H Al Fe N

halfer

H Al F Er

halfness

H Al F Ne S S

H Al F N Es S

halfpace

H Al F Pa Ce

halicore

H Al I C O Re

H Al I Co Re

halieutics

H Al I Eu Ti C S

H Al I Eu Ti Cs

haliotis

H Al I O Ti S

halite

H Al I Te

halk

H Al K

hallage

H Al La Ge

hallier

H Al Li Er

hallucal

H Al Lu C Al

hallucinate

H Al Lu C I Na Te

hallucination

H Al Lu C I N At I O N

H Al Lu C In At I O N

H Al Lu C I Na Ti O N

halo

H Al O

halogen

H Al O Ge N

halogenous

H Al O Ge N O U S

H Al O Ge No U S

halones

H Al O Ne S

H Al O N Es

halophyte

H Al O P H Y Te

halos

H Al O S

H Al Os

halp

H Al P

halpace

H Al Pa Ce

hals
H Al S

halse
H Al Se

halser
H Al S Er

halteres
H Al Te Re S

halves
H Al V Es

halysites
H Al Y S I Te S
H Al Y Si Te S

ham
H Am

hamburg
H Am B U Rg

haminura
H Am I N U Ra
H Am In U Ra

hamite
H Am I Te

hammock
H Am Mo C K

hamose
H Am O Se

hamous
H Am O U S

hamper
H Am P Er

hamulate
H Am U La Te

hamuli
H Am U Li

hamulus
H Am U Lu S

harass
H Ar As S

harasser
H Ar As S Er

harberous
H Ar B Er O U S

harborage
H Ar B O Ra Ge

hards
H Ar Ds

hardship
H Ar Ds H I P

hardspun
H Ar Ds P U N
H Ar Ds Pu N

hardy
H Ar Dy

harier
H Ar I Er

harikari
H Ar I K Ar I

harioiation
H Ar I O I At I O N

harish
H Ar I S H

hark
H Ar K

harmonic
H Ar Mo N I C
H Ar Mo Ni C

harmonica
H Ar Mo N I Ca
H Ar Mo Ni Ca

harmonical
H Ar Mo N I C Al
H Ar Mo Ni C Al

harmonicon
H Ar Mo N I C O N
H Ar Mo Ni C O N
H Ar Mo N I Co N
H Ar Mo Ni Co N

harmonics
H Ar Mo N I C S
H Ar Mo Ni C S
H Ar Mo N I Cs
H Ar Mo Ni Cs

harmonies
H Ar Mo N I Es
H Ar Mo Ni Es

harmonious
H Ar Mo N I O U S
H Ar Mo Ni O U S

harmoniphon
H Ar Mo N I P H O N
H Ar Mo Ni P H O N
H Ar Mo N I P Ho N
H Ar Mo Ni P Ho N

harmonite
H Ar Mo N I Te
H Ar Mo Ni Te

harmony
H Ar Mo N Y

harness
H Ar Ne S S
H Ar N Es S

harnesser
H Ar Ne S S Er
H Ar N Es S Er

harns
H Ar N S

harp
H Ar P

harpa
H Ar Pa

harpagon
H Ar P Ag O N

harper
H Ar P Er

harpies
H Ar P I Es

harpoon
H Ar P O O N
H Ar Po O N

harpooneer
H Ar P O O Ne Er
H Ar Po O Ne Er

harpooner
H Ar P O O N Er
H Ar Po O N Er

harpress
H Ar P Re S S
H Ar Pr Es S

harpsichon
H Ar P S I C H O N
H Ar P Si C H O N
H Ar P S I C Ho N
H Ar P Si C Ho N

harpy
H Ar P Y

harrage
H Ar Ra Ge

harre
H Ar Re

harsh
H Ar S H

harshness
H Ar S H Ne S S
H Ar S H N Es S

harten
H Ar Te N

haruspication
H Ar U S P I C At I O N
H Ar U S P I Ca Ti O N

haruspice
H Ar U S P I Ce

haruspicy
H Ar U S P I C Y

harvestless
H Ar V Es Tl Es S

hary
H Ar Y

has
H As

hash
H As H

hasheesh
H As He Es H

hashish
H As H I S H

hask
H As K

hasp
H As P

hassock
H As S O C K

hastate
H As Ta Te

haste
H As Te

hasten
H As Te N

hastener
H As Te N Er

hastif
H As Ti F

hastiness
H As Ti Ne S S
H As Ti N Es S

hat
H At

hatband
H At Ba Nd

hatch
H At C H

hatcher
H At C H Er

hatchery
H At C H Er Y

hatchure
H At C H U Re

hater
H At Er

hath
H At H

hatrack
H At Ra C K

hatstand
H At S Ta Nd

hatte
H At Te

haubergeon
H Au B Er Ge O N

hauberk
H Au B Er K

hauerite
H Au Er I Te

haulage
H Au La Ge

haunce
H Au N Ce

haunch
H Au N C H

hausen
H Au Se N

hausse
H Au S Se

hautboy
H Au Tb O Y

hautein
H Au Te I N
H Au Te In

hauynite
H Au Y N I Te
H Au Y Ni Te

he
He

heal
He Al

health
He Al Th

healthiness
He Al Th I Ne S S
He Al Th I N Es S
He Al Th In Es S

healthy
He Al Th Y

heam
He Am

hear
He Ar

hearer
He Ar Er

heariness
He Ar I Ne S S
He Ar I N Es S
He Ar In Es S

hearsal
He Ar S Al

hearse
He Ar Se

hearsecloth
He Ar Se Cl O Th

heartache
He Ar Ta C He

heartburn
He Ar Tb U Rn

hearten
He Ar Te N

heartener
He Ar Te N Er

hearth
He Ar Th

hearties
He Ar Ti Es

heartless
He Ar Tl Es S

heat
He At

heater
He At Er

heath
He At H

heathen
He At He N

heathenesse
He At He Ne S Se
He At He Ne S Se
He At He N Es Se

heathenish
He At He N I S H
He At He Ni S H

heathenishness

He At He N I S H Ne S S

He At He Ni S H Ne S S

He At He N I S H N Es S

He At He Ni S H N Es S

heathenism

He At He N I Sm

He At He Ni Sm

heathenness

He At He N Ne S S

He At He N Ne S S

He At He N N Es S

heathens

He At He N S

heather

He At H Er

heathery

He At H Er Y

heathy

He At H Y

hebe

He Be

heben

He Be N

hebenon

He Be N O N

He Be No N

hebetate

He Be Ta Te

hebetation

He Be Ta Ti O N

hebete

He Be Te

hebraic

He B Ra I C

hebraism

He B Ra I Sm

hebraistic

He B Ra I S Ti C

hebrew

He B Re W

hebrewess

He B Re W Es S

He B Re Sg Es S

heck

He C K

hectare

He C Ta Re

hectic

He C Ti C

heer

He Er

hegelism

He Ge Li Sm

hegemonic

He Ge Mo N I C

He Ge Mo Ni C

hegemonical

He Ge Mo N I C Al

He Ge Mo Ni C Al

hegemony

He Ge Mo N Y

heifer

He I F Er

heinous

He I N O U S

He In O U S

He I No U S

heir

He Ir

heiress

He I Re S S

He Ir Es S

heirship

He Ir S H I P

hektare

He K Ta Re

heliac

He Li Ac

heliacal

He Li Ac Al

helical

He Li C Al

helices

He Li Ce S

He Li C Es

helicin

He Li C I N

He Li C In

helicine

He Li C I Ne

helicon

He Li C O N

He Li Co N

heliolite

He Li O Li Te

heliopora

He Li O P O Ra

He Li O Po Ra

helispheric

He Li S P H Er I C

helispherical

He Li S P H Er I C Al

helixes

He Li Xe S

helvine

He Lv I Ne

helvite

He Lv I Te

hemoptysis

He Mo Pt Y S I S

He Mo Pt Y Si S

hemostatic

He Mo S Ta Ti C

hen

He N

henbane

He N Ba Ne

hence

He N Ce

henchboy

He N C H B O Y

hencoop

He N C O O P

He N Co O P

hendy

He Nd Y

He N Dy

henen

He Ne N

henfish

He N F I S H

henhouse

He N H O U Se

He N Ho U Se

henhouses

He N H O U Se S

He N Ho U Se S

He N H O U S Es

He N Ho U S Es

henhussy

He N H U S S Y

henna

He N Na

hennery
He N N Er Y

hennes
He N Ne S
He N Ne S
He N N Es

hennotannic
He N N O Ta N N I C
He N No Ta N N I C
He N No Ta N N I C
He N N O Ta N Ni C
He N No Ta N Ni C
He N No Ta N Ni C
He N N O Ta N Ni C

henogenesis
He N O Ge Ne S I S
He No Ge Ne S I S
He N O Ge N Es I S
He No Ge N Es I S
He N O Ge Ne Si S
He No Ge Ne Si S

henotic
He N O Ti C
He No Ti C

hente
He N Te

hep
He P

hepar
He P Ar

hepatic
He P At I C
He Pa Ti C

hepatica
He P At I Ca
He Pa Ti Ca

hepatical
He P At I C Al
He Pa Ti C Al

hepatite
He P At I Te
He Pa Ti Te

hepatitis
He P At I Ti S
He Pa Ti Ti S

hepatocystic
He P At O C Y S Ti C

hepatogenic
He P At O Ge N I C
He P At O Ge Ni C

hepatogenous
He P At O Ge N O U S
He P At O Ge No U S

hepatorenal
He P At O Re N Al

hepatoscopy
He P At O S C O P Y
He P At Os C O P Y
He P At O Sc O P Y
He P At O S Co P Y
He P At Os Co P Y

hepper
He P P Er

hepta
He P Ta

heptagon
He Pt Ag O N

heptagonal
He Pt Ag O N Al

heptagynous
He Pt Ag Y N O U S
He Pt Ag Y No U S

heptamerous
He Pt Am Er O U S

heptane
He P Ta Ne

heptarch
He Pt Ar C H

heptarchic
He Pt Ar C H I C

heptarchy
He Pt Ar C H Y

heptaspermous
He P Ta S P Er Mo U S
He Pt As P Er Mo U S

heptastich
He P Ta S Ti C H
He Pt As Ti C H

heptateuch
He P Ta Te U C H
He Pt At Eu C H

heptene
He P Te Ne

heptine
He Pt I Ne
He P Ti Ne

heptoic
He Pt O I C

heptone
He Pt O Ne

heptylic
He Pt Y Li C

her
H Er

herakline
He Ra K Li Ne

heraldship
H Er Al Ds H I P

herapathite
He Ra P At H I Te
He Ra Pa Th I Te

herb
H Er B
He Rb

herbaceous
H Er Ba Ce O U S

herbage
H Er Ba Ge

herbal
H Er B Al
He Rb Al

herbalism
H Er B Al I Sm
He Rb Al I Sm
H Er Ba Li Sm

herbar
H Er B Ar
He Rb Ar

herbary
H Er B Ar Y
He Rb Ar Y

herber
H Er B Er
He Rb Er

herbergage
H Er B Er Ga Ge
He Rb Er Ga Ge

herbergh
H Er Be Rg H

herbiferous
H Er B I F Er O U S
He Rb I F Er O U S
H Er Bi F Er O U S
herbivora
H Er B I V O Ra
He Rb I V O Ra
H Er Bi V O Ra
herbivore
H Er B I V O Re
He Rb I V O Re
H Er Bi V O Re
herbose
H Er B O Se
He Rb O Se
herbous
H Er B O U S
He Rb O U S
herby
H Er B Y
He Rb Y
hercogamous
H Er C O Ga Mo U S
H Er Co Ga Mo U S
herdbook
H Er Db O O K
here
He Re
hereby
He Re B Y
herehence
He Re He N Ce
herein
He Re I N
He Re In
hereinbefore
He Re I N Be F O Re
He Re In Be F O Re
heren
He Re N
hereof
He Re O F
hereon
He Re O N
heresiarch
He Re S I Ar C H
H Er Es I Ar C H
He Re Si Ar C H
heresiarchy
He Re S I Ar C H Y
H Er Es I Ar C H Y
He Re Si Ar C H Y
heresies
He Re S I Es
H Er Es I Es
He Re Si Es
heresy
He Re S Y
H Er Es Y
heretic
He Re Ti C
heretical
He Re Ti C Al
hereticate
He Re Ti Ca Te
heretification
He Re Ti F I C At I O N
He Re Ti F I Ca Ti O N
hereupon
He Re U P O N
H Er Eu P O N
He Re U Po N
H Er Eu Po N
herewith
He Re W I Th
herisson
H Er I S S O N
heritage
H Er I Ta Ge
heritance
H Er I Ta N Ce
hern
H Er N
He Rn
hernani
H Er Na N I
H Er Na Ni
herne
H Er Ne
hernial
H Er N I Al
He Rn I Al
H Er Ni Al
hernias
H Er N I As
He Rn I As
H Er Ni As
hero
H Er O
heroes
H Er O Es
heroess
H Er O Es S
heroic
H Er O I C
heroical
H Er O I C Al
heroicness
H Er O I C Ne S S
H Er O I C N Es S
H Er O I Cn Es S
heroine
H Er O I Ne
heroism
H Er O I Sm
heron
H Er O N
heroner
H Er O N Er
heronsew
H Er O N Se W
heroship
H Er O S H I P
H Er Os H I P
herpes
H Er P Es
hers
H Er S
hersal
H Er S Al
herse
H Er Se
herte
H Er Te
hery
H Er Y
hesitancy
He S I Ta N C Y
H Es I Ta N C Y
He Si Ta N C Y
hesitantly
He S I Ta N Tl Y
H Es I Ta N Tl Y
He Si Ta N Tl Y

hesitate

He S I Ta Te

H Es I Ta Te

He Si Ta Te

hesitation

He S I Ta Ti O N

H Es I Ta Ti O N

He Si Ta Ti O N

hesp

He S P

H Es P

hesper

He S P Er

H Es P Er

hesperornis

He S P Er O Rn I S

H Es P Er O Rn I S

hesperus

He S P Er U S

H Es P Er U S

hessite

He S S I Te

H Es S I Te

He S Si Te

H Es Si Te

hestern

He S Te Rn

H Es Te Rn

hesternal

He S Te Rn Al

H Es Te Rn Al

hetairism

He Ta Ir I Sm

hete

He Te

heteracanth

He Te Ra Ca N Th

heterauxesis

He Te Ra U Xe S I S

He Te Ra U Xe Si S

heuk

He U K

H Eu K

heulandite

He U La Nd I Te

H Eu La Nd I Te

hew

He W

hewer

He W Er

hewn

He W N

hexene

He Xe Ne

hey

He Y

heyh

He Y H

heyne

He Y Ne

heyten

He Y Te N

hiation

H I At I O N

hiatus

H I At U S

hiatuses

H I At U Se S

H I At U S Es

hibernal

H I B Er N Al

H I Be Rn Al

hibernate

H I B Er Na Te

hibernation

H I B Er N At I O N

H I Be Rn At I O N

H I B Er Na Ti O N

hibernicism

H I B Er N I C I Sm

H I Be Rn I C I Sm

H I B Er Ni C I Sm

hibiscus

H I B I S C U S

H I Bi S C U S

H I B I Sc U S

H I Bi Sc U S

H I B I S Cu S

H I Bi S Cu S

hicksite

H I C K S I Te

H I C K Si Te

hickup

H I C K U P

hierarch

H I Er Ar C H

hierarchal

H I Er Ar C H Al

hierarchic

H I Er Ar C H I C

hierarchical

H I Er Ar C H I C Al

hierarchies

H I Er Ar C H I Es

hierarchism

H I Er Ar C H I Sm

hierarchy

H I Er Ar C H Y

hieratic

H I Er At I C

hierocracy

H I Er O C Ra C Y

H I Er O Cr Ac Y

hieron

H I Er O N

hieroscopy

H I Er O S C O P Y

H I Er Os C O P Y

H I Er O Sc O P Y

H I Er O S Co P Y

H I Er Os Co P Y

hierourgy

H I Er O U Rg Y

hifalutin

H I F Al U Ti N

hilus

H I Lu S

hin

H I N

H In

hind

H I Nd

hindbrain

H I Nd B Ra I N

H I N Db Ra I N

H In Db Ra I N

H I Nd B Ra In

H I N Db Ra In

H In Db Ra In

hinder

H I Nd Er

hinderer

H I Nd Er Er

hindi

H I Nd I

hindoo

H I Nd O O

hindooism

H I Nd O O I Sm

hindoos

H I Nd O O S

H I Nd O Os

hindrance

H I Nd Ra N Ce

hindu

H I Nd U

hinduism

H I Nd U I Sm

hindus

H I Nd U S

hindustani

H I Nd U S Ta N I

H I Nd U S Ta Ni

hine

H I Ne

hinge

H I N Ge

H In Ge

hink

H I N K

H In K

hinnies

H I N N I Es

H In N I Es

H I N Ni Es

H In Ni Es

hinny

H I N N Y

H In N Y

hip

H I P

hippa

H I P Pa

hipparion

H I P P Ar I O N

hippish

H I P P I S H

hippobosca

H I P P O B O S Ca

H I P Po B O S Ca

H I P P O B Os Ca

H I P Po B Os Ca

hippocamp

H I P P O C Am P

H I P Po C Am P

hippocampal

H I P P O C Am P Al

H I P Po C Am P Al

hippocampus

H I P P O C Am P U S

H I P Po C Am P U S

H I P P O C Am Pu S

H I P Po C Am Pu S

hippocras

H I P P O C Ra S

H I P Po C Ra S

H I P Po C

Ra S H I P P O Cr As

H I P Po Cr As

hippocrates

H I P P O C Ra Te S

H I P Po C Ra Te S

H I P P O Cr At Es

H I P Po Cr At Es

hippocratic

H I P P O Cr At I C

H I P Po Cr At I C

H I P Po Cr At I C

H I P P O C Ra Ti C

H I P Po C Ra Ti C

hippocratism

H I P P O Cr At I Sm

H I P Po Cr At I Sm

H I P P O C Ra Ti Sm

H I P Po C Ra Ti Sm

hippocrene

H I P P O C Re Ne

H I P Po C Re Ne

hippolith

H I P P O Li Th

H I P Po Li Th

hippophagi

H I P P O P H Ag I

H I P Po P H Ag I

hippophagism

H I P P O P H Ag I Sm

H I P Po P H Ag I Sm

hippophagous

H I P P O P H Ag O U S

H I P Po P H Ag O U S

hippophagy

H I P P O P H Ag Y

H I P Po P H Ag Y

hipps

H I P P S

hir

H Ir

hircic

H Ir C I C

hircin

H Ir C I N

H Ir C In

hircine

H Ir C I Ne

hircinous

H Ir C I N O U S

H Ir C In O U S

H Ir C I No U S

hire

H I Re

hirer

H Ir Er

hires

H I Re S

H Ir Es

hirs

H Ir S

hirsute

H Ir S U Te

hirsuteness

H Ir S U Te Ne S S

H Ir S U Te N Es S

hirundine

H Ir U Nd I Ne

H I Ru Nd I Ne

hirundo

H Ir U Nd O

H I Ru Nd O

his

H I S

hispanic

H I S Pa N I C

H I S Pa Ni C

hispanicism

H I S Pa N I C I Sm

H I S Pa Ni C I Sm

hiss

H I S S

hitch

H I Tc H

hither

H I Th Er

hiver

H I V Er

hives

H I V Es

ho

H O

Ho

hoar

H O Ar

Ho Ar

hoarhound

H O Ar H O U Nd

Ho Ar H O U Nd

H O Ar Ho U Nd

Ho Ar Ho U Nd

hoariness

H O Ar I Ne S S

Ho Ar I Ne S S

H O Ar I N Es S

Ho Ar I N Es S

H O Ar In Es S

Ho Ar In Es S

hoarse

H O Ar Se

Ho Ar Se

hoarsen

H O Ar Se N

Ho Ar Se N

hoarseness

H O Ar Se Ne S S

Ho Ar Se Ne S S

H O Ar Se N Es S

Ho Ar Se N Es S

hoary

H O Ar Y

Ho Ar Y

hob

H O B

Ho B

hobandnob

H O Ba Nd N O B

Ho Ba Nd N O B

H O Ba Nd No B

Ho Ba Nd No B

hobanob

H O Ba N O B

Ho Ba N O B

H O Ba No B

Ho Ba No B

hobbies

H O B B I Es

Ho B B I Es

H O B Bi Es

Ho B Bi Es

hobbism

H O B B I Sm

Ho B B I Sm

H O B Bi Sm

Ho B Bi Sm

hobby

H O B B Y

Ho B B Y

hobnob

H O B N O B

Ho B N O B

H O B No B

Ho B No B

hobornob

H O B O Rn O B

Ho B O Rn O B

hoboy

H O B O Y

Ho B O Y

hocco

H O C C O

Ho C C O

H O C Co

Ho C Co

hock

H O C K

Ho C K

hockamore

H O C K Am O Re

Ho C K Am O Re

hockherb

H O C K H Er B

Ho C K H Er B

H O C K He Rb

Ho C K He Rb

hocus

H O C U S

Ho C U S

H O Cu S

Ho Cu S

hocuspocus

H O C U S P O C U S

Ho C U S P O C U S

H O Cu S P O C U S

Ho Cu S P O C U S

H O C U S Po C U S

Ho C U S Po C U S

H O Cu S Po C U S

Ho Cu S Po C U S

H O C U S P O Cu S

Ho C U S P O Cu S

H O Cu S P O Cu S

Ho Cu S P O Cu S

H O C U S Po Cu S

Ho C U S Po Cu S

H O Cu S Po Cu S

Ho Cu S Po Cu S

hoise

H O I Se

Ho I Se

hoker

H O K Er

Ho K Er

holiness

H O Li Ne S S

Ho Li Ne S S

H O Li N Es S

Ho Li N Es S

homocercal

H O Mo C Er C Al

Ho Mo C Er C Al

homocercy

H O Mo C Er C Y

Ho Mo C Er C Y

homocerebrin

H O Mo Ce Re Br I N

Ho Mo Ce Re Br I N

H O Mo Ce Re Br In

Ho Mo Ce Re Br In

homodynamic

H O Mo Dy N Am I C

Ho Mo Dy N Am I C

homodynamous

H O Mo Dy N Am O U S

Ho Mo Dy N Am O U S

H O Mo Dy Na Mo U S

Ho Mo Dy Na Mo U S

homodynamy

H O Mo Dy N Am Y

Ho Mo Dy N Am Y

homogamous

H O Mo Ga Mo U S

Ho Mo Ga Mo U S

homogene

H O Mo Ge Ne

Ho Mo Ge Ne

homogeneal

H O Mo Ge Ne Al

Ho Mo Ge Ne Al

homogenealness

H O Mo Ge Ne Al Ne S S

Ho Mo Ge Ne Al Ne S S

H O Mo Ge Ne Al N Es S

Ho Mo Ge Ne Al N Es S

homogeneous

H O Mo Ge Ne O U S

Ho Mo Ge Ne O U S

homogeneousness

H O Mo Ge Ne O U S Ne S S

Ho Mo Ge Ne O U S Ne S S

H O Mo Ge Ne O U S N Es S

Ho Mo Ge Ne O U S N Es S

H O Mo Ge Ne O U Sn Es S

Ho Mo Ge Ne O U Sn Es S

homogenesis

H O Mo Ge Ne S I S

Ho Mo Ge Ne S I S

H O Mo Ge N Es I S

Ho Mo Ge N Es I S

H O Mo Ge Ne Si S

Ho Mo Ge Ne Si S

homogenetic

H O Mo Ge Ne Ti C

Ho Mo Ge Ne Ti C

homogenous

H O Mo Ge N O U S

Ho Mo Ge N O U S

H O Mo Ge No U S

Ho Mo Ge No U S

homogeny

H O Mo Ge N Y

Ho Mo Ge N Y

homonomous

H O Mo N O Mo U S

Ho Mo N O Mo U S

H O Mo No Mo U S

Ho Mo No Mo U S

homonymous

H O Mo N Y Mo U S

Ho Mo N Y Mo U S

homophone

H O Mo P H O Ne

Ho Mo P H O Ne

H O Mo P Ho Ne

Ho Mo P Ho Ne

homophonic

H O Mo P H O N I C

Ho Mo P H O N I C

H O Mo P Ho N I C

Ho Mo P Ho N I C

H O Mo P H O Ni C

Ho Mo P H O Ni C

H O Mo P Ho Ni C

Ho Mo P Ho Ni C

homophonous

H O Mo P H O N O U S

Ho Mo P H O N O U S

H O Mo P Ho N O U S

Ho Mo P Ho N O U S

H O Mo P H O No U S

Ho Mo P H O No U S

H O Mo P Ho No U S

Ho Mo P Ho No U S

homophony

H O Mo P H O N Y

Ho Mo P H O N Y

H O Mo P Ho N Y

Ho Mo P Ho N Y

homophylic

H O Mo P H Y Li C

Ho Mo P H Y Li C

homoplasmy

H O Mo P La Sm Y

Ho Mo P La Sm Y

homoplastic

H O Mo P La S Ti C

Ho Mo P La S Ti C

homoplasy

H O Mo P La S Y

Ho Mo P La S Y

homopolic

H O Mo P O Li C

Ho Mo P O Li C

H O Mo Po Li C

Ho Mo Po Li C

homopter

H O Mo Pt Er

Ho Mo Pt Er

homoptera

H O Mo P Te Ra

Ho Mo P Te Ra

homopteran

H O Mo P Te Ra N

Ho Mo P Te Ra N

homopterous

H O Mo Pt Er O U S

Ho Mo Pt Er O U S

homothermous

H O Mo Th Er Mo U S

Ho Mo Th Er Mo U S

hond

H O Nd

Ho Nd

hone

H O Ne

Ho Ne

honestation

H O Ne S Ta Ti O N

Ho Ne S Ta Ti O N

H O N Es Ta Ti O N

Ho N Es Ta Ti O N

honestly

H O Ne S Tl Y

Ho Ne S Tl Y

H O N Es Tl Y

Ho N Es Tl Y

honey

H O Ne Y

Ho Ne Y

honeymoon

H O Ne Y Mo O N

Ho Ne Y Mo O N

honeysucker

H O Ne Y S U C K Er

Ho Ne Y S U C K Er

honk
H O N K

Ho N K

hoo
H O O

Ho O

hoody
H O O Dy

Ho O Dy

hoof
H O O F

Ho O F

hoofbound
H O O F B O U Nd

Ho O F B O U Nd

hoofless
H O O Fl Es S

Ho O Fl Es S

H O O Fl Es S

hoofs
H O O F S

Ho O F S

hook
H O O K

Ho O K

hooker
H O O K Er

Ho O K Er

hooky
H O O K Y

Ho O K Y

hoop
H O O P

Ho O P

hooper
H O O P Er

Ho O P Er

hoopoo
H O O P O O

Ho O P O O

H O O Po O

Ho O Po O

H O O Po O

hoosier
H O O S I Er

Ho O S I Er

H O Os I Er

Ho Os I Er

H O O Si Er

Ho O Si Er

hooves
H O O V Es

Ho O V Es

hop
H O P

Ho P

hopbind
H O P B I Nd

Ho P B I Nd

H O Pb I Nd

Ho Pb I Nd

H O P Bi Nd

Ho P Bi Nd

hopbine
H O P B I Ne

Ho P B I Ne

H O Pb I Ne

Ho Pb I Ne

H O P Bi Ne

Ho P Bi Ne

hoper
H O P Er

Ho P Er

hoplite
H O P Li Te

Ho P Li Te

hopper
H O P P Er

Ho P P Er

hoppestere
H O P P Es Te Re

Ho P P Es Te Re

hoppo
H O P P O

Ho P P O

H O P Po

Ho P Po

hopscotch
H O P S C O Tc H

Ho P S C O Tc H

H O P Sc O Tc H

Ho P Sc O Tc H

H O P S Co Tc H

Ho P S Co Tc H

hore
H O Re

Ho Re

horehound
H O Re H O U Nd

Ho Re H O U Nd

H O Re Ho U Nd

Ho Re Ho U Nd

horn
H O Rn

Ho Rn

hornbeam
H O Rn Be Am

Ho Rn Be Am

hornbook
H O Rn B O O K

Ho Rn B O O K

horner
H O Rn Er

Ho Rn Er

hornfish
H O Rn F I S H

Ho Rn F I S H

hornify
H O Rn I F Y

Ho Rn I F Y

hornish
H O Rn I S H

Ho Rn I S H

hornotine
H O Rn O Ti Ne

Ho Rn O Ti Ne

hornwrack
H O Rn W Ra C K

Ho Rn W Ra C K

horny
H O Rn Y

Ho Rn Y

hose
H O Se

Ho Se

hosen
H O Se N

Ho Se N

hosier
H O S I Er

Ho S I Er

H Os I Er

H O Si Er

Ho Si Er

hosiery
H O S I Er Y
Ho S I Er Y
H Os I Er Y
H O Si Er Y
Ho Si Er Y

hospice
H O S P I Ce
Ho S P I Ce
H Os P I Ce

hospitage
H O S P I Ta Ge
Ho S P I Ta Ge
H Os P I Ta Ge

hospitalism
H O S P I Ta Li Sm
Ho S P I Ta Li Sm
H Os P I Ta Li Sm

hospitalities
H O S P I Ta Li Ti Es
Ho S P I Ta Li Ti Es
H Os P I Ta Li Ti Es

hospitate
H O S P I Ta Te
Ho S P I Ta Te
H Os P I Ta Te

hostage
H O S Ta Ge
Ho S Ta Ge
H Os Ta Ge

hostelry
H O S Te Lr Y
Ho S Te Lr Y
H Os Te Lr Y

hostess
H O S Te S S
Ho S Te S S
H Os Te S S

hostilities
H O S Ti Li Ti Es
Ho S Ti Li Ti Es
H Os Ti Li Ti Es

hostler
H O S Tl Er
Ho S Tl Er
H Os Tl Er

hostless
H O S Tl Es S
Ho S Tl Es S
H Os Tl Es S

hotchpotch
H O Tc H P O Tc H
Ho Tc H P O Tc H
H O Tc H Po Tc H
Ho Tc H Po Tc H

hote
H O Te
Ho Te

hoten
H O Te N
Ho Te N

hothouse
H O Th O U Se
Ho Th O U Se

hotly
H O Tl Y
Ho Tl Y

hound
H O U Nd
Ho U Nd

houndfish
H O U Nd F I S H
Ho U Nd F I S H

houp
H O U P
Ho U P

hourglass
H O U Rg La S S
Ho U Rg La S S

house
H O U Se
Ho U Se

housebote
H O U Se B O Te
Ho U Se B O Te

houseline
H O U Se Li Ne
Ho U Se Li Ne

houses
H O U Se S
Ho U Se S
H O U S Es
Ho U S Es

housewife
H O U Se W I Fe
Ho U Se W I Fe

housewifery
H O U Se W I F Er Y
Ho U Se W I F Er Y

houss
H O U S S
Ho U S S

hover
H O V Er
Ho V Er

hoverer
H O V Er Er
Ho V Er Er

how
H O W
Ho W

howdy
H O W Dy
Ho W Dy

howker
H O W K Er
Ho W K Er

howp
H O W P
Ho W P

howso
H O W S O
Ho W S O

hoy
H O Y
Ho Y

hub
H U B

hubbub
H U B B U B

hubby
H U B B Y

hubner
H U B N Er

huch
H U C H

huchen
H U C He N

huck
H U C K

hucksterage
H U C K S Te Ra Ge

huer
H U Er

huff
H U F F

huffcap
H U F F Ca P

huffer
H U F F Er

huffiness
H U F F I Ne S S
H U F F I N Es S
H U F F In Es S

huffish
H U F F I S H

huffy
H U F F Y

huge
H U Ge

huisher
H U I S H Er

hulan
H U La N

hulver
H U Lv Er

humoralism
H U Mo Ra Li Sm

hun
H U N

hunch
H U N C H

hunchback
H U N C H Ba C K
H U N C H B Ac K

hunk
H U N K

hunker
H U N K Er

hunkerism
H U N K Er I Sm

hunks
H U N K S

hunte
H U N Te

husband
H U S Ba Nd

hush
H U S H

husher
H U S H Er

husk
H U S K

huskiness
H U S K I Ne S S
H U S K I N Es S
H U S K In Es S

husky
H U S K Y

huso
H U S O

hussar
H U S S Ar

hussite
H U S S I Te
H U S Si Te

hussy
H U S S Y

huswife
H U S W I Fe

huswifery
H U S W I F Er Y

hutch
H U Tc H

hy
H Y

hyacine
H Y Ac I Ne

hyacinth
H Y Ac I N Th
H Y Ac In Th

hyacinthine
H Y Ac I N Th I Ne
H Y Ac In Th I Ne

hyalescence
H Y Al Es Ce N Ce

hyaline
H Y Al I Ne

hyalite
H Y Al I Te

hybernate
H Y B Er Na Te
H Yb Er Na Te

hybernation
H Y B Er N At I O N
H Yb Er N At I O N
H Y Be Rn At I O N
H Y B Er Na Ti O N
H Yb Er Na Ti O N

hylic
H Y Li C

hylism
H Y Li Sm

hymn
H Y Mn

hymnal
H Y Mn Al

hymnic
H Y Mn I C

hymnody
H Y Mn O Dy

hyndreste
H Y Nd Re S Te

hyne
H Y Ne

hyoscine
H Y O S C I Ne
H Y Os C I Ne
H Y O Sc I Ne

hyoscyamine
H Y O S C Y Am I Ne
H Y Os C Y Am I Ne
H Y O Sc Y Am I Ne

hyoscyamus
H Y O S C Y Am U S
H Y Os C Y Am U S
H Y O Sc Y Am U S

hyosternal
H Y O S Te Rn Al
H Y Os Te Rn Al

hyp
H Y P

hypallage
H Y P Al La Ge

hypapophysis
H Y Pa P O P H Y S I S
H Y Pa Po P H Y S I S
H Y Pa P O P H Y Si S
H Y Pa Po P H Y Si S

hyperbatic
H Y P Er B At I C
H Y P Er Ba Ti C

hyperbaton
H Y P Er B At O N

hyperbola
H Y P Er B O La

hyperbolic
H Y P Er B O Li C

hyperbolical
H Y P Er B O Li C Al

hyperbolism
H Y P Er B O Li Sm

hypercritic
H Y P Er Cr I Ti C

hypercritical
H Y P Er Cr I Ti C Al

hypercriticise
H Y P Er Cr I Ti C I Se

hypercriticism
H Y P Er Cr I Ti C I Sm

hyperinosis
H Y P Er I N O S I S
H Y P Er In O S I S
H Y P Er I No S I S
H Y P Er I N Os I S
H Y P Er In Os I S
H Y P Er I N O Si S
H Y P Er In O Si S
H Y P Er I No Si S

hyperion
H Y P Er I O N

hyperkinesis
H Y P Er K I Ne S I S
H Y P Er K I N Es I S
H Y P Er K In Es I S
H Y P Er K I Ne Si S

hyperkinetic
H Y P Er K I Ne Ti C

hyperphysical
H Y P Er P H Y S I C Al
H Y P Er P H Y Si C Al

hyperplastic
H Y P Er P La S Ti C

hypersecretion
H Y P Er Se C Re Ti O N

hyperspace
H Y P Er S Pa Ce

hyphen
H Y P He N

hypinosis
H Y P I N O S I S
H Y P In O S I S
H Y P I No S I S
H Y P I N Os I S
H Y P In Os I S
H Y P I N O Si S
H Y P In O Si S
H Y P I No Si S

hypnobate
H Y P N O Ba Te
H Y P No Ba Te

hypnogenic
H Y P N O Ge N I C
H Y P No Ge N I C
H Y P N O Ge Ni C
H Y P No Ge Ni C

hypnosis
H Y P N O S I S
H Y P No S I S
H Y P N Os I S
H Y P N O Si S
H Y P No Si S

hypnotic
H Y P N O Ti C
H Y P No Ti C

hypnotism
H Y P N O Ti Sm
H Y P No Ti Sm

hypo
H Y P O
H Y Po

hypoarion
H Y P O Ar I O N
H Y Po Ar I O N

hypoblastic
H Y P O B La S Ti C
H Y Po B La S Ti C

hypobranchial
H Y P O B Ra N C H I Al
H Y Po B Ra N C H I Al

hypocarp
H Y P O C Ar P
H Y Po C Ar P

hypochondres
H Y P O C H O Nd Re S
H Y Po C H O Nd Re S
H Y P O C Ho Nd Re S
H Y Po C Ho Nd Re S

hypocrisies
H Y P O Cr I S I Es
H Y Po Cr I S I Es
H Y P O Cr I Si Es
H Y Po Cr I Si Es

hypocrisy
H Y P O Cr I S Y
H Y Po Cr I S Y

hypocrite
H Y P O Cr I Te
H Y Po Cr I Te

hypocritic
H Y P O Cr I Ti C
H Y Po Cr I Ti C

hypocritical
H Y P O Cr I Ti C Al
H Y Po Cr I Ti C Al

hypogene
H Y P O Ge Ne
H Y Po Ge Ne

hypogeous
H Y P O Ge O U S
H Y Po Ge O U S

hypohyal
H Y P O H Y Al
H Y Po H Y Al

hyponastic
H Y P O Na S Ti C
H Y Po Na S Ti C
H Y P O N As Ti C
H Y Po N As Ti C

hypophosphite
H Y P O P H O S P H I Te
H Y Po P H O S P H I Te
H Y P O P Ho S P H I Te
H Y Po P Ho S P H I Te
H Y P O P H Os P H I Te
H Y Po P H Os P H I Te

hypophysial
H Y P O P H Y S I Al
H Y Po P H Y S I Al
H Y P O P H Y Si Al
H Y Po P H Y Si Al

hypophysis
H Y P O P H Y S I S
H Y Po P H Y S I S
H Y P O P H Y Si S
H Y Po P H Y Si S

hypoptila
H Y P O Pt I La
H Y Po Pt I La
H Y P O P Ti La
H Y Po P Ti La

hyporhachis
H Y P O Rh Ac H I S
H Y Po Rh Ac H I S

hypostases
H Y P O S Ta Se S
H Y Po S Ta Se S
H Y P Os Ta Se S
H Y P O S Ta S Es
H Y Po S Ta S Es
H Y P Os Ta S Es

hypostasis
H Y P O S Ta S I S
H Y Po S Ta S I S
H Y P Os Ta S I S
H Y P O S Ta Si S
H Y Po S Ta Si S
H Y P Os Ta Si S

hypostatic
H Y P O S Ta Ti C
H Y Po S Ta Ti C
H Y P Os Ta Ti C

hypostatical
H Y P O S Ta Ti C Al
H Y Po S Ta Ti C Al
H Y P Os Ta Ti C Al

hypotenuse
H Y P O Te N U Se
H Y Po Te N U Se

hypotheses
H Y P O Th Es Es
H Y Po Th Es Es

hypothesis
H Y P O Th Es I S
H Y Po Th Es I S

hyppish
H Y P P I S H

hyson
H Y S O N

hyssop
H Y S S O P

hysteranthous
H Y S Te Ra N Th O U S

hysteresis
H Y S Te Re S I S
H Y S Te Re Si S

I

i

[I]

iamb

[I][Am][B]

iambi

[I][Am][B][I]

[I][Am][Bi]

iambic

[I][Am][B][I][C]

[I][Am][Bi][C]

iambical

[I][Am][B][I][C][Al]

[I][Am][Bi][C][Al]

iambus

[I][Am][B][U][S]

iambuses

[I][Am][B][U][Se][S]

[I][Am][B][U][S][Es]

iatraliptic

[I][At][Ra][Li][Pt][I][C]

[I][At][Ra][Li][P][Ti][C]

ibexes

[I][Be][Xe][S]

ibices

[I][B][I][Ce][S]

[I][Bi][Ce][S]

[I][B][I][C][Es]

[I][Bi][C][Es]

ibis

[I][B][I][S]

[I][Bi][S]

ice

[I][Ce]

iceberg

[I][Ce][Be][Rg]

icebound

[I][Ce][B][O][U][Nd]

icelander

[I][Ce][La][Nd][Er]

icelandic

[I][Ce][La][Nd][I][C]

ich

[I][C][H]

ichneumon

[I][C][H][Ne][U][Mo][N]

[I][C][H][N][Eu][Mo][N]

ichnite

[I][C][H][N][I][Te]

[I][C][H][Ni][Te]

ichnolite

[I][C][H][N][O][Li][Te]

[I][C][H][No][Li][Te]

ichnoscopy

[I][C][H][N][O][S][C][O][P][Y]

[I][C][H][No][S][C][O][P][Y]

[I][C][H][N][Os][C][O][P][Y]

[I][C][H][N][O][Sc][O][P][Y]

[I][C][H][No][Sc][O][P][Y]

[I][C][H][N][O][S][Co][P][Y]

[I][C][H][No][S][Co][P][Y]

[I][C][H][N][Os][Co][P][Y]

ichthin

[I][C][H][Th][I][N]

[I][C][H][Th][In]

ichthulin

[I][C][H][Th][U][Li][N]

ichthus

[I][C][H][Th][U][S]

ichthyic

[I][C][H][Th][Y][I][C]

ichthyocoprolite

[I][C][H][Th][Y][O][C][O][Pr][O][Li][Te]

[I][C][H][Th][Y][O][Co][Pr][O][Li][Te]

ichthyohagy

[I][C][H][Th][Y][O][H][Ag][Y]

ichthyolite

[I][C][H][Th][Y][O][Li][Te]

ichthyophagous

[I][C][H][Th][Y][O][P][H][Ag][O][U][S]

ichthyophthira

[I][C][H][Th][Y][O][P][H][Th][I][Ra]

ichthyornis

[I][C][H][Th][Y][O][Rn][I][S]

ichthyosaurus

[I][C][H][Th][Y][O][S][Au][Ru][S]

[I][C][H][Th][Y][Os][Au][Ru][S]

ichthyosis

[I][C][H][Th][Y][O][S][I][S]

[I][C][H][Th][Y][Os][I][S]

[I][C][H][Th][Y][O][Si][S]

ichthys

I C H Th Y S

iciness

I C I Ne S S

I C I N Es S

I C In Es S

icon

I C O N

I Co N

iconical

I C O N I C Al

I Co N I C Al

I C O Ni C Al

I Co Ni C Al

iconism

I C O N I Sm

I Co N I Sm

I C O Ni Sm

I Co Ni Sm

iconoclasm

I C O N O C La Sm

I Co N O C La Sm

I C O No C La Sm

I Co No C La Sm

iconoclastic

I C O N O C La S Ti C

I Co N O C La S Ti C

I C O No C La S Ti C

I Co No C La S Ti C

I C O N O Cl As Ti C

I Co N O Cl As Ti C

I C O No Cl As Ti C

I Co No Cl As Ti C

icterus

I C Te Ru S

ictic

I C Ti C

icy

I C Y

if

I F

ifere

I Fe Re

ik

I K

iliac

I Li Ac

iliacal

I Li Ac Al

ilial

I Li Al

iliche

I Li C He

ilicic

I Li C I C

ilicin

I Li C I N

I Li C In

iliopsoas

I Li O P S O As

in

I N

In

inabstinence

I Na B S Ti Ne N Ce

inaccuracies

I Na C C U Ra C I Es

I N Ac C U Ra C I Es

In Ac C U Ra C I Es

I Na C Cu Ra C I Es

I N Ac Cu Ra C I Es

In Ac Cu Ra C I Es

inaccuracy

I Na C C U Ra C Y

I N Ac C U Ra C Y

In Ac C U Ra C Y

I Na C Cu Ra C Y

I N Ac Cu Ra C Y

In Ac Cu Ra C Y

inaccurate

I Na C C U Ra Te

I N Ac C U Ra Te

In Ac C U Ra Te

I Na C Cu Ra Te

I N Ac Cu Ra Te

In Ac Cu Ra Te

inaction

I Na C Ti O N

I N Ac Ti O N

In Ac Ti O N

inaffectation

I Na F Fe C Ta Ti O N

inamorata

I N Am O Ra Ta

In Am O Ra Ta

I Na Mo Ra Ta

inamorate

I N Am O Ra Te

In Am O Ra Te

I Na Mo Ra Te

inane

I Na Ne

inanitiation

I Na N I Ti At I O N

I Na Ni Ti At I O N

inanities

I Na N I Ti Es

I Na Ni Ti Es

inanition

I Na N I Ti O N

I Na Ni Ti O N

inapathy

I Na P At H Y

I Na Pa Th Y

inapplication

I Na P P Li C At I O N

I Na P P Li Ca Ti O N

inapposite

I Na P P O S I Te

I Na P Po S I Te

I Na P P Os I Te

I Na P P O Si Te

I Na P Po Si Te

inappreciation

I Na P P Re C I At I O N

inapprehension

I Na P P Re He N S I O N

I Na P P Re He N Si O N

inapt

I Na Pt

inarch

I N Ar C H

In Ar C H

inarticulate

I N Ar Ti C U La Te

In Ar Ti C U La Te

I N Ar Ti Cu La Te

In Ar Ti Cu La Te

inarticulateness
I N Ar Ti C U La Te Ne S S
In Ar Ti C U La Te Ne S S
I N Ar Ti Cu La Te Ne S S
In Ar Ti Cu La Te Ne S S
I N Ar Ti C U La Te N Es S
In Ar Ti C U La Te N Es S
I N Ar Ti Cu La Te N Es S
In Ar Ti Cu La Te N Es S

inarticulation
I N Ar Ti C U La Ti O N
In Ar Ti C U La Ti O N
I N Ar Ti Cu La Ti O N
In Ar Ti Cu La Ti O N

inartificial
I N Ar Ti F I C I Al
In Ar Ti F I C I Al

inasmuch
I Na Sm U C H

inattention
I N At Te N Ti O N
In At Te N Ti O N

inaurate
I Na U Ra Te
I N Au Ra Te
In Au Ra Te

inauration
I Na U Ra Ti O N
I N Au Ra Ti O N
In Au Ra Ti O N

inauspicate
I Na U S P I Ca Te
I N Au S P I Ca Te
In Au S P I Ca Te

inauspicious
I Na U S P I C I O U S
I N Au S P I C I O U S
In Au S P I C I O U S

inbarge
I N B Ar Ge
In B Ar Ge
I Nb Ar Ge

inbind
I N B I Nd
In B I Nd
I Nb I Nd
I N Bi Nd
In Bi Nd

inborn
I N B O Rn
In B O Rn
I Nb O Rn

inbreathe
I N B Re At He
In B Re At He
I Nb Re At He

inc
I N C
In C

inca
I N Ca
In Ca

incage
I N Ca Ge
In Ca Ge

incalescence
I N C Al Es Ce N Ce
In C Al Es Ce N Ce

incalescency
I N C Al Es Ce N C Y
In C Al Es Ce N C Y

incameration
I N C Am Er At I O N
In C Am Er At I O N

incan
I N Ca N
In Ca N

incandescence
I N Ca Nd Es Ce N Ce
In Ca Nd Es Ce N Ce

incanous
I N Ca N O U S
In Ca N O U S
I N Ca No U S
In Ca No U S

incantation
I N Ca N Ta Ti O N
In Ca N Ta Ti O N

incapacious
I N Ca Pa C I O U S
In Ca Pa C I O U S
I N Ca P Ac I O U S
In Ca P Ac I O U S

incapacitate
I N Ca Pa C I Ta Te
In Ca Pa C I Ta Te
I N Ca P Ac I Ta Te
In Ca P Ac I Ta Te

incapacitation
I N Ca Pa C I Ta Ti O N
In Ca Pa C I Ta Ti O N
I N Ca P Ac I Ta Ti O N
In Ca P Ac I Ta Ti O N

incapacities
I N Ca Pa C I Ti Es
In Ca Pa C I Ti Es
I N Ca P Ac I Ti Es
In Ca P Ac I Ti Es

incapsulate
I N Ca P S U La Te
In Ca P S U La Te

incapsulation
I N Ca P S U La Ti O N
In Ca P S U La Ti O N

incarcerate
I N C Ar Ce Ra Te
In C Ar Ce Ra Te

incarceration
I N C Ar C Er At I O N
In C Ar C Er At I O N
I N C Ar Ce Ra Ti O N
In C Ar Ce Ra Ti O N

incarn
I N C Ar N
In C Ar N
I N Ca Rn
In Ca Rn

incarnate
I N C Ar Na Te
In C Ar Na Te

incarnation
I N C Ar N At I O N
In C Ar N At I O N
I N Ca Rn At I O N
In Ca Rn At I O N
I N C Ar Na Ti O N
In C Ar Na Ti O N

incarnification

I N C Ar N I F I C At I O N
In C Ar N I F I C At I O N
I N Ca Rn I F I C At I O N
In Ca Rn I F I C At I O N
I N C Ar Ni F I C At I O N
In C Ar Ni F I C At I O N
I N C Ar N I F I Ca Ti O N
In C Ar N I F I Ca Ti O N
I N Ca Rn I F I Ca Ti O N
In Ca Rn I F I Ca Ti O N
I N C Ar Ni F I Ca Ti O N
In C Ar Ni F I Ca Ti O N

incase

I N Ca Se
In Ca Se

incask

I N Ca S K
In Ca S K
I N C As K
In C As K

incatenation

I N Ca Te N At I O N
In Ca Te N At I O N
I N Ca Te Na Ti O N
In Ca Te Na Ti O N

incaution

I N Ca U Ti O N
In Ca U Ti O N
I N C Au Ti O N
In C Au Ti O N

incautious

I N Ca U Ti O U S
In Ca U Ti O U S
I N C Au Ti O U S
In C Au Ti O U S

incavation

I N Ca V At I O N
In Ca V At I O N

incend

I N Ce Nd
In Ce Nd

incendiaries

I N Ce Nd I Ar I Es
In Ce Nd I Ar I Es

incendiarism

I N Ce Nd I Ar I Sm
In Ce Nd I Ar I Sm

incendiary

I N Ce Nd I Ar Y
In Ce Nd I Ar Y

incendious

I N Ce Nd I O U S
In Ce Nd I O U S

incensation

I N Ce N S At I O N
In Ce N S At I O N

incense

I N Ce N Se
In Ce N Se

incenser

I N Ce N S Er
In Ce N S Er

incension

I N Ce N S I O N
In Ce N S I O N
I N Ce N Si O N
In Ce N Si O N

inception

I N Ce Pt I O N
In Ce Pt I O N
I N Ce P Ti O N
In Ce P Ti O N

inceration

I N C Er At I O N
In C Er At I O N
I N Ce Ra Ti O N
In Ce Ra Ti O N

incertain

I N C Er Ta I N
In C Er Ta I N
I N C Er Ta In
In C Er Ta In

incession

I N Ce S S I O N
In Ce S S I O N
I N C Es S I O N
In C Es S I O N
I N Ce S Si O N
In Ce S Si O N
I N C Es Si O N
In C Es Si O N

inch

I N C H
In C H

inchamber

I N C H Am B Er
In C H Am B Er

inchipin

I N C H I P I N
In C H I P I N
I N C H I P In
In C H I P In

inchoation

I N C H O At I O N
In C H O At I O N
I N C Ho At I O N
In C Ho At I O N

inchpin

I N C H P I N
In C H P I N
I N C H P In
In C H P In

incinerate

I N C I Ne Ra Te
In C I Ne Ra Te

incineration

I N C I N Er At I O N
In C I N Er At I O N
I N C In Er At I O N
In C In Er At I O N
I N C I Ne Ra Ti O N
In C I Ne Ra Ti O N

incise

I N C I Se
In C I Se

incision

I N C I S I O N
In C I S I O N
I N C I Si O N
In C I Si O N

incisure

I N C I S U Re
In C I S U Re

incitation

I N C I Ta Ti O N
In C I Ta Ti O N

incite

I N C I Te
In C I Te

incivilities

I N C I V I Li Ti Es
In C I V I Li Ti Es

incivism

I N C I V I Sm

In C I V I Sm

inclamation

I N Cl Am At I O N

In Cl Am At I O N

inclasp

I N C La S P

In C La S P

I N Cl As P

In Cl As P

incline

I N Cl I Ne

In Cl I Ne

I N C Li Ne

In C Li Ne

incliner

I N Cl I N Er

In Cl I N Er

I N C Li N Er

In C Li N Er

I N Cl In Er

In Cl In Er

inclinnation

I N Cl I N N At I O N

In Cl I N N At I O N

I N C Li N N At I O N

In C Li N N At I O N

I N Cl In N At I O N

In Cl In N At I O N

I N Cl I N Na Ti O N

In Cl I N Na Ti O N

I N C Li N Na Ti O N

In C Li N Na Ti O N

I N Cl In Na Ti O N

In Cl In Na Ti O N

inclip

I N Cl I P

In Cl I P

I N C Li P

In C Li P

inclose

I N Cl O Se

In Cl O Se

incloser

I N Cl O S Er

In Cl O S Er

I N Cl Os Er

In Cl Os Er

inclosure

I N Cl O S U Re

In Cl O S U Re

I N Cl Os U Re

In Cl Os U Re

inclusion

I N Cl U S I O N

In Cl U S I O N

I N C Lu S I O N

In C Lu S I O N

I N Cl U Si O N

In Cl U Si O N

I N C Lu Si O N

In C Lu Si O N

incoach

I N C O Ac H

In C O Ac H

I N Co Ac H

In Co Ac H

incoalescence

I N C O Al Es Ce N Ce

In C O Al Es Ce N Ce

I N Co Al Es Ce N Ce

In Co Al Es Ce N Ce

incoherence

I N C O He Re N Ce

In C O He Re N Ce

I N Co He Re N Ce

In Co He Re N Ce

incoherency

I N C O He Re N C Y

In C O He Re N C Y

I N Co He Re N C Y

In Co He Re N C Y

incoherentific

I N C O He Re N Ti F I C

In C O He Re N Ti F I C

I N Co He Re N Ti F I C

In Co He Re N Ti F I C

incoherently

I N C O He Re N Tl Y

In C O He Re N Tl Y

I N Co He Re N Tl Y

In Co He Re N Tl Y

inconcinne

I N C O N C I N Ne

In C O N C I N Ne

I N Co N C I N Ne

In Co N C I N Ne

I N C O N C In Ne

In C O N C In Ne

I N Co N C In Ne

In Co N C In Ne

inconcinnous

I N C O N C I N N O U S

In C O N C I N N O U S

I N Co N C I N N O U S

In Co N C I N N O U S

I N C O N C In N O U S

In C O N C In N O U S

I N Co N C In N O U S

In Co N C In N O U S

I N C O N C I N No U S

In C O N C I N No U S

I N Co N C I N No U S

In Co N C I N No U S

I N C O N C In No U S

In C O N C In No U S

I N Co N C In No U S

In Co N C In No U S

inconcoction

I N C O N C O C Ti O N

In C O N C O C Ti O N

I N Co N C O C Ti O N

In Co N C O C Ti O N

I N C O N Co C Ti O N

In C O N Co C Ti O N

I N Co N Co C Ti O N

In Co N Co C Ti O N

inconcrete

I N C O N C Re Te

In C O N C Re Te

I N Co N C Re Te

In Co N C Re Te

incondite

I N C O Nd I Te

In C O Nd I Te

I N Co Nd I Te

In Co Nd I Te

inconditional

I N C O Nd I Ti O N Al

In C O Nd I Ti O N Al

I N Co Nd I Ti O N Al

In Co Nd I Ti O N Al

inconditionate

I N C O Nd I Ti O Na Te

In C O Nd I Ti O Na Te

I N Co Nd I Ti O Na Te

In Co Nd I Ti O Na Te

inconfusion

I N C O N F U S I O N

In C O N F U S I O N

I N Co N F U S I O N

In Co N F U S I O N

I N C O N F U Si O N

In C O N F U Si O N

I N Co N F U Si O N

In Co N F U Si O N

incongenial

I N C O N Ge N I Al

In C O N Ge N I Al

I N Co N Ge N I Al

In Co N Ge N I Al

I N C O N Ge Ni Al

In C O N Ge Ni Al

I N Co N Ge Ni Al

In Co N Ge Ni Al

inconnection

I N C O N Ne C Ti O N

In C O N Ne C Ti O N

I N Co N Ne C Ti O N

In Co N Ne C Ti O N

inconscious

I N C O N S C I O U S

In C O N S C I O U S

I N Co N S C I O U S

In Co N S C I O U S

I N C O N Sc I O U S

In C O N Sc I O U S

I N Co N Sc I O U S

In Co N Sc I O U S

inconsistence

I N C O N S I S Te N Ce

In C O N S I S Te N Ce

I N Co N S I S Te N Ce

In Co N S I S Te N Ce

I N C O N Si S Te N Ce

In C O N Si S Te N Ce

I N Co N Si S Te N Ce

In Co N Si S Te N Ce

inconsistencies

I N C O N S I S Te N C I Es

In C O N S I S Te N C I Es

I N Co N S I S Te N C I Es

I N C O N Si S Te N C I Es

In C O N Si S Te N C I Es

I N Co N Si S Te N C I Es

In Co N Si S Te N C I Es

inconsistency

I N C O N S I S Te N C Y

In C O N S I S Te N C Y

I N Co N S I S Te N C Y

In Co N S I S Te N C Y

I N C O N Si S Te N C Y

In C O N Si S Te N C Y

I N Co N Si S Te N C Y

In Co N Si S Te N C Y

inconsistently

I N C O N S I S Te N Tl Y

In C O N S I S Te N Tl Y

I N Co N S I S Te N Tl Y

In Co N S I S Te N Tl Y

I N C O N Si S Te N Tl Y

In C O N Si S Te N Tl Y

I N Co N Si S Te N Tl Y

In Co N Si S Te N Tl Y

inconsonance

I N C O N S O Na N Ce

In C O N S O Na N Ce

I N Co N S O Na N Ce

In Co N S O Na N Ce

inconsonancy

I N C O N S O Na N C Y

In C O N S O Na N C Y

I N Co N S O Na N C Y

In Co N S O Na N C Y

inconspicuous

I N C O N S P I C U O U S

In C O N S P I C U O U S

I N Co N S P I C U O U S

In Co N S P I C U O U S

I N C O N S P I Cu O U S

In C O N S P I Cu O U S

I N Co N S P I Cu O U S

In Co N S P I Cu O U S

inconstance

I N C O N S Ta N Ce

In C O N S Ta N Ce

I N Co N S Ta N Ce

In Co N S Ta N Ce

inconstancy

I N C O N S Ta N C Y

In C O N S Ta N C Y

I N Co N S Ta N C Y

In Co N S Ta N C Y

inconstantly

I N C O N S Ta N Tl Y

In C O N S Ta N Tl Y

I N Co N S Ta N Tl Y

In Co N S Ta N Tl Y

incontentation

I N C O N Te N Ta Ti O N

In C O N Te N Ta Ti O N

I N Co N Te N Ta Ti O N

In Co N Te N Ta Ti O N

incontinence

I N C O N Ti Ne N Ce

In C O N Ti Ne N Ce

I N Co N Ti Ne N Ce

In Co N Ti Ne N Ce

incontinency

I N C O N Ti Ne N C Y

In C O N Ti Ne N C Y

I N Co N Ti Ne N C Y

In Co N Ti Ne N C Y

incontinently

I N C O N Ti Ne N Tl Y

In C O N Ti Ne N Tl Y

I N Co N Ti Ne N Tl Y

In Co N Ti Ne N Tl Y

incony

I N C O N Y

In C O N Y

I N Co N Y

In Co N Y

incrassation

I N C Ra S S At I O N

In C Ra S S At I O N

I N Cr As S At I O N

In Cr As S At I O N

increaser

I N C Re As Er

In C Re As Er

increpate

I N C Re Pa Te

In C Re Pa Te

increpation
I N C Re P At I O N
In C Re P At I O N
I N C Re Pa Ti O N
In C Re Pa Ti O N

incrustate
I N Cr U S Ta Te
In Cr U S Ta Te
I N C Ru S Ta Te
In C Ru S Ta Te

incrustation
I N Cr U S Ta Ti O N
In Cr U S Ta Ti O N
I N C Ru S Ta Ti O N
In C Ru S Ta Ti O N

incubate
I N C U Ba Te
In C U Ba Te
I N Cu Ba Te
In Cu Ba Te

incubation
I N C U B At I O N
In C U B At I O N
I N Cu B At I O N
In Cu B At I O N
I N C U Ba Ti O N
In C U Ba Ti O N
I N Cu Ba Ti O N
In Cu Ba Ti O N

incube
I N C U Be
In C U Be
I N Cu Be
In Cu Be

incubi
I N C U B I
In C U B I
I N Cu B I
In Cu B I
I N C U Bi
In C U Bi
I N Cu Bi
In Cu Bi

incubous
I N C U B O U S
In C U B O U S
I N Cu B O U S
In Cu B O U S

incubus
I N C U B U S
In C U B U S
I N Cu B U S
In Cu B U S

incubuses
I N C U B U Se S
In C U B U Se S
I N Cu B U Se S
In Cu B U Se S
I N C U B U S Es
In C U B U S Es
I N Cu B U S Es
In Cu B U S Es

incunabula
I N C U Na B U La
In C U Na B U La
I N Cu Na B U La
In Cu Na B U La

incus
I N C U S
In C U S
I N Cu S
In Cu S

incuse
I N C U Se
In C U Se
I N Cu Se
In Cu Se

incuss
I N C U S S
In C U S S
I N Cu S S
In Cu S S

incute
I N C U Te
In C U Te
I N Cu Te
In Cu Te

ind
I Nd

indagation
I Nd Ag At I O N

indical
I Nd I C Al

indican
I Nd I Ca N

indicate
I Nd I Ca Te

indication
I Nd I C At I O N
I Nd I Ca Ti O N

indice
I Nd I Ce

indices
I Nd I Ce S
I Nd I C Es

indicolite
I Nd I C O Li Te
I Nd I Co Li Te

indiction
I Nd I C Ti O N

indies
I Nd I Es

indifference
I Nd I F Fe Re N Ce

indifferency
I Nd I F Fe Re N C Y

indifferentism
I Nd I F Fe Re N Ti Sm

indifferently
I Nd I F Fe Re N Tl Y

indifulvin
I Nd I F U Lv I N
I Nd I F U Lv In

indifuscin
I Nd I F U S C I N
I Nd I F U Sc I N
I Nd I F U S C In
I Nd I F U Sc In

indigence
I Nd I Ge N Ce

indigency
I Nd I Ge N C Y

indigene
I Nd I Ge Ne

indigenous
I Nd I Ge N O U S
I Nd I Ge No U S

indigently
I Nd I Ge N Tl Y

indigestion
I Nd I Ge S Ti O N

indiligence
I Nd I Li Ge N Ce

indin
I Nd I N
I Nd In

indirection
I Nd I Re C Ti O N

indirectly
I Nd I Re C Tl Y

indiretin
I Nd I Re Ti N

indirubin
I Nd Ir U B I N
I Nd I Ru B I N
I Nd Ir U Bi N
I Nd I Ru Bi N
I Nd Ir U B In
I Nd I Ru B In

indiscipline
I Nd I S C I P Li Ne
I Nd I Sc I P Li Ne

indiscovery
I Nd I S C O V Er Y
I Nd I Sc O V Er Y
I Nd I S Co V Er Y

indiscrete
I Nd I S C Re Te
I Nd I Sc Re Te

indiscretion
I Nd I S C Re Ti O N
I Nd I Sc Re Ti O N

indispose
I Nd I S P O Se
I Nd I S Po Se

indisposition
I Nd I S P O S I Ti O N
I Nd I S Po S I Ti O N
I Nd I S P Os I Ti O N
I Nd I S P O Si Ti O N
I Nd I S Po Si Ti O N

indistancy
I Nd I S Ta N C Y

indistinction
I Nd I S Ti N C Ti O N

indistinctly
I Nd I S Ti N C Tl Y

inditch
I Nd I Tc H

indite
I Nd I Te

indivision
I Nd I V I S I O N
I Nd I V I Si O N

indogen
I Nd O Ge N

indoin
I Nd O I N
I Nd O In

indolin
I Nd O Li N

indow
I Nd O W

indrawn
I Nd Ra W N

indrench
I Nd Re N C H

indubious
I Nd U B I O U S
I Nd U Bi O U S

indubitate
I Nd U B I Ta Te
I Nd U Bi Ta Te

induce
I Nd U Ce

inducer
I Nd U C Er

inducteous
I Nd U C Te O U S

induction
I Nd U C Ti O N

inductional
I Nd U C Ti O N Al

induline
I Nd U Li Ne

induplicate
I Nd U P Li Ca Te

indurance
I Nd U Ra N Ce

indurate
I Nd U Ra Te

induration
I Nd U Ra Ti O N

indusial
I Nd U S I Al
I Nd U Si Al

inearth
I Ne Ar Th

inebriation
I Ne Br I At I O N

inebrious
I Ne Br I O U S

ineffervescence
I Ne F F Er V Es Ce N Ce

inefficacious
I Ne F F I Ca C I O U S
I Ne F F I C Ac I O U S

inefficaciousness
I Ne F F I Ca C I O U S Ne S S
I Ne F F I C Ac I O U S Ne S S
I Ne F F I Ca C I O U S N Es S
I Ne F F I C Ac I O U S N Es S
I Ne F F I Ca C I O U Sn Es S
I Ne F F I C Ac I O U Sn Es S

inefficacy
I Ne F F I Ca C Y
I Ne F F I C Ac Y

inelaborate
I Ne La B O Ra Te

inelastic
I Ne La S Ti C

inept
I Ne Pt

ineptly
I Ne P Tl Y

ineptness
I Ne Pt Ne S S
I Ne Pt N Es S

inergetic
I N Er Ge Ti C
In Er Ge Ti C

inergetical
I N Er Ge Ti C Al
In Er Ge Ti C Al

inermous
I N Er Mo U S
In Er Mo U S

inerrancy
I N Er Ra N C Y
In Er Ra N C Y

inerratic
I N Er Ra Ti C
In Er Ra Ti C

inertion
I N Er Ti O N
In Er Ti O N

inertly
I N Er Tl Y
In Er Tl Y

inescate
I Ne S Ca Te
I N Es Ca Te
In Es Ca Te

inescation
I Ne S C At I O N
I N Es C At I O N
In Es C At I O N
I Ne Sc At I O N
I Ne S Ca Ti O N
I N Es Ca Ti O N
In Es Ca Ti O N

inescutcheon
I Ne S C U Tc He O N
I N Es C U Tc He O N
In Es C U Tc He O N
I Ne Sc U Tc He O N
I Ne S Cu Tc He O N
I N Es Cu Tc He O N
In Es Cu Tc He O N

inessential
I Ne S Se N Ti Al
I N Es Se N Ti Al
In Es Se N Ti Al

inexecution
I Ne Xe C U Ti O N
I Ne Xe Cu Ti O N

infamies
I N F Am I Es
In F Am I Es

infamous
I N F Am O U S
In F Am O U S

infamousness
I N F Am O U S Ne S S
In F Am O U S Ne S S
I N F Am O U S N Es S
In F Am O U S N Es S
I N F Am O U Sn Es S
In F Am O U Sn Es S

infamy
I N F Am Y
In F Am Y

infarce
I N F Ar Ce
In F Ar Ce

infarction
I N F Ar C Ti O N
In F Ar C Ti O N

infatuation
I N F At U At I O N
In F At U At I O N

infection
I N Fe C Ti O N
In Fe C Ti O N

infectious
I N Fe C Ti O U S
In Fe C Ti O U S

infectiousness
I N Fe C Ti O U S Ne S S
In Fe C Ti O U S Ne S S
I N Fe C Ti O U S N Es S
In Fe C Ti O U S N Es S
I N Fe C Ti O U Sn Es S
In Fe C Ti O U Sn Es S

infecund
I N Fe C U Nd
In Fe C U Nd
I N Fe Cu Nd
In Fe Cu Nd

infecundous
I N Fe C U Nd O U S
In Fe C U Nd O U S
I N Fe Cu Nd O U S
In Fe Cu Nd O U S

infelicities
I N Fe Li C I Ti Es
In Fe Li C I Ti Es

infeoff
I N Fe O F F
In Fe O F F

infer
I N F Er
In F Er

inference
I N Fe Re N Ce
In Fe Re N Ce

inferential
I N Fe Re N Ti Al
In Fe Re N Ti Al

infernal
I N F Er N Al
In F Er N Al
I N Fe Rn Al
In Fe Rn Al

infibulation
I N F I B U La Ti O N
In F I B U La Ti O N

infinite
I N F I N I Te
In F I N I Te
I N F In I Te
In F In I Te
I N F I Ni Te
In F I Ni Te

infiniteness
I N F I N I Te Ne S S
In F I N I Te Ne S S
I N F In I Te Ne S S
In F In I Te Ne S S
I N F I Ni Te Ne S S
In F I Ni Te Ne S S
I N F I N I Te N Es S
In F I N I Te N Es S
I N F In I Te N Es S
In F In I Te N Es S
I N F I Ni Te N Es S
In F I Ni Te N Es S

infinities
I N F I N I Ti Es
In F I N I Ti Es
I N F In I Ti Es
In F In I Ti Es
I N F I Ni Ti Es
In F I Ni Ti Es

infinitival
I N F I N I Ti V Al
In F I N I Ti V Al
I N F In I Ti V Al
In F In I Ti V Al
I N F I Ni Ti V Al
In F I Ni Ti V Al

infirmness
I N F Ir Mn Es S
In F Ir Mn Es S

inflamer
I N Fl Am Er
In Fl Am Er

inflate
I N F La Te
In F La Te

inflater

I N Fl At Er

In Fl At Er

inflation

I N Fl At I O N

In Fl At I O N

I N F La Ti O N

In F La Ti O N

inflatus

I N Fl At U S

In Fl At U S

inflesh

I N Fl Es H

In Fl Es H

infliction

I N Fl I C Ti O N

In Fl I C Ti O N

I N F Li C Ti O N

In F Li C Ti O N

inflorescence

I N Fl O Re S Ce N Ce

In Fl O Re S Ce N Ce

inflow

I N Fl O W

In Fl O W

infound

I N F O U Nd

In F O U Nd

infra

I N F Ra

In F Ra

infrabranchial

I N F Ra B Ra N C H I Al

In F Ra B Ra N C H I Al

infraction

I N F Ra C Ti O N

In F Ra C Ti O N

I N Fr Ac Ti O N

In Fr Ac Ti O N

infralabial

I N F Ra La B I Al

In F Ra La B I Al

I N F Ra La Bi Al

In F Ra La Bi Al

infranchise

I N F Ra N C H I Se

In F Ra N C H I Se

infrapose

I N F Ra P O Se

In F Ra P O Se

I N F Ra Po Se

In F Ra Po Se

infraposition

I N F Ra P O S I Ti O N

In F Ra P O S I Ti O N

I N F Ra Po S I Ti O N

In F Ra Po S I Ti O N

I N F Ra P Os I Ti O N

In F Ra P Os I Ti O N

I N F Ra P O Si Ti O N

In F Ra P O Si Ti O N

I N F Ra Po Si Ti O N

In F Ra Po Si Ti O N

infraspinal

I N F Ra S P I N Al

In F Ra S P I N Al

I N Fr As P I N Al

In Fr As P I N Al

I N F Ra S P In Al

In F Ra S P In Al

I N Fr As P In Al

In Fr As P In Al

infraspinate

I N F Ra S P I Na Te

In F Ra S P I Na Te

I N Fr As P I Na Te

In Fr As P I Na Te

infraspinous

I N F Ra S P I N O U S

In F Ra S P I N O U S

I N Fr As P I N O U S

In Fr As P I N O U S

I N F Ra S P In O U S

In F Ra S P In O U S

I N Fr As P In O U S

In Fr As P In O U S

I N F Ra S P I No U S

In F Ra S P I No U S

I N Fr As P I No U S

In Fr As P I No U S

infrasternal

I N F Ra S Te Rn Al

In F Ra S Te Rn Al

I N Fr As Te Rn Al

In Fr As Te Rn Al

infringe

I N Fr I N Ge

In Fr I N Ge

I N Fr In Ge

In Fr In Ge

infucate

I N F U Ca Te

In F U Ca Te

infucation

I N F U C At I O N

In F U C At I O N

I N F U Ca Ti O N

In F U Ca Ti O N

infula

I N F U La

In F U La

infundibula

I N F U Nd I B U La

In F U Nd I B U La

infundibulate

I N F U Nd I B U La Te

In F U Nd I B U La Te

infuneral

I N F U N Er Al

In F U N Er Al

infuscate

I N F U S Ca Te

In F U S Ca Te

infuscation

I N F U S C At I O N

In F U S C At I O N

I N F U Sc At I O N

In F U Sc At I O N

I N F U S Ca Ti O N

In F U S Ca Ti O N

infuse

I N F U Se

In F U Se

infuser

I N F U S Er

In F U S Er

infusion

I N F U S I O N

In F U S I O N

I N F U Si O N

In F U Si O N

infusionism
I N F U S I O N I Sm
In F U S I O N I Sm
I N F U Si O N I Sm
In F U Si O N I Sm
I N F U S I O Ni Sm
In F U S I O Ni Sm
I N F U Si O Ni Sm
In F U Si O Ni Sm

ingannation
I N Ga N N At I O N
In Ga N N At I O N
I N Ga N Na Ti O N
In Ga N Na Ti O N

ingate
I N Ga Te
In Ga Te

ingena
I N Ge Na
In Ge Na

ingender
I N Ge Nd Er
In Ge Nd Er

ingenerat
I N Ge N Er At
In Ge N Er At

ingenerate
I N Ge Ne Ra Te
In Ge Ne Ra Te

ingeneration
I N Ge N Er At I O N
In Ge N Er At I O N
I N Ge Ne Ra Ti O N
In Ge Ne Ra Ti O N

ingenious
I N Ge N I O U S
In Ge N I O U S
I N Ge Ni O U S
In Ge Ni O U S

ingeniousness
I N Ge N I O U S Ne S S
In Ge N I O U S Ne S S
I N Ge Ni O U S Ne S S
In Ge Ni O U S Ne S S
I N Ge N I O U S N Es S
In Ge N I O U S N Es S
I N Ge Ni O U S N Es S
In Ge Ni O U S N Es S
I N Ge N I O U Sn Es S
In Ge N I O U Sn Es S
I N Ge Ni O U Sn Es S
In Ge Ni O U Sn Es S

ingenite
I N Ge N I Te
In Ge N I Te
I N Ge Ni Te
In Ge Ni Te

ingenuous
I N Ge N U O U S
In Ge N U O U S

ingenuousness
I N Ge N U O U S Ne S S
In Ge N U O U S Ne S S
I N Ge N U O U S N Es S
In Ge N U O U S N Es S
I N Ge N U O U Sn Es S
In Ge N U O U Sn Es S

ingeny
I N Ge N Y
In Ge N Y

ingesta
I N Ge S Ta
In Ge S Ta

ingestion
I N Ge S Ti O N
In Ge S Ti O N

inhalation
I N H Al At I O N
In H Al At I O N

inhaler
I N H Al Er
In H Al Er

inharmonic
I N H Ar Mo N I C
In H Ar Mo N I C
I N H Ar Mo Ni C
In H Ar Mo Ni C

inharmonical
I N H Ar Mo N I C Al
In H Ar Mo N I C Al
I N H Ar Mo Ni C Al
In H Ar Mo Ni C Al

inharmonious
I N H Ar Mo N I O U S
In H Ar Mo N I O U S
I N H Ar Mo Ni O U S
In H Ar Mo Ni O U S

inharmoniousness
I N H Ar Mo N I O U S Ne S S
In H Ar Mo N I O U S Ne S S
I N H Ar Mo Ni O U S Ne S S
In H Ar Mo Ni O U S Ne S S
I N H Ar Mo N I O U S N Es S
In H Ar Mo N I O U S N Es S
I N H Ar Mo Ni O U S N Es S
In H Ar Mo Ni O U S N Es S
I N H Ar Mo N I O U Sn Es S
In H Ar Mo N I O U Sn Es S
I N H Ar Mo Ni O U Sn Es S
In H Ar Mo Ni O U Sn Es S

inharmony
I N H Ar Mo N Y
In H Ar Mo N Y

inhearse
I N He Ar Se
In He Ar Se

inhere
I N He Re
In He Re

inherence
I N He Re N Ce
In He Re N Ce

inherency
I N He Re N C Y
In He Re N C Y

inherently
I N He Re N Tl Y
In He Re N Tl Y

inheritance
I N H Er I Ta N Ce
In H Er I Ta N Ce

inherse
I N H Er Se
In H Er Se

inhesion
I N He S I O N
In He S I O N
I N H Es I O N
In H Es I O N
I N He Si O N
In He Si O N

inhiation
I N H I At I O N
In H I At I O N

inhibition

I N H I B I Ti O N

In H I B I Ti O N

I N H I Bi Ti O N

In H I Bi Ti O N

inhoop

I N H O O P

In H O O P

I N Ho O P

In Ho O P

inial

I N I Al

In I Al

I Ni Al

inion

I N I O N

In I O N

I Ni O N

initial

I N I Ti Al

In I Ti Al

I Ni Ti Al

initiation

I N I Ti At I O N

In I Ti At I O N

I Ni Ti At I O N

inition

I N I Ti O N

In I Ti O N

I Ni Ti O N

ink

I N K

In K

inker

I N K Er

In K Er

inkfish

I N K F I S H

In K F I S H

inkhorn

I N K H O Rn

In K H O Rn

I N K Ho Rn

In K Ho Rn

inkhornism

I N K H O Rn I Sm

In K H O Rn I Sm

I N K Ho Rn I Sm

In K Ho Rn I Sm

inkiness

I N K I Ne S S

In K I Ne S S

I N K I N Es S

In K I N Es S

I N K In Es S

In K In Es S

inkstand

I N K S Ta Nd

In K S Ta Nd

inky

I N K Y

In K Y

inlace

I N La Ce

In La Ce

inlagation

I N La Ga Ti O N

In La Ga Ti O N

inland

I N La Nd

In La Nd

inlander

I N La Nd Er

In La Nd Er

inlandish

I N La Nd I S H

In La Nd I S H

inlaw

I N La W

In La W

inlay

I N La Y

In La Y

inlayer

I N La Y Er

In La Y Er

inn

I N N

In N

innate

I N Na Te

In Na Te

innateness

I N Na Te Ne S S

In Na Te Ne S S

I N Na Te N Es S

In Na Te N Es S

inne

I N Ne

In Ne

inner

I N N Er

In N Er

innermostly

I N N Er Mo S Tl Y

In N Er Mo S Tl Y

innervation

I N N Er V At I O N

In N Er V At I O N

innitency

I N N I Te N C Y

In N I Te N C Y

I N Ni Te N C Y

In Ni Te N C Y

innocence

I N N O Ce N Ce

In N O Ce N Ce

I N No Ce N Ce

In No Ce N Ce

innocency

I N N O Ce N C Y

In N O Ce N C Y

I N No Ce N C Y

In No Ce N C Y

innocently

I N N O Ce N Tl Y

In N O Ce N Tl Y

I N No Ce N Tl Y

In No Ce N Tl Y

innocuous

I N N O C U O U S

In N O C U O U S

I N No C U O U S

In No C U O U S

I N N O Cu O U S

In N O Cu O U S

I N No Cu O U S

In No Cu O U S

innovation

I N N O V At I O N

In N O V At I O N

I N No V At I O N

In No V At I O N

inobservation

I N O B S Er V At I O N

In O B S Er V At I O N

I No B S Er V At I O N

inocarpin

I N O C Ar P I N

In O C Ar P I N

I No C Ar P I N

I N O C Ar P In

In O C Ar P In

I No C Ar P In

inoccupation

I N O C C U P At I O N

In O C C U P At I O N

I No C C U P At I O N

I N O C Cu P At I O N

In O C Cu P At I O N

I No C Cu P At I O N

I N O C C U Pa Ti O N

In O C C U Pa Ti O N

I No C C U Pa Ti O N

I N O C Cu Pa Ti O N

In O C Cu Pa Ti O N

I No C Cu Pa Ti O N

inoceramus

I N O C Er Am U S

In O C Er Am U S

I No C Er Am U S

inoculate

I N O C U La Te

In O C U La Te

I No C U La Te

I N O Cu La Te

In O Cu La Te

I No Cu La Te

inoculation

I N O C U La Ti O N

In O C U La Ti O N

I No C U La Ti O N

I N O Cu La Ti O N

In O Cu La Ti O N

I No Cu La Ti O N

inofficial

I N O F F I C I Al

In O F F I C I Al

I No F F I C I Al

inofficious

I N O F F I C I O U S

In O F F I C I O U S

I No F F I C I O U S

inogen

I N O Ge N

In O Ge N

I No Ge N

inoperation

I N O P Er At I O N

In O P Er At I O N

I No P Er At I O N

inoperculate

I N O P Er C U La Te

In O P Er C U La Te

I No P Er C U La Te

I N O P Er Cu La Te

In O P Er Cu La Te

I No P Er Cu La Te

inopinate

I N O P I Na Te

In O P I Na Te

I No P I Na Te

inosculate

I N O S C U La Te

In O S C U La Te

I No S C U La Te

I N Os C U La Te

In Os C U La Te

I N O Sc U La Te

In O Sc U La Te

I No Sc U La Te

I N O S Cu La Te

In O S Cu La Te

I No S Cu La Te

I N Os Cu La Te

In Os Cu La Te

inosculation

I N O S C U La Ti O N

In O S C U La Ti O N

I No S C U La Ti O N

I N Os C U La Ti O N

In Os C U La Ti O N

I N O Sc U La Ti O N

In O Sc U La Ti O N

I No Sc U La Ti O N

I N O S Cu La Ti O N

In O S Cu La Ti O N

I No S Cu La Ti O N

I N Os Cu La Ti O N

In Os Cu La Ti O N

inosinic

I N O S I N I C

In O S I N I C

I No S I N I C

I N Os I N I C

In Os I N I C

I N O Si N I C

In O Si N I C

I No Si N I C

I N O S In I C

In O S In I C

I No S In I C

I N Os In I C

In Os In I C

I N O S I Ni C

In O S I Ni C

I No S I Ni C

I N Os I Ni C

In Os I Ni C

I N O Si Ni C

In O Si Ni C

I No Si Ni C

inosite

I N O S I Te

In O S I Te

I No S I Te

I N Os I Te

In Os I Te

I N O Si Te

In O Si Te

I No Si Te

inracinate

I N Ra C I Na Te

In Ra C I Na Te

inrecision

I N Re C I S I O N

In Re C I S I O N

I N Re C I Si O N

In Re C I Si O N

inrush

I N Ru S H

In Ru S H

insalivation

I N S Al I V At I O N

In S Al I V At I O N

insalubrious

I N S Al U Br I O U S

In S Al U Br I O U S

insatisfaction

I N S At I S F Ac Ti O N

In S At I S F Ac Ti O N

insconce

I N S C O N Ce

In S C O N Ce

I N Sc O N Ce

In Sc O N Ce

I N S Co N Ce

In S Co N Ce

inscribe

I N S Cr I Be

In S Cr I Be

inscriber

I N S Cr I B Er

In S Cr I B Er

inscription

I N S Cr I Pt I O N

In S Cr I Pt I O N

I N S Cr I P Ti O N

In S Cr I P Ti O N

inseam

I N Se Am

In Se Am

insearch

I N Se Ar C H

In Se Ar C H

insecta

I N Se C Ta

In Se C Ta

insectation

I N Se C Ta Ti O N

In Se C Ta Ti O N

insection

I N Se C Ti O N

In Se C Ti O N

insectivora

I N Se C Ti V O Ra

In Se C Ti V O Ra

insectivore

I N Se C Ti V O Re

In Se C Ti V O Re

insectivores

I N Se C Ti V O Re S

In Se C Ti V O Re S

insecure

I N Se C U Re

In Se C U Re

I N Se Cu Re

In Se Cu Re

insecureness

I N Se C U Re Ne S S

In Se C U Re Ne S S

I N Se Cu Re Ne S S

In Se Cu Re Ne S S

I N Se C U Re N Es S

In Se C U Re N Es S

I N Se Cu Re N Es S

In Se Cu Re N Es S

insecution

I N Se C U Ti O N

In Se C U Ti O N

I N Se Cu Ti O N

In Se Cu Ti O N

insense

I N Se N Se

In Se N Se

insensuous

I N Se N S U O U S

In Se N S U O U S

inseparate

I N Se Pa Ra Te

In Se Pa Ra Te

insertion

I N S Er Ti O N

In S Er Ti O N

insession

I N Se S S I O N

In Se S S I O N

I N S Es S I O N

In S Es S I O N

I N Se S Si O N

In Se S Si O N

I N S Es Si O N

In S Es Si O N

insessores

I N Se S S O Re S

In Se S S O Re S

I N S Es S O Re S

In S Es S O Re S

insheathe

I N S He At He

In S He At He

inship

I N S H I P

In S H I P

inshore

I N S H O Re

In S H O Re

I N S Ho Re

In S Ho Re

insiccation

I N S I C C At I O N

In S I C C At I O N

I N Si C C At I O N

In Si C C At I O N

I N S I C Ca Ti O N

In S I C Ca Ti O N

I N Si C Ca Ti O N

In Si C Ca Ti O N

insincere

I N S I N Ce Re

In S I N Ce Re

I N Si N Ce Re

In Si N Ce Re

I N S In Ce Re

In S In Ce Re

insinew

I N S I Ne W

In S I Ne W

I N Si Ne W

In Si Ne W

insinuation

I N S I N U At I O N

In S I N U At I O N

I N Si N U At I O N

In Si N U At I O N

I N S In U At I O N

In S In U At I O N

insistence

I N S I S Te N Ce

In S I S Te N Ce

I N Si S Te N Ce

In Si S Te N Ce

insistently

I N S I S Te N Tl Y

In S I S Te N Tl Y

I N Si S Te N Tl Y

In Si S Te N Tl Y

insitency
I N S I Te N C Y
In S I Te N C Y
I N Si Te N C Y
In Si Te N C Y

insition
I N S I Ti O N
In S I Ti O N
I N Si Ti O N
In Si Ti O N

insnare
I N S Na Re
In S Na Re

insnarer
I N S N Ar Er
In S N Ar Er
I N Sn Ar Er
In Sn Ar Er

insolate
I N S O La Te
In S O La Te

insolation
I N S O La Ti O N
In S O La Ti O N

insomnious
I N S O Mn I O U S
In S O Mn I O U S

insooth
I N S O O Th
In S O O Th

inspan
I N S Pa N
In S Pa N

insperse
I N S P Er Se
In S P Er Se

inspersion
I N S P Er S I O N
In S P Er S I O N
I N S P Er Si O N
In S P Er Si O N

insphere
I N S P He Re
In S P He Re

inspiration
I N S P Ir At I O N
In S P Ir At I O N
I N S P I Ra Ti O N
In S P I Ra Ti O N

inspirational
I N S P Ir At I O N Al
In S P Ir At I O N Al
I N S P I Ra Ti O N Al
In S P I Ra Ti O N Al

inspire
I N S P I Re
In S P I Re

inspirer
I N S P Ir Er
In S P Ir Er

inspissation
I N S P I S S At I O N
In S P I S S At I O N

instabilities
I N S Ta B I Li Ti Es
In S Ta B I Li Ti Es
I N S Ta Bi Li Ti Es
In S Ta Bi Li Ti Es

instance
I N S Ta N Ce
In S Ta N Ce

instancy
I N S Ta N C Y
In S Ta N C Y

instantaneous
I N S Ta N Ta Ne O U S
In S Ta N Ta Ne O U S

instantly
I N S Ta N Tl Y
In S Ta N Tl Y

instate
I N S Ta Te
In S Ta Te

instaurate
I N S Ta U Ra Te
In S Ta U Ra Te

instauration
I N S Ta U Ra Ti O N
In S Ta U Ra Ti O N

instaure
I N S Ta U Re
In S Ta U Re

instep
I N S Te P
In S Te P

instigate
I N S Ti Ga Te
In S Ti Ga Te

instigation
I N S Ti Ga Ti O N
In S Ti Ga Ti O N

instinction
I N S Ti N C Ti O N
In S Ti N C Ti O N

instipulate
I N S Ti P U La Te
In S Ti P U La Te
I N S Ti Pu La Te
In S Ti Pu La Te

insubstantial
I N S U B S Ta N Ti Al
In S U B S Ta N Ti Al

insuccation
I N S U C C At I O N
In S U C C At I O N
I N S U C Ca Ti O N
In S U C Ca Ti O N

insuccess
I N S U C Ce S S
In S U C Ce S S
I N S U C C Es S
In S U C C Es S

insufflation
I N S U F Fl At I O N
In S U F Fl At I O N
I N S U F F La Ti O N
In S U F F La Ti O N

insulate
I N S U La Te
In S U La Te

insulation
I N S U La Ti O N
In S U La Ti O N

insulite
I N S U Li Te
In S U Li Te

insurance
I N S U Ra N Ce
In S U Ra N Ce

insurancer
I N S U Ra N C Er
In S U Ra N C Er

insure

I N S U Re

In S U Re

inswathe

I N S W At He

In S W At He

intend

I N Te Nd

In Te Nd

intender

I N Te Nd Er

In Te Nd Er

intenerate

I N Te Ne Ra Te

In Te Ne Ra Te

inteneration

I N Te N Er At I O N

In Te N Er At I O N

I N Te Ne Ra Ti O N

In Te Ne Ra Ti O N

intensation

I N Te N S At I O N

In Te N S At I O N

intense

I N Te N Se

In Te N Se

intenseness

I N Te N Se Ne S S

In Te N Se Ne S S

I N Te N Se N Es S

In Te N Se N Es S

intensification

I N Te N S I F I C At I O N

In Te N S I F I C At I O N

I N Te N Si F I C At I O N

In Te N Si F I C At I O N

I N Te N S I F I Ca Ti O N

In Te N S I F I Ca Ti O N

I N Te N Si F I Ca Ti O N

In Te N Si F I Ca Ti O N

intensifier

I N Te N S I F I Er

In Te N S I F I Er

I N Te N Si F I Er

In Te N Si F I Er

intensify

I N Te N S I F Y

In Te N S I F Y

I N Te N Si F Y

In Te N Si F Y

intension

I N Te N S I O N

In Te N S I O N

I N Te N Si O N

In Te N Si O N

intentation

I N Te N Ta Ti O N

In Te N Ta Ti O N

intention

I N Te N Ti O N

In Te N Ti O N

intentional

I N Te N Ti O N Al

In Te N Ti O N Al

intently

I N Te N Tl Y

In Te N Tl Y

interaction

I N Te Ra C Ti O N

In Te Ra C Ti O N

interagency

I N Te Ra Ge N C Y

In Te Ra Ge N C Y

interarboration

I N Te Ra Rb O Ra Ti O N

In Te Ra Rb O Ra Ti O N

interaulic

I N Te Ra U Li C

In Te Ra U Li C

interaxes

I N Te Ra Xe S

In Te Ra Xe S

interbastation

I N Te Rb As Ta Ti O N

In Te Rb As Ta Ti O N

interbrachial

I N Te Rb Ra C H I Al

In Te Rb Ra C H I Al

interbrain

I N Te Rb Ra I N

In Te Rb Ra I N

I N Te Rb Ra In

In Te Rb Ra In

interbranchial

I N Te Rb Ra N C H I Al

In Te Rb Ra N C H I Al

interess

I N Te Re S S

In Te Re S S

interesse

I N Te Re S Se

In Te Re S Se

interfacial

I N Te Rf Ac I Al

In Te Rf Ac I Al

interferer

I N Te Rf Er Er

In Te Rf Er Er

interfluous

I N Te Rf Lu O U S

In Te Rf Lu O U S

interfuse

I N Te Rf U Se

In Te Rf U Se

interfusion

I N Te Rf U S I O N

In Te Rf U S I O N

I N Te Rf U Si O N

In Te Rf U Si O N

interhyal

I N Te Rh Y Al

In Te Rh Y Al

intern

I N Te Rn

In Te Rn

internal

I N Te Rn Al

In Te Rn Al

internasal

I N Te Rn As Al

In Te Rn As Al

international

I N Te Rn At I O N Al

In Te Rn At I O N Al

internationalism

I N Te Rn At I O N Al I Sm

In Te Rn At I O N Al I Sm

I N Te Rn At I O Na Li Sm

In Te Rn At I O Na Li Sm

internuncial

I N Te Rn U N C I Al

In Te Rn U N C I Al

internunciess
I N Te Rn U N C I Es S
In Te Rn U N C I Es S

internuncio
I N Te Rn U N C I O
In Te Rn U N C I O

internuncios
I N Te Rn U N C I O S
In Te Rn U N C I O S
I N Te Rn U N C I Os
In Te Rn U N C I Os

internuncioship
I N Te Rn U N C I O S H I P
In Te Rn U N C I O S H I P
I N Te Rn U N C I Os H I P
In Te Rn U N C I Os H I P

internuncius
I N Te Rn U N C I U S
In Te Rn U N C I U S

intestacy
I N Te S Ta C Y
In Te S Ta C Y

intestate
I N Te S Ta Te
In Te S Ta Te

intestinal
I N Te S Ti N Al
In Te S Ti N Al

intestine
I N Te S Ti Ne
In Te S Ti Ne

intestines
I N Te S Ti Ne S
In Te S Ti Ne S
I N Te S Ti N Es
In Te S Ti N Es

intice
I N Ti Ce
In Ti Ce

intinction
I N Ti N C Ti O N
In Ti N C Ti O N

intine
I N Ti Ne
In Ti Ne

intire
I N Ti Re
In Ti Re

inulin
I N U Li N
In U Li N

inunction
I N U N C Ti O N
In U N C Ti O N

inundation
I N U Nd At I O N
In U Nd At I O N

inure
I N U Re
In U Re

inurn
I N U Rn
In U Rn

inusitate
I N U S I Ta Te
In U S I Ta Te
I N U Si Ta Te
In U Si Ta Te

inusitation
I N U S I Ta Ti O N
In U S I Ta Ti O N
I N U Si Ta Ti O N
In U Si Ta Ti O N

inustion
I N U S Ti O N
In U S Ti O N

invaginate
I N V Ag I Na Te
In V Ag I Na Te

invagination
I N V Ag I N At I O N
In V Ag I N At I O N
I N V Ag In At I O N
In V Ag In At I O N
I N V Ag I Na Ti O N
In V Ag I Na Ti O N

invalescence
I N V Al Es Ce N Ce
In V Al Es Ce N Ce

invasion
I N V As I O N
In V As I O N

inverse
I N V Er Se
In V Er Se

inversion
I N V Er S I O N
In V Er S I O N
I N V Er Si O N
In V Er Si O N

invertebral
I N V Er Te Br Al
In V Er Te Br Al

invertebrata
I N V Er Te B Ra Ta
In V Er Te B Ra Ta

invertebrate
I N V Er Te B Ra Te
In V Er Te B Ra Te

invertin
I N V Er Ti N
In V Er Ti N

investigate
I N V Es Ti Ga Te
In V Es Ti Ga Te

investigation
I N V Es Ti Ga Ti O N
In V Es Ti Ga Ti O N

inviolacy
I N V I O La C Y
In V I O La C Y

inviolaness
I N V I O La Ne S S
In V I O La Ne S S
I N V I O La N Es S
In V I O La N Es S

inviolate
I N V I O La Te
In V I O La Te

invious
I N V I O U S
In V I O U S

inviscate
I N V I S Ca Te
In V I S Ca Te

inviscerate
I N V I S Ce Ra Te
In V I S Ce Ra Te

invisibilities
I N V I S I B I Li Ti Es
In V I S I B I Li Ti Es
I N V I Si B I Li Ti Es
In V I Si B I Li Ti Es
I N V I S I Bi Li Ti Es
In V I S I Bi Li Ti Es
I N V I Si Bi Li Ti Es
In V I Si Bi Li Ti Es

invision
I N V I S I O N
In V I S I O N
I N V I Si O N
In V I Si O N

invitation
I N V I Ta Ti O N
In V I Ta Ti O N

invite
I N V I Te
In V I Te

invocate
I N V O Ca Te
In V O Ca Te

invocation
I N V O C At I O N
In V O C At I O N
I N V O Ca Ti O N
In V O Ca Ti O N

invoice
I N V O I Ce
In V O I Ce

involucra
I N V O Lu C Ra
In V O Lu C Ra

involucral
I N V O Lu Cr Al
In V O Lu Cr Al

involucrate
I N V O Lu C Ra Te
In V O Lu C Ra Te

involucre
I N V O Lu C Re
In V O Lu C Re

involute
I N V O Lu Te
In V O Lu Te

involution
I N V O Lu Ti O N
In V O Lu Ti O N

inwards
I N W Ar Ds
In W Ar Ds

inwith
I N W I Th
In W I Th

inwrap
I N W Ra P
In W Ra P

inwreathe
I N W Re At He
In W Re At He

io
I O

iolite
I O Li Te

ion
I O N

ionic
I O N I C
I O Ni C

ios
I O S
I Os

iota
I O Ta

iotacism
I O Ta C I Sm

iowas
I O W As

ipocras
I P O C Ra S
I Po C Ra S
I P O Cr As
I Po Cr As

iracund
I Ra C U Nd
Ir Ac U Nd
I Ra Cu Nd

iran
I Ra N

iranic
I Ra N I C
I Ra Ni C

irate
I Ra Te

ire
I Re

irenarch
I Re N Ar C H

irenic
I Re N I C
I Re Ni C

irenical
I Re N I C Al
I Re Ni C Al

irenicon
I Re N I C O N
I Re Ni C O N
I Re N I Co N
I Re Ni Co N

irenics
I Re N I C S
I Re Ni C S
I Re N I Cs
I Re Ni Cs

iricism
Ir I C I Sm

iris
Ir I S

irises
Ir I Se S
Ir I S Es

irish
Ir I S H

irishism
Ir I S H I Sm

iritis
Ir I Ti S

irk
Ir K

iron
Ir O N

ironbound
Ir O N B O U Nd
Ir O Nb O U Nd

ironer
Ir O N Er

ironic
Ir O N I C
Ir O Ni C

ironical
Ir O N I C Al
Ir O Ni C Al

ironish
Ir O N I S H
Ir O Ni S H

ironsmith
Ir O N Sm I Th

irony
Ir O N Y

irous
Ir O U S

irp
Ir P

irrational
Ir Ra Ti O N Al

irrationalness
Ir Ra Ti O N Al Ne S S
Ir Ra Ti O N Al N Es S

irreconciliation
Ir Re C O N C I Li At I O N
Ir Re Co N C I Li At I O N

irregeneracy
Ir Re Ge Ne Ra C Y
Ir Re Ge N Er Ac Y

irregeneration
Ir Re Ge N Er At I O N
Ir Re Ge Ne Ra Ti O N

irrelate
Ir Re La Te

irrelation
Ir Re La Ti O N

irremoval
Ir Re Mo V Al

irreptitious
Ir Re Pt I Ti O U S
Ir Re P Ti Ti O U S

irresistance
Ir Re S I S Ta N Ce
Ir Re Si S Ta N Ce

irresistless
Ir Re S I S Tl Es S
Ir Re Si S Tl Es S

irresolute
Ir Re S O Lu Te

irresolution
Ir Re S O Lu Ti O N

irretention
Ir Re Te N Ti O N

irrubrical
Ir Ru Br I C Al

irrugate
Ir Ru Ga Te

irruption
Ir Ru Pt I O N
Ir Ru P Ti O N

is
I S

isagoge
I S Ag O Ge

isagon
I S Ag O N

isatic
I S At I C

isatin
I S At I N
I S At In

isatinic
I S At I N I C
I S At In I C
I S At I Ni C

isatis
I S At I S

isatogen
I S At O Ge N

ischial
I S C H I Al
I Sc H I Al

ischias
I S C H I As
I Sc H I As

ischiatic
I S C H I At I C
I Sc H I At I C

ischiocerite
I S C H I O C Er I Te
I Sc H I O C Er I Te

ischion
I S C H I O N
I Sc H I O N

ischuretic
I S C H U Re Ti C
I Sc H U Re Ti C

isethionic
I Se Th I O N I C
I Se Th I O Ni C

isiac
I S I Ac
I Si Ac

isis
I S I S
I Si S

island
I S La Nd

islander
I S La Nd Er

islandy
I S La Nd Y
I S La N Dy

ism
I Sm

isobar
I S O B Ar

isobaric
I S O B Ar I C

isocephalism
I S O Ce P H Al I Sm

isoclinal
I S O Cl I N Al
I S O C Li N Al
I S O Cl In Al

isoclinic
I S O Cl I N I C
I S O C Li N I C
I S O Cl In I C
I S O Cl I Ni C
I S O C Li Ni C

isodynamic
I S O Dy N Am I C

isodynamous
I S O Dy N Am O U S
I S O Dy Na Mo U S

isolate
I S O La Te

isolation
I S O La Ti O N

isonandra
I S O Na Nd Ra

isonephelic
I S O Ne P He Li C

isonicotine
I S O N I C O Ti Ne
I S O Ni C O Ti Ne
I S O N I Co Ti Ne
I S O Ni Co Ti Ne

isonicotinic

I S O N I C O Ti N I C

I S O Ni C O Ti N I C

I S O N I Co Ti N I C

I S O Ni Co Ti N I C

I S O N I C O Ti Ni C

I S O Ni C O Ti Ni C

I S O N I Co Ti Ni C

I S O Ni Co Ti Ni C

isopathy

I S O P At H Y

I S O Pa Th Y

isopiestic

I S O P I Es Ti C

isoprene

I S O P Re Ne

isopycnic

I S O P Y C N I C

I S O P Y Cn I C

I S O P Y C Ni C

isospondyli

I S O S P O Nd Y Li

I S Os P O Nd Y Li

I S O S Po Nd Y Li

I S Os Po Nd Y Li

I S O S P O N Dy Li

I S Os P O N Dy Li

I S O S Po N Dy Li

I S Os Po N Dy Li

isostemonous

I S O S Te Mo N O U S

I S Os Te Mo N O U S

I S O S Te Mo No U S

I S Os Te Mo No U S

isostemony

I S O S Te Mo N Y

I S Os Te Mo N Y

isotheral

I S O Th Er Al

isothermobath

I S O Th Er Mo B At H

I S O Th Er Mo Ba Th

isothermobathic

I S O Th Er Mo B At H I C

I S O Th Er Mo Ba Th I C

issuer

I S S U Er

itacism

I Ta C I Sm

itaconic

I Ta C O N I C

I Ta Co N I C

I Ta C O Ni C

I Ta Co Ni C

itala

I Ta La

italic

I Ta Li C

italicism

I Ta Li C I Sm

italics

I Ta Li C S

I Ta Li Cs

itch

I Tc H

itchiness

I Tc H I Ne S S

I Tc H I N Es S

I Tc H In Es S

itchy

I Tc H Y

iterance

I Te Ra N Ce

iterate

I Te Ra Te

iteration

I Te Ra Ti O N

ithyphallic

I Th Y P H Al Li C

itineracy

I Ti Ne Ra C Y

I Ti N Er Ac Y

itinerancy

I Ti Ne Ra N C Y

itinerantly

I Ti Ne Ra N Tl Y

itineraries

I Ti N Er Ar I Es

itinerary

I Ti N Er Ar Y

itinerate

I Ti Ne Ra Te

iulus

I U Lu S

ivies

I V I Es

ivy

I V Y

iwis

I W I S

J

{There are no "J" elements}

K

kagu

[K][Ag][U]

kali

[K][Al][I]

kalif

[K][Al][I][F]

kaligenous

[K][Al][I][Ge][N][O][U][S]

[K][Al][I][Ge][No][U][S]

kalki

[K][Al][K][I]

kaloyer

[K][Al][O][Y][Er]

kalpa

[K][Al][Pa]

kam

[K][Am]

kami

[K][Am][I]

kamichi

[K][Am][I][C][H][I]

kamptulicon

[K][Am][Pt][U][Li][C][O][N]

[K][Am][Pt][U][Li][Co][N]

kampylite

[K][Am][P][Y][Li][Te]

kamsin

[K][Am][S][I][N]

[K][Am][Si][N]

[K][Am][S][In]

karatas

[K][Ar][At][As]

karn

[K][Ar][N]

karob

[K][Ar][O][B]

karpholite

[K][Ar][P][H][O][Li][Te]

[K][Ar][P][Ho][Li][Te]

karreo

[K][Ar][Re][O]

karstenite

[K][Ar][S][Te][N][I][Te]

[K][Ar][S][Te][Ni][Te]

karyokinesis

[K][Ar][Y][O][K][I][Ne][S][I][S]

[K][Ar][Y][O][K][I][N][Es][I][S]

[K][Ar][Y][O][K][In][Es][I][S]

[K][Ar][Y][O][K][I][Ne][Si][S]

karyokinetic

[K][Ar][Y][O][K][I][Ne][Ti][C]

karyostenosis

[K][Ar][Y][O][S][Te][N][O][S][I][S]

[K][Ar][Y][Os][Te][N][O][S][I][S]

[K][Ar][Y][O][S][Te][No][S][I][S]

[K][Ar][Y][Os][Te][No][S][I][S]

[K][Ar][Y][O][S][Te][N][Os][I][S]

[K][Ar][Y][Os][Te][N][Os][I][S]

[K][Ar][Y][O][S][Te][N][O][Si][S]

[K][Ar][Y][Os][Te][N][O][Si][S]

[K][Ar][Y][O][S][Te][No][Si][S]

[K][Ar][Y][Os][Te][No][Si][S]

kasack

[K][As][Ac][K]

kat

[K][At]

katastate

[K][At][As][Ta][Te]

kattinumdoo

[K][At][Ti][N][U][Md][O][O]

keramic

[K][Er][Am][I][C]

keramics

[K][Er][Am][I][C][S]

[K][Er][Am][I][Cs]

kerasin

[K][Er][As][I][N]

[K][Er][As][In]

kerasine

[K][Er][As][I][Ne]

keratin

[K][Er][At][I][N]

[K][Er][At][In]

keratitis

[K][Er][At][I][Ti][S]

keratogenous

[K][Er][At][O][Ge][N][O][U][S]

[K][Er][At][O][Ge][No][U][S]

keratophyte

[K][Er][At][O][P][H][Y][Te]

keratose

[K][Er][At][O][Se]

kerb
K Er B

kercher
K Er C H Er

kerf
K Er F

kerish
K Er I S H

kerite
K Er I Te

kern
K Er N

kerolite
K Er O Li Te

kerosene
K Er O Se Ne

kers
K Er S

kerse
K Er Se

kersey
K Er Se Y

kerseys
K Er Se Y S

kerver
K Er V Er

kesar
K Es Ar

kess
K Es S

keuper
K Eu P Er

khaliff
K H Al I F F

khamsin
K H Am S I N
K H Am Si N
K H Am S In

khenna
K He N Na

kholah
K H O La H
K Ho La H

kibe
K I Be

kiblah
K I B La H

kiby
K I B Y

kick
K I C K

kicker
K I C K Er

kickup
K I C K U P

kier
K I Er

kieserite
K I Es Er I Te

kin
K I N
K In

kinaesthesis
K I Na Es Th Es I S

kinate
K I Na Te

kincob
K I N C O B
K In C O B
K I N Co B
K In Co B

kind
K I Nd

kindliness
K I Nd Li Ne S S
K I Nd Li N Es S

kindness
K I Nd Ne S S
K I Nd N Es S

kine
K I Ne

kinesipathy
K I Ne S I P At H Y
K I N Es I P At H Y
K In Es I P At H Y
K I Ne Si P At H Y
K I Ne S I Pa Th Y
K I N Es I Pa Th Y
K In Es I Pa Th Y
K I Ne Si Pa Th Y

kinetic
K I Ne Ti C

kinetics
K I Ne Ti C S
K I Ne Ti Cs

kinic
K I N I C
K In I C
K I Ni C

kink
K I N K
K In K

kinky
K I N K Y
K In K Y

kinnikinic
K I N N I K I N I C
K In N I K I N I C
K I N Ni K I N I C
K In Ni K I N I C
K I N N I K In I C
K In N I K In I C
K I N Ni K In I C
K In Ni K In I C
K I N N I K I Ni C
K In N I K I Ni C
K I N Ni K I Ni C
K In Ni K I Ni C

kino
K I N O
K In O
K I No

kinone
K I N O Ne
K In O Ne
K I No Ne

kinship
K I N S H I P
K In S H I P

kiosk
K I O S K
K I Os K

kip
K I P

kipper
K I P P Er

kipskin
K I P S K I N
K I P S K In

kirk
K Ir K

kirschwasser
K Ir S C H W As S Er
K Ir Sc H W As S Er

kish
K I S H

kiss
K I S S

kisser
K I S S Er

kitcat
K I Tc At

kitchen
K I Tc He N

kitchener
K I Tc He N Er

kite
K I Te

kiteflier
K I Te Fl I Er
K I Te F Li Er

kith
K I Th

kitish
K I Ti S H

kiver
K I V Er

kivikivi
K I V I K I V I

kivikivies
K I V I K I V I Es

kiwikiwi
K I W I K I W I

kiwikiwies
K I W I K I W I Es

klick
K Li C K

klipdachs
K Li Pd Ac H S
K Li Pd Ac Hs

klipdas
K Li Pd As

klipfish
K Li P F I S H

knab
K Na B

knack
K Na C K
K N Ac K

knacker
K Na C K Er
K N Ac K Er

knackish
K Na C K I S H
K N Ac K I S H

knacky
K Na C K Y
K N Ac K Y

knag
K N Ag

knap
K Na P

knappish
K Na P P I S H

knappy
K Na P P Y

knapsack
K Na P S Ac K

knar
K N Ar

knaveries
K Na V Er I Es

knavery
K Na V Er Y

knaveship
K Na V Es H I P

knavess
K Na V Es S

knavish
K Na V I S H

knavishness
K Na V I S H Ne S S
K Na V I S H N Es S

knaw
K Na W

knebelite
K Ne Be Li Te

kneck
K Ne C K

knew
K Ne W

knicker
K N I C K Er
K Ni C K Er

knickerbockers
K N I C K Er B O C K Er S
K Ni C K Er B O C K Er S

knickknack
K N I C K K Na C K
K Ni C K K Na C K
K N I C K K N Ac K
K Ni C K K N Ac K

knickknackery
K N I C K K Na C K Er Y
K Ni C K K Na C K Er Y
K N I C K K N Ac K Er Y
K Ni C K K N Ac K Er Y

knife
K N I Fe
K Ni Fe

knitback
K N I Tb Ac K
K Ni Tb Ac K

knitch
K N I Tc H
K Ni Tc H

knives
K N I V Es
K Ni V Es

knob
K N O B
K No B

knobber
K N O B B Er
K No B B Er

knobby
K N O B B Y
K No B B Y

knobstick
K N O B S Ti C K
K No B S Ti C K

knock
K N O C K
K No C K

knocker
K N O C K Er
K No C K Er

knop
K N O P
K No P

knoppern
K N O P P Er N
K No P P Er N

knosp
K N O S P
K No S P
K N Os P

knotless
K N O Tl Es S
K No Tl Es S

know
K N O W
K No W

knower
K N O W Er
K No W Er

known
K N O W N
K No W N

knubs
K N U B S

knuff
K N U F F

kob
K O B

koba
K O Ba

koff
K O F F

koklass
K O K La S S

kokoon
K O K O O N

komtok
K O Mt O K

kon
K O N

konite
K O N I Te
K O Ni Te

koran
K O Ra N

kosmos
K O Sm O S
K O S Mo S
K Os Mo S
K O Sm Os

koulan
K O U La N

kousso
K O U S S O

kra
K Ra

kraal
K Ra Al

krameric
Kr Am Er I C

kreatic
K Re At I C

kreatin
K Re At I N
K Re At In

kreatinin
K Re At I N I N
K Re At In I N
K Re At I Ni N
K Re At I N In
K Re At In In

kreosote
K Re O S O Te
K Re Os O Te

kris
Kr I S

krishna
Kr I S H Na

krone
Kr O Ne

kryolite
Kr Y O Li Te

ksar
K S Ar

kufic
K U F I C

kulan
K U La N

kuskus
K U S K U S

kussier
K U S S I Er
K U S Si Er

kutauss
K U Ta U S S

kutch
K U Tc H

ky
K Y

kyar
K Y Ar

kynurenic
K Y N U Re N I C
K Y N U Re Ni C

L

la
La
laas
La As
lab
La B
labara
La Ba Ra
labefaction
La Be F Ac Ti O N
labefy
La Be F Y
labial
La B I Al
La Bi Al
labialism
La B I Al I Sm
La Bi Al I Sm
labionasal
La B I O Na S Al
La Bi O Na S Al
La B I O N As Al
La Bi O N As Al
labiose
La B I O Se
La Bi O Se
labipalpi
La B I P Al P I
La Bi P Al P I
labipalpus
La B I P Al P U S
La Bi P Al P U S
La B I P Al Pu S
La Bi P Al Pu S
lablab
La B La B
labra
La B Ra
labras
La B Ra S
La Br As
labri
La Br I
labrose
La Br O Se
labrus
La Br U S
La B Ru S
laburnic
La B U Rn I C
laburnine
La B U Rn I Ne
lac
La C
laccic
La C C I C
laccin
La C C I N
La C C In
laccolite
La C C O Li Te
La C Co Li Te
laccolith
La C C O Li Th
La C Co Li Th
lace
La Ce
lacerate
La Ce Ra Te
laceration
La C Er At I O N
La Ce Ra Ti O N
lacerta
La C Er Ta
lacerti
La C Er Ti
lacertine
La C Er Ti Ne
lache
La C He
laches
La C He S
La C H Es
laciniolate
La C I N I O La Te
La C In I O La Te
La C I Ni O La Te
lacinula
La C I N U La
La C In U La
lacinulas
La C I N U La S
La C In U La S

lack
La C K

lackbrain
La C K B Ra I N
La C K B Ra In

lacker
La C K Er

lacmus
La Cm U S

laconic
La C O N I C
La Co N I C
La C O Ni C
La Co Ni C

laconical
La C O N I C Al
La Co N I C Al
La C O Ni C Al
La Co Ni C Al

laconicism
La C O N I C I Sm
La Co N I C I Sm
La C O Ni C I Sm
La Co Ni C I Sm

laconism
La C O N I Sm
La Co N I Sm
La C O Ni Sm
La Co Ni Sm

lacrimoso
La Cr I Mo S O

lacrosse
La Cr O S Se
La Cr Os Se

lacrymose
La Cr Y Mo Se

lactage
La C Ta Ge

lactarene
La C Ta Re Ne

lactate
La C Ta Te

lactation
La C Ta Ti O N

lacteal
La C Te Al

lacteous
La C Te O U S

lactescence
La C Te S Ce N Ce

lactic
La C Ti C

lactiferous
La C Ti F Er O U S

lactific
La C Ti F I C

lactifical
La C Ti F I C Al

lactifuge
La C Ti F U Ge

lactin
La C Ti N

lacuna
La C U Na
La Cu Na

lacunal
La C U N Al
La Cu N Al

lacunar
La C U N Ar
La Cu N Ar

lacunars
La C U N Ar S
La Cu N Ar S

lacunas
La C U Na S
La Cu Na S
La C U N As
La Cu N As

lacune
La C U Ne
La Cu Ne

lacunose
La C U N O Se
La Cu N O Se
La C U No Se
La Cu No Se

lacunous
La C U N O U S
La Cu N O U S
La C U No U S
La Cu No U S

lady
La Dy

ladyclock
La Dy Cl O C K

ladyfish
La Dy F I S H

ladykin
La Dy K I N
La Dy K In

ladyship
La Dy S H I P

lafte
La F Te

lagan
La Ga N

lagena
La Ge Na

lagenas
La Ge Na S
La Ge N As

laic
La I C

laical
La I C Al

lain
La I N
La In

lainere
La I Ne Re

lair
La Ir

lairdship
La Ir Ds H I P

laism
La I Sm

lakh
La K H

lakin
La K I N
La K In

laky
La K Y

lanarkite
La N Ar K I Te

lanary
La N Ar Y

lanate
La Na Te

lance
La N Ce

lancefish
La N Ce F I S H

lancegay
La N Ce Ga Y

lanceolate
La N Ce O La Te

lancer
La N C Er

lanch
La N C H

lanciferous
La N C I F Er O U S

lancination
La N C I N At I O N
La N C In At I O N
La N C I Na Ti O N

land
La Nd

landau
La Nd Au

lander
La Nd Er

landlady
La Nd La Dy

landlubber
La Nd Lu B B Er

landowner
La Nd O W N Er

landskip
La Nd S K I P
La N Ds K I P

landslip
La Nd S Li P
La N Ds Li P

lane
La Ne

langarey
La N Ga Re Y

langate
La N Ga Te

laniary
La N I Ar Y
La Ni Ar Y

laniation
La N I At I O N
La Ni At I O N

lanier
La N I Er
La Ni Er

laniferous
La N I F Er O U S
La Ni F Er O U S

lanifical
La N I F I C Al
La Ni F I C Al

lanifice
La N I F I Ce
La Ni F I Ce

lank
La N K

lankiness
La N K I Ne S S
La N K I N Es S
La N K In Es S

lankness
La N K Ne S S
La N K N Es S

lanky
La N K Y

lanner
La N N Er

lanolin
La N O Li N
La No Li N

lanseh
La N Se H

lantern
La N Te Rn

lanthopine
La N Th O P I Ne

lanthorn
La N Th O Rn

lanyer
La N Y Er

laocoon
La O C O O N
La O Co O N

lap
La P

lapis
La P I S

laplander
La P La Nd Er

laplandish
La P La Nd I S H

lapp
La P P

lappaceous
La P Pa Ce O U S

lapper
La P P Er

lappic
La P P I C

lappish
La P P I S H

lapponic
La P P O N I C
La P Po N I C
La P Po N I C
La P P O Ni C
La P Po Ni C

lapps
La P P S

lapse
La P Se

laputan
La P U Ta N
La Pu Ta N

lare
La Re

lares
La Re S

largess
La Rg Es S

largesse
La Rg Es Se

largifical
La Rg I F I C Al

largifluous
La Rg I Fl U O U S
La Rg I F Lu O U S

largish
La Rg I S H

largition
La Rg I Ti O N

largo
La Rg O

las
La S

lascar
La S C Ar
La Sc Ar

lascious
La S C I O U S
La Sc I O U S
lascivious
La S C I V I O U S
La Sc I V I O U S
lash
La S H
lasher
La S H Er
lask
La S K
lass
La S S
lasse
La S Se
lasso
La S S O
lassos
La S S O S
La S S Os
lastage
La S Ta Ge
laste
La S Te
lastly
La S Tl Y
latch
La Tc H
late
La Te
latence
La Te N Ce
latency
La Te N C Y
lateness
La Te Ne S S
La Te N Es S
latently
La Te N Tl Y
lateran
La Te Ra N
lateres
La Te Re S
lates
La Te S
latescence
La Te S Ce N Ce

lath
La Th
lather
La Th Er
laths
La Th S
lathy
La Th Y
latibula
La Ti B U La
laticiferous
La Ti C I F Er O U S
laticostate
La Ti C O S Ta Te
La Ti Co S Ta Te
La Ti C Os Ta Te
latifolious
La Ti F O Li O U S
latin
La Ti N
latinism
La Ti N I Sm
La Ti Ni Sm
latinistic
La Ti N I S Ti C
La Ti Ni S Ti C
lation
La Ti O N
latish
La Ti S H
latisternal
La Ti S Te Rn Al
latitancy
La Ti Ta N C Y
latitation
La Ti Ta Ti O N
laumontite
La U Mo N Ti Te
launce
La U N Ce
launch
La U N C H
laund
La U Nd
launder
La U Nd Er
launderer
La U Nd Er Er

laundress
La U Nd Re S S
laura
La U Ra
lauraceous
La U Ra Ce O U S
laurate
La U Ra Te
laureateship
La U Re At Es H I P
laureation
La U Re At I O N
laurestine
La U Re S Ti Ne
laurus
La U Ru S
laus
La U S
lavatic
La V At I C
lavation
La V At I O N
lavature
La V At U Re
laver
La V Er
laverock
La V Er O C K
lavic
La V I C
lavish
La V I S H
lavisher
La V I S H Er
lavishness
La V I S H Ne S S
La V I S H N Es S
law
La W
lawer
La W Er
lawn
La W N
lawnd
La W Nd
lawny
La W N Y

lawyer
La W Y Er

lay
La Y

layer
La Y Er

layland
La Y La Nd

layner
La Y N Er

layship
La Y S H I P

li
Li

liar
Li Ar

lias
Li As

liassic
Li As S I C
Li As S I C
Li As Si C

lib
Li B

libation
Li B At I O N
Li Ba Ti O N

liber
Li B Er

liberal
Li B Er Al

liberalism
Li B Er Al I Sm
Li Be Ra Li Sm

liberalistic
Li B Er Al I S Ti C
Li Be Ra Li S Ti C

liberalities
Li B Er Al I Ti Es
Li Be Ra Li Ti Es

liberate
Li Be Ra Te

liberation
Li B Er At I O N
Li Be Ra Ti O N

liberties
Li B Er Ti Es

libertinage
Li B Er Ti Na Ge

libertine
Li B Er Ti Ne

libertinism
Li B Er Ti N I Sm
Li B Er Ti Ni Sm

libkin
Li B K I N
Li Bk I N
Li B K In
Li Bk In

libra
Li B Ra

libral
Li Br Al

libraries
Li Br Ar I Es

library
Li Br Ar Y

librate
Li B Ra Te

libration
Li Br At I O N
Li B Ra Ti O N

lice
Li Ce

license
Li Ce N Se

licenser
Li Ce N S Er

licensure
Li Ce N S U Re

licentious
Li Ce N Ti O U S

lich
Li C H

lichen
Li C He N

lichenic
Li C He N I C
Li C He Ni C

lichenin
Li C He N I N
Li C He Ni N
Li C He N In

lichenous
Li C He N O U S
Li C He No U S

lichi
Li C H I

licitation
Li C I Ta Ti O N

lick
Li C K

licker
Li C K Er

lickerish
Li C K Er I S H

lickerous
Li C K Er O U S

lier
Li Er

lierneri b
Li Er N Er I B

lieu
Li Eu

lieutenancy
Li Eu Te Na N C Y

lif
Li F

life
Li Fe

lifeboat
Li Fe B O At

lifen
Li Fe N

ligan
Li Ga N

ligate
Li Ga Te

ligation
Li Ga Ti O N

lige
Li Ge

likerous
Li K Er O U S

likerousness
Li K Er O U S Ne S S
Li K Er O U S N Es S
Li K Er O U Sn Es S

lilac
Li La C

lilacin
Li La C I N
Li La C In

lilial
Li Li Al

lilies
Li Li Es

limn
Li Mn

limner
Li Mn Er

limoges
Li Mo Ge S

limonin
Li Mo N I N
Li Mo Ni N
Li Mo N In

limonite
Li Mo N I Te
Li Mo Ni Te

limosis
Li Mo S I S
Li Mo Si S

limous
Li Mo U S

lin
Li N

linage
Li Na Ge

linarite
Li N Ar I Te

linch
Li N C H

linchi
Li N C H I

linchpin
Li N C H P I N
Li N C H P In

lind
Li Nd

line
Li Ne

lineal
Li Ne Al

linear
Li Ne Ar

lineary
Li Ne Ar Y

lineation
Li Ne At I O N

lineature
Li Ne At U Re

linen
Li Ne N

linener
Li Ne N Er

lineolate
Li Ne O La Te

liner
Li N Er

linga
Li N Ga

lingence
Li N Ge N Ce

link
Li N K

linkboy
Li N K B O Y

linkmotion
Li N K Mo Ti O N

linne
Li N Ne

linsey
Li N Se Y

lion
Li O N

lioness
Li O Ne S S
Li O N Es S

lionism
Li O N I Sm
Li O Ni Sm

lionship
Li O N S H I P

lip
Li P

lipans
Li Pa N S

liparite
Li P Ar I Te

lipic
Li P I C

lipinic
Li P I N I C
Li P In I C
Li P I Ni C

lipothymous
Li P O Th Y Mo U S
Li Po Th Y Mo U S

lipse
Li P Se

lira
Li Ra

lire
Li Re

lisbon
Li S B O N
Li Sb O N

lisne
Li S Ne

lisp
Li S P

lisper
Li S P Er

liss
Li S S

listen
Li S Te N

listener
Li S Te N Er

listless
Li S Tl Es S

litanies
Li Ta N I Es
Li Ta Ni Es

litany
Li Ta N Y

litate
Li Ta Te

litchi
Li Tc H I

lite
Li Te

literacy
Li Te Ra C Y

literalism
Li Te Ra Li Sm

literate
Li Te Ra Te

literati
Li Te Ra Ti

literation
Li Te Ra Ti O N

lith

Li Th

litharge

Li Th Ar Ge

lither

Li Th Er

lithiasis

Li Th I As I S

lithic

Li Th I C

lithiophilite

Li Th I O P H I Li Te

litho

Li Th O

lithobilic

Li Th O B I Li C

Li Th O Bi Li C

lithocarp

Li Th O C Ar P

lithogenesy

Li Th O Ge Ne S Y

Li Th O Ge N Es Y

lithogenous

Li Th O Ge N O U S

Li Th O Ge No U S

lithophagous

Li Th O P H Ag O U S

lithophyse

Li Th O P H Y Se

lithophyte

Li Th O P H Y Te

lithophytic

Li Th O P H Y Ti C

lithy

Li Th Y

litigate

Li Ti Ga Te

litigation

Li Ti Ga Ti O N

litmus

Li Tm U S

liver

Li V Er

liveries

Li V Er I Es

livery

Li V Er Y

lives

Li V Es

livraison

Li V Ra I S O N

livre

Li V Re

lu

Lu

lubber

Lu B B Er

lubric

Lu Br I C

lubrical

Lu Br I C Al

lubricate

Lu Br I Ca Te

lubrication

Lu Br I C At I O N

Lu Br I Ca Ti O N

lubricitate

Lu Br I C I Ta Te

lubricous

Lu Br I C O U S

Lu Br I Co U S

lubrifaction

Lu Br I F Ac Ti O N

lubrification

Lu Br I F I C At I O N

Lu Br I F I Ca Ti O N

lucarne

Lu C Ar Ne

lucchese

Lu C C He Se

luce

Lu Ce

lucency

Lu Ce N C Y

lucern

Lu C Er N

Lu Ce Rn

lucernal

Lu C Er N Al

Lu Ce Rn Al

lucerne

Lu C Er Ne

lucifer

Lu C I F Er

luciferous

Lu C I F Er O U S

lucific

Lu C I F I C

luck

Lu C K

luckiness

Lu C K I Ne S S

Lu C K I N Es S

Lu C K In Es S

Lu C K In Es S

lucky

Lu C K Y

luckyproach

Lu C K Y Pr O Ac H

lucre

Lu C Re

lucriferous

Lu Cr I F Er O U S

lucrific

Lu Cr I F I C

luctation

Lu C Ta Ti O N

lucubrate

Lu C U B Ra Te

Lu Cu B Ra Te

lucubration

Lu C U Br At I O N

Lu Cu Br At I O N

Lu C U B Ra Ti O N

Lu Cu B Ra Ti O N

lues

Lu Es

luff

Lu F F

luffer

Lu F F Er

luna

Lu Na

lunacies

Lu Na C I Es

Lu N Ac I Es

lunacy

Lu Na C Y

Lu N Ac Y

lunar

Lu N Ar

lunary
Lu N Ar Y

lunate
Lu Na Te

lunatic
Lu N At I C
Lu Na Ti C

lunation
Lu N At I O N
Lu Na Ti O N

lunch
Lu N C H

luncheon
Lu N C He O N

lune
Lu Ne

lunge
Lu N Ge

lunistice
Lu N I S Ti Ce
Lu Ni S Ti Ce

lunula
Lu N U La

lunulate
Lu N U La Te

lunulite
Lu N U Li Te

luny
Lu N Y

lupercal
Lu P Er C Al

lupine
Lu P I Ne

lupinin
Lu P I N I N
Lu P In I N
Lu P I Ni N
Lu P I N In
Lu P In In

lupinine
Lu P I N I Ne
Lu P In I Ne
Lu P I Ni Ne

lupulin
Lu P U Li N
Lu Pu Li N

lupuline
Lu P U Li Ne
Lu Pu Li Ne

lupulinic
Lu P U Li N I C
Lu Pu Li N I C
Lu P U Li Ni C
Lu Pu Li Ni C

lupus
Lu P U S
Lu Pu S

lure
Lu Re

lurg
Lu Rg

luscious
Lu S C I O U S
Lu Sc I O U S

lusern
Lu S Er N
Lu Se Rn

lush
Lu S H

lushburg
Lu S H B U Rg

lusk
Lu S K

luskish
Lu S K I S H

lussheburgh
Lu S S He B U Rg H

lustic
Lu S Ti C

lustiness
Lu S Ti Ne S S
Lu S Ti N Es S

lustless
Lu S Tl Es S

lutation
Lu Ta Ti O N

lute
Lu Te

luteic
Lu Te I C

lutein
Lu Te I N
Lu Te In

luteocobaltic
Lu Te O C O B Al Ti C
Lu Te O Co B Al Ti C

luteolin
Lu Te O Li N

luteous
Lu Te O U S

luth
Lu Th

lutherism
Lu Th Er I Sm

luthern
Lu Th Er N

luwack
Lu W Ac K

luxe
Lu Xe

M

mo

Mo

moat

Mo At

mob

Mo B

mobbish

Mo B B I S H

Mo B Bi S H

mobcap

Mo B Ca P

mobocracy

Mo B O C Ra C Y

Mo B O Cr Ac Y

mobocrat

Mo B O Cr At

mobocratic

Mo B O Cr At I C

Mo B O C Ra Ti C

moccasin

Mo C Ca S I N

Mo C C As I N

Mo C Ca Si N

Mo C Ca S In

Mo C C As In

moche

Mo C He

mochila

Mo C H I La

mock

Mo C K

mocker

Mo C K Er

mockeries

Mo C K Er I Es

mockery

Mo C K Er Y

mockish

Mo C K I S H

moco

Mo C O

Mo Co

mody

Mo Dy

moff

Mo F F

mohicans

Mo H I Ca N S

moho

Mo H O

Mo Ho

mohock

Mo H O C K

Mo Ho C K

moholi

Mo H O Li

Mo Ho Li

moineau

Mo I Ne Au

moira

Mo I Ra

moire

Mo I Re

moisten

Mo I S Te N

moistener

Mo I S Te N Er

moistless

Mo I S Tl Es S

moither

Mo I Th Er

moky

Mo K Y

mola

Mo La

molasse

Mo La S Se

molasses

Mo La S Se S

Mo La S S Es

moline

Mo Li Ne

molinism

Mo Li N I Sm

Mo Li Ni Sm

mona

Mo Na

monachal

Mo Na C H Al

Mo N Ac H Al

monachism

Mo Na C H I Sm

Mo N Ac H I Sm

monal

Mo N Al

monamine

Mo N Am I Ne

monander

Mo Na Nd Er

monanthous

Mo Na N Th O U S

monarch

Mo N Ar C H

monarchal

Mo N Ar C H Al

monarchess

Mo N Ar C He S S

Mo N Ar C H Es S

monarchial

Mo N Ar C H I Al

monarchic

Mo N Ar C H I C

monarchical

Mo N Ar C H I C Al

monarchies

Mo N Ar C H I Es

monarchism

Mo N Ar C H I Sm

monarcho

Mo N Ar C H O

Mo N Ar C Ho

monarchy

Mo N Ar C H Y

monas

Mo Na S

Mo N As

monastic

Mo Na S Ti C

Mo N As Ti C

monastical

Mo Na S Ti C Al

Mo N As Ti C Al

monasticism

Mo Na S Ti C I Sm

Mo N As Ti C I Sm

monasticon

Mo Na S Ti C O N

Mo N As Ti C O N

Mo Na S Ti Co N

Mo N As Ti Co N

mone

Mo Ne

monecious

Mo Ne C I O U S

moner

Mo N Er

monera

Mo Ne Ra

moneral

Mo N Er Al

moneran

Mo Ne Ra N

moneron

Mo N Er O N

monerons

Mo N Er O N S

monerula

Mo N Er U La

Mo Ne Ru La

monesin

Mo Ne S I N

Mo N Es I N

Mo Ne Si N

Mo Ne S In

Mo N Es In

moneth

Mo Ne Th

money

Mo Ne Y

moneyer

Mo Ne Y Er

moneys

Mo Ne Y S

monifier

Mo N I F I Er

Mo Ni F I Er

monish

Mo N I S H

Mo Ni S H

monisher

Mo N I S H Er

Mo Ni S H Er

monism

Mo N I Sm

Mo Ni Sm

monistic

Mo N I S Ti C

Mo Ni S Ti C

monition

Mo N I Ti O N

Mo Ni Ti O N

monk

Mo N K

monkeries

Mo N K Er I Es

monkery

Mo N K Er Y

monkfish

Mo N K F I S H

monkflower

Mo N K Fl O W Er

monkish

Mo N K I S H

mono

Mo N O

Mo No

monobasic

Mo N O Ba S I C

Mo No Ba S I C

Mo N O B As I C

Mo No B As I C

Mo N O Ba Si C

Mo No Ba Si C

monocarbonic

Mo N O C Ar B O N I C

Mo No C Ar B O N I C

Mo N O Ca Rb O N I C

Mo No Ca Rb O N I C

Mo N O C Ar B O Ni C

Mo No C Ar B O Ni C

Mo N O Ca Rb O Ni C

Mo No Ca Rb O Ni C

monocarp

Mo N O C Ar P

Mo No C Ar P

monocarpic

Mo N O C Ar P I C

Mo No C Ar P I C

monocarpous

Mo N O C Ar P O U S

Mo No C Ar P O U S

Mo N O C Ar Po U S

Mo No C Ar Po U S

monocephalous

Mo N O Ce P H Al O U S

Mo No Ce P H Al O U S

monoceros

Mo N O C Er O S

Mo No C Er O S

Mo N O C Er Os

Mo No C Er Os

monoclinal

Mo N O Cl I N Al

Mo No Cl I N Al

Mo N O C Li N Al

Mo No C Li N Al

Mo N O Cl In Al

Mo No Cl In Al

monocline

Mo N O Cl I Ne

Mo No Cl I Ne

Mo N O C Li Ne

Mo No C Li Ne

monoclinic

Mo N O Cl I N I C

Mo No Cl I N I C

Mo N O C Li N I C

Mo No C Li N I C

Mo N O Cl In I C

Mo No Cl In I C

Mo N O Cl I Ni C

Mo No Cl I Ni C

Mo N O C Li Ni C

Mo No C Li Ni C

monoclinous

Mo N O Cl I N O U S

Mo No Cl I N O U S

Mo N O C Li N O U S

Mo No C Li N O U S

Mo N O Cl In O U S

Mo No Cl In O U S

Mo N O Cl I No U S

Mo No C I No U S

Mo N O C Li No U S

Mo No C Li No U S

monocondyla

Mo N C C O Nd Y La

Mo No C O Nd Y La

Mo N C Co Nd Y La

Mo No C Nd Y La

Mo N C C O N Dy La

Mo No C O N Dy La

Mo N O Co N Dy La

Mo No Co N Dy La

monocracy

Mo N O C Ra C Y

Mo No C Ra C Y

Mo N O Cr Ac Y

Mo No Cr Ac Y

monocrat

Mo N O Cr At

Mo No Cr At

monocrotic

Mo N O Cr O Ti C

Mo No Cr O Ti C

monocrotism

Mo N O Cr O Ti Sm

Mo No Cr O Ti Sm

monocystic

Mo N O C Y S Ti C

Mo No C Y S Ti C

monody

Mo N O Dy

Mo No Dy

monodynamic

Mo N O Dy N Am I C

Mo No Dy N Am I C

monodynamism

Mo N O Dy N Am I Sm

Mo No Dy N Am I Sm

monogamous

Mo N O Ga Mo U S

Mo No Ga Mo U S

monogenesis

Mo N O Ge Ne S I S

Mo No Ge Ne S I S

Mo N O Ge N Es I S

Mo No Ge N Es I S

Mo N O Ge Ne Si S

Mo No Ge Ne Si S

monogenetic

Mo N O Ge Ne Ti C

Mo No Ge Ne Ti C

monogenic

Mo N O Ge N I C

Mo No Ge N I C

Mo N O Ge Ni C

Mo No Ge Ni C

monogenism

Mo N O Ge N I Sm

Mo No Ge N I Sm

Mo N O Ge Ni Sm

Mo No Ge Ni Sm

monogenistic

Mo N O Ge N I S Ti C

Mo No Ge N I S Ti C

Mo N O Ge Ni S Ti C

Mo No Ge Ni S Ti C

monogenous

Mo N O Ge N O U S

Mo No Ge N O U S

Mo N O Ge No U S

Mo No Ge No U S

monogeny

Mo N O Ge N Y

Mo No Ge N Y

monoicous

Mo N O I C O U S

Mo No I C O U S

Mo N O I Co U S

Mo No I Co U S

monolith

Mo N O Li Th

Mo No Li Th

monolithal

Mo N O Li Th Al

Mo No Li Th Al

monolithic

Mo N O Li Th I C

Mo No Li Th I C

monoousious

Mo N O O U S I O U S

Mo No O U S I O U S

Mo N O O U Si O U S

Mo No O U Si O U S

monopathy

Mo N O P At H Y

Mo No P At H Y

Mo N O Pa Th Y

Mo No Pa Th Y

monopersonal

Mo N O P Er S O N Al

Mo No P Er S O N Al

monophonic

Mo N O P H O N I C
Mo No P H O N I C
Mo N O P Ho N I C
Mo No P Ho N I C
Mo N O P H O Ni C
Mo No P H O Ni C
Mo N O P Ho Ni C
Mo No P Ho Ni C

monophysite

Mo N O P H Y S I Te
Mo No P H Y S I Te
Mo N O P H Y Si Te
Mo No P H Y Si Te

monophysitical

Mo N O P H Y S I Ti C Al
Mo No P H Y S I Ti C Al
Mo N O P H Y Si Ti C Al
Mo No P H Y Si Ti C Al

monoplastic

Mo N O P La S Ti C
Mo No P La S Ti C

monopneumona

Mo N O P Ne U Mo Na
Mo No P Ne U Mo Na
Mo N O P N Eu Mo Na
Mo No P N Eu Mo Na

monopody

Mo N O P O Dy
Mo No P O Dy
Mo N O Po Dy
Mo No Po Dy

monopolies

Mo N O P O Li Es
Mo No P O Li Es
Mo N O Po Li Es
Mo No Po Li Es

monopolistic

Mo N O P O Li S Ti C
Mo No P O Li S Ti C
Mo N O Po Li S Ti C
Mo No Po Li S Ti C

monopolite

Mo N O P O Li Te
Mo No P O Li Te
Mo N O Po Li Te
Mo No Po Li Te

monopsychism

Mo N O P S Y C H I Sm
Mo No P S Y C H I Sm

monoptera

Mo N O P Te Ra
Mo No P Te Ra

monopteral

Mo N O Pt Er Al
Mo No Pt Er Al

monopteron

Mo N O Pt Er O N
Mo No Pt Er O N

monoptote

Mo N O Pt O Te
Mo No Pt O Te

monopyrenous

Mo N O P Y Re N O U S
Mo No P Y Re N O U S
Mo N O P Y Re No U S
Mo No P Y Re No U S

monorhina

Mo N O Rh I Na
Mo No Rh I Na

monosepalous

Mo N O Se P Al O U S
Mo No Se P Al O U S

monospermous

Mo N O S P Er Mo U S
Mo No S P Er Mo U S
Mo N Os P Er Mo U S

monospherical

Mo N O S P H Er I C Al
Mo No S P H Er I C Al
Mo N Os P H Er I C Al

monostich

Mo N O S Ti C H
Mo No S Ti C H
Mo N Os Ti C H

monostichous

Mo N O S Ti C H O U S
Mo No S Ti C H O U S
Mo N Os Ti C H O U S
Mo N O S Ti C Ho U S
Mo No S Ti C Ho U S
Mo N Os Ti C Ho U S

monotessaron

Mo N O Te S S Ar O N
Mo No Te S S Ar O N

monothalamous

Mo N O Th Al Am O U S
Mo No Th Al Am O U S

monsoon

Mo N S O O N

montanic

Mo N Ta N I C
Mo N Ta Ni C

monte

Mo N Te

monteith

Mo N Te I Th

monteth

Mo N Te Th

month

Mo N Th

monthlies

Mo N Th Li Es

monticulate

Mo N Ti C U La Te
Mo N Ti Cu La Te

montigenous

Mo N Ti Ge N O U S
Mo N Ti Ge No U S

moo

Mo O

moody

Mo O Dy

moolah

Mo O La H

moon

Mo O N

moonbeam

Mo O N Be Am

moonblind

Mo O N B Li Nd
Mo O Nb Li Nd

moonblink

Mo O N B Li N K
Mo O Nb Li N K

mooncalf

Mo O N C Al F

mooner

Mo O N Er

moonery

Mo O N Er Y

moonfish

Mo O N F I S H

moonflower
Mo O N Fl O W Er

moonish
Mo O N I S H
Mo O Ni S H

moonraker
Mo O N Ra K Er

moonshine
Mo O N S H I Ne

moonshiner
Mo O N S H I N Er
Mo O N S H In Er

moonshiny
Mo O N S H I N Y
Mo O N S H In Y

moony
Mo O N Y

moorage
Mo O Ra Ge

mooress
Mo O Re S S

mooruk
Mo O Ru K

moose
Mo O Se

moote
Mo O Te

mop
Mo P

mopish
Mo P I S H

moplah
Mo P La H

mopsey
Mo P Se Y

mopsical
Mo P S I C Al
Mo P Si C Al

mopstick
Mo P S Ti C K

mopsy
Mo P S Y

mopus
Mo P U S
Mo Pu S

mora
Mo Ra

moraine
Mo Ra I Ne

morainic
Mo Ra I N I C
Mo Ra In I C
Mo Ra I Ni C

moralism
Mo Ra Li Sm

moralities
Mo Ra Li Ti Es

morass
Mo Ra S S

morassy
Mo Ra S S Y

morate
Mo Ra Te

moration
Mo Ra Ti O N

moray
Mo Ra Y

morbific
Mo Rb I F I C

morbifical
Mo Rb I F I C Al

morbose
Mo Rb O Se

more
Mo Re

moreland
Mo Re La Nd

morendo
Mo Re Nd O

moreness
Mo Re Ne S S
Mo Re N Es S

moreover
Mo Re O V Er

moresk
Mo Re S K

morglay
Mo Rg La Y

morn
Mo Rn

morula
Mo Ru La

morulation
Mo Ru La Ti O N

morus
Mo Ru S

mosasaurus
Mo S As Au Ru S

moschine
Mo S C H I Ne
Mo Sc H I Ne

moses
Mo Se S
Mo S Es

mosk
Mo S K

mososaurus
Mo S O S Au Ru S
Mo S Os Au Ru S

moss
Mo S S

mossback
Mo S S Ba C K
Mo S S B Ac K
Mo S Sb Ac K

mossbanker
Mo S S Ba N K Er

mossbunker
Mo S S B U N K Er
Mo S Sb U N K Er

mossiness
Mo S S I Ne S S
Mo S Si Ne S S
Mo S S I N Es S
Mo S Si N Es S
Mo S S In Es S

mossy
Mo S S Y

mostahiba
Mo S Ta H I Ba

moste
Mo S Te

mostic
Mo S Ti C

mostick
Mo S Ti C K

mostly
Mo S Tl Y

motation
Mo Ta Ti O N

mote
Mo Te

moth
Mo Th

mother
Mo Th Er

motherland
Mo Th Er La Nd

motherliness
Mo Th Er Li Ne S S
Mo Th Er Li N Es S

mothery
Mo Th Er Y

moths
Mo Th S

mothy
Mo Th Y

motif
Mo Ti F

motific
Mo Ti F I C

motion
Mo Ti O N

motioner
Mo Ti O N Er

motivo
Mo Ti V O

mouchoir
Mo U C H O Ir
Mo U C Ho Ir

mouflon
Mo U Fl O N

mouline
Mo U Li Ne

moun
Mo U N

mounch
Mo U N C H

mound
Mo U Nd

mountain
Mo U N Ta I N
Mo U N Ta In

mountaineer
Mo U N Ta I Ne Er

mountainer
Mo U N Ta I N Er
Mo U N Ta In Er

mountainous
Mo U N Ta I N O U S
Mo U N Ta In O U S
Mo U N Ta I No U S

mountainousness
Mo U N Ta I N O U S Ne S S
Mo U N Ta In O U S Ne S S
Mo U N Ta I No U S Ne S S
Mo U N Ta I N O U S N Es S
Mo U N Ta In O U S N Es S
Mo U N Ta I No U S N Es S
Mo U N Ta I N O U Sn Es S
Mo U N Ta In O U Sn Es S
Mo U N Ta I No U Sn Es S
Mo U N Ta I No U Sn Es S

mountance
Mo U N Ta N Ce

mountebank
Mo U N Te Ba N K

mountebankery
Mo U N Te Ba N K Er Y

mountebankish
Mo U N Te Ba N K I S H

mountebankism
Mo U N Te Ba N K I Sm

mountenaunce
Mo U N Te Na U N Ce
Mo U N Te N Au N Ce

mourn
Mo U Rn

mourner
Mo U Rn Er

mournival
Mo U Rn I V Al

mouse
Mo U Se

mousefish
Mo U Se F I S H

mousekin
Mo U Se K I N
Mo U Se K In

mouser
Mo U S Er

mousseline
Mo U S Se Li Ne

moustache
Mo U S Ta C He

mousy
Mo U S Y

moutan
Mo U Ta N

mouth
Mo U Th

mouther
Mo U Th Er

mouths
Mo U Th S

mover
Mo V Er

mow
Mo W

mowburn
Mo W B U Rn

mower
Mo W Er

mown
Mo W N

mowyer
Mo W Y Er

N

n
N

na
Na

nab
Na B

nabk
Na B K
Na Bk

nabob
Na B O B

nacarat
Na C Ar At
N Ac Ar At

nacker
Na C K Er
N Ac K Er

nacre
Na C Re
N Ac Re

nacreous
Na C Re O U S
N Ac Re O U S

nag
N Ag

nagyagite
N Ag Y Ag I Te

naif
Na I F

naik
Na I K

nainsook
Na I N S O O K
Na In S O O K

nais
Na I S

naker
Na K Er

nakoo
Na K O O

nam
N Am

namation
N Am At I O N

namer
N Am Er

namo
N Am O
Na Mo

nan
Na N

nandine
Na Nd I Ne

nandou
Na Nd O U

nandu
Na Nd U

nanny
Na N N Y

naos
Na O S
Na Os

nap
Na P

naperies
Na P Er I Es

napery
Na P Er Y

naphew
Na P He W

naphthalic
Na P H Th Al I C

naphthalin
Na P H Th Al I N
Na P H Th Al In

naphthaline
Na P H Th Al I Ne

naphthoic
Na P H Th O I C

napkin
Na P K I N
Na P K In

nappies
Na P P I Es

nappiness
Na P P I Ne S S
Na P P I N Es S
Na P P In Es S

nappy
Na P P Y

napu
Na P U
Na Pu

napus
Na P U S
Na Pu S
narceine
N Ar Ce I Ne
narcissine
N Ar C I S S I Ne
N Ar C I S Si Ne
narcissus
N Ar C I S S U S
narcissuses
N Ar C I S S U Se S
N Ar C I S S U S Es
narcosis
N Ar C O S I S
N Ar Co S I S
N Ar C Os I S
N Ar C O Si S
N Ar Co Si S
narcotic
N Ar C O Ti C
N Ar Co Ti C
narcotical
N Ar C O Ti C Al
N Ar Co Ti C Al
narcotine
N Ar C O Ti Ne
N Ar Co Ti Ne
narcotinic
N Ar C O Ti N I C
N Ar Co Ti N I C
N Ar C O Ti Ni C
N Ar Co Ti Ni C
narcotism
N Ar C O Ti Sm
N Ar Co Ti Sm
nare
Na Re
nares
Na Re S
N Ar Es
narica
N Ar I Ca
narine
N Ar I Ne
narrate
N Ar Ra Te
narration
N Ar Ra Ti O N
narre
N Ar Re
narwal
N Ar W Al
narwhal
N Ar W H Al
nas
Na S
N As
nasal
Na S Al
N As Al
nascal
Na S C Al
N As C Al
Na Sc Al
nascency
Na S Ce N C Y
N As Ce N C Y
nash
Na S H
N As H
nasicornous
Na S I C O Rn O U S
N As I C O Rn O U S
Na Si C O Rn O U S
Na S I Co Rn O U S
N As I Co Rn O U S
Na Si Co Rn O U S
nasion
Na S I O N
N As I O N
Na Si O N
nasobuccal
Na S O B U C C Al
N As O B U C C Al
nasopalatal
Na S O P Al At Al
N As O P Al At Al
nasopalatine
Na S O P Al At I Ne
N As O P Al At I Ne
Na S O Pa La Ti Ne
N As O Pa La Ti Ne
nasopharyngeal
Na S O P H Ar Y N Ge Al
N As O P H Ar Y N Ge Al
nasoseptal
Na S O Se Pt Al
N As O Se Pt Al
nassas
Na S S As
N As S As
nastiness
Na S Ti Ne S S
N As Ti Ne S S
Na S Ti N Es S
N As Ti N Es S
nasute
Na S U Te
N As U Te
nat
N At
natal
N At Al
natalitial
N At Al I Ti Al
Na Ta Li Ti Al
natalitious
N At Al I Ti O U S
Na Ta Li Ti O U S
nataloin
N At Al O I N
N At Al O In
natals
N At Al S
natantly
Na Ta N Tl Y
natation
N At At I O N
Na Ta Ti O N
natatores
N At At O Re S
natch
N At C H
Na Tc H
nates
Na Te S
N At Es
nath
N At H
Na Th

nathmore
N At H Mo Re
Na Th Mo Re

natica
N At I Ca
Na Ti Ca

naticas
N At I Ca S
Na Ti Ca S
N At I C As
Na Ti C As

nation
N At I O N
Na Ti O N

national
N At I O N Al
Na Ti O N Al

nationalism
N At I O N Al I Sm
Na Ti O N Al I Sm
N At I O Na Li Sm
Na Ti O Na Li Sm

nationalities
N At I O N Al I Ti Es
Na Ti O N Al I Ti Es
N At I O Na Li Ti Es
Na Ti O Na Li Ti Es

nationalness
N At I O N Al Ne S S
Na Ti O N Al Ne S S
N At I O N Al N Es S
Na Ti O N Al N Es S

nativies
N At I V I Es
Na Ti V I Es

nativism
N At I V I Sm
Na Ti V I Sm

nativistic
N At I V I S Ti C
Na Ti V I S Ti C

naturalism
N At U Ra Li Sm

naturalistic
N At U Ra Li S Ti C

nature
N At U Re

naufrage
Na U F Ra Ge
N Au F Ra Ge

naufragous
Na U Fr Ag O U S
N Au Fr Ag O U S

nauplii
Na U P Li I
N Au P Li I

nauplius
Na U P Li U S
N Au P Li U S

nauscopy
Na U S C O P Y
N Au S C O P Y
Na U Sc O P Y
N Au Sc O P Y
Na U S Co P Y
N Au S Co P Y

nauseation
Na U Se At I O N
N Au Se At I O N

nauseous
Na U Se O U S
N Au Se O U S

nautch
Na U Tc H
N Au Tc H

nautic
Na U Ti C
N Au Ti C

nautical
Na U Ti C Al
N Au Ti C Al

nautili
Na U Ti Li
N Au Ti Li

nautilite
Na U Ti Li Te
N Au Ti Li Te

nautilus
Na U Ti Lu S
N Au Ti Lu S

nautiluses
Na U Ti Lu Se S
N Au Ti Lu Se S
Na U Ti Lu S Es
N Au Ti Lu S Es

naval
Na V Al

navals
Na V Al S

navarch
Na V Ar C H

navarchy
Na V Ar C H Y

navarrese
Na V Ar Re Se

navies
Na V I Es

navigate
Na V I Ga Te

navigation
Na V I Ga Ti O N

navus
Na V U S

navvy
Na V V Y

navy
Na V Y

nay
Na Y

nays
Na Y S

ne
Ne

neal
Ne Al

near
Ne Ar

nearctic
Ne Ar C Ti C

nearness
Ne Ar Ne S S
Ne Ar N Es S

neat
Ne At

neathouse
Ne At H O U Se
Ne At Ho U Se

neatify
Ne At I F Y

neatness
Ne At Ne S S
Ne At N Es S

neatress
Ne At Re S S

neb
Ne B

nebula
Ne B U La

nebulation
Ne B U La Ti O N

necessaries
Ne Ce S S Ar I Es
Ne C Es S Ar I Es

necessariness
Ne Ce S S Ar I Ne S S
Ne C Es S Ar I Ne S S
Ne Ce S S Ar I N Es S
Ne C Es S Ar I N Es S
Ne Ce S S Ar In Es S
Ne C Es S Ar In Es S

necessary
Ne Ce S S Ar Y
Ne C Es S Ar Y

necessitate
Ne Ce S S I Ta Te
Ne C Es S I Ta Te
Ne Ce S Si Ta Te
Ne C Es Si Ta Te

necessities
Ne Ce S S I Ti Es
Ne C Es S I Ti Es
Ne Ce S Si Ti Es
Ne C Es Si Ti Es

neck
Ne C K

neckband
Ne C K Ba Nd

neckcloth
Ne C K Cl O Th

necklace
Ne C K La Ce

neckland
Ne C K La Nd

neckplate
Ne C K P La Te

necrobiosis
Ne Cr O B I O S I S
Ne Cr O Bi O S I S
Ne Cr O B I Os I S
Ne Cr O Bi Os I S
Ne Cr O B I O Si S
Ne Cr O Bi O Si S

necrobiotic
Ne Cr O B I O Ti C
Ne Cr O Bi O Ti C

necrolite
Ne Cr O Li Te

necronite
Ne Cr O N I Te
Ne Cr O Ni Te

necrophagous
Ne Cr O P H Ag O U S

necrophore
Ne Cr O P H O Re
Ne Cr O P Ho Re

necropolis
Ne Cr O P O Li S
Ne Cr O Po Li S

necropolises
Ne Cr O P O Li Se S
Ne Cr O Po Li Se S
Ne Cr O P O Li S Es
Ne Cr O Po Li S Es

necropsy
Ne Cr O P S Y

necroscopic
Ne Cr O S C O P I C
Ne Cr Os C O P I C
Ne Cr O Sc O P I C
Ne Cr O S Co P I C
Ne Cr Os Co P I C

necroscopical
Ne Cr O S C O P I C Al
Ne Cr Os C O P I C Al
Ne Cr O Sc O P I C Al
Ne Cr O S Co P I C Al
Ne Cr Os Co P I C Al

necrose
Ne Cr O Se

necrosis
Ne Cr O S I S
Ne Cr Os I S
Ne Cr O Si S

necrotic
Ne Cr O Ti C

nectareal
Ne C Ta Re Al

nectareous
Ne C Ta Re O U S

neer
Ne Er

nef
Ne F

nefarious
Ne F Ar I O U S

nefasch
Ne F As C H

negation
Ne Ga Ti O N

nehushtan
Ne H U S H Ta N

neif
Ne I F

neife
Ne I Fe

neither
Ne I Th Er

neithermore
Ne I Th Er Mo Re

nenuphar
Ne N U P H Ar

neocene
Ne O Ce Ne

neocosmic
Ne O C O Sm I C
Ne O Co Sm I C

neocracy
Ne O C Ra C Y
Ne O Cr Ac Y

neogen
Ne O Ge N

neolithic
Ne O Li Th I C

neonism
Ne O N I Sm
Ne O Ni Sm

neophyte
Ne O P H Y Te

neoplasm
Ne O P La Sm

neoplastic
Ne O P La S Ti C

neossine
Ne O S S I Ne
Ne Os S I Ne
Ne O S Si Ne
Ne Os Si Ne

nep
Ne P

nepa
Ne Pa

nephalism
Ne P H Al I Sm

nepheline
Ne P He Li Ne

nephelite
Ne P He Li Te

nephew
Ne P He W

nepotic
Ne P O Ti C
Ne Po Ti C

nepotism
Ne P O Ti Sm
Ne Po Ti Sm

neptune
Ne Pt U Ne

ner
N Er

nere
Ne Re

nereids
Ne Re I Ds

nereis
Ne Re I S

nereites
Ne Re I Te S

nereocystis
Ne Re O C Y S Ti S

nerita
N Er I Ta

nerite
N Er I Te

neritina
N Er I Ti Na

nero
N Er O

neroli
N Er O Li

neropteral
N Er O Pt Er Al

nerre
N Er Re

nervation
N Er V At I O N

nervimotion
N Er V I Mo Ti O N

nervine
N Er V I Ne

nervose
N Er V O Se

nervous
N Er V O U S

nervousness
N Er V O U S Ne S S
N Er V O U S N Es S
N Er V O U Sn Es S

nervure
N Er V U Re

nervy
N Er V Y

nese
Ne Se

nesh
Ne S H
N Es H

ness
Ne S S
N Es S

nether
Ne Th Er

netify
Ne Ti F Y

neura
Ne U Ra
N Eu Ra

neurapophyses
Ne U Ra P O P H Y Se S
N Eu Ra P O P H Y Se S
Ne U Ra Po P H Y Se S
N Eu Ra Po P H Y Se S
Ne U Ra P O P H Y S Es
N Eu Ra P O P H Y S Es
Ne U Ra Po P H Y S Es
N Eu Ra Po P H Y S Es

neurapophysial
Ne U Ra P O P H Y S I Al
N Eu Ra P O P H Y S I Al
Ne U Ra Po P H Y S I Al
N Eu Ra Po P H Y S I Al
Ne U Ra P O P H Y Si Al
N Eu Ra P O P H Y Si Al
Ne U Ra Po P H Y Si Al
N Eu Ra Po P H Y Si Al

neurapophysis
Ne U Ra P O P H Y S I S
N Eu Ra P O P H Y S I S
Ne U Ra Po P H Y S I S
N Eu Ra Po P H Y S I S
Ne U Ra P O P H Y Si S
N Eu Ra P O P H Y Si S
Ne U Ra Po P H Y Si S
N Eu Ra Po P H Y Si S

neuration
Ne U Ra Ti O N
N Eu Ra Ti O N

neurula
Ne U Ru La
N Eu Ru La

never
Ne V Er

nevermore
Ne V Er Mo Re

new
Ne W

newborn
Ne W B O Rn

newfoundland
Ne W F O U Nd La Nd

newish
Ne W I S H

newness
Ne W Ne S S
Ne W N Es S

news
Ne W S

newsboy
Ne W S B O Y
Ne W Sb O Y

newspaper
Ne W S Pa P Er

newsy
Ne W S Y

ney

Ne Y

nias

N I As

Ni As

nib

N I B

Ni B

niblick

N I B Li C K

Ni B Li C K

niccolite

N I C C O Li Te

Ni C C O Li Te

N I C Co Li Te

Ni C Co Li Te

nice

N I Ce

Ni Ce

nicene

N I Ce Ne

Ni Ce Ne

niceness

N I Ce Ne S S

Ni Ce Ne S S

N I Ce N Es S

Ni Ce N Es S

nicery

N I C Er Y

Ni C Er Y

niceties

N I Ce Ti Es

Ni Ce Ti Es

niche

N I C He

Ni C He

nick

N I C K

Ni C K

nicker

N I C K Er

Ni C K Er

nicknack

N I C K Na C K

Ni C K Na C K

N I C K N Ac K

Ni C K N Ac K

nicknackery

N I C K Na C K Er Y

Ni C K Na C K Er Y

N I C K N Ac K Er Y

Ni C K N Ac K Er Y

nicolaitan

N I C O La I Ta N

Ni C O La I Ta N

N I Co La I Ta N

Ni Co La I Ta N

nicotic

N I C O Ti C

Ni C O Ti C

N I Co Ti C

Ni Co Ti C

nicotine

N I C O Ti Ne

Ni C O Ti Ne

N I Co Ti Ne

Ni Co Ti Ne

nicotinic

N I C O Ti N I C

Ni C O Ti N I C

N I Co Ti N I C

Ni Co Ti N I C

N I C O Ti Ni C

Ni C O Ti Ni C

N I Co Ti Ni C

Ni Co Ti Ni C

nictate

N I C Ta Te

Ni C Ta Te

nictation

N I C Ta Ti O N

Ni C Ta Ti O N

nictitate

N I C Ti Ta Te

Ni C Ti Ta Te

nictitation

N I C Ti Ta Ti O N

Ni C Ti Ta Ti O N

nihilism

N I H I Li Sm

Ni H I Li Sm

nihilistic

N I H I Li S Ti C

Ni H I Li S Ti C

nin

N I N

Ni N

N In

nine

N I Ne

Ni Ne

ninepins

N I Ne P I N S

Ni Ne P I N S

N I Ne P In S

Ni Ne P In S

ninescore

N I Ne S C O Re

Ni Ne S C O Re

N I N Es C O Re

Ni N Es C O Re

N In Es C O Re

N I Ne Sc O Re

Ni Ne Sc O Re

N I Ne S Co Re

Ni Ne S Co Re

N I N Es Co Re

Ni N Es Co Re

N In Es Co Re

nineties

N I Ne Ti Es

Ni Ne Ti Es

ninnies

N I N N I Es

Ni N N I Es

N In N I Es

N In N I Es

N I N Ni Es

Ni N Ni Es

N In Ni Es

ninny

N I N N Y

Ni N N Y

N In N Y

ninth

N I N Th

Ni N Th

N In Th

niobate

N I O Ba Te

Ni O Ba Te

niobe
N I O Be
Ni O Be

niobic
N I O B I C
Ni O B I C
N I O Bi C
Ni O Bi C

niobite
N I O B I Te
Ni O B I Te
N I O Bi Te
Ni O Bi Te

niopo
N I O P O
Ni O P O
N I O Po
Ni O Po

nip
N I P
Ni P

nipper
N I P P Er
Ni P P Er

nipperkin
N I P P Er K I N
Ni P P Er K I N
N I P P Er K In
Ni P P Er K In

nippers
N I P P Er S
Ni P P Er S

nippitate
N I P P I Ta Te
Ni P P I Ta Te

nipt
N I Pt
Ni Pt

nis
N I S
Ni S

nisey
N I Se Y
Ni Se Y

nisi
N I S I
Ni S I
N I Si
Ni Si

niste
N I S Te
Ni S Te

nisus
N I S U S
Ni S U S

nitency
N I Te N C Y
Ni Te N C Y

niteosaccharin
N I Te O S Ac C H Ar I N
Ni Te O S Ac C H Ar I N
N I Te Os Ac C H Ar I N
Ni Te Os Ac C H Ar I N
N I Te O S Ac C H Ar In
Ni Te O S Ac C H Ar In
N I Te Os Ac C H Ar In
Ni Te Os Ac C H Ar In

nival
N I V Al
Ni V Al

nivose
N I V O Se
Ni V O Se

no
N O
No

nob
N O B
No B

nobby
N O B B Y
No B B Y

nobiliary
N O B I Li Ar Y
No B I Li Ar Y
N O Bi Li Ar Y
No Bi Li Ar Y

nobilify
N O B I Li F Y
No B I Li F Y
N O Bi Li F Y
No Bi Li F Y

nobilitate
N O B I Li Ta Te
No B I Li Ta Te
N O Bi Li Ta Te
No Bi Li Ta Te

nobilitation
N O B I Li Ta Ti O N
No B I Li Ta Ti O N
N O Bi Li Ta Ti O N
No Bi Li Ta Ti O N

nobody
N O B O Dy
No B O Dy

nocently
N O Ce N Tl Y
No Ce N Tl Y

nock
N O C K
No C K

noctiferous
N O C Ti F Er O U S
No C Ti F Er O U S

noctiluca
N O C Ti Lu Ca
No C Ti Lu Ca

noctilucin
N O C Ti Lu C I N
No C Ti Lu C I N
N O C Ti Lu C In
No C Ti Lu C In

noctilucine
N O C Ti Lu C I Ne
No C Ti Lu C I Ne

noctilucous
N O C Ti Lu C O U S
No C Ti Lu C O U S
N O C Ti Lu Co U S
No C Ti Lu Co U S

noctivagation
N O C Ti V Ag At I O N
No C Ti V Ag At I O N

noctivagous
N O C Ti V Ag O U S
No C Ti V Ag O U S

nocuous
N O C U O U S
No C U O U S
N O Cu O U S
No Cu O U S

noes
N O Es
No Es

nof

N O F

No F

noier

N O I Er

No I Er

noious

N O I O U S

No I O U S

noise

N O I Se

No I Se

noisiness

N O I S I Ne S S

No I S I Ne S S

N O I Si Ne S S

No I Si Ne S S

N O I S I N Es S

No I S I N Es S

N O I Si N Es S

No I Si N Es S

N O I S In Es S

No I S In Es S

noisy

N O I S Y

No I S Y

nolition

N O Li Ti O N

No Li Ti O N

nomocracy

N O Mo C Ra C Y

No Mo C Ra C Y

N O Mo Cr Ac Y

No Mo Cr Ac Y

non

N O N

No N

nonacceptance

N O Na C Ce P Ta N Ce

No Na C Ce P Ta N Ce

N O N Ac Ce P Ta N Ce

No N Ac Ce P Ta N Ce

nonaerobiotic

N O Na Er O B I O Ti C

No Na Er O B I O Ti C

N O Na Er O Bi O Ti C

No Na Er O Bi O Ti C

nonage

N O Na Ge

No Na Ge

nonagon

N O N Ag O N

No N Ag O N

nonane

N O Na Ne

No Na Ne

nonattention

N O N At Te N Ti O N

No N At Te N Ti O N

nonce

N O N Ce

No N Ce

noncohesion

N O N C O He S I O N

No N C O He S I O N

N O N Co He S I O N

No N Co He S I O N

N O N C O H Es I O N

No N C O H Es I O N

N O N Co H Es I O N

No N Co H Es I O N

N O N C O He Si O N

No N C O He Si O N

N O N Co He Si O N

No N Co He Si O N

nonconduction

N O N C O Nd U C Ti O N

No N C O Nd U C Ti O N

N O N Co Nd U C Ti O N

No N Co Nd U C Ti O N

nondescript

N O Nd Es Cr I Pt

No Nd Es Cr I Pt

nondiscovery

N O Nd I S C O V Er Y

No Nd I S C O V Er Y

N O Nd I Sc O V Er Y

No Nd I Sc O V Er Y

N O Nd I S Co V Er Y

No Nd I S Co V Er Y

nondo

N O Nd O

No Nd O

none

N O Ne

No Ne

nonelastic

N O Ne La S Ti C

No Ne La S Ti C

nonentities

N O Ne N Ti Ti Es

No Ne N Ti Ti Es

nones

N O Ne S

No Ne S

N O N Es

No N Es

nonessential

N O Ne S Se N Ti Al

No Ne S Se N Ti Al

N O N Es Se N Ti Al

No N Es Se N Ti Al

nonesuch

N O Ne S U C H

No Ne S U C H

N O N Es U C H

No N Es U C H

nonexecution

N O Ne Xe C U Ti O N

No Ne Xe C U Ti O N

N O Ne Xe Cu Ti O N

No Ne Xe Cu Ti O N

nonius

N O N I U S

No N I U S

N O Ni U S

No Ni U S

nonne

N O N Ne

No N Ne

nonny

N O N N Y

No N N Y

nonobstante

N O N O B S Ta N Te

No N O B S Ta N Te

N O No B S Ta N Te

No No B S Ta N Te

nonoic

N O N O I C

No N O I C

N O No I C

No No I C

nonone

N O N O Ne

No N O Ne

N O No Ne

No No Ne

nonplane

N O N P La Ne

No N P La Ne

N O Np La Ne

No Np La Ne

nonplus

N O N P Lu S

No N P Lu S

N O Np Lu S

No Np Lu S

nonpreparation

N O N P Re P Ar At I O N

No N P Re P Ar At I O N

N O Np Re P Ar At I O N

No Np Re P Ar At I O N

N O N P Re Pa Ra Ti O N

No N P Re Pa Ra Ti O N

N O Np Re Pa Ra Ti O N

No Np Re Pa Ra Ti O N

nonpresentation

N O N P Re Se N Ta Ti O N

No N P Re Se N Ta Ti O N

N O Np Re Se N Ta Ti O N

No Np Re Se N Ta Ti O N

nonprofessional

N O N Pr O Fe S S I O N Al

No N Pr O Fe S S I O N Al

N O N Pr O F Es S I O N Al

No N Pr O F Es S I O N Al

N O N Pr O Fe S Si O N Al

No N Pr O Fe S Si O N Al

N O N Pr O F Es Si O N Al

No N Pr O F Es Si O N Al

nonrendition

N O N Re Nd I Ti O N

No N Re Nd I Ti O N

nonresistance

N O N Re S I S Ta N Ce

No N Re S I S Ta N Ce

N O N Re Si S Ta N Ce

No N Re Si S Ta N Ce

nonsense

N O N Se N Se

No N Se N Se

nonsensical

N O N Se N S I C Al

No N Se N S I C Al

N O N Se N Si C Al

No N Se N Si C Al

nonsolution

N O N S O Lu Ti O N

No N S O Lu Ti O N

nonsuch

N O N S U C H

No N S U C H

nontenure

N O N Te N U Re

No N Te N U Re

nonuser

N O N U S Er

No N U S Er

nonvocal

N O N V O C Al

No N V O C Al

nonylic

N O N Y Li C

No N Y Li C

nook

N O O K

No O K

noon

N O O N

No O N

noonshun

N O O N S H U N

No O N S H U N

noose

N O O Se

No O Se

nopal

N O P Al

No P Al

nopalries

N O Pa Lr I Es

No Pa Lr I Es

nopalry

N O Pa Lr Y

No Pa Lr Y

norbertine

N O Rb Er Ti Ne

No Rb Er Ti Ne

norn

N O Rn

No Rn

nose

N O Se

No Se

nosebag

N O Se B Ag

No Se B Ag

noseband

N O Se Ba Nd

No Se Ba Nd

nosegay

N O Se Ga Y

No Se Ga Y

nota

N O Ta

No Ta

notabilities

N O Ta B I Li Ti Es

No Ta B I Li Ti Es

N O Ta Bi Li Ti Es

No Ta Bi Li Ti Es

notate

N O Ta Te

No Ta Te

notation

N O Ta Ti O N

No Ta Ti O N

notch

N O Tc H

No Tc H

note

N O Te

No Te

notebook

N O Te B O O K

No Te B O O K

notepaper

N O Te Pa P Er

No Te Pa P Er

nother

N O Th Er

No Th Er

notice
N O Ti Ce
No Ti Ce

noticer
N O Ti C Er
No Ti C Er

notification
N O Ti F I C At I O N
No Ti F I C At I O N
N O Ti F I Ca Ti O N
No Ti F I Ca Ti O N

notify
N O Ti F Y
No Ti F Y

notion
N O Ti O N
No Ti O N

notional
N O Ti O N Al
No Ti O N Al

notionate
N O Ti O Na Te
No Ti O Na Te

nouch
N O U C H
No U C H

noun
N O U N
No U N

nounal
N O U N Al
No U N Al

nous
N O U S
No U S

novaculite
N O V Ac U Li Te
No V Ac U Li Te

novation
N O V At I O N
No V At I O N

novercal
N O V Er C Al
No V Er C Al

novice
N O V I Ce
No V I Ce

noviceship
N O V I Ce S H I P
No V I Ce S H I P
N O V I C Es H I P
No V I C Es H I P

novilunar
N O V I Lu N Ar
No V I Lu N Ar

novitious
N O V I Ti O U S
No V I Ti O U S

now
N O W
No W

nowch
N O W C H
No W C H

nowes
N O W Es
No W Es

nowhere
N O W He Re
No W He Re

nowhither
N O W H I Th Er
No W H I Th Er

nowise
N O W I Se
No W I Se

noy
N O Y
No Y

noyau
N O Y Au
No Y Au

noyer
N O Y Er
No Y Er

noyous
N O Y O U S
No Y O U S

nub
N U B

nubbin
N U B B I N
N U B Bi N
N U B B In

nubecula
N U Be C U La
N U Be Cu La

nubiferous
N U B I F Er O U S
N U Bi F Er O U S

nubigenous
N U B I Ge N O U S
N U Bi Ge N O U S
N U B I Ge No U S
N U Bi Ge No U S

nubilate
N U B I La Te
N U Bi La Te

nuchal
N U C H Al

nuciferous
N U C I F Er O U S

nucin
N U C I N
N U C In

nucleus
N U Cl Eu S

nucleuses
N U Cl Eu Se S
N U Cl Eu S Es

nucula
N U C U La
N U Cu La

nugation
N U Ga Ti O N

nun
N U N

nunchion
N U N C H I O N

nunciature
N U N C I At U Re

nuncii
N U N C I I

nuncio
N U N C I O

nuncios
N U N C I O S
N U N C I Os

nuncius
N U N C I U S

nuncupate
N U N C U Pa Te
N U N Cu Pa Te

nuncupation
N U N C U P At I O N
N U N Cu P At I O N
N U N C U Pa Ti O N
N U N Cu Pa Ti O N

nundinal
N U Nd I N Al
N U Nd In Al

nundinary
N U Nd I N Ar Y
N U Nd In Ar Y

nundinate
N U Nd I Na Te

nundination
N U Nd I N At I O N
N U Nd In At I O N
N U Nd I Na Ti O N

nunnation
N U N N At I O N
N U N Na Ti O N

nunneries
N U N N Er I Es

nunnery
N U N N Er Y

nunnish
N U N N I S H
N U N Ni S H

nup
N U P

nuphar
N U P H Ar

nupson
N U P S O N

nuptial
N U Pt I Al
N U P Ti Al

nuptials
N U Pt I Al S
N U P Ti Al S

nutation
N U Ta Ti O N

nutcracker
N U Tc Ra C K Er

nuthatch
N U Th At C H

nuthook
N U Th O O K

ny
N Y

nyas
N Y As

nyctibune
N Y C Ti B U Ne

nys
N Y S

nyseys
N Y Se Y S

nyula
N Y U La

O

oar
O Ar

oarfish
O Ar F I S H

oary
O Ar Y

oases
O As Es

oasis
O As I S

oat
O At

oath
O At H

oaths
O At H S
O At Hs

oats
O At S

obbe
O B Be

obconic
O B C O N I C
O B Co N I C
O B C O Ni C
O B Co Ni C

obconical
O B C O N I C Al
O B Co N I C Al
O B C O Ni C Al
O B Co Ni C Al

obeli
O Be Li

obelion
O Be Li O N

obeliscal
O Be Li S C Al
O Be Li Sc Al

obelisk
O Be Li S K

obelus
O Be Lu S

oberon
O B Er O N

oberration
O B Er Ra Ti O N

obese
O Be Se

obeseness
O Be Se Ne S S
O Be Se N Es S

obey
O Be Y

obeyer
O Be Y Er

obfuscate
O B F U S Ca Te

obfuscation
O B F U S C At I O N
O B F U Sc At I O N
O B F U S Ca Ti O N

obi
O B I
O Bi

obiyuary
O B I Y U Ar Y
O Bi Y U Ar Y

oblanceolate
O B La N Ce O La Te

oblata
O B La Ta

oblate
O B La Te

oblateness
O B La Te Ne S S
O B La Te N Es S

oblati
O B La Ti

oblation
O B La Ti O N

oblationer
O B La Ti O N Er

obligate
O B Li Ga Te

obligation
O B Li Ga Ti O N

oblige
O B Li Ge

oblite
O B Li Te

obliterate
O B Li Te Ra Te

obliteration
O B Li Te Ra Ti O N

oblivion
O B Li V I O N

oblivious
O B Li V I O U S

obluctation
O B Lu C Ta Ti O N

obnubilate
O B N U B I La Te
O B N U Bi La Te

oboli
O B O Li

obolus
O B O Lu S

oboval
O B O V Al

obreption
O B Re Pt I O N
O B Re P Ti O N

obreptitious
O B Re Pt I Ti O U S
O B Re P Ti Ti O U S

obrogate
O Br O Ga Te

obrok
O Br O K

obscene
O B S Ce Ne

obscenities
O B S Ce N I Ti Es
O B S Ce Ni Ti Es

obscurantism
O B S C U Ra N Ti Sm
O B Sc U Ra N Ti Sm
O B S Cu Ra N Ti Sm

obscuration
O B S C U Ra Ti O N
O B Sc U Ra Ti O N
O B S Cu Ra Ti O N

obscure
O B S C U Re
O B Sc U Re
O B S Cu Re

obscureness
O B S C U Re Ne S S
O B Sc U Re Ne S S
O B S Cu Re Ne S S
O B S C U Re N Es S
O B Sc U Re N Es S
O B S Cu Re N Es S

obsecrate
O B Se C Ra Te

obsecration
O B Se Cr At I O N
O B Se C Ra Ti O N

observation
O B S Er V At I O N

observational
O B S Er V At I O N Al

observer
O B S Er V Er

observership
O B S Er V Er S H I P

obsess
O B Se S S
O B S Es S

obsession
O B Se S S I O N
O B S Es S I O N
O B Se S Si O N
O B S Es Si O N

obstancy
O B S Ta N C Y

obstinacy
O B S Ti Na C Y
O B S Ti N Ac Y

obstinate
O B S Ti Na Te

obstination
O B S Ti N At I O N
O B S Ti Na Ti O N

obstipation
O B S Ti P At I O N
O B S Ti Pa Ti O N

obtain
O B Ta I N
O B Ta In

obtainer
O B Ta I N Er
O B Ta In Er

obtend
O B Te Nd

obtenebration
O B Te Ne Br At I O N
O B Te Ne B Ra Ti O N

obtension
O B Te N S I O N
O B Te N Si O N

obtestation
O B Te S Ta Ti O N

obuncous
O B U N C O U S
O B U N Co U S

obverse
O B V Er Se

obversion
O B V Er S I O N
O B V Er Si O N

obviation
O B V I At I O N

obvious
O B V I O U S

obvolute
O B V O Lu Te

oby
O B Y

oca
O Ca

occamy
O C C Am Y

occasion
O C Ca S I O N
O C C As I O N
O C Ca Si O N

occasional
O C Ca S I O N Al
O C C As I O N Al
O C Ca Si O N Al

occasionalism
O C Ca S I O N Al I Sm
O C C As I O N Al I Sm
O C Ca Si O N Al I Sm
O C Ca S I O Na Li Sm
O C C As I O Na Li Sm
O C Ca Si O Na Li Sm

occasionate
O C Ca S I O Na Te
O C C As I O Na Te
O C Ca Si O Na Te

occasioner

O C Ca S I O N Er

O C C As I O N Er

O C Ca Si O N Er

occecation

O C Ce C At I O N

O C Ce Ca Ti O N

occipita

O C C I P I Ta

occision

O C C I S I O N

O C C I Si O N

occluse

O C Cl U Se

O C Cl U Se O C C Lu Se

occlusion

O C Cl U S I O N

O C C Lu S I O N

O C Cl U Si O N

O C C Lu Si O N

occrustate

O C Cr U S Ta Te

O C C Ru S Ta Te

occupancy

O C C U Pa N C Y

O C Cu Pa N C Y

occupate

O C C U Pa Te

O C Cu Pa Te

occupation

O C C U P At I O N

O C Cu P At I O N

O C C U Pa Ti O N

O C Cu Pa Ti O N

occupier

O C C U P I Er

O C Cu P I Er

occupy

O C C U P Y

O C Cu P Y

ocher

O C H Er

ocherous

O C H Er O U S

ochery

O C H Er Y

ochraceous

O C H Ra Ce O U S

ochre

O C H Re

ochreous

O C H Re O U S

ochrey

O C H Re Y

ocra

O C Ra

octander

O C Ta Nd Er

octane

O C Ta Ne

octapla

O C Ta P La

octateuch

O C Ta Te U C H

octavo

O C Ta V O

octavos

O C Ta V O S

O C Ta V Os

octene

O C Te Ne

octennial

O C Te N N I Al

O C Te N Ni Al

octic

O C Ti C

oculate

O C U La Te

O Cu La Te

oculi

O C U Li

O Cu Li

oculina

O C U Li Na

O Cu Li Na

oculus

O C U Lu S

O Cu Lu S

ods

O Ds

odylic

O Dy Li C

odyssey

O Dy S Se Y

oes

O Es

oesophagus

O Es O P H Ag U S

of

O F

off

O F F

offal

O F F Al

offence

O F Fe N Ce

offend

O F Fe Nd

offender

O F Fe Nd Er

offendress

O F Fe Nd Re S S

offense

O F Fe N Se

offension

O F Fe N S I O N

O F Fe N Si O N

offer

O F F Er

offerer

O F F Er Er

office

O F F I Ce

officer

O F F I C Er

official

O F F I C I Al

officialism

O F F I C I Al I Sm

officiary

O F F I C I Ar Y

officinal

O F F I C I N Al

O F F I C In Al

officious

O F F I C I O U S

offish

O F F I S H

offshore

O F F S H O Re

O F F S Ho Re

offskip

O F F S K I P

offuscate
O F F U S Ca Te

offuscation
O F F U S C At I O N
O F F U Sc At I O N
O F F U S Ca Ti O N

often
O F Te N

oftenness
O F Te N Ne S S
O F Te N N Es S

oftensith
O F Te N S I Th
O F Te N Si Th

ogdoastich
O Gd O As Ti C H

oh
O H

oho
O H O
O Ho

oiliness
O I Li Ne S S
O I Li N Es S

oker
O K Er

okra
O K Ra

olay
O La Y

oliban
O Li Ba N

olibene
O Li Be Ne

oliganthous
O Li Ga N Th O U S

olio
O Li O

olivary
O Li V Ar Y

oliver
O Li V Er

olivin
O Li V I N
O Li V In

olivine
O Li V I Ne

olivite
O Li V I Te

omnibus
O Mn I B U S

omnifarious
O Mn I F Ar I O U S

omniferous
O Mn I F Er O U S

omnific
O Mn I F I C

omnify
O Mn I F Y

omnigenous
O Mn I Ge N O U S
O Mn I Ge No U S

omniparous
O Mn I P Ar O U S

omnipotence
O Mn I P O Te N Ce
O Mn I Po Te N Ce

omnipotency
O Mn I P O Te N C Y
O Mn I Po Te N C Y

omnipotently
O Mn I P O Te N Tl Y
O Mn I Po Te N Tl Y

omnipresence
O Mn I P Re Se N Ce

omnipresency
O Mn I P Re Se N C Y

omnipresential
O Mn I P Re Se N Ti Al

omniscious
O Mn I S C I O U S
O Mn I Sc I O U S

omnivora
O Mn I V O Ra

omophagic
O Mo P H Ag I C

omoplate
O Mo P La Te

omosternal
O Mo S Te Rn Al

on
O N

onager
O N Ag Er

onagers
O N Ag Er S

onagga
O N Ag Ga

onagraceous
O N Ag Ra Ce O U S

onanism
O Na N I Sm
O Na Ni Sm

onappo
O Na P P O
O Na P Po

once
O N Ce

one
O Ne

oneirocritic
O Ne Ir O Cr I Ti C

oneirocritical
O Ne Ir O Cr I Ti C Al

oneirocriticism
O Ne Ir O Cr I Ti C I Sm

oneirocritics
O Ne Ir O Cr I Ti C S
O Ne Ir O Cr I Ti Cs

oneiroscopy
O Ne Ir O S C O P Y
O Ne Ir Os C O P Y
O Ne Ir O Sc O P Y
O Ne Ir O S Co P Y
O Ne Ir Os Co P Y

oneliness
O Ne Li Ne S S
O Ne Li N Es S

oneness
O Ne Ne S S
O Ne N Es S

onerary
O N Er Ar Y

onerate
O Ne Ra Te

oneration
O N Er At I O N
O Ne Ra Ti O N

onerous
O N Er O U S

ones
O Ne S
O N Es
onion
O N I O N
O Ni O N
onirocritic
O N Ir O Cr I Ti C
onliness
O N Li Ne S S
O N Li N Es S
onocerin
O N O C Er I N
O No C Er I N
O N O C Er In
O No C Er In
onondagas
O N O Nd Ag As
O No Nd Ag As
onrush
O N Ru S H
onus
O N U S
onwards
O N W Ar Ds
ony
O N Y
onychophora
O N Y C H O P H O Ra
O N Y C Ho P H O Ra
O N Y C H O P Ho Ra
O N Y C Ho P Ho Ra
oo
O O
oogenesis
O O Ge Ne S I S
O O Ge N Es I S
O O Ge Ne Si S
ook
O O K
oolite
O O Li Te
oolitic
O O Li Ti C
oon
O O N
oones
O O Ne S
O O N Es
oop
O O P
oopack
O O Pa C K
O O P Ac K
oopak
O O Pa K
oophore
O O P H O Re
O O P Ho Re
oophyte
O O P H Y Te
oophytic
O O P H Y Ti C
oospore
O O S P O Re
O Os P O Re
O O S Po Re
O Os Po Re
opacate
O Pa Ca Te
opacous
O Pa C O U S
O P Ac O U S
O Pa Co U S
opah
O Pa H
opal
O P Al
opalesce
O P Al Es Ce
opalescence
O P Al Es Ce N Ce
opaline
O P Al I Ne
O Pa Li Ne
operatic
O P Er At I C
operatical
O P Er At I C Al
operation
O P Er At I O N
opercula
O P Er C U La
O P Er Cu La
operculate
O P Er C U La Te
O P Er Cu La Te
operculiferous
O P Er C U Li F Er O U S
O P Er Cu Li F Er O U S
operculigenous
O P Er C U Li Ge N O U S
O P Er Cu Li Ge N O U S
O P Er C U Li Ge No U S
O P Er Cu Li Ge No U S
operose
O P Er O Se
operous
O P Er O U S
opertaneous
O P Er Ta Ne O U S
ophelic
O P He Li C
ophiophagous
O P H I O P H Ag O U S
ophiophagus
O P H I O P H Ag U S
ophite
O P H I Te
ophiuchus
O P H I U C H U S
ophiura
O P H I U Ra
ophiuran
O P H I U Ra N
ophthalmoscopy
O P H Th Al Mo S C O P Y
O P H Th Al Mo Sc O P Y
O P H Th Al Mo S Co P Y
opiferous
O P I F Er O U S
opifice
O P I F I Ce
opificer
O P I F I C Er
opination
O P I N At I O N
O P In At I O N
O P I Na Ti O N
opine
O P I Ne
opiner
O P I N Er
O P In Er

opiniatre

O P I N I At Re

O P In I At Re

O P I Ni At Re

opinicus

O P I N I C U S

O P In I C U S

O P I Ni C U S

O P I N I Cu S

O P In I Cu S

O P I Ni Cu S

opinion

O P I N I O N

O P In I O N

O P I Ni O N

opinionate

O P I N I O Na Te

O P In I O Na Te

O P I Ni O Na Te

opinlate

O P I N La Te

O P In La Te

opiparous

O P I P Ar O U S

opisthion

O P I S Th I O N

opisthotic

O P I S Th O Ti C

opobalsam

O P O B Al S Am

O Po B Al S Am

oppilate

O P P I La Te

oppilation

O P P I La Ti O N

oppone

O P P O Ne

O P Po Ne

opponency

O P P O Ne N C Y

O P Po Ne N C Y

opposal

O P P O S Al

O P Po S Al

O P P Os Al

oppose

O P P O Se

O P Po Se

opposer

O P P O S Er

O P Po S Er

O P P Os Er

opposite

O P P O S I Te

O P Po S I Te

O P P Os I Te

O P P O Si Te

O P Po Si Te

oppositeness

O P P O S I Te Ne S S

O P Po S I Te Ne S S

O P P Os I Te Ne S S

O P P O Si Te Ne S S

O P Po Si Te Ne S S

O P P O S I Te N Es S

O P Po S I Te N Es S

O P P Os I Te N Es S

O P P O Si Te N Es S

O P Po Si Te N Es S

oppositifolious

O P P O S I Ti F O Li O U S

O P Po S I Ti F O Li O U S

O P P Os I Ti F O Li O U S

O P P O Si Ti F O Li O U S

O P Po Si Ti F O Li O U S

opposition

O P P O S I Ti O N

O P Po S I Ti O N

O P P Os I Ti O N

O P P O Si Ti O N

O P Po Si Ti O N

oppositisepalous

O P P O S I Ti Se P Al O U S

O P Po S I Ti Se P Al O U S

O P P Os I Ti Se P Al O U S

O P P O Si Ti Se P Al O U S

O P Po Si Ti Se P Al O U S

oppress

O P P Re S S

O P Pr Es S

oppression

O P P Re S S I O N

O P Pr Es S I O N

O P P Re S Si O N

O P Pr Es Si O N

oppressure

O P P Re S S U Re

O P Pr Es S U Re

opprobrious

O P Pr O Br I O U S

opprobry

O P Pr O Br Y

opsonation

O P S O N At I O N

O P S O Na Ti O N

optate

O P Ta Te

optation

O Pt At I O N

O P Ta Ti O N

optic

O Pt I C

O P Ti C

optical

O Pt I C Al

O P Ti C Al

optics

O Pt I C S

O P Ti C S

O Pt I Cs

O P Ti Cs

option

O Pt I O N

O P Ti O N

optional

O Pt I O N Al

O P Ti O N Al

opus

O P U S

O Pu S

opuscula

O P U S C U La

O Pu S C U La

O P U Sc U La

O Pu Sc U La

O P U S Cu La

O Pu S Cu La

ora

O Ra

orabassu

O Ra Ba S S U

O Ra B As S U

orach
O Ra C H

orache
O Ra C He

oraison
O Ra I S O N

orange
O Ra N Ge

orangeat
O Ra N Ge At

orangeism
O Ra N Ge I Sm

orangetawny
O Ra N Ge Ta W N Y

oration
O Ra Ti O N

orb
O Rb

orbation
O Rb At I O N

orbic
O Rb I C

orbical
O Rb I C Al

orbicula
O Rb I C U La
O Rb I Cu La

orbiculate
O Rb I C U La Te
O Rb I Cu La Te

orbiculation
O Rb I C U La Ti O N
O Rb I Cu La Ti O N

orbulina
O Rb U Li Na

orby
O Rb Y

ore
O Re

orectic
O Re C Ti C

oreoselin
O Re O Se Li N

orf
O Rf

orfray
O Rf Ra Y

orfrays
O Rf Ra Y S

orgal
O Rg Al

orgiastic
O Rg I As Ti C

orgies
O Rg I Es

orgy
O Rg Y

orn
O Rn

ornature
O Rn At U Re

ornithic
O Rn I Th I C

ornithichnite
O Rn I Th I C H N I Te
O Rn I Th I C H Ni Te

ornitholite
O Rn I Th O Li Te

ornithon
O Rn I Th O N

ornithopappi
O Rn I Th O Pa P P I

ornithorhynchus
O Rn I Th O Rh Y N C H U S

ornithoscopy
O Rn I Th O S C O P Y
O Rn I Th Os C O P Y
O Rn I Th O Sc O P Y
O Rn I Th O S Co P Y
O Rn I Th Os Co P Y

os
O S
Os

osages
O S Ag Es
Os Ag Es

osar
O S Ar
Os Ar

oscan
O S Ca N
Os Ca N

oscine
O S C I Ne
Os C I Ne
O Sc I Ne

oscines
O S C I Ne S
Os C I Ne S
O Sc I Ne S
O S C I N Es
Os C I N Es
O Sc I N Es
O S C In Es
Os C In Es
O Sc In Es

oscinine
O S C I N I Ne
Os C I N I Ne
O Sc I N I Ne
O S C In I Ne
Os C In I Ne
O Sc In I Ne
O S C I Ni Ne
Os C I Ni Ne
O Sc I Ni Ne

oscitancy
O S C I Ta N C Y
Os C I Ta N C Y
O Sc I Ta N C Y

oscitantly
O S C I Ta N Tl Y
Os C I Ta N Tl Y
O Sc I Ta N Tl Y

oscitate
O S C I Ta Te
Os C I Ta Te
O Sc I Ta Te

oscitation
O S C I Ta Ti O N
Os C I Ta Ti O N
O Sc I Ta Ti O N

oscula
O S C U La
Os C U La
O Sc U La
O S Cu La
Os Cu La

osculate

O S C U La Te

Os C U La Te

O Sc U La Te

O S Cu La Te

Os Cu La Te

osculation

O S C U La Ti O N

Os C U La Ti O N

O Sc U La Ti O N

O S Cu La Ti O N

Os Cu La Ti O N

osier

O S I Er

Os I Er

O Si Er

osiery

O S I Er Y

Os I Er Y

O Si Er Y

osiris

O S Ir I S

Os Ir I S

osmiamic

O Sm I Am I C

osmic

O Sm I C

osmious

O Sm I O U S

osmite

O Sm I Te

osmose

O Sm O Se

O S Mo Se

Os Mo Se

osmosis

O Sm O S I S

O S Mo S I S

Os Mo S I S

O Sm Os I S

O Sm O Si S

O S Mo Si S

Os Mo Si S

osmotic

O Sm O Ti C

O S Mo Ti C

Os Mo Ti C

osmund

O Sm U Nd

osnaburg

O S Na B U Rg

Os Na B U Rg

ospray

O S P Ra Y

Os P Ra Y

osprey

O S P Re Y

Os P Re Y

oss

O S S

Os S

osse

O S Se

O S Se Os Se

ossein

O S Se I N

Os Se I N

O S Se In

Os Se In

osseous

O S Se O U S

Os Se O U S

ossicula

O S S I C U La

Os S I C U La

O S Si C U La

Os Si C U La

O S S I Cu La

Os S I Cu La

O S Si Cu La

Os Si Cu La

ossiferous

O S S I F Er O U S

Os S I F Er O U S

O S Si F Er O U S

Os Si F Er O U S

ossific

O S S I F I C

Os S I F I C

Os S I F I C O S Si F I C

O S Si F I C Os Si F I C

ossification

O S S I F I C At I O N

Os S I F I C At I O N

O S Si F I C At I O N

Os Si F I C At I O N

O S S I F I Ca Ti O N

Os S I F I Ca Ti O N

O S Si F I Ca Ti O N

Os Si F I Ca Ti O N

ossifrage

O S S I F Ra Ge

Os S I F Ra Ge

O S Si F Ra Ge

Os Si F Ra Ge

ossifragous

O S S I Fr Ag O U S

Os S I Fr Ag O U S

O S Si Fr Ag O U S

Os Si Fr Ag O U S

ossify

O S S I F Y

Os S I F Y

Os S I F Y O S Si F Y

O S Si F Y Os Si F Y

ossuary

O S S U Ar Y

Os S U Ar Y

osteal

O S Te Al

Os Te Al

ostein

O S Te I N

Os Te I N

O S Te In

Os Te In

osteitis

O S Te I Ti S

Os Te I Ti S

ostend

O S Te Nd

Os Te Nd

ostension

O S Te N S I O N

Os Te N S I O N

O S Te N Si O N

Os Te N Si O N

ostentate

O S Te N Ta Te

Os Te N Ta Te

ostentation

O S Te N Ta Ti O N

Os Te N Ta Ti O N

ostentatious
O S Te N Ta Ti O U S
Os Te N Ta Ti O U S

osteoclasis
O S Te O C La S I S
Os Te O C La S I S
O S Te O Cl As I S
Os Te O Cl As I S
O S Te O C La Si S
Os Te O C La Si S

osteogen
O S Te O Ge N
Os Te O Ge N

osteogenesis
O S Te O Ge Ne S I S
Os Te O Ge Ne S I S
O S Te O Ge N Es I S
Os Te O Ge N Es I S
O S Te O Ge Ne Si S
Os Te O Ge Ne Si S

osteogenetic
O S Te O Ge Ne Ti C
Os Te O Ge Ne Ti C

osteogenic
O S Te O Ge N I C
Os Te O Ge N I C
O S Te O Ge Ni C
Os Te O Ge Ni C

osteogeny
O S Te O Ge N Y
Os Te O Ge N Y

osteolite
O S Te O Li Te
Os Te O Li Te

osteophone
O S Te O P H O Ne
Os Te O P H O Ne
O S Te O P Ho Ne
Os Te O P Ho Ne

osteoplastic
O S Te O P La S Ti C
Os Te O P La S Ti C

ostiary
O S Ti Ar Y
Os Ti Ar Y

ostic
O S Ti C
Os Ti C

ostitis
O S Ti Ti S
Os Ti Ti S

ostler
O S Tl Er
Os Tl Er

ostleress
O S Tl Er Es S
Os Tl Er Es S

ostlery
O S Tl Er Y
Os Tl Er Y

otacoustic
O Ta C O U S Ti C
O Ta Co U S Ti C

otacousticon
O Ta C O U S Ti C O N
O Ta Co U S Ti C O N
O Ta C O U S Ti Co N
O Ta Co U S Ti Co N

other
O Th Er

othergates
O Th Er Ga Te S

otherness
O Th Er Ne S S
O Th Er N Es S

otherwhere
O Th Er W He Re

otherwise
O Th Er W I Se

otic
O Ti C

otiose
O Ti O Se

otis
O Ti S

otitis
O Ti Ti S

ouarine
O U Ar I Ne

ouch
O U C H

ouistiti
O U I S Ti Ti

ounce
O U N Ce

oundy
O U Nd Y
O U N Dy

ouphe
O U P He

ouphen
O U P He N

ourebi
O U Re B I
O U Re Bi

ouretic
O U Re Ti C

ouse
O U Se

outbar
O U Tb Ar

outblush
O U Tb Lu S H

outborn
O U Tb O Rn

outbound
O U Tb O U Nd

outbounds
O U Tb O U Nd S
O U Tb O U N Ds

outbow
O U Tb O W

outbray
O U Tb Ra Y

outbreathe
O U Tb Re At He

outburn
O U Tb U Rn

outcheat
O U Tc He At

outher
O U Th Er

outhess
O U Th Es S

outhire
O U Th I Re

outhouse
O U Th O U Se

outlier
O U Tl I Er

outline
O U Tl I Ne

outlinear
O U Tl I Ne Ar

outliver
O U Tl I V Er

outlook
O U Tl O O K

outloose
O U Tl O O Se

outmarch
O U Tm Ar C H

ouvarovite
O U V Ar O V I Te

oval
O V Al

ovarial
O V Ar I Al

ovaries
O V Ar I Es

ovarious
O V Ar I O U S

ovaritis
O V Ar I Ti S

ovary
O V Ar Y

ovation
O V At I O N

over
O V Er

overaction
O V Er Ac Ti O N

overagitate
O V Er Ag I Ta Te

overarch
O V Er Ar C H

overbalance
O V Er Ba La N Ce

overbarren
O V Er B Ar Re N

overbear
O V Er Be Ar

overbend
O V Er Be Nd

overbookish
O V Er B O O K I S H

overbounteous
O V Er B O U N Te O U S

overbow
O V Er B O W

overbrow
O V Er Br O W

overburn
O V Er B U Rn

overbuy
O V Er B U Y

overcanopy
O V Er Ca N O P Y
O V Er Ca No P Y

overcare
O V Er Ca Re

overcatch
O V Er C At C H
O V Er Ca Tc H

overcautious
O V Er Ca U Ti O U S
O V Er C Au Ti O U S

overcharge
O V Er C H Ar Ge

overcloy
O V Er Cl O Y

overcoat
O V Er C O At
O V Er Co At

overcostly
O V Er C O S Tl Y
O V Er Co S Tl Y
O V Er C Os Tl Y

overcover
O V Er C O V Er
O V Er Co V Er

overcrow
O V Er Cr O W

overfierce
O V Er F I Er Ce

overfish
O V Er F I S H

overfloat
O V Er Fl O At

overflow
O V Er Fl O W

overflown
O V Er Fl O W N

overflush
O V Er Fl U S H
O V Er F Lu S H

overfly
O V Er Fl Y

overfond
O V Er F O Nd

overhardy
O V Er H Ar Dy

overhaste
O V Er H As Te

overhear
O V Er He Ar

overheat
O V Er He At

overhip
O V Er H I P

overlain
O V Er La I N
O V Er La In

overland
O V Er La Nd

overlander
O V Er La Nd Er

overlap
O V Er La P

overlash
O V Er La S H

overlate
O V Er La Te

overlavish
O V Er La V I S H

overlay
O V Er La Y

overlayer
O V Er La Y Er

overliberal
O V Er Li B Er Al

overlick
O V Er Li C K

overliness
O V Er Li Ne S S
O V Er Li N Es S

overlip
O V Er Li P

overliver
O V Er Li V Er

overluscious
O V Er Lu S C I O U S
O V Er Lu Sc I O U S

overmore
O V Er Mo Re

overneat
O V Er Ne At

overnice
O V Er N I Ce
O V Er Ni Ce

overnoise
O V Er N O I Se
O V Er No I Se

overoffice
O V Er O F F I Ce

overofficious
O V Er O F F I C I O U S

overpamper
O V Er P Am P Er

overpass
O V Er Pa S S
O V Er P As S

overpassionate
O V Er Pa S S I O Na Te
O V Er P As S I O Na Te
O V Er Pa S Si O Na Te
O V Er P As Si O Na Te

overpay
O V Er Pa Y

overperch
O V Er P Er C H

overplus
O V Er P Lu S

overpoise
O V Er P O I Se
O V Er Po I Se

overpolish
O V Er P O Li S H
O V Er Po Li S H

overponderous
O V Er P O Nd Er O U S
O V Er Po Nd Er O U S

overpower
O V Er P O W Er
O V Er Po W Er

overpraise
O V Er P Ra I Se

overpress
O V Er P Re S S
O V Er Pr Es S

overpressure
O V Er P Re S S U Re
O V Er Pr Es S U Re

overproof
O V Er Pr O O F

overran
O V Er Ra N

overrank
O V Er Ra N K

overrate
O V Er Ra Te

overreach
O V Er Re Ac H

overreacher
O V Er Re Ac H Er

overreckon
O V Er Re C K O N

overrefine
O V Er Re F I Ne

overrun
O V Er Ru N

overrunner
O V Er Ru N N Er

oversaturate
O V Er S At U Ra Te

oversearch
O V Er Se Ar C H

overseas
O V Er Se As

overseason
O V Er Se As O N

overseer
O V Er Se Er

overseership
O V Er Se Er S H I P

overshine
O V Er S H I Ne

overskip
O V Er S K I P

overslip
O V Er S Li P

oversnow
O V Er S N O W
O V Er Sn O W
O V Er S No W

oversoon
O V Er S O O N

oversow
O V Er S O W

overspan
O V Er S Pa N

overspin
O V Er S P I N
O V Er S P In

overstand
O V Er S Ta Nd

overstare
O V Er S Ta Re

overstate
O V Er S Ta Te

overstay
O V Er S Ta Y

overstep
O V Er S Te P

oversure
O V Er S U Re

overtask
O V Er Ta S K

overthrew
O V Er Th Re W

overthwartly
O V Er Th W Ar Tl Y

overtire
O V Er Ti Re

overtly
O V Er Tl Y

overvaluation
O V Er V Al U At I O N

overvote
O V Er V O Te

overwalk
O V Er W Al K

overwar
O V Er W Ar

overwary
O V Er W Ar Y

overwash
O V Er W As H

overwatch
O V Er W At C H

overwind
O V Er W I Nd

overwise
O V Er W I Se

overworn
O V Er W O Rn

oviferous
O V I F Er O U S

ovine
O V I Ne
ovipara
O V I Pa Ra
oviparous
O V I P Ar O U S
oviposition
O V I P O S I Ti O N
O V I Po S I Ti O N
O V I P Os I Ti O N
O V I P O Si Ti O N
O V I Po Si Ti O N
ovisac
O V I S Ac
ovococci
O V O C O C C I
O V O Co C C I
ovococcus
O V O C O C C U S
O V O Co C C U S
O V O C O C Cu S
O V O Co C Cu S
ovoviviparous
O V O V I V I P Ar O U S
ovula
O V U La
ovulate
O V U La Te
ovulation
O V U La Ti O N
ovuliferous
O V U Li F Er O U S
ovulite
O V U Li Te
owch
O W C H
owher
O W H Er
owlish
O W Li S H
owlism
O W Li Sm
own
O W N
owner
O W N Er
ownership
O W N Er S H I P
owre
O W Re
owse
O W Se
owser
O W S Er
oxen
O Xe N
oyer
O Y Er
oynoun
O Y N O U N
O Y No U N

P

p

P

pa

Pa

paas

Pa As

pabulation

Pa B U La Ti O N

pac

Pa C

P Ac

paca

Pa Ca

pacane

Pa Ca Ne

pacate

Pa Ca Te

pacation

Pa C At I O N

P Ac At I O N

Pa Ca Ti O N

pace

Pa Ce

pacer

Pa C Er

P Ac Er

pacfier

Pa C F I Er

P Ac F I Er

Pa Cf I Er

pachacamac

Pa C H Ac Am Ac

P Ac H Ac Am Ac

pachalic

Pa C H Al I C

P Ac H Al I C

pachisi

Pa C H I S I

P Ac H I S I

Pa C H I Si

P Ac H I Si

pachonta

Pa C H O N Ta

P Ac H O N Ta

Pa C Ho N Ta

P Ac Ho N Ta

pachycarpous

Pa C H Y C Ar P O U S

P Ac H Y C Ar P O U S

Pa C H Y C Ar Po U S

P Ac H Y C Ar Po U S

pachyote

Pa C H Y O Te

P Ac H Y O Te

pacific

Pa C I F I C

P Ac I F I C

pacifical

Pa C I F I C Al

P Ac I F I C Al

pacification

Pa C I F I C At I O N

P Ac I F I C At I O N

Pa C I F I Ca Ti O N

P Ac I F I Ca Ti O N

pacify

Pa C I F Y

P Ac I F Y

pack

Pa C K

P Ac K

packer

Pa C K Er

P Ac K Er

packherse

Pa C K H Er Se

P Ac K H Er Se

packhouse

Pa C K H O U Se

P Ac K H O U Se

Pa C K Ho U Se

P Ac K Ho U Se

paco

Pa C O

P Ac O

Pa Co

pacos

Pa C O S

P Ac O S

Pa Co S

Pa C Os

P Ac Os

paction

Pa C Ti O N

P Ac Ti O N

pactional

Pa C Ti O N Al

P Ac Ti O N Al

pactitious

Pa C Ti Ti O U S

P Ac Ti Ti O U S

pacu

Pa C U

P Ac U

Pa Cu

pagan

Pa Ga N

paganic

Pa Ga N I C

Pa Ga Ni C

paganical

Pa Ga N I C Al

Pa Ga Ni C Al

paganish

Pa Ga N I S H

Pa Ga Ni S H

paganism

Pa Ga N I Sm

Pa Ga Ni Sm

page

Pa Ge

pagina

P Ag I Na

paginal

P Ag I N Al

P Ag In Al

pagination

P Ag I N At I O N

P Ag In At I O N

P Ag I Na Ti O N

pah

Pa H

pahi

Pa H I

pahutes

Pa H U Te S

pain

Pa I N

Pa In

pains

Pa I N S

Pa In S

painstaker

Pa I N S Ta K Er

Pa In S Ta K Er

paintless

Pa I N Tl Es S

Pa In Tl Es S

pair

Pa Ir

pairer

Pa Ir Er

pairsroyal

Pa Ir Sr O Y Al

pais

Pa I S

paise

Pa I Se

pal

P Al

palace

Pa La Ce

palacious

Pa La C I O U S

P Al Ac I O U S

palampore

P Al Am P O Re

P Al Am Po Re

palatal

P Al At Al

palate

Pa La Te

palatial

P Al At I Al

Pa La Ti Al

palatic

P Al At I C

Pa La Ti C

palatinate

P Al At I Na Te

Pa La Ti Na Te

palatine

P Al At I Ne

Pa La Ti Ne

palatonares

P Al At O Na Re S

P Al At O N Ar Es

palaver

Pa La V Er

palaverer

Pa La V Er Er

palesy

P Al Es Y

palfrey

P Al F Re Y

pali

P Al I

Pa Li

palification

P Al I F I C At I O N

Pa Li F I C At I O N

P Al I F I Ca Ti O N

Pa Li F I Ca Ti O N

palingenesis

P Al I N Ge Ne S I S

Pa Li N Ge Ne S I S

P Al In Ge Ne S I S

P Al I N Ge N Es I S

Pa Li N Ge N Es I S

P Al In Ge N Es I S

P Al I N Ge Ne Si S

Pa Li N Ge Ne Si S

P Al In Ge Ne Si S

palingenesy

P Al I N Ge Ne S Y

Pa Li N Ge Ne S Y

P Al In Ge Ne S Y

P Al I N Ge N Es Y

Pa Li N Ge N Es Y

P Al In Ge N Es Y

palingenetic
P Al I N Ge Ne Ti C
Pa Li N Ge Ne Ti C
P Al In Ge Ne Ti C

palinody
P Al I N O Dy
Pa Li N O Dy
P Al In O Dy
P Al I No Dy
Pa Li No Dy

palinurus
P Al I N U Ru S
Pa Li N U Ru S
P Al In U Ru S

palish
P Al I S H
Pa Li S H

palissy
P Al I S S Y
Pa Li S S Y

palla
P Al La

pallah
P Al La H

pallas
P Al La S

pallial
P Al Li Al

palliasse
P Al Li As Se

palliation
P Al Li At I O N

palola
P Al O La

palp
P Al P

palpation
P Al P At I O N
P Al Pa Ti O N

palpi
P Al P I

palpicorn
P Al P I C O Rn
P Al P I Co Rn

palpifer
P Al P I F Er

palpitate
P Al P I Ta Te

palpitation
P Al P I Ta Ti O N

palprbrate
P Al Pr B Ra Te
P Al P Rb Ra Te

palpus
P Al P U S
P Al Pu S

palsgravine
P Al Sg Ra V I Ne

palsical
P Al S I C Al
P Al Si C Al

palsies
P Al S I Es
P Al Si Es

palsy
P Al S Y

paluli
P Al U Li
Pa Lu Li

palulus
P Al U Lu S
Pa Lu Lu S

palus
P Al U S
Pa Lu S

paly
P Al Y

pam
P Am

pampano
P Am Pa N O
P Am Pa No

pampas
P Am Pa S
P Am P As

pamper
P Am P Er

pamperer
P Am P Er Er

pampero
P Am P Er O

pamperos
P Am P Er O S
P Am P Er Os

pampre
P Am P Re

pan
Pa N

panabase
Pa Na Ba Se

panache
Pa Na C He
Pa N Ac He

panary
Pa N Ar Y

pancarte
Pa N C Ar Te

pance
Pa N Ce

panch
Pa N C H

pancratiastic
Pa N Cr At I As Ti C
Pa N C Ra Ti As Ti C

pancratic
Pa N Cr At I C
Pa N C Ra Ti C

pancratical
Pa N Cr At I C Al
Pa N C Ra Ti C Al

pancreas
Pa N C Re As

pancreatic
Pa N C Re At I C

pancreatin
Pa N C Re At I N
Pa N C Re At In

pancy
Pa N C Y

pandar
Pa Nd Ar

pandarism
Pa Nd Ar I Sm

pandarous
Pa Nd Ar O U S

pander
Pa Nd Er

panderism
Pa Nd Er I Sm

panderous
Pa Nd Er O U S

pandiculation
Pa Nd I C U La Ti O N
Pa Nd I Cu La Ti O N

pandora
Pa Nd O Ra

pandore
Pa Nd O Re

pandowdy
Pa Nd O W Dy

pandurate
Pa Nd U Ra Te

pane
Pa Ne

panelation
Pa Ne La Ti O N

pangenesis
Pa N Ge Ne S I S
Pa N Ge N Es I S
Pa N Ge Ne Si S

pangenetic
Pa N Ge Ne Ti C

panic
Pa N I C
Pa Ni C

panical
Pa N I C Al
Pa Ni C Al

paniculate
Pa N I C U La Te
Pa Ni C U La Te
Pa N I Cu La Te
Pa Ni Cu La Te

panier
Pa N I Er
Pa Ni Er

panification
Pa N I F I C At I O N
Pa Ni F I C At I O N
Pa N I F I Ca Ti O N
Pa Ni F I Ca Ti O N

pannage
Pa N Na Ge

pannary
Pa N N Ar Y

pannier
Pa N N I Er
Pa N Ni Er

pannikin
Pa N N I K I N
Pa N Ni K I N
Pa N N I K In
Pa N Ni K In

pannose
Pa N N O Se
Pa N No Se

pannus
Pa N N U S

panoistic
Pa N O I S Ti C
Pa No I S Ti C

panopticon
Pa N O Pt I C O N
Pa No Pt I C O N
Pa N O P Ti C O N
Pa No P Ti C O N
Pa N O Pt I Co N
Pa No Pt I Co N
Pa N O P Ti Co N
Pa No P Ti Co N

pansclavic
Pa N S C La V I C
Pa N Sc La V I C

pansclavism
Pa N S C La V I Sm
Pa N Sc La V I Sm

panshon
Pa N S H O N
Pa N S Ho N

pansies
Pa N S I Es
Pa N Si Es

panslavic
Pa N S La V I C

panslavism
Pa N S La V I Sm

pansophical
Pa N S O P H I C Al

pansophy
Pa N S O P H Y

pansy
Pa N S Y

pantacosm
Pa N Ta C O Sm
Pa N Ta Co Sm

pantascopic
Pa N Ta S C O P I C
Pa N Ta Sc O P I C
Pa N Ta S Co P I C

pantechnicon
Pa N Te C H N I C O N
Pa N Te C H Ni C O N
Pa N Te C H N I Co N
Pa N Te C H Ni Co N

panther
Pa N Th Er

pantheress
Pa N Th Er Es S

pantherine
Pa N Th Er I Ne

pantisocracy
Pa N Ti S O C Ra C Y
Pa N Ti S O Cr Ac Y

pantisocrat
Pa N Ti S O Cr At

pantisocratic
Pa N Ti S O Cr At I C
Pa N Ti S O C Ra Ti C

pantler
Pa N Tl Er

panurgic
Pa N U Rg I C

panurgy
Pa N U Rg Y

pap
Pa P

papa
Pa Pa

papabote
Pa Pa B O Te

papacy
Pa Pa C Y
Pa P Ac Y

papagay
Pa Pa Ga Y

papain
Pa Pa I N
Pa Pa In

papal
Pa P Al

paparchy
Pa P Ar C H Y

papaver
Pa Pa V Er

papaverine
Pa Pa V Er I Ne

papaverous

Pa Pa V Er O U S

papaw

Pa Pa W

papboat

Pa P B O At

Pa Pb O At

paper

Pa P Er

papery

Pa P Er Y

papess

Pa P Es S

papilio

Pa P I Li O

papilionaceous

Pa P I Li O Na Ce O U S

papiliones

Pa P I Li O Ne S

Pa P I Li O N Es

papion

Pa P I O N

papism

Pa P I Sm

papistic

Pa P I S Ti C

papistical

Pa P I S Ti C Al

papoose

Pa P O O Se

Pa Po O Se

pappoose

Pa P P O O Se

Pa P Po O Se

pappose

Pa P P O Se

Pa P Po Se

pappous

Pa P P O U S

Pa P Po U S

pappus

Pa P P U S

Pa P Pu S

pappy

Pa P P Y

papuars

Pa P U Ar S

Pa Pu Ar S

papula

Pa P U La

Pa Pu La

papyraceous

Pa P Y Ra Ce O U S

papyrus

Pa P Y Ru S

par

P Ar

para

Pa Ra

parabanic

Pa Ra Ba N I C

Pa Ra Ba Ni C

parablastic

Pa Ra B La S Ti C

parabola

Pa Ra B O La

parabolas

Pa Ra B O La S

parabolic

Pa Ra B O Li C

parabolical

Pa Ra B O Li C Al

parabolism

Pa Ra B O Li Sm

paracentesis

Pa Ra Ce N Te S I S

Pa Ra Ce N Te Si S

parachute

Pa Ra C H U Te

P Ar Ac H U Te

paraclose

Pa Ra Cl O Se

paracmastic

Pa Ra Cm As Ti C

paraconic

Pa Ra C O N I C

P Ar Ac O N I C

Pa Ra Co N I C

Pa Ra C O Ni C

P Ar Ac O Ni C

Pa Ra Co Ni C

paraconine

Pa Ra C O N I Ne

P Ar Ac O N I Ne

Pa Ra Co N I Ne

Pa Ra C O Ni Ne

P Ar Ac O Ni Ne

Pa Ra Co Ni Ne

paracrostic

Pa Ra Cr O S Ti C

Pa Ra Cr Os Ti C

paraffin

Pa Ra F F I N

Pa Ra F F In

paraffine

Pa Ra F F I Ne

parage

Pa Ra Ge

paragenesis

Pa Ra Ge Ne S I S

Pa Ra Ge N Es I S

Pa Ra Ge Ne Si S

paragenic

Pa Ra Ge N I C

Pa Ra Ge Ni C

paragnath

P Ar Ag N At H

P Ar Ag Na Th

paragnathi

P Ar Ag N At H I

P Ar Ag Na Th I

paragnathous

P Ar Ag N At H O U S

P Ar Ag Na Th O U S

P Ar Ag N At Ho U S

paragnathus

P Ar Ag N At H U S

P Ar Ag Na Th U S

paragoge

P Ar Ag O Ge

paragon

P Ar Ag O N

paragonite

P Ar Ag O N I Te

P Ar Ag O Ni Te

paragrandine

P Ar Ag Ra Nd I Ne

paragraph

P Ar Ag Ra P H

paragrapher

P Ar Ag Ra P H Er

paragraphic

P Ar Ag Ra P H I C

paragraphical
P Ar Ag Ra P H I C Al

paragraphistical
P Ar Ag Ra P H I S Ti C Al

paragrass
P Ar Ag Ra S S

paralactic
Pa Ra La C Ti C
P Ar Al Ac Ti C

paralipsis
P Ar Al I P S I S
Pa Ra Li P S I S
P Ar Al I P Si S
Pa Ra Li P Si S

parallactic
P Ar Al La C Ti C

parallactical
P Ar Al La C Ti C Al

paralyse
P Ar Al Y Se

paralysis
P Ar Al Y S I S
P Ar Al Y Si S

paralytic
P Ar Al Y Ti C

paralytical
P Ar Al Y Ti C Al

param
P Ar Am

paramagnetic
P Ar Am Ag Ne Ti C

paramagnetism
P Ar Am Ag Ne Ti Sm

paramalic
P Ar Am Al I C

paramatta
P Ar Am At Ta

paramo
P Ar Am O
Pa Ra Mo

paramos
P Ar Am O S
Pa Ra Mo S
P Ar Am Os

paramountly
P Ar Am O U N Tl Y
Pa Ra Mo U N Tl Y

paranthracene
Pa Ra N Th Ra Ce Ne

paranucleus
Pa Ra N U Cl Eu S

paraph
Pa Ra P H

parapherna
Pa Ra P H Er Na

paraphernal
Pa Ra P H Er N Al
Pa Ra P He Rn Al

paraphimosis
Pa Ra P H I Mo S I S
Pa Ra P H I Mo Si S

paraphrase
Pa Ra P H Ra Se

paraphraser
Pa Ra P H Ra S Er

paraphrastic
Pa Ra P H Ra S Ti C

paraphrastical
Pa Ra P H Ra S Ti C Al

paraphyses
Pa Ra P H Y Se S
Pa Ra P H Y S Es

paraphysis
Pa Ra P H Y S I S
Pa Ra P H Y Si S

parapophyses
Pa Ra P O P H Y Se S
Pa Ra Po P H Y Se S
Pa Ra P O P H Y S Es
Pa Ra Po P H Y S Es

parapophysis
Pa Ra P O P H Y S I S
Pa Ra Po P H Y S I S
Pa Ra P O P H Y Si S
Pa Ra Po P H Y Si S

paraptera
Pa Ra P Te Ra

parasita
Pa Ra S I Ta
P Ar As I Ta
Pa Ra Si Ta

parasite
Pa Ra S I Te
P Ar As I Te
Pa Ra Si Te

parasitic
Pa Ra S I Ti C
P Ar As I Ti C
Pa Ra Si Ti C

parasitical
Pa Ra S I Ti C Al
P Ar As I Ti C Al
Pa Ra Si Ti C Al

parasitism
Pa Ra S I Ti Sm
P Ar As I Ti Sm
Pa Ra Si Ti Sm

parastichy
Pa Ra S Ti C H Y
P Ar As Ti C H Y

paratactic
Pa Ra Ta C Ti C
P Ar At Ac Ti C

paratheses
P Ar At He Se S
P Ar At He S Es
P Ar At H Es Es
Pa Ra Th Es Es

parathesis
P Ar At He S I S
P Ar At H Es I S
Pa Ra Th Es I S
P Ar At He Si S

parathetic
P Ar At He Ti C

paratonnerre
P Ar At O N N Er Re

parcase
P Ar Ca Se

parcenary
P Ar Ce N Ar Y

parcener
P Ar Ce N Er

parch
P Ar C H

parchesi
P Ar C He S I
P Ar C H Es I
P Ar C He Si

parclose
P Ar Cl O Se

pare
Pa Re

parenchymous
Pa Re N C H Y Mo U S

parenesis
Pa Re Ne S I S
Pa Re N Es I S
Pa Re Ne Si S

parenetic
Pa Re Ne Ti C

parenetioal
Pa Re Ne Ti O Al

parentage
Pa Re N Ta Ge

parentation
Pa Re N Ta Ti O N

parentheses
Pa Re N Th Es Es

parenthesis
Pa Re N Th Es I S

parentless
Pa Re N Tl Es S

parer
P Ar Er

parergon
Pa Re Rg O N

parergy
Pa Re Rg Y

paresis
Pa Re S I S
P Ar Es I S
Pa Re Si S

paretic
Pa Re Ti C

parfitly
P Ar F I Tl Y
Pa Rf I Tl Y

parforn
P Ar F O Rn
Pa Rf O Rn

parfourn
P Ar F O U Rn
Pa Rf O U Rn

pargasite
P Ar Ga S I Te
Pa Rg As I Te
P Ar Ga Si Te

parhelic
P Ar He Li C

parhelion
P Ar He Li O N

parial
P Ar I Al

paries
P Ar I Es

parigenin
P Ar I Ge N I N
P Ar I Ge Ni N
P Ar I Ge N In

paripinnate
P Ar I P I N Na Te
P Ar I P In Na Te

paris
P Ar I S

parish
P Ar I S H

parishen
P Ar I S He N

parishional
P Ar I S H I O N Al

parishioner
P Ar I S H I O N Er

park
P Ar K

parker
P Ar K Er

parkesine
P Ar K Es I Ne

parlance
P Ar La N Ce

parlando
P Ar La Nd O

parlante
P Ar La N Te

parnassus
P Ar Na S S U S
P Ar N As S U S
Pa Rn As S U S

parochial
P Ar O C H I Al

parochialism
P Ar O C H I Al I Sm

parody
P Ar O Dy

paronymous
P Ar O N Y Mo U S

parosteal
P Ar O S Te Al
P Ar Os Te Al

parotic
P Ar O Ti C

parotitis
P Ar O Ti Ti S

parse
P Ar Se

parser
P Ar S Er

parsimonious
P Ar S I Mo N I O U S
P Ar Si Mo N I O U S
P Ar S I Mo Ni O U S
P Ar Si Mo Ni O U S

parsimony
P Ar S I Mo N Y
P Ar Si Mo N Y

parsnip
P Ar S N I P
P Ar Sn I P
P Ar S Ni P

parson
P Ar S O N

parsonage
P Ar S O Na Ge

parsonic
P Ar S O N I C
P Ar S O Ni C

parsonical
P Ar S O N I C Al
P Ar S O Ni C Al

parsonish
P Ar S O N I S H
P Ar S O Ni S H

partage
P Ar Ta Ge

partaker
P Ar Ta K Er

partan
P Ar Ta N

partial
P Ar Ti Al

partialism
P Ar Ti Al I Sm

participantly
P Ar Ti C I Pa N Tl Y

participate

P Ar Ti C I Pa Te

participation

P Ar Ti C I P At I O N

P Ar Ti C I Pa Ti O N

participial

P Ar Ti C I P I Al

particulate

P Ar Ti C U La Te

P Ar Ti Cu La Te

parties

P Ar Ti Es

partita

P Ar Ti Ta

partite

P Ar Ti Te

partition

P Ar Ti Ti O N

partly

P Ar Tl Y

parvis

P Ar V I S

parvise

P Ar V I Se

parvolin

P Ar V O Li N

parvoline

P Ar V O Li Ne

pas

Pa S

P As

pasch

Pa S C H

P As C H

Pa Sc H

paschal

Pa S C H Al

P As C H Al

Pa Sc H Al

pash

Pa S H

P As H

pashalic

Pa S H Al I C

P As H Al I C

pask

Pa S K

P As K

paspy

Pa S P Y

P As P Y

pass

Pa S S

P As S

passacaglio

Pa S S Ac Ag Li O

P As S Ac Ag Li O

passager

Pa S S Ag Er

P As S Ag Er

passe

Pa S Se

Pa S Se

P As Se

passer

Pa S S Er

P As S Er

passeres

Pa S Se Re S

P As Se Re S

Pa S S Er Es

P As S Er Es

passerine

Pa S S Er I Ne

P As S Er I Ne

passiflora

Pa S S I Fl O Ra

P As S I Fl O Ra

Pa S Si Fl O Ra

P As Si Fl O Ra

passion

Pa S S I O N

P As S I O N

Pa S Si O N

P As Si O N

passional

Pa S S I O N Al

P As S I O N Al

Pa S Si O N Al

P As Si O N Al

passionary

Pa S S I O N Ar Y

P As S I O N Ar Y

Pa S Si O N Ar Y

P As Si O N Ar Y

passionate

Pa S S I O Na Te

P As S I O Na Te

Pa S Si O Na Te

P As Si O Na Te

passionateness

Pa S S I O Na Te Ne S S

P As S I O Na Te Ne S S

Pa S Si O Na Te Ne S S

P As Si O Na Te Ne S S

Pa S S I O Na Te N Es S

P As S I O Na Te N Es S

Pa S Si O Na Te N Es S

P As Si O Na Te N Es S

passover

Pa S S O V Er

P As S O V Er

passus

Pa S S U S

P As S U S

passuses

Pa S S U Se S

P As S U Se S

P As S U Se S

Pa S S U S Es

P As S U S Es

paste

Pa S Te

P As Te

pastern

Pa S Te Rn

P As Te Rn

pasticcio

Pa S Ti C C I O

P As Ti C C I O

pasties

Pa S Ti Es

P As Ti Es

pat

P At

pataca

Pa Ta Ca

patache

Pa Ta C He

P At Ac He

patacoon

Pa Ta C O O N

P At Ac O O N

Pa Ta Co O N

patamar

P At Am Ar

patas

Pa Ta S

P At As

patch

P At C H

Pa Tc H

patcher

P At C H Er

Pa Tc H Er

patchery

P At C H Er Y

Pa Tc H Er Y

patchouli

P At C H O U Li

Pa Tc H O U Li

P At C Ho U Li

Pa Tc Ho U Li

patchy

P At C H Y

Pa Tc H Y

pate

Pa Te

patefaction

Pa Te F Ac Ti O N

patela

Pa Te La

paten

Pa Te N

patena

Pa Te Na

patency

Pa Te N C Y

patently

Pa Te N Tl Y

patera

Pa Te Ra

paterero

P At Er Er O

pateresfamilias

Pa Te Re S F Am I Li As

P At Er Es F Am I Li As

paterfamilias

P At Er F Am I Li As

Pa Te Rf Am I Li As

paternal

P At Er N Al

Pa Te Rn Al

paternalism

P At Er N Al I Sm

Pa Te Rn Al I Sm

P At Er Na Li Sm

path

P At H

Pa Th

pathetic

P At He Ti C

pathetical

P At He Ti C Al

pathetism

P At He Ti Sm

pathfinder

P At H F I Nd Er

Pa Th F I Nd Er

P At Hf I Nd Er

pathic

P At H I C

Pa Th I C

pathogene

P At H O Ge Ne

Pa Th O Ge Ne

P At Ho Ge Ne

pathogenesis

P At H O Ge Ne S I S

Pa Th O Ge Ne S I S

P At Ho Ge Ne S I S

P At H O Ge N Es I S

Pa Th O Ge N Es I S

P At Ho Ge N Es I S

P At H O Ge Ne Si S

Pa Th O Ge Ne Si S

P At Ho Ge Ne Si S

pathogenetic

P At H O Ge Ne Ti C

Pa Th O Ge Ne Ti C

P At Ho Ge Ne Ti C

pathogenic

P At H O Ge N I C

Pa Th O Ge N I C

P At Ho Ge N I C

P At H O Ge Ni C

Pa Th O Ge Ni C

P At Ho Ge Ni C

pathogeny

P At H O Ge N Y

Pa Th O Ge N Y

P At Ho Ge N Y

pathos

P At H O S

Pa Th O S

P At Ho S

P At H Os

Pa Th Os

paths

P At H S

Pa Th S

P At Hs

patin

P At I N

Pa Ti N

P At In

patina

P At I Na

Pa Ti Na

patine

P At I Ne

Pa Ti Ne

patio

P At I O

Pa Ti O

patly

Pa Tl Y

patness

P At Ne S S

P At N Es S

patois

P At O I S

patonce

P At O N Ce

patte

P At Te

patten

P At Te N

pattern

P At Te Rn

patties

P At Ti Es

pau
Pa U
P Au

paucispiral
Pa U C I S P Ir Al
P Au C I S P Ir Al

pauhaugen
Pa U H Au Ge N
P Au H Au Ge N

paulin
Pa U Li N
P Au Li N

pauline
Pa U Li Ne
P Au Li Ne

paunce
Pa U N Ce
P Au N Ce

paunch
Pa U N C H
P Au N C H

paunchy
Pa U N C H Y
P Au N C H Y

paune
Pa U Ne
P Au Ne

pauper
Pa U P Er
P Au P Er

pauperism
Pa U P Er I Sm
P Au P Er I Sm

pause
Pa U Se
P Au Se

pauser
Pa U S Er
P Au S Er

paver
Pa V Er

pavesse
Pa V Es Se

pavier
Pa V I Er

paviin
Pa V I I N
Pa V I In

pavilion
Pa V I Li O N

pavin
Pa V I N
Pa V In

pavise
Pa V I Se

pavo
Pa V O

pavon
Pa V O N

pavone
Pa V O Ne

pavonine
Pa V O N I Ne
Pa V O Ni Ne

paw
Pa W

pawk
Pa W K

pawky
Pa W K Y

pawn
Pa W N

pawnbroker
Pa W N Br O K Er

pawnees
Pa W Ne Es

pawner
Pa W N Er

pawpaw
Pa W Pa W

pay
Pa Y

payer
Pa Y Er

payn
Pa Y N

payse
Pa Y Se

paytine
Pa Y Ti Ne

per
P Er

peracute
P Er Ac U Te

peragrate
P Er Ag Ra Te

peragration
P Er Ag Ra Ti O N

perambulate
P Er Am B U La Te

perambulation
P Er Am B U La Ti O N

perbend
P Er Be Nd

perca
P Er Ca

percaline
P Er C Al I Ne
P Er Ca Li Ne

percase
P Er Ca Se

perce
P Er Ce

perceiver
P Er Ce I V Er

percentage
P Er Ce N Ta Ge

percept
P Er Ce Pt

perception
P Er Ce Pt I O N
P Er Ce P Ti O N

percesoces
P Er Ce S O Ce S
P Er C Es O Ce S
P Er Ce S O C Es
P Er C Es O C Es

perch
P Er C H

percher
P Er C H Er

percheron
P Er C H Er O N

perclose
P Er Cl O Se

percolate
P Er C O La Te
P Er Co La Te

percolation
P Er C O La Ti O N
P Er Co La Ti O N

percuss
P Er C U S S
P Er Cu S S

percussion
P Er C U S S I O N
P Er Cu S S I O N
P Er C U S Si O N
P Er Cu S Si O N

perdy
P Er Dy

pererration
P Er Er Ra Ti O N

perfection
P Er Fe C Ti O N

perfectional
P Er Fe C Ti O N Al

perfectionate
P Er Fe C Ti O Na Te

perfectionism
P Er Fe C Ti O N I Sm
P Er Fe C Ti O Ni Sm

perfectly
P Er Fe C Tl Y

perfidy
P Er F I Dy

perflate
P Er F La Te

perflation
P Er Fl At I O N
P Er F La Ti O N

perforata
P Er F O Ra Ta

perforate
P Er F O Ra Te

perforation
P Er F O Ra Ti O N

perfricate
P Er Fr I Ca Te

perfuse
P Er F U Se

perfusion
P Er F U S I O N
P Er F U Si O N

peri
P Er I

peribranchial
P Er I B Ra N C H I Al

pericarp
P Er I C Ar P

pericarpial
P Er I C Ar P I Al

pericarpic
P Er I C Ar P I C

perichete
P Er I C He Te

periclase
P Er I C La Se

periclasite
P Er I C La S I Te
P Er I Cl As I Te
P Er I C La Si Te

periclitate
P Er I Cl I Ta Te
P Er I C Li Ta Te

periclitation
P Er I Cl I Ta Ti O N
P Er I C Li Ta Ti O N

pericranial
P Er I C Ra N I Al
P Er I C Ra Ni Al

pericula
P Er I C U La
P Er I Cu La

perigenesis
P Er I Ge Ne S I S
P Er I Ge N Es I S
P Er I Ge Ne Si S

perigenetic
P Er I Ge Ne Ti C

perihelion
P Er I He Li O N

perineal
P Er I Ne Al

perioplic
P Er I O P Li C

periosteal
P Er I O S Te Al
P Er I Os Te Al

periostitis
P Er I O S Ti Ti S
P Er I Os Ti Ti S

periotic
P Er I O Ti C

peripatetic
P Er I Pa Te Ti C

peripatetical
P Er I Pa Te Ti C Al

peripateticism
P Er I Pa Te Ti C I Sm

peripatus
P Er I P At U S

peripheral
P Er I P H Er Al

peripheric
P Er I P H Er I C

peripherical
P Er I P H Er I C Al

peripheries
P Er I P H Er I Es

periphery
P Er I P H Er Y

periphrase
P Er I P H Ra Se

periphrases
P Er I P H Ra Se S
P Er I P H Ra S Es

periphrasis
P Er I P H Ra S I S
P Er I P H Ra Si S

periphrastic
P Er I P H Ra S Ti C

periphrastical
P Er I P H Ra S Ti C Al

peripneumonic
P Er I P Ne U Mo N I C
P Er I P N Eu Mo N I C
P Er I P Ne U Mo Ni C
P Er I P N Eu Mo Ni C

peripneumony
P Er I P Ne U Mo N Y
P Er I P N Eu Mo N Y

periproctitis
P Er I Pr O C Ti Ti S

peripteral
P Er I Pt Er Al

peripterous
P Er I Pt Er O U S

peris
P Er I S

perisarc
P Er I S Ar C

periscii
P Er I S C I I
P Er I Sc I I

periscopic
- P Er I S C O P I C
- P Er I Sc O P I C
- P Er I S Co P I C

perish
- P Er I S H

perispheric
- P Er I S P H Er I C

perispherical
- P Er I S P H Er I C Al

perispore
- P Er I S P O Re
- P Er I S Po Re

perisse
- P Er I S Se

perite
- P Er I Te

perivertebral
- P Er I V Er Te Br Al

perivisceral
- P Er I V I S C Er Al
- P Er I V I Sc Er Al

perk
- P Er K

perkin
- P Er K I N
- P Er K In

perkinism
- P Er K I N I Sm
- P Er K In I Sm
- P Er K I Ni Sm

perky
- P Er K Y

perlaceous
- P Er La Ce O U S

perlite
- P Er Li Te

perlitic
- P Er Li Ti C

pern
- P Er N

pernancy
- P Er Na N C Y

pernicion
- P Er N I C I O N
- P Er Ni C I O N

pernicious
- P Er N I C I O U S
- P Er Ni C I O U S

pernio
- P Er N I O
- P Er Ni O

pernoctation
- P Er N O C Ta Ti O N
- P Er No C Ta Ti O N

pernyimoth
- P Er N Y I Mo Th

perofskite
- P Er O F S K I Te

peronate
- P Er O Na Te

peroneal
- P Er O Ne Al

perorate
- P Er O Ra Te

peroration
- P Er O Ra Ti O N

perpession
- P Er P Es S I O N
- P Er P Es Si O N

perpotation
- P Er P O Ta Ti O N
- P Er Po Ta Ti O N

pers
- P Er S

perscrutation
- P Er S Cr U Ta Ti O N
- P Er S C Ru Ta Ti O N
- P Er Sc Ru Ta Ti O N

persecute
- P Er Se C U Te
- P Er Se Cu Te

persecution
- P Er Se C U Ti O N
- P Er Se Cu Ti O N

perseus
- P Er Se U S
- P Er S Eu S

persever
- P Er Se V Er

persic
- P Er S I C
- P Er Si C

persiflage
- P Er S I F La Ge
- P Er Si F La Ge

persis
- P Er S I S
- P Er Si S

persism
- P Er S I Sm
- P Er Si Sm

persistence
- P Er S I S Te N Ce
- P Er Si S Te N Ce

persistency
- P Er S I S Te N C Y
- P Er Si S Te N C Y

persistently
- P Er S I S Te N Tl Y
- P Er Si S Te N Tl Y

person
- P Er S O N

persona
- P Er S O Na

personage
- P Er S O Na Ge

personal
- P Er S O N Al

personalism
- P Er S O N Al I Sm
- P Er S O Na Li Sm

personalities
- P Er S O N Al I Ti Es
- P Er S O Na Li Ti Es

personate
- P Er S O Na Te

personation
- P Er S O N At I O N
- P Er S O Na Ti O N

personification
- P Er S O N I F I C At I O N
- P Er S O Ni F I C At I O N
- P Er S O N I F I Ca Ti O N
- P Er S O Ni F I Ca Ti O N

personifier
- P Er S O N I F I Er
- P Er S O Ni F I Er

personify
- P Er S O N I F Y
- P Er S O Ni F Y

perspicacious
- P Er S P I Ca C I O U S
- P Er S P I C Ac I O U S

perspicacy
P Er S P I Ca C Y
P Er S P I C Ac Y
perspicuous
P Er S P I C U O U S
P Er S P I Cu O U S
perspiration
P Er S P Ir At I O N
P Er S P I Ra Ti O N
perspire
P Er S P I Re
persuasion
P Er S U As I O N
pertain
P Er Ta I N
P Er Ta In
perterebration
P Er Te Re Br At I O N
P Er Te Re B Ra Ti O N
perthite
P Er Th I Te
pertinacious
P Er Ti Na C I O U S
P Er Ti N Ac I O U S
pertinacy
P Er Ti Na C Y
P Er Ti N Ac Y
pertinate
P Er Ti Na Te
pertinence
P Er Ti Ne N Ce
pertinency
P Er Ti Ne N C Y
pertly
P Er Tl Y
perula
P Er U La
perusal
P Er U S Al
peruse
P Er U Se
peruser
P Er U S Er
pervasion
P Er V As I O N
perverse
P Er V Er Se
perverseness
P Er V Er Se Ne S S
P Er V Er Se N Es S
perversion
P Er V Er S I O N
P Er V Er Si O N
pervestigate
P Er V Es Ti Ga Te
pervestigation
P Er V Es Ti Ga Ti O N
pervial
P Er V I Al
pervicacious
P Er V I Ca C I O U S
P Er V I C Ac I O U S
pervicacy
P Er V I Ca C Y
P Er V I C Ac Y
pervious
P Er V I O U S
perviousness
P Er V I O U S Ne S S
P Er V I O U S N Es S
P Er V I O U Sn Es S
pervis
P Er V I S
pery
P Er Y
pes
P Es
pesky
P Es K Y
peso
P Es O
pessaries
P Es S Ar I Es
pessary
P Es S Ar Y
pessuli
P Es S U Li
pessulus
P Es S U Lu S
pesthouse
P Es Th O U Se
pestiferous
P Es Ti F Er O U S
pestilation
P Es Ti La Ti O N
pfennige
P Fe N N I Ge
P Fe N Ni Ge
phacochere
P H Ac O C He Re
phacolite
P H Ac O Li Te
phacops
P H Ac O P S
phagocyte
P H Ag O C Y Te
phalli
P H Al Li
phallic
P H Al Li C
phallicism
P H Al Li C I Sm
phallism
P H Al Li Sm
phallus
P H Al Lu S
pharo
P H Ar O
pharos
P H Ar O S
P H Ar Os
pharyngeal
P H Ar Y N Ge Al
pharynges
P H Ar Y N Ge S
phases
P H As Es
phasis
P H As I S
phatagin
P H At Ag I N
P H At Ag In
phebe
P He Be
pheer
P He Er
phenacite
P He Na C I Te
P He N Ac I Te
phenanthrene
P He Na N Th Re Ne
phene
P He Ne

phenic

P He N I C

P He Ni C

phenicine

P He N I C I Ne

P He Ni C I Ne

phenicious

P He N I C I O U S

P He Ni C I O U S

phenicopter

P He N I C O Pt Er

P He Ni C O Pt Er

P He N I Co Pt Er

P He Ni Co Pt Er

phenixes

P He N I Xe S

P He Ni Xe S

phenogamous

P He N O Ga Mo U S

P He No Ga Mo U S

phenolate

P He N O La Te

P He No La Te

phenose

P He N O Se

P He No Se

phenylic

P He N Y Li C

pheon

P He O N

phial

P H I Al

philander

P H I La Nd Er

philanderer

P H I La Nd Er Er

philatelic

P H I La Te Li C

philip

P H I Li P

philippic

P H I Li P P I C

philistine

P H I Li S Ti Ne

philistinism

P H I Li S Ti N I Sm

P H I Li S Ti Ni Sm

phimosis

P H I Mo S I S

P H I Mo Si S

phoca

P H O Ca

P Ho Ca

phocal

P H O C Al

P Ho C Al

phocenic

P H O Ce N I C

P Ho Ce N I C

P H O Ce Ni C

P Ho Ce Ni C

phocenin

P H O Ce N I N

P Ho Ce N I N

P H O Ce Ni N

P Ho Ce Ni N

P H O Ce N In

P Ho Ce N In

phocine

P H O C I Ne

P Ho C I Ne

pholas

P H O La S

P Ho La S

phonal

P H O N Al

P Ho N Al

phonascetics

P H O Na S Ce Ti C S

P Ho Na S Ce Ti C S

P H O N As Ce Ti C S

P Ho N As Ce Ti C S

P H O Na S Ce Ti Cs

P Ho Na S Ce Ti Cs

P H O N As Ce Ti Cs

P Ho N As Ce Ti Cs

phonation

P H O N At I O N

P Ho N At I O N

P H O Na Ti O N

P Ho Na Ti O N

phonetic

P H O Ne Ti C

P Ho Ne Ti C

phonetics

P H O Ne Ti C S

P Ho Ne Ti C S

P H O Ne Ti Cs

P Ho Ne Ti Cs

phonetism

P H O Ne Ti Sm

P Ho Ne Ti Sm

phonic

P H O N I C

P Ho N I C

P H O Ni C

P Ho Ni C

phonics

P H O N I C S

P Ho N I C S

P H O Ni C S

P Ho Ni C S

P H O N I Cs

P Ho N I Cs

P H O Ni Cs

P Ho Ni Cs

phono

P H O N O

P Ho N O

P H O No

P Ho No

phonocamptic

P H O N O C Am Pt I C

P Ho N O C Am Pt I C

P H O No C Am Pt I C

P Ho No C Am Pt I C

P H O N O C Am P Ti C

P Ho N O C Am P Ti C

P H O No C Am P Ti C

P Ho No C Am P Ti C

phonolite

P H O N O Li Te

P Ho N O Li Te

P H O No Li Te

P Ho No Li Te

phosgene

P H O S Ge Ne

P Ho S Ge Ne

P H Os Ge Ne

phosgenite
P H O S Ge N I Te
P Ho S Ge N I Te
P H Os Ge N I Te
P H O S Ge Ni Te
P Ho S Ge Ni Te
P H Os Ge Ni Te

phospham
P H O S P H Am
P Ho S P H Am
P H Os P H Am

phosphatic
P H O S P H At I C
P Ho S P H At I C
P H Os P H At I C

phosphene
P H O S P He Ne
P Ho S P He Ne
P H Os P He Ne

phosphine
P H O S P H I Ne
P Ho S P H I Ne
P H Os P H I Ne

phosphinic
P H O S P H I N I C
P Ho S P H I N I C
P H Os P H I N I C
P H O S P H In I C
P Ho S P H In I C
P H Os P H In I C
P H O S P H I Ni C
P Ho S P H I Ni C
P H Os P H I Ni C

phosphite
P H O S P H I Te
P Ho S P H I Te
P H Os P H I Te

phosphonic
P H O S P H O N I C
P Ho S P H O N I C
P H Os P H O N I C
P H O S P Ho N I C
P Ho S P Ho N I C
P H Os P Ho N I C
P H O S P H O Ni C
P Ho S P H O Ni C
P H Os P H O Ni C
P H O S P Ho Ni C
P Ho S P Ho Ni C
P H Os P Ho Ni C

phosphorate
P H O S P H O Ra Te
P Ho S P H O Ra Te
P H Os P H O Ra Te
P H O S P Ho Ra Te
P Ho S P Ho Ra Te
P H Os P Ho Ra Te

phosphoreous
P H O S P H O Re O U S
P Ho S P H O Re O U S
P H Os P H O Re O U S
P H O S P Ho Re O U S
P Ho S P Ho Re O U S
P H Os P Ho Re O U S

phosphoresce
P H O S P H O Re S Ce
P Ho S P H O Re S Ce
P H Os P H O Re S Ce
P H O S P Ho Re S Ce
P Ho S P Ho Re S Ce
P H Os P Ho Re S Ce

phosphorescence
P H O S P H O Re S Ce N Ce
P Ho S P H O Re S Ce N Ce
P H Os P H O Re S Ce N Ce
P H O S P Ho Re S Ce N Ce
P Ho S P Ho Re S Ce N Ce
P H Os P Ho Re S Ce N Ce

phosphorus
P H O S P H O Ru S
P Ho S P H O Ru S
P H Os P H O Ru S
P H O S P Ho Ru S
P Ho S P Ho Ru S
P H Os P Ho Ru S

photic
P H O Ti C
P Ho Ti C

photics
P H O Ti C S
P Ho Ti C S
P H O Ti Cs
P Ho Ti Cs

phrasal
P H Ra S Al

phrase
P H Ra Se

phreatic
P H Re At I C

phrenetic
P H Re Ne Ti C

phrenetical
P H Re Ne Ti C Al

phrenic
P H Re N I C
P H Re Ni C

phrenics
P H Re N I C S
P H Re Ni C S
P H Re N I Cs
P H Re Ni Cs

phrenism
P H Re N I Sm
P H Re Ni Sm

phrenitis
P H Re N I Ti S
P H Re Ni Ti S

phrenosin
P H Re N O S I N
P H Re No S I N
P H Re N Os I N
P H Re N O Si N
P H Re No Si N
P H Re N O S In
P H Re No S In
P H Re N Os In

phrensy
P H Re N S Y

phrentic
P H Re N Ti C

phthalic
P H Th Al I C

phthalin
P H Th Al I N
P H Th Al In

phthiriasis
P H Th Ir I As I S

phthisic
P H Th I S I C
P H Th I Si C

phthisical
P H Th I S I C Al
P H Th I Si C Al

phthisicky

P H Th I S I C K Y

P H Th I Si C K Y

phthisipneumony

P H Th I S I P Ne U Mo N Y

P H Th I Si P Ne U Mo N Y

P H Th I S I P N Eu Mo N Y

P H Th I Si P N Eu Mo N Y

phthisis

P H Th I S I S

P H Th I Si S

phycite

P H Y C I Te

phyla

P H Y La

physic

P H Y S I C

P H Y Si C

physical

P H Y S I C Al

P H Y Si C Al

physicism

P H Y S I C I Sm

P H Y Si C I Sm

physics

P H Y S I C S

P H Y Si C S

P H Y S I Cs

P H Y Si Cs

physiocrat

P H Y S I O Cr At

P H Y Si O Cr At

physiogeny

P H Y S I O Ge N Y

P H Y Si O Ge N Y

physoclisti

P H Y S O Cl I S Ti

P H Y S O C Li S Ti

pi

P I

pial

P I Al

piamater

P I Am At Er

piation

P I At I O N

piatti

P I At Ti

pibcorn

P I B C O Rn

P I B Co Rn

pibroch

P I Br O C H

pic

P I C

pica

P I Ca

picamar

P I C Am Ar

picapare

P I Ca Pa Re

picaroon

P I C Ar O O N

picayune

P I Ca Y U Ne

picayunish

P I Ca Y U N I S H

P I Ca Y U Ni S H

piccage

P I C Ca Ge

pice

P I Ce

picene

P I Ce Ne

piceous

P I Ce O U S

pichey

P I C He Y

pichiciago

P I C H I C I Ag O

pici

P I C I

picine

P I C I Ne

pick

P I C K

pickback

P I C K Ba C K

P I C K B Ac K

picker

P I C K Er

pickery

P I C K Er Y

picknick

P I C K N I C K

P I C K Ni C K

pickpack

P I C K Pa C K

P I C K P Ac K

picksy

P I C K S Y

picnic

P I C N I C

P I Cn I C

P I C Ni C

picnicker

P I C N I C K Er

P I Cn I C K Er

P I C Ni C K Er

picoline

P I C O Li Ne

P I Co Li Ne

picotine

P I C O Ti Ne

P I Co Ti Ne

picra

P I C Ra

picrate

P I C Ra Te

picric

P I Cr I C

picrite

P I Cr I Te

picrolite

P I Cr O Li Te

pictish

P I C Ti S H

picus

P I C U S

P I Cu S

pier

P I Er

pierce

P I Er Ce

piercer

P I Er C Er

piffero

P I F F Er O

pigeon
P I Ge O N

pikestaff
P I K Es Ta F F

pikrolite
P I Kr O Li Te

pilage
P I La Ge

pilau
P I La U

pilifera
P I Li Fe Ra

piliferous
P I Li F Er O U S

pin
P I N
P In

pinaces
P I Na Ce S
P I Na C Es
P I N Ac Es
P In Ac Es

pinacolin
P I Na C O Li N
P I N Ac O Li N
P In Ac O Li N
P I Na Co Li N

pinacone
P I Na C O Ne
P I N Ac O Ne
P In Ac O Ne
P I Na Co Ne

pinafore
P I Na F O Re

pincers
P I N C Er S
P In C Er S

pinch
P I N C H
P In C H

pinchbeck
P I N C H Be C K
P In C H Be C K

pinchcock
P I N C H C O C K
P In C H C O C K
P I N C H Co C K
P In C H Co C K

pincher
P I N C H Er
P In C H Er

pinchers
P I N C H Er S
P In C H Er S

pincoffin
P I N C O F F I N
P In C O F F I N
P I N Co F F I N
P In Co F F I N
P I N C O F F In
P In C O F F In
P I N Co F F In
P In Co F F In

pincpinc
P I N C P I N C
P In C P I N C
P I N C P In C
P In C P In C

pincushion
P I N C U S H I O N
P In C U S H I O N
P I N Cu S H I O N
P In Cu S H I O N

pindal
P I Nd Al

pindar
P I Nd Ar

pindaric
P I Nd Ar I C

pindarical
P I Nd Ar I C Al

pindarism
P I Nd Ar I Sm

pinder
P I Nd Er

pine
P I Ne

pineal
P I Ne Al

pinefinch
P I Ne F I N C H
P I Ne F In C H

pineries
P I N Er I Es
P In Er I Es

pinery
P I N Er Y
P In Er Y

piney
P I Ne Y

pinfeather
P I N Fe At H Er
P In Fe At H Er

pinfish
P I N F I S H
P In F I S H

pinic
P I N I C
P In I C
P I Ni C

pinion
P I N I O N
P In I O N
P I Ni O N

pinite
P I N I Te
P In I Te
P I Ni Te

pink
P I N K
P In K

pinkish
P I N K I S H
P In K I S H

pinkness
P I N K Ne S S
P In K Ne S S
P I N K N Es S
P In K N Es S

pinkstern
P I N K S Te Rn
P In K S Te Rn

pinky
P I N K Y
P In K Y

pinna
P I N Na
P In Na

pinnace
P I N Na Ce
P In Na Ce

pinnage

P I N Na Ge

P In Na Ge

pinnas

P I N Na S

P In Na S

P I N N As

P In N As

pinnate

P I N Na Te

P In Na Te

pinner

P I N N Er

P In N Er

pinnock

P I N N O C K

P In N O C K

P I N No C K

P In No C K

pinnula

P I N N U La

P In N U La

pinnulate

P I N N U La Te

P In N U La Te

pinpatch

P I N P At C H

P In P At C H

P I Np At C H

P I N Pa Tc H

P In Pa Tc H

pinus

P I N U S

P In U S

piny

P I N Y

P In Y

pioneer

P I O Ne Er

pioner

P I O N Er

piony

P I O N Y

pious

P I O U S

pip

P I P

pipa

P I Pa

pipage

P I Pa Ge

pipas

P I Pa S

P I P As

piper

P I P Er

piperic

P I P Er I C

piperine

P I P Er I Ne

piperonal

P I P Er O N Al

pipkin

P I P K I N

P I P K In

pippin

P I P P I N

P I P P In

pipra

P I P Ra

pipras

P I P Ra S

P I Pr As

piprine

P I Pr I Ne

pipy

P I P Y

piracies

P I Ra C I Es

P Ir Ac I Es

piracy

P I Ra C Y

P Ir Ac Y

pirai

P I Ra I

pirarucu

P Ir Ar U C U

P I Ra Ru C U

P Ir Ar U Cu

P I Ra Ru Cu

pirate

P I Ra Te

piratic

P Ir At I C

P I Ra Ti C

piratical

P Ir At I C Al

P I Ra Ti C Al

pirn

P Ir N

P I Rn

piscary

P I S C Ar Y

P I Sc Ar Y

piscation

P I S C At I O N

P I Sc At I O N

P I S Ca Ti O N

pisces

P I S Ce S

P I S C Es

P I Sc Es

piscicapture

P I S C I Ca Pt U Re

P I Sc I Ca Pt U Re

piscina

P I S C I Na

P I Sc I Na

piscinal

P I S C I N Al

P I Sc I N Al

P I S C In Al

P I Sc In Al

piscine

P I S C I Ne

P I Sc I Ne

pise

P I Se

pish

P I S H

pishu

P I S H U

pismire

P I Sm I Re

pisolite

P I S O Li Te

pisolitic

P I S O Li Ti C

piss

P I S S

pistachio

P I S Ta C H I O

pistacite
P I S Ta C I Te
piste
P I S Te
pistic
P I S Ti C
pita
P I Ta
pitapat
P I Ta P At
pitch
P I Tc H
pitcher
P I Tc H Er
pitchiness
P I Tc H I Ne S S
P I Tc H I N Es S
P I Tc H In Es S
pitchy
P I Tc H Y
piteous
P I Te O U S
pith
P I Th
pithiness
P I Th I Ne S S
P I Th I N Es S
P I Th In Es S
pithy
P I Th Y
pitier
P I Ti Er
pities
P I Ti Es
piu
P I U
placate
P La Ca Te
placation
P La C At I O N
P La Ca Ti O N
place
P La Ce
placebo
P La Ce B O
placenta
P La Ce N Ta
placentas
P La Ce N Ta S
placentation
P La Ce N Ta Ti O N
placentiferous
P La Ce N Ti F Er O U S
placentious
P La Ce N Ti O U S
placer
P La C Er
placita
P La C I Ta
plack
P La C K
placophora
P La C O P H O Ra
P La Co P H O Ra
P La C O P Ho Ra
P La Co P Ho Ra
plaga
P La Ga
plagate
P La Ga Te
plage
P La Ge
plaice
P La I Ce
plain
P La I N
P La In
plainness
P La I N Ne S S
P La In Ne S S
P La I N N Es S
P La In N Es S
P La In N Es S
plaintiff
P La I N Ti F F
P La In Ti F F
plaintless
P La I N Tl Es S
P La In Tl Es S
plaise
P La I Se
plan
P La N
planary
P La N Ar Y
planch
P La N C H
plancher
P La N C H Er
plane
P La Ne
planer
P La N Er
planetic
P La Ne Ti C
planetical
P La Ne Ti C Al
plangency
P La N Ge N C Y
planifolious
P La N I F O Li O U S
P La Ni F O Li O U S
planish
P La N I S H
P La Ni S H
planisher
P La N I S H Er
P La Ni S H Er
planisphere
P La N I S P He Re
P La Ni S P He Re
planispheric
P La N I S P H Er I C
P La Ni S P H Er I C
plank
P La N K
planner
P La N N Er
planorbis
P La N O Rb I S
P La No Rb I S
plantage
P La N Ta Ge
plantain
P La N Ta I N
P La N Ta In
plantation
P La N Ta Ti O N
plantless
P La N Tl Es S
planula
P La N U La

plash
P La S H
plashy
P La S H Y
plasm
P La Sm
plasmatic
P La Sm At I C
plasmatical
P La Sm At I C Al
plasmation
P La Sm At I O N
plasmature
P La Sm At U Re
plasmic
P La Sm I C
plasmin
P La Sm I N
P La Sm In
plasmogen
P La Sm O Ge N
P La S Mo Ge N
plasson
P La S S O N
plastic
P La S Ti C
plastical
P La S Ti C Al
plastin
P La S Ti N
platan
P La Ta N
platanus
P La Ta N U S
plate
P La Te
plateau
P La Te Au
plateaus
P La Te Au S
platen
P La Te N
platin
P La Ti N
platina
P La Ti Na
platinic
P La Ti N I C
P La Ti Ni C
platiniferous
P La Ti N I F Er O U S
P La Ti Ni F Er O U S
platinous
P La Ti N O U S
P La Ti No U S
platly
P La Tl Y
play
P La Y
playbook
P La Y B O O K
P La Yb O O K
player
P La Y Er
playfere
P La Y Fe Re
playhouse
P La Y H O U Se
P La Y Ho U Se
playte
P La Y Te
plica
P Li Ca
plicate
P Li Ca Te
plication
P Li C At I O N
P Li Ca Ti O N
plicature
P Li C At U Re
pliers
P Li Er S
plinth
P Li N Th
pliocene
P Li O Ce Ne
pliohippus
P Li O H I P P U S
P Li O H I P Pu S
pliosaurus
P Li O S Au Ru S
P Li Os Au Ru S
pluck
P Lu C K
plucker
P Lu C K Er
pluckiness
P Lu C K I Ne S S
P Lu C K I N Es S
P Lu C K In Es S
plucky
P Lu C K Y
pluff
P Lu F F
plumose
P Lu Mo Se
plumosite
P Lu Mo S I Te
P Lu Mo Si Te
plumous
P Lu Mo U S
plunder
P Lu Nd Er
plunderer
P Lu Nd Er Er
plunge
P Lu N Ge
pluralism
P Lu Ra Li Sm
pluralities
P Lu Ra Li Ti Es
plus
P Lu S
plush
P Lu S H
plushy
P Lu S H Y
pluteal
P Lu Te Al
plutei
P Lu Te I
pluteus
P Lu Te U S
pluteuses
P Lu Te U Se S
P Lu Te U S Es
pluvial
P Lu V I Al
pluviose
P Lu V I O Se
pluvious
P Lu V I O U S

pneumococcus

P Ne U Mo C O C C U S

P N Eu Mo C O C C U S

P Ne U Mo Co C C U S

P N Eu Mo Co C C U S

P Ne U Mo C O C Cu S

P N Eu Mo C O C Cu S

P Ne U Mo Co C Cu S

P N Eu Mo Co C Cu S

pneumonic

P Ne U Mo N I C

P N Eu Mo N I C

P Ne U Mo Ni C

P N Eu Mo Ni C

pneumonitic

P Ne U Mo N I Ti C

P N Eu Mo N I Ti C

P Ne U Mo Ni Ti C

P N Eu Mo Ni Ti C

pneumonitis

P Ne U Mo N I Ti S

P N Eu Mo N I Ti S

P Ne U Mo Ni Ti S

P N Eu Mo Ni Ti S

pneumonophora

P Ne U Mo N O P H O Ra

P N Eu Mo N O P H O Ra

P Ne U Mo No P H O Ra

P N Eu Mo No P H O Ra

P Ne U Mo N O P Ho Ra

P N Eu Mo N O P Ho Ra

P Ne U Mo No P Ho Ra

P N Eu Mo No P Ho Ra

pneumony

P Ne U Mo N Y

P N Eu Mo N Y

pneumophora

P Ne U Mo P H O Ra

P N Eu Mo P H O Ra

P Ne U Mo P Ho Ra

P N Eu Mo P Ho Ra

pnigalion

P N I Ga Li O N

P Ni Ga Li O N

poach

P O Ac H

Po Ac H

poacher

P O Ac H Er

Po Ac H Er

poachiness

P O Ac H I Ne S S

Po Ac H I Ne S S

P O Ac H I N Es S

Po Ac H I N Es S

P O Ac H In Es S

Po Ac H In Es S

poachy

P O Ac H Y

Po Ac H Y

pocan

P O Ca N

Po Ca N

pock

P O C K

Po C K

pockiness

P O C K I Ne S S

Po C K I Ne S S

P O C K I N Es S

Po C K I N Es S

P O C K In Es S

Po C K In Es S

pocky

P O C K Y

Po C K Y

poco

P O C O

Po C O

P O Co

Po Co

pocock

P O C O C K

Po C O C K

P O Co C K

Po Co C K

pococurante

P O C O C U Ra N Te

Po C O C U Ra N Te

P O Co C U Ra N Te

Po Co C U Ra N Te

P O C O Cu Ra N Te

Po C O Cu Ra N Te

P O Co Cu Ra N Te

Po Co Cu Ra N Te

pococurantism

P O C O C U Ra N Ti Sm

Po C O C U Ra N Ti Sm

P O Co C U Ra N Ti Sm

Po Co C U Ra N Ti Sm

P O C O Cu Ra N Ti Sm

Po C O Cu Ra N Ti Sm

P O Co Cu Ra N Ti Sm

Po Co Cu Ra N Ti Sm

pocoson

P O C O S O N

Po C O S O N

P O Co S O N

Po Co S O N

P O C Os O N

Po C Os O N

poesy

P O Es Y

Po Es Y

poh

P O H

Po H

poi

P O I

Po I

poikilitic

P O I K I Li Ti C

Po I K I Li Ti C

poind

P O I Nd

Po I Nd

poinder

P O I Nd Er

Po I Nd Er

pointless

P O I N Tl Es S

Po I N Tl Es S

P O In Tl Es S

Po In Tl Es S

poise

P O I Se

Po I Se

poiser

P O I S Er

Po I S Er

poison

P O I S O N

Po I S O N

poisoner
P O I S O N Er
Po I S O N Er

poisonous
P O I S O N O U S
Po I S O N O U S
P O I S O No U S
Po I S O No U S

poisure
P O I S U Re
Po I S U Re

pokal
P O K Al
Po K Al

poker
P O K Er
Po K Er

pokerish
P O K Er I S H
Po K Er I S H

poky
P O K Y
Po K Y

polacca
P O La C Ca
Po La C Ca

polack
P O La C K
Po La C K

polacre
P O La C Re
Po La C Re

polander
P O La Nd Er
Po La Nd Er

policate
P O Li Ca Te
Po Li Ca Te

police
P O Li Ce
Po Li Ce

policial
P O Li C I Al
Po Li C I Al

policies
P O Li C I Es
Po Li C I Es

policy
P O Li C Y
Po Li C Y

polish
P O Li S H
Po Li S H

polisher
P O Li S H Er
Po Li S H Er

polite
P O Li Te
Po Li Te

politeness
P O Li Te Ne S S
Po Li Te Ne S S
P O Li Te N Es S
Po Li Te N Es S

politesse
P O Li Te S Se
Po Li Te S Se

politic
P O Li Ti C
Po Li Ti C

political
P O Li Ti C Al
Po Li Ti C Al

politicalism
P O Li Ti C Al I Sm
Po Li Ti C Al I Sm
P O Li Ti Ca Li Sm
Po Li Ti Ca Li Sm

politicly
P O Li Ti Cl Y
Po Li Ti Cl Y

politics
P O Li Ti C S
Po Li Ti C S
P O Li Ti Cs
Po Li Ti Cs

polities
P O Li Ti Es
Po Li Ti Es

polron
P O Lr O N
Po Lr O N

polverine
P O Lv Er I Ne
Po Lv Er I Ne

pomona
P O Mo Na
Po Mo Na

poncho
P O N C H O
Po N C H O
P O N C Ho
Po N C Ho

ponchos
P O N C H O S
Po N C H O S
P O N C Ho S
Po N C Ho S
P O N C H Os
Po N C H Os

pond
P O Nd
Po Nd

ponder
P O Nd Er
Po Nd Er

ponderal
P O Nd Er Al
Po Nd Er Al

ponderary
P O Nd Er Ar Y
Po Nd Er Ar Y

ponderation
P O Nd Er At I O N
Po Nd Er At I O N

ponderer
P O Nd Er Er
Po Nd Er Er

ponderosities
P O Nd Er O S I Ti Es
Po Nd Er O S I Ti Es
P O Nd Er Os I Ti Es
Po Nd Er Os I Ti Es
P O Nd Er O Si Ti Es
Po Nd Er O Si Ti Es

ponderous
P O Nd Er O U S
Po Nd Er O U S

ponderousness
P O Nd Er O U S Ne S S
Po Nd Er O U S Ne S S
P O Nd Er O U S N Es S
Po Nd Er O U S N Es S
P O Nd Er O U Sn Es S
Po Nd Er O U Sn Es S

pondfish
P O Nd F I S H
Po Nd F I S H

pone
P O Ne
Po Ne

ponies
P O N I Es
Po N I Es
P O Ni Es
Po Ni Es

pons
P O N S
Po N S

pontage
P O N Ta Ge
Po N Ta Ge

pontes
P O N Te S
Po N Te S

pontic
P O N Ti C
Po N Ti C

pontiff
P O N Ti F F
Po N Ti F F

pontific
P O N Ti F I C
Po N Ti F I C

pontifical
P O N Ti F I C Al
Po N Ti F I C Al

pontificate
P O N Ti F I Ca Te
Po N Ti F I Ca Te

pontifice
P O N Ti F I Ce
Po N Ti F I Ce

pontifices
P O N Ti F I Ce S
Po N Ti F I Ce S
P O N Ti F I C Es
Po N Ti F I C Es

pontificial
P O N Ti F I C I Al
Po N Ti F I C I Al

pontine
P O N Ti Ne
Po N Ti Ne

pony
P O N Y
Po N Y

pooh
P O O H
Po O H

pookoo
P O O K O O
Po O K O O

poon
P O O N
Po O N

poonac
P O O Na C
Po O Na C
Po O Na C P O O N Ac
Po O N Ac

poop
P O O P
Po O P

poorhouse
P O O Rh O U Se
Po O Rh O U Se

poorness
P O O Rn Es S
Po O Rn Es S

pop
P O P
Po P

popery
P O P Er Y
Po P Er Y

popish
P O P I S H
Po P I S H

poplin
P O P Li N
Po P Li N

popliteal
P O P Li Te Al
Po P Li Te Al

poplitic
P O P Li Ti C
Po P Li Ti C

popper
P O P P Er
Po P P Er

poppies
P O P P I Es
Po P P I Es

poppy
P O P P Y
Po P P Y

populace
P O P U La Ce
Po P U La Ce
P O Pu La Ce
Po Pu La Ce

populacy
P O P U La C Y
Po P U La C Y
P O Pu La C Y
Po Pu La C Y

populares
P O P U La Re S
Po P U La Re S
P O Pu La Re S
Po Pu La Re S

popularness
P O P U La Rn Es S
Po P U La Rn Es S
P O Pu La Rn Es S
Po Pu La Rn Es S

populate
P O P U La Te
Po P U La Te
P O Pu La Te
Po Pu La Te

population
P O P U La Ti O N
Po P U La Ti O N
P O Pu La Ti O N
Po Pu La Ti O N

populin
P O P U Li N
Po P U Li N
P O Pu Li N
Po Pu Li N

pore

P O Re

Po Re

poreblind

P O Re B Li Nd

Po Re B Li Nd

porgies

P O Rg I Es

Po Rg I Es

porgy

P O Rg Y

Po Rg Y

pornerastic

P O Rn Er As Ti C

Po Rn Er As Ti C

pose

P O Se

Po Se

poser

P O S Er

Po S Er

P Os Er

posies

P O S I Es

Po S I Es

P Os I Es

P O Si Es

Po Si Es

position

P O S I Ti O N

Po S I Ti O N

P Os I Ti O N

P O Si Ti O N

Po Si Ti O N

positional

P O S I Ti O N Al

Po S I Ti O N Al

P Os I Ti O N Al

P O Si Ti O N Al

Po Si Ti O N Al

positivism

P O S I Ti V I Sm

Po S I Ti V I Sm

P Os I Ti V I Sm

P O Si Ti V I Sm

Po Si Ti V I Sm

pospolite

P O S P O Li Te

Po S P O Li Te

P Os P O Li Te

P O S Po Li Te

Po S Po Li Te

P Os Po Li Te

poss

P O S S

Po S S

P Os S

posse

P O S Se

Po S Se

P Os Se

possess

P O S Se S S

Po S Se S S

P Os Se S S

P O S S Es S

Po S S Es S

P Os S Es S

possession

P O S Se S S I O N

Po S Se S S I O N

P Os Se S S I O N

P O S S Es S I O N

Po S S Es S I O N

P Os S Es S I O N

P O S Se S Si O N

Po S Se S Si O N

P Os Se S Si O N

P O S S Es Si O N

Po S S Es Si O N

P Os S Es Si O N

possessionary

P O S Se S S I O N Ar Y

Po S Se S S I O N Ar Y

P Os Se S S I O N Ar Y

P O S S Es S I O N Ar Y

Po S S Es S I O N Ar Y

P Os S Es S I O N Ar Y

P O S Se S Si O N Ar Y

Po S Se S Si O N Ar Y

P Os Se S Si O N Ar Y

P O S S Es Si O N Ar Y

Po S S Es Si O N Ar Y

P Os S Es Si O N Ar Y

possessioner

P O S Se S S I O N Er

Po S Se S S I O N Er

P Os Se S S I O N Er

P O S S Es S I O N Er

Po S S Es S I O N Er

P Os S Es S I O N Er

P O S Se S Si O N Er

Po S Se S Si O N Er

P Os Se S Si O N Er

P O S S Es Si O N Er

Po S S Es Si O N Er

P Os S Es Si O N Er

possessival

P O S Se S S I V Al

Po S Se S S I V Al

P Os Se S S I V Al

P O S S Es S I V Al

Po S S Es S I V Al

P Os S Es S I V Al

P O S Se S Si V Al

Po S Se S Si V Al

P Os Se S Si V Al

P O S S Es Si V Al

Po S S Es Si V Al

P Os S Es Si V Al

possibilities

P O S S I B I Li Ti Es

Po S S I B I Li Ti Es

P Os S I B I Li Ti Es

P O S Si B I Li Ti Es

Po S Si B I Li Ti Es

P Os Si B I Li Ti Es

P O S S I Bi Li Ti Es

Po S S I Bi Li Ti Es

P Os S I Bi Li Ti Es

P O S Si Bi Li Ti Es

Po S Si Bi Li Ti Es

P Os Si Bi Li Ti Es

postage

P O S Ta Ge

Po S Ta Ge

P Os Ta Ge

postanal

P O S Ta N Al

Po S Ta N Al

P Os Ta N Al

postboy

P O S Tb O Y

Po S Tb O Y

P Os Tb O Y

postcornu

P O S Tc O Rn U

Po S Tc O Rn U

P Os Tc O Rn U

postencephalon

P O S Te N Ce P H Al O N

Po S Te N Ce P H Al O N

P Os Te N Ce P H Al O N

postern

P O S Te Rn

Po S Te Rn

P Os Te Rn

posthaste

P O S Th As Te

Po S Th As Te

P Os Th As Te

posthouse

P O S Th O U Se

Po S Th O U Se

P Os Th O U Se

posthumous

P O S Th U Mo U S

Po S Th U Mo U S

P Os Th U Mo U S

postic

P O S Ti C

Po S Ti C

P Os Ti C

postilion

P O S Ti Li O N

Po S Ti Li O N

P Os Ti Li O N

postmark

P O S Tm Ar K

Po S Tm Ar K

P Os Tm Ar K

posy

P O S Y

Po S Y

P Os Y

potage

P O Ta Ge

Po Ta Ge

potance

P O Ta N Ce

Po Ta N Ce

potargo

P O Ta Rg O

Po Ta Rg O

potash

P O Ta S H

Po Ta S H

potashes

P O Ta S He S

Po Ta S He S

P O Ta S H Es

Po Ta S H Es

potation

P O Ta Ti O N

Po Ta Ti O N

potboy

P O Tb O Y

Po Tb O Y

potch

P O Tc H

Po Tc H

potcher

P O Tc H Er

Po Tc H Er

potecary

P O Te C Ar Y

Po Te C Ar Y

potence

P O Te N Ce

Po Te N Ce

potency

P O Te N C Y

Po Te N C Y

potentacy

P O Te N Ta C Y

Po Te N Ta C Y

potentate

P O Te N Ta Te

Po Te N Ta Te

potential

P O Te N Ti Al

Po Te N Ti Al

potently

P O Te N Tl Y

Po Te N Tl Y

potestate

P O Te S Ta Te

Po Te S Ta Te

pother

P O Th Er

Po Th Er

pothook

P O Th O O K

Po Th O O K

pothouse

P O Th O U Se

Po Th O U Se

potion

P O Ti O N

Po Ti O N

potluck

P O Tl U C K

Po Tl U C K

pouch

P O U C H

Po U C H

poulaine

P O U La I Ne

Po U La I Ne

pounce

P O U N Ce

Po U N Ce

pound

P O U Nd

Po U Nd

poundal

P O U Nd Al

Po U Nd Al

pounder

P O U Nd Er

Po U Nd Er

poundrate

P O U Nd Ra Te

Po U Nd Ra Te

pounds

P O U Nd S

Po U Nd S

P O U N Ds

Po U N Ds

poup

P O U P

Po U P

poureliche
P O U Re Li C He
Po U Re Li C He

pousse
P O U S Se
Po U S Se

power
P O W Er
Po W Er

powp
P O W P
Po W P

powpow
P O W P O W
Po W P O W
P O W Po W
Po W Po W

powwow
P O W W O W
Po W W O W

poy
P O Y
Po Y

poynd
P O Y Nd
Po Y Nd

poynder
P O Y Nd Er
Po Y Nd Er

poyou
P O Y O U
Po Y O U

praam
P Ra Am

practic
P Ra C Ti C
Pr Ac Ti C

practical
P Ra C Ti C Al
Pr Ac Ti C Al

practicalness
P Ra C Ti C Al Ne S S
Pr Ac Ti C Al Ne S S
P Ra C Ti C Al N Es S
Pr Ac Ti C Al N Es S

practice
P Ra C Ti Ce
Pr Ac Ti Ce

practicer
P Ra C Ti C Er
Pr Ac Ti C Er

practick
P Ra C Ti C K
Pr Ac Ti C K

practise
P Ra C Ti Se
Pr Ac Ti Se

practitioner
P Ra C Ti Ti O N Er
Pr Ac Ti Ti O N Er

prairial
P Ra Ir I Al

praise
P Ra I Se

praiseer
P Ra I Se Er

prakritic
P Ra Kr I Ti C

pram
Pr Am

prance
P Ra N Ce

prancer
P Ra N C Er

prandial
P Ra Nd I Al

prank
P Ra N K

pranker
P Ra N K Er

prankish
P Ra N K I S H

prase
P Ra Se

praseolite
P Ra Se O Li Te

prasinous
P Ra S I N O U S
Pr As I N O U S
P Ra Si N O U S
P Ra S In O U S
Pr As In O U S
P Ra S I No U S
Pr As I No U S
P Ra Si No U S

prate
P Ra Te

prater
Pr At Er

pratic
Pr At I C
P Ra Ti C

prattler
Pr At Tl Er

prawn
P Ra W N

pray
P Ra Y

prayer
P Ra Y Er

preaccusation
P Re Ac C U S At I O N
P Re Ac Cu S At I O N

preach
P Re Ac H

preacher
P Re Ac H Er

preachership
P Re Ac H Er S H I P

preachify
P Re Ac H I F Y

preaction
P Re Ac Ti O N

preambulate
P Re Am B U La Te

preambulation
P Re Am B U La Ti O N

prearrange
P Re Ar Ra N Ge

preassurance
P Re As S U Ra N Ce

prebend
P Re Be Nd

prebendal
P Re Be Nd Al

prebendary
P Re Be Nd Ar Y

prebendaryship
P Re Be Nd Ar Y S H I P

prebendship
P Re Be Nd S H I P
P Re Be N Ds H I P

prebronchial
P Re Br O N C H I Al

precalculate
P Re C Al C U La Te
P Re C Al Cu La Te

precarious
P Re C Ar I O U S

precation
P Re C At I O N
P Re Ca Ti O N

precaution
P Re Ca U Ti O N
P Re C Au Ti O N

precautional
P Re Ca U Ti O N Al
P Re C Au Ti O N Al

precautionary
P Re Ca U Ti O N Ar Y
P Re C Au Ti O N Ar Y

precautious
P Re Ca U Ti O U S
P Re C Au Ti O U S

precept
P Re Ce Pt

preceptial
P Re Ce Pt I Al
P Re Ce P Ti Al

preception
P Re Ce Pt I O N
P Re Ce P Ti O N

preceptress
P Re Ce Pt Re S S

precession
P Re Ce S S I O N
P Re C Es S I O N
P Re Ce S Si O N
P Re C Es Si O N

precessional
P Re Ce S S I O N Al
P Re C Es S I O N Al
P Re Ce S Si O N Al
P Re C Es Si O N Al

precious
P Re C I O U S

preciousness
P Re C I O U S Ne S S
P Re C I O U S N Es S
P Re C I O U Sn Es S

precipice
P Re C I P I Ce

precipitance
P Re C I P I Ta N Ce

precipitancy
P Re C I P I Ta N C Y

precipitantly
P Re C I P I Ta N Tl Y

precipitate
P Re C I P I Ta Te

precipitation
P Re C I P I Ta Ti O N

precipitious
P Re C I P I Ti O U S

precis
P Re C I S

precise
P Re C I Se

precision
P Re C I S I O N
P Re C I Si O N

preclusion
P Re Cl U S I O N
P Re C Lu S I O N
P Re Cl U Si O N
P Re C Lu Si O N

precoce
P Re C O Ce
P Re Co Ce

precoces
P Re C O Ce S
P Re Co Ce S
P Re C O C Es
P Re Co C Es

precocious
P Re C O C I O U S
P Re Co C I O U S

precociousness
P Re C O C I O U S Ne S S
P Re Co C I O U S Ne S S
P Re C O C I O U S N Es S
P Re Co C I O U S N Es S
P Re C O C I O U Sn Es S
P Re Co C I O U Sn Es S

preconception
P Re C O N Ce Pt I O N
P Re Co N Ce Pt I O N
P Re C O N Ce P Ti O N
P Re Co N Ce P Ti O N

preconcertion
P Re C O N C Er Ti O N
P Re Co N C Er Ti O N

precondition
P Re C O Nd I Ti O N
P Re Co Nd I Ti O N

preconscious
P Re C O N S C I O U S
P Re Co N S C I O U S
P Re C O N Sc I O U S
P Re Co N Sc I O U S

predy
P Re Dy

prees
P Re Es

preestablish
P Re Es Ta B Li S H

prefacer
P Re F Ac Er

prefecundation
P Re Fe C U Nd At I O N
P Re Fe Cu Nd At I O N

prefer
P Re F Er

preference
P Re Fe Re N Ce

preferential
P Re Fe Re N Ti Al

prefine
P Re F I Ne

prefinite
P Re F I N I Te
P Re F In I Te
P Re F I Ni Te

prefinition
P Re F I N I Ti O N
P Re F In I Ti O N
P Re F I Ni Ti O N

prefloration
P Re Fl O Ra Ti O N

prefoliation
P Re F O Li At I O N

pregage
P Re Ga Ge

prehend
P Re He Nd

prehension

P Re He N S I O N

P Re He N Si O N

prehnite

P Re H N I Te

P Re H Ni Te

prehnitic

P Re H N I Ti C

P Re H Ni Ti C

preindispose

P Re I Nd I S P O Se

P Re I Nd I S Po Se

prelacies

P Re La C I Es

prelacy

P Re La C Y

prelate

P Re La Te

prelateship

P Re La Te S H I P

prelatess

P Re La Te S S

prelatial

P Re La Ti Al

prelatic

P Re La Ti C

prelatical

P Re La Ti C Al

prelation

P Re La Ti O N

prelatism

P Re La Ti Sm

prelibation

P Re Li B At I O N

P Re Li Ba Ti O N

premonish

P Re Mo N I S H

P Re Mo Ni S H

premonition

P Re Mo N I Ti O N

P Re Mo Ni Ti O N

premotion

P Re Mo Ti O N

prenasal

P Re Na S Al

P Re N As Al

prenatal

P Re N At Al

prender

P Re Nd Er

prenostic

P Re N O S Ti C

P Re No S Ti C

P Re N Os Ti C

prenote

P Re N O Te

P Re No Te

prenotion

P Re N O Ti O N

P Re No Ti O N

prensation

P Re N S At I O N

prentice

P Re N Ti Ce

prenticeship

P Re N Ti Ce S H I P

P Re N Ti C Es H I P

prenunciation

P Re N U N C I At I O N

prenuncious

P Re N U N C I O U S

preobtain

P Re O B Ta I N

P Re O B Ta In

preoccupancy

P Re O C C U Pa N C Y

P Re O C Cu Pa N C Y

preoccupate

P Re O C C U Pa Te

P Re O C Cu Pa Te

preoccupation

P Re O C C U P At I O N

P Re O C Cu P At I O N

P Re O C C U Pa Ti O N

P Re O C Cu Pa Ti O N

preoccupy

P Re O C C U P Y

P Re O C Cu P Y

preopinion

P Re O P I N I O N

P Re O P In I O N

P Re O P I Ni O N

preoption

P Re O Pt I O N

P Re O P Ti O N

preparation

P Re P Ar At I O N

P Re Pa Ra Ti O N

prepare

P Re Pa Re

preparer

P Re P Ar Er

prepay

P Re Pa Y

preponder

P Re P O Nd Er

P Re Po Nd Er

preponderation

P Re P O Nd Er At I O N

P Re Po Nd Er At I O N

prepose

P Re P O Se

P Re Po Se

preposition

P Re P O S I Ti O N

P Re Po S I Ti O N

P Re P Os I Ti O N

P Re P O Si Ti O N

P Re Po Si Ti O N

prepositional

P Re P O S I Ti O N Al

P Re Po S I Ti O N Al

P Re P Os I Ti O N Al

P Re P O Si Ti O N Al

P Re Po Si Ti O N Al

prepossess

P Re P O S Se S S

P Re Po S Se S S

P Re P Os Se S S

P Re P O S S Es S

P Re Po S S Es S

P Re P Os S Es S

prepossession

P Re P O S Se S S I O N

P Re Po S Se S S I O N

P Re P Os Se S S I O N

P Re P O S S Es S I O N

P Re Po S S Es S I O N

P Re P Os S Es S I O N

P Re P O S Se S Si O N

P Re Po S Se S Si O N

P Re P Os Se S Si O N

P Re P O S S Es Si O N

P Re Po S S Es Si O N

P Re P Os S Es Si O N

prepotency

P Re P O Te N C Y

P Re Po Te N C Y

prepubic

P Re P U B I C

P Re Pu B I C

P Re P U Bi C

P Re Pu Bi C

prepubis

P Re P U B I S

P Re Pu B I S

P Re P U Bi S

P Re Pu Bi S

prepuce

P Re P U Ce

P Re Pu Ce

preputial

P Re P U Ti Al

P Re Pu Ti Al

preremote

P Re Re Mo Te

presager

P Re S Ag Er

Pr Es Ag Er

presagious

P Re S Ag I O U S

Pr Es Ag I O U S

presbyopic

P Re S B Y O P I C

Pr Es B Y O P I C

P Re Sb Y O P I C

presbyopy

P Re S B Y O P Y

Pr Es B Y O P Y

P Re Sb Y O P Y

presbyte

P Re S B Y Te

Pr Es B Y Te

P Re Sb Y Te

presbyterate

P Re S B Y Te Ra Te

Pr Es B Y Te Ra Te

P Re Sb Y Te Ra Te

presbyteress

P Re S B Y Te Re S S

Pr Es B Y Te Re S S

P Re Sb Y Te Re S S

presbytic

P Re S B Y Ti C

Pr Es B Y Ti C

P Re Sb Y Ti C

presbytism

P Re S B Y Ti Sm

Pr Es B Y Ti Sm

P Re Sb Y Ti Sm

prescind

P Re S C I Nd

Pr Es C I Nd

P Re Sc I Nd

prescribe

P Re S Cr I Be

Pr Es Cr I Be

prescriber

P Re S Cr I B Er

Pr Es Cr I B Er

prescript

P Re S Cr I Pt

Pr Es Cr I Pt

prescription

P Re S Cr I Pt I O N

Pr Es Cr I Pt I O N

P Re S Cr I P Ti O N

Pr Es Cr I P Ti O N

prescuta

P Re S C U Ta

Pr Es C U Ta

P Re Sc U Ta

P Re S Cu Ta

Pr Es Cu Ta

presence

P Re Se N Ce

presensation

P Re Se N S At I O N

presension

P Re Se N S I O N

P Re Se N Si O N

presentaneous

P Re Se N Ta Ne O U S

presentation

P Re Se N Ta Ti O N

presential

P Re Se N Ti Al

presentific

P Re Se N Ti F I C

presentifical

P Re Se N Ti F I C Al

presention

P Re Se N Ti O N

presently

P Re Se N Tl Y

preservation

P Re S Er V At I O N

Pr Es Er V At I O N

preserver

P Re S Er V Er

Pr Es Er V Er

preshow

P Re S H O W

Pr Es H O W

P Re S Ho W

Pr Es Ho W

prespinal

P Re S P I N Al

Pr Es P I N Al

P Re S P In Al

Pr Es P In Al

press

P Re S S

Pr Es S

presscapula

P Re S S Ca P U La

Pr Es S Ca P U La

P Re S S Ca Pu La

Pr Es S Ca Pu La

presser

P Re S S Er

Pr Es S Er

pression

P Re S S I O N

Pr Es S I O N

P Re S Si O N

Pr Es Si O N

presspack

P Re S S Pa C K

Pr Es S Pa C K

P Re S S P Ac K

Pr Es S P Ac K

pressurage

P Re S S U Ra Ge

Pr Es S U Ra Ge

pressure

P Re S S U Re

Pr Es S U Re

prestation

P Re S Ta Ti O N

Pr Es Ta Ti O N

prestige

P Re S Ti Ge

Pr Es Ti Ge

prestimony

P Re S Ti Mo N Y

Pr Es Ti Mo N Y

prestissimo

P Re S Ti S S I Mo

Pr Es Ti S S I Mo

P Re S Ti S Si Mo

Pr Es Ti S Si Mo

presupposal

P Re S U P P O S Al

Pr Es U P P O S Al

P Re S U P Po S Al

Pr Es U P Po S Al

P Re S U P P Os Al

Pr Es U P P Os Al

presuppose

P Re S U P P O Se

Pr Es U P P O Se

P Re S U P Po Se

Pr Es U P Po Se

presupposition

P Re S U P P O S I Ti O N

Pr Es U P P O S I Ti O N

P Re S U P Po S I Ti O N

Pr Es U P Po S I Ti O N

P Re S U P P Os I Ti O N

Pr Es U P P Os I Ti O N

P Re S U P P O Si Ti O N

Pr Es U P P O Si Ti O N

P Re S U P Po Si Ti O N

Pr Es U P Po Si Ti O N

pretence

P Re Te N Ce

pretend

P Re Te Nd

pretender

P Re Te Nd Er

pretendership

P Re Te Nd Er S H I P

pretense

P Re Te N Se

pretension

P Re Te N S I O N

P Re Te N Si O N

pretentious

P Re Te N Ti O U S

preternaturalism

P Re Te Rn At U Ra Li Sm

pretibial

P Re Ti B I Al

P Re Ti Bi Al

prevaricate

P Re V Ar I Ca Te

prevarication

P Re V Ar I C At I O N

P Re V Ar I Ca Ti O N

prevertebral

P Re V Er Te Br Al

previous

P Re V I O U S

previousness

P Re V I O U S Ne S S

P Re V I O U S N Es S

P Re V I O U Sn Es S

previse

P Re V I Se

prevision

P Re V I S I O N

P Re V I Si O N

prewarn

P Re W Ar N

prey

P Re Y

preyer

P Re Y Er

prial

Pr I Al

price

Pr I Ce

priceite

Pr I Ce I Te

prick

Pr I C K

pricker

Pr I C K Er

prickliness

Pr I C K Li Ne S S

Pr I C K Li N Es S

prickpunch

Pr I C K P U N C H

Pr I C K Pu N C H

pricky

Pr I C K Y

prier

Pr I Er

priestess

Pr I Es Te S S

priestism

Pr I Es Ti Sm

priestless

Pr I Es Tl Es S

priestliness

Pr I Es Tl I Ne S S

Pr I Es Tl I N Es S

Pr I Es Tl In Es S

priestly

Pr I Es Tl Y

primness

Pr I Mn Es S

primo

Pr I Mo

primogenial

Pr I Mo Ge N I Al

Pr I Mo Ge Ni Al

prince

Pr I N Ce

Pr In Ce

princekin

Pr I N Ce K I N

Pr In Ce K I N

Pr I N Ce K In

Pr In Ce K In

princeliness

Pr I N Ce Li Ne S S

Pr In Ce Li Ne S S

Pr I N Ce Li N Es S

Pr In Ce Li N Es S

princess

Pr I N Ce S S

Pr In Ce S S

Pr I N C Es S

Pr In C Es S

princesse

Pr I N Ce S Se

Pr In Ce S Se

Pr I N C Es Se

Pr In C Es Se

principal

Pr I N C I P Al

Pr In C I P Al

principalities

Pr I N C I P Al I Ti Es

Pr In C I P Al I Ti Es

Pr I N C I Pa Li Ti Es

Pr In C I Pa Li Ti Es

principalness

Pr I N C I P Al Ne S S

Pr In C I P Al Ne S S

Pr I N C I P Al N Es S

Pr In C I P Al N Es S

principate

Pr I N C I Pa Te

Pr In C I Pa Te

principial

Pr I N C I P I Al

Pr In C I P I Al

principiation

Pr I N C I P I At I O N

Pr In C I P I At I O N

princock

Pr I N C O C K

Pr In C O C K

Pr I N Co C K

Pr In Co C K

prink

Pr I N K

Pr In K

prinker

Pr I N K Er

Pr In K Er

printless

Pr I N Tl Es S

Pr In Tl Es S

priorate

Pr I O Ra Te

prioress

Pr I O Re S S

pris

Pr I S

prise

Pr I Se

priser

Pr I S Er

prism

Pr I Sm

prismatic

Pr I Sm At I C

prismatical

Pr I Sm At I C Al

prismy

Pr I Sm Y

prison

Pr I S O N

prisoner

Pr I S O N Er

pristinate

Pr I S Ti Na Te

pristine

Pr I S Ti Ne

pritch

Pr I Tc H

privacies

Pr I V Ac I Es

privacy

Pr I V Ac Y

privation

Pr I V At I O N

privies

Pr I V I Es

privities

Pr I V I Ti Es

privy

Pr I V Y

pro

Pr O

proach

Pr O Ac H

proatlas

Pr O At La S

probabilism

Pr O Ba B I Li Sm

Pr O Ba Bi Li Sm

probabilities

Pr O Ba B I Li Ti Es

Pr O Ba Bi Li Ti Es

probacy

Pr O Ba C Y

Pr O B Ac Y

probal

Pr O B Al

probate

Pr O Ba Te

probation

Pr O B At I O N

Pr O Ba Ti O N

probational

Pr O B At I O N Al

Pr O Ba Ti O N Al

probationary

Pr O B At I O N Ar Y

Pr O Ba Ti O N Ar Y

probationer

Pr O B At I O N Er

Pr O Ba Ti O N Er

probationership

Pr O B At I O N Er S H I P

Pr O Ba Ti O N Er S H I P

probationship

Pr O B At I O N S H I P

Pr O Ba Ti O N S H I P

probe

Pr O Be

proboscis

Pr O B O S C I S

Pr O B Os C I S

Pr O B O Sc I S

procacious

Pr O Ca C I O U S

Pr O C Ac I O U S

procatarctic

Pr O C At Ar C Ti C

procephalic

Pr O Ce P H Al I C

proception

Pr O Ce Pt I O N

Pr O Ce P Ti O N

procere

Pr O Ce Re

proceres

Pr O Ce Re S

Pr O C Er Es

procerite

Pr O C Er I Te

process

Pr O Ce S S

Pr O C Es S

procession

Pr O Ce S S I O N

Pr O C Es S I O N

Pr O Ce S Si O N

Pr O C Es Si O N

processional

Pr O Ce S S I O N Al

Pr O C Es S I O N Al

Pr O Ce S Si O N Al

Pr O C Es Si O N Al

processionary

Pr O Ce S S I O N Ar Y

Pr O C Es S I O N Ar Y

Pr O Ce S Si O N Ar Y

Pr O C Es Si O N Ar Y

processioner

Pr O Ce S S I O N Er

Pr O C Es S I O N Er

Pr O Ce S Si O N Er

Pr O C Es Si O N Er

procesverbal

Pr O Ce S V Er B Al

Pr O C Es V Er B Al

prochein

Pr O C He I N

Pr O C He In

proclamation

Pr O Cl Am At I O N

proclitic

Pr O Cl I Ti C

Pr O C Li Ti C

proclivous

Pr O Cl I V O U S

Pr O C Li V O U S

proconsulate

Pr O C O N S U La Te

Pr O Co N S U La Te

procrastinate

Pr O C Ra S Ti Na Te

Pr O Cr As Ti Na Te

procrastination

Pr O C Ra S Ti N At I O N

Pr O Cr As Ti N At I O N

Pr O C Ra S Ti Na Ti O N

Pr O Cr As Ti Na Ti O N

procrastine

Pr O C Ra S Ti Ne

Pr O Cr As Ti Ne

procreation

Pr O C Re At I O N

procris

Pr O Cr I S

procrustes

Pr O Cr U S Te S

Pr O C Ru S Te S

proctitis

Pr O C Ti Ti S

procuracies

Pr O C U Ra C I Es

Pr O Cu Ra C I Es

procuracy

Pr O C U Ra C Y

Pr O Cu Ra C Y

procuration

Pr O C U Ra Ti O N

Pr O Cu Ra Ti O N

procure

Pr O C U Re

Pr O Cu Re

procuress

Pr O C U Re S S

Pr O Cu Re S S

procyon

Pr O C Y O N

profection

Pr O Fe C Ti O N

profectitious

Pr O Fe C Ti Ti O U S

profess

Pr O Fe S S

Pr O F Es S

profession

Pr O Fe S S I O N

Pr O F Es S I O N

Pr O Fe S Si O N

Pr O F Es Si O N

professional

Pr O Fe S S I O N Al

Pr O F Es S I O N Al

Pr O Fe S Si O N Al

Pr O F Es Si O N Al

professionalism

Pr O Fe S S I O N Al I Sm

Pr O F Es S I O N Al I Sm

Pr O Fe S Si O N Al I Sm

Pr O F Es Si O N Al I Sm

Pr O Fe S S I O Na Li Sm

Pr O F Es S I O Na Li Sm

Pr O Fe S Si O Na Li Sm

Pr O F Es Si O Na Li Sm

proffer

Pr O F F Er

profferer

Pr O F F Er Er

proficuous

Pr O F I C U O U S

Pr O F I Cu O U S

profitless

Pr O F I Tl Es S

profligacy

Pr O Fl I Ga C Y

Pr O F Li Ga C Y

profligate

Pr O Fl I Ga Te

Pr O F Li Ga Te

profligateness

Pr O Fl I Ga Te Ne S S

Pr O F Li Ga Te Ne S S

Pr O Fl I Ga Te N Es S

Pr O F Li Ga Te N Es S

profligation

Pr O Fl I Ga Ti O N

Pr O F Li Ga Ti O N

profound

Pr O F O U Nd

profoundness

Pr O F O U Nd Ne S S

Pr O F O U Nd N Es S

profuse

Pr O F U Se

profuseness

Pr O F U Se Ne S S

Pr O F U Se N Es S

profusion

Pr O F U S I O N

Pr O F U Si O N

progenerate

Pr O Ge Ne Ra Te

progeneration

Pr O Ge N Er At I O N

Pr O Ge Ne Ra Ti O N

progeny

Pr O Ge N Y

prohibition

Pr O H I B I Ti O N

Pr O H I Bi Ti O N

proin

Pr O I N

Pr O In

prolapse

Pr O La P Se

prolapsion

Pr O La P S I O N

Pr O La P Si O N

prolapsus

Pr O La P S U S

prolata

Pr O La Ta

prolate

Pr O La Te

prolation

Pr O La Ti O N

proliferate

Pr O Li Fe Ra Te

proliferation

Pr O Li F Er At I O N

Pr O Li Fe Ra Ti O N

proliferous

Pr O Li F Er O U S

prolific

Pr O Li F I C

prolificacy

Pr O Li F I Ca C Y

Pr O Li F I C Ac Y

prolifical

Pr O Li F I C Al

prolificate

Pr O Li F I Ca Te

prolification

Pr O Li F I C At I O N

Pr O Li F I Ca Ti O N

prolificness

Pr O Li F I C Ne S S

Pr O Li F I C N Es S

Pr O Li F I Cn Es S

prolusion

Pr O Lu S I O N

Pr O Lu Si O N

promote

Pr O Mo Te

promover

Pr O Mo V Er

promt

Pr O Mt

pronaos

Pr O Na O S

Pr O Na Os

pronate

Pr O Na Te

pronation

Pr O N At I O N

Pr O Na Ti O N

prone

Pr O Ne

proneness

Pr O Ne Ne S S

Pr O Ne N Es S

prononce

Pr O N O N Ce

Pr O No N Ce

pronota

Pr O N O Ta

Pr O No Ta

pronoun

Pr O N O U N

Pr O No U N

pronounce

Pr O N O U N Ce

Pr O No U N Ce

pronouncer

Pr O N O U N C Er

Pr O No U N C Er

pronubial

Pr O N U B I Al

Pr O N U Bi Al

pronucleus

Pr O N U Cl Eu S

pronuncial

Pr O N U N C I Al

pronunciation

Pr O N U N C I At I O N

proof

Pr O O F

proofless

Pr O O Fl Es S

prootic

Pr O O Ti C

prop

Pr O P

propagandism

Pr O Pa Ga Nd I Sm

propagate

Pr O Pa Ga Te

propagation

Pr O P Ag At I O N

Pr O Pa Ga Ti O N

propagula

Pr O P Ag U La

propane

Pr O Pa Ne

proper

Pr O P Er

properation

Pr O P Er At I O N

properness

Pr O P Er Ne S S

Pr O P Er N Es S

properties

Pr O P Er Ti Es

prophasis

Pr O P H As I S

prophecies

Pr O P He C I Es

prophecy

Pr O P He C Y

prophesier

Pr O P He S I Er

Pr O P H Es I Er

Pr O P He Si Er

prophesy

Pr O P He S Y

Pr O P H Es Y

prophetess

Pr O P He Te S S

prophetic

Pr O P He Ti C

prophetical

Pr O P He Ti C Al

propheticalness

Pr O P He Ti C Al Ne S S

Pr O P He Ti C Al N Es S

prophylactic

Pr O P H Y La C Ti C

prophylactical

Pr O P H Y La C Ti C Al

propice

Pr O P I Ce

propination

Pr O P I N At I O N

Pr O P In At I O N

Pr O P I Na Ti O N

propine

Pr O P I Ne

propiolate

Pr O P I O La Te

propiolic

Pr O P I O Li C

propionate

Pr O P I O Na Te

propione

Pr O P I O Ne

propionic

Pr O P I O N I C

Pr O P I O Ni C

propitiation

Pr O P I Ti At I O N

propitious

Pr O P I Ti O U S

proplasm

Pr O P La Sm

proplastic

Pr O P La S Ti C

proplastics

Pr O P La S Ti C S

Pr O P La S Ti Cs

propolis

Pr O P O Li S

Pr O Po Li S

propone

Pr O P O Ne

Pr O Po Ne

proposal

Pr O P O S Al

Pr O Po S Al

Pr O P Os Al

propose

Pr O P O Se

Pr O Po Se

proposer

Pr O P O S Er

Pr O Po S Er

Pr O P Os Er

proposition

Pr O P O S I Ti O N

Pr O Po S I Ti O N

Pr O P Os I Ti O N

Pr O P O Si Ti O N

Pr O Po Si Ti O N

propositional

Pr O P O S I Ti O N Al

Pr O Po S I Ti O N Al

Pr O P Os I Ti O N Al

Pr O P O Si Ti O N Al

Pr O Po Si Ti O N Al

propound

Pr O P O U Nd

Pr O Po U Nd

propounder

Pr O P O U Nd Er

Pr O Po U Nd Er

props

Pr O P S

propyla

Pr O P Y La

propylic

Pr O P Y Li C

prorata

Pr O Ra Ta

prorate

Pr O Ra Te

prore

Pr O Re

prorenal

Pr O Re N Al

proreption

Pr O Re Pt I O N

Pr O Re P Ti O N

prorhinal

Pr O Rh I N Al

Pr O Rh In Al

proruption

Pr O Ru Pt I O N

Pr O Ru P Ti O N

prosal

Pr O S Al

Pr Os Al

proscolices

Pr O S C O Li Ce S

Pr Os C O Li Ce S

Pr O Sc O Li Ce S

Pr O S Co Li Ce S

Pr Os Co Li Ce S

Pr O S C O Li C Es

Pr Os C O Li C Es

Pr O Sc O Li C Es

Pr O S Co Li C Es

Pr Os Co Li C Es

proscribe

Pr O S Cr I Be

Pr Os Cr I Be

proscriber

Pr O S Cr I B Er

Pr Os Cr I B Er

proscript

Pr O S Cr I Pt

Pr Os Cr I Pt

proscription

Pr O S Cr I Pt I O N

Pr Os Cr I Pt I O N

Pr O S Cr I P Ti O N

Pr Os Cr I P Ti O N

proscriptional

Pr O S Cr I Pt I O N Al

Pr Os Cr I Pt I O N Al

Pr O S Cr I P Ti O N Al

Pr Os Cr I P Ti O N Al

prose

Pr O Se

prosecute

Pr O Se C U Te

Pr O Se Cu Te

prosecution

Pr O Se C U Ti O N

Pr O Se Cu Ti O N

prosencephalic

Pr O Se N Ce P H Al I C

prosencephalon

Pr O Se N Ce P H Al O N

proser

Pr O S Er

Pr Os Er

prosiness

Pr O S I Ne S S

Pr Os I Ne S S

Pr O Si Ne S S

Pr O S I N Es S

Pr Os I N Es S

Pr O Si N Es S

Pr O S In Es S

Pr Os In Es S

prosiphon

Pr O S I P H O N

Pr Os I P H O N

Pr O Si P H O N

Pr O S I P Ho N

Pr Os I P Ho N

Pr O Si P Ho N

proslavery

Pr O S La V Er Y

Pr Os La V Er Y

prosobranch

Pr O S O B Ra N C H

Pr Os O B Ra N C H

prosody

Pr O S O Dy

Pr Os O Dy

prosper

Pr O S P Er

Pr Os P Er

prosperous

Pr O S P Er O U S

Pr Os P Er O U S

prosphysis

Pr O S P H Y S I S

Pr Os P H Y S I S

Pr O S P H Y Si S

Pr Os P H Y Si S

prostate

Pr O S Ta Te

Pr Os Ta Te

prostatic

Pr O S Ta Ti C

Pr Os Ta Ti C

prostatitis

Pr O S Ta Ti Ti S

Pr Os Ta Ti Ti S

prosternation

Pr O S Te Rn At I O N

Pr Os Te Rn At I O N

prosthesis

Pr O S Th Es I S

Pr Os Th Es I S

prosy

Pr O S Y

Pr Os Y

protactic

Pr O Ta C Ti C

protasis

Pr O Ta S I S

Pr O Ta Si S

protatic

Pr O Ta Ti C

protection

Pr O Te C Ti O N

protectionism

Pr O Te C Ti O N I Sm

Pr O Te C Ti O Ni Sm

protege

Pr O Te Ge

protein

Pr O Te I N

Pr O Te In

proteinaceous

Pr O Te I Na Ce O U S

proteinous

Pr O Te I N O U S

Pr O Te In O U S

Pr O Te I No U S

protend

Pr O Te Nd

protense

Pr O Te N Se

protension

Pr O Te N S I O N

Pr O Te N Si O N

proteranthous

Pr O Te Ra N Th O U S

protestancy

Pr O Te S Ta N C Y

protestantical

Pr O Te S Ta N Ti C Al

protestantism

Pr O Te S Ta N Ti Sm

protestantly

Pr O Te S Ta N Tl Y

protestation

Pr O Te S Ta Ti O N

proteus

Pr O Te U S

prothalamion

Pr O Th Al Am I O N

prothalli

Pr O Th Al Li

prothallus

Pr O Th Al Lu S

prothesis

Pr O Th Es I S

prothoracic

Pr O Th O Ra C I C

protista

Pr O Ti S Ta

proustite

Pr O U S Ti Te

prover

Pr O V Er

proverb

Pr O V Er B

proverbial

Pr O V Er B I Al

Pr O V Er Bi Al

proverbialism

Pr O V Er B I Al I Sm

Pr O V Er Bi Al I Sm

province

Pr O V I N Ce

Pr O V In Ce

provincial

Pr O V I N C I Al

Pr O V In C I Al

provincialism

Pr O V I N C I Al I Sm

Pr O V In C I Al I Sm

provine

Pr O V I Ne

provision

Pr O V I S I O N

Pr O V I Si O N

provisional

Pr O V I S I O N Al

Pr O V I Si O N Al

provisionary

Pr O V I S I O N Ar Y

Pr O V I Si O N Ar Y

proviso

Pr O V I S O

provisos

Pr O V I S O S

Pr O V I S Os

provocation

Pr O V O C At I O N

Pr O V O Ca Ti O N

prow

Pr O W

prowess

Pr O W Es S

proxene

Pr O Xe Ne

pruce

Pr U Ce

P Ru Ce

pruinate

Pr U I Na Te

P Ru I Na Te

pruinose

Pr U I N O Se

P Ru I N O Se

Pr U In O Se

P Ru In O Se

Pr U I No Se

P Ru I No Se

pruinous

Pr U I N O U S

P Ru I N O U S

Pr U In O U S

P Ru In O U S

Pr U I No U S

P Ru I No U S

prune

Pr U Ne

P Ru Ne

pruner

Pr U N Er

P Ru N Er

pruniferous

Pr U N I F Er O U S

P Ru N I F Er O U S

Pr U Ni F Er O U S

P Ru Ni F Er O U S

prunus

Pr U N U S

P Ru N U S

prussic

Pr U S S I C

P Ru S S I C

Pr U S Si C

P Ru S Si C

prutenic

Pr U Te N I C

P Ru Te N I C

Pr U Te Ni C

P Ru Te Ni C

pry

Pr Y

prytanes

Pr Y Ta Ne S

Pr Y Ta N Es

prytanis

Pr Y Ta N I S

Pr Y Ta Ni S

prytany

Pr Y Ta N Y

psalmody

P S Al Mo Dy

psarolite

P S Ar O Li Te

psephism

P Se P H I Sm

psoas

P S O As

psora

P S O Ra

psychal

P S Y C H Al

psyche

P S Y C He

psychic

P S Y C H I C

psychical

P S Y C H I C Al

psychics

P S Y C H I C S

P S Y C H I Cs

psychism

P S Y C H I Sm

psychogenesis

P S Y C H O Ge Ne S I S

P S Y C Ho Ge Ne S I S

P S Y C H O Ge N Es I S

P S Y C Ho Ge N Es I S

P S Y C H O Ge Ne Si S

P S Y C Ho Ge Ne Si S

psychopannychism

P S Y C H O-

Pa N N Y C H I Sm

P S Y C Ho Pa N N Y C H I Sm

psychopathy

P S Y C H O P At H Y

P S Y C Ho P At H Y

P S Y C H O Pa Th Y

P S Y C Ho Pa Th Y

psychophysical

P S Y C H O P H Y S I C Al

P S Y C Ho P H Y S I C Al

P S Y C H O P H Y Si C Al

P S Y C Ho P H Y Si C Al

psychophysics

P S Y C H O P H Y S I C S

P S Y C Ho P H Y S I C S

P S Y C H O P H Y Si C S

P S Y C Ho P H Y Si C S

P S Y C H O P H Y S I Cs

P S Y C Ho P H Y S I Cs

P S Y C H O P H Y Si Cs

P S Y C Ho P H Y Si Cs

psychosis

P S Y C H O S I S

P S Y C Ho S I S

P S Y C H Os I S

P S Y C H O Si S

P S Y C Ho Si S

pterichthys

Pt Er I C H Th Y S

pteroceras

Pt Er O Ce Ra S

Pt Er O C Er As

pteron

Pt Er O N

pteropappi
Pt Er O Pa P P I

pterophore
Pt Er O P H O Re
Pt Er O P Ho Re

pterotic
Pt Er O Ti C

pteryla
Pt Er Y La

ptosis
Pt O S I S
Pt Os I S
Pt O Si S

ptyalin
Pt Y Al I N
Pt Y Al In

ptyalism
Pt Y Al I Sm

puberal
P U B Er Al
Pu B Er Al

pubes
P U Be S
Pu Be S
P U B Es
Pu B Es

pubescence
P U Be S Ce N Ce
Pu Be S Ce N Ce
P U B Es Ce N Ce
Pu B Es Ce N Ce

pubescency
P U Be S Ce N C Y
Pu Be S Ce N C Y
P U B Es Ce N C Y
Pu B Es Ce N C Y

pubic
P U B I C
Pu B I C
P U Bi C
Pu Bi C

pubis
P U B I S
Pu B I S
P U Bi S
Pu Bi S

public
P U B Li C
Pu B Li C

publican
P U B Li Ca N
Pu B Li Ca N

publication
P U B Li C At I O N
Pu B Li C At I O N
P U B Li Ca Ti O N
Pu B Li Ca Ti O N

publicly
P U B Li Cl Y
Pu B Li Cl Y

publicness
P U B Li C Ne S S
Pu B Li C Ne S S
P U B Li C N Es S
Pu B Li C N Es S
P U B Li Cn Es S
Pu B Li Cn Es S

publish
P U B Li S H
Pu B Li S H

publisher
P U B Li S H Er
Pu B Li S H Er

puccoon
P U C C O O N
Pu C C O O N
P U C Co O N
Pu C Co O N

puce
P U Ce
Pu Ce

pucelage
P U Ce La Ge
Pu Ce La Ge

puceron
P U C Er O N
Pu C Er O N

pucherite
P U C H Er I Te
Pu C H Er I Te

puck
P U C K
Pu C K

pucker
P U C K Er
Pu C K Er

puckerer
P U C K Er Er
Pu C K Er Er

puckery
P U C K Er Y
Pu C K Er Y

puckish
P U C K I S H
Pu C K I S H

pucras
P U C Ra S
Pu C Ra S
P U Cr As
Pu Cr As

puer
P U Er
Pu Er

puerco
P U Er C O
Pu Er C O
P U Er Co
Pu Er Co

puerilities
P U Er I Li Ti Es
Pu Er I Li Ti Es

puerperal
P U Er P Er Al
Pu Er P Er Al

puerperous
P U Er P Er O U S
Pu Er P Er O U S

puff
P U F F
Pu F F

puffer
P U F F Er
Pu F F Er

puffery
P U F F Er Y
Pu F F Er Y

puffin
P U F F I N
Pu F F I N
P U F F In
Pu F F In

puffiness

P U F F I Ne S S

Pu F F I Ne S S

P U F F I N Es S

Pu F F I N Es S

P U F F In Es S

Pu F F In Es S

puffy

P U F F Y

Pu F F Y

puh

P U H

Pu H

puisne

P U I S Ne

Pu I S Ne

puisny

P U I S N Y

Pu I S N Y

P U I Sn Y

Pu I Sn Y

puker

P U K Er

Pu K Er

pulas

P U La S

Pu La S

pulicene

P U Li Ce Ne

Pu Li Ce Ne

pulicose

P U Li C O Se

Pu Li C O Se

P U Li Co Se

Pu Li Co Se

pulicous

P U Li C O U S

Pu Li C O U S

P U Li Co U S

Pu Li Co U S

pulu

P U Lu

Pu Lu

pulverine

P U Lv Er I Ne

Pu Lv Er I Ne

pulverous

P U Lv Er O U S

Pu Lv Er O U S

pulvinar

P U Lv I N Ar

Pu Lv I N Ar

P U Lv In Ar

Pu Lv In Ar

pulvinate

P U Lv I Na Te

Pu Lv I Na Te

pulvinic

P U Lv I N I C

Pu Lv I N I C

P U Lv In I C

Pu Lv In I C

P U Lv I Ni C

Pu Lv I Ni C

pulvinuli

P U Lv I N U Li

Pu Lv I N U Li

P U Lv In U Li

Pu Lv In U Li

pulvinulus

P U Lv I N U Lu S

Pu Lv I N U Lu S

P U Lv In U Lu S

Pu Lv In U Lu S

pun

P U N

Pu N

punch

P U N C H

Pu N C H

puncheon

P U N C He O N

Pu N C He O N

puncher

P U N C H Er

Pu N C H Er

punchin

P U N C H I N

Pu N C H I N

P U N C H In

Pu N C H In

punchy

P U N C H Y

Pu N C H Y

punctilio

P U N C Ti Li O

Pu N C Ti Li O

punctilios

P U N C Ti Li O S

Pu N C Ti Li O S

P U N C Ti Li Os

Pu N C Ti Li Os

punctilious

P U N C Ti Li O U S

Pu N C Ti Li O U S

punction

P U N C Ti O N

Pu N C Ti O N

punese

P U Ne Se

Pu Ne Se

pungence

P U N Ge N Ce

Pu N Ge N Ce

pungency

P U N Ge N C Y

Pu N Ge N C Y

pungently

P U N Ge N Tl Y

Pu N Ge N Tl Y

punic

P U N I C

Pu N I C

P U Ni C

Pu Ni C

punice

P U N I Ce

Pu N I Ce

P U Ni Ce

Pu Ni Ce

puniceous

P U N I Ce O U S

Pu N I Ce O U S

P U Ni Ce O U S

Pu Ni Ce O U S

punicial

P U N I C I Al

Pu N I C I Al

P U Ni C I Al

Pu Ni C I Al

puniness
P U N I Ne S S
Pu N I Ne S S
P U Ni Ne S S
Pu Ni Ne S S
P U N I N Es S
Pu N I N Es S
P U Ni N Es S
Pu Ni N Es S
P U N In Es S
Pu N In Es S

punish
P U N I S H
Pu N I S H
P U Ni S H
Pu Ni S H

punisher
P U N I S H Er
Pu N I S H Er
P U Ni S H Er
Pu Ni S H Er

punition
P U N I Ti O N
Pu N I Ti O N
P U Ni Ti O N
Pu Ni Ti O N

punk
P U N K
Pu N K

punkin
P U N K I N
Pu N K I N
P U N K In
Pu N K In

punner
P U N N Er
Pu N N Er

puny
P U N Y
Pu N Y

puoy
P U O Y
Pu O Y

pup
P U P
Pu P

pupa
P U Pa
Pu Pa

pupal
P U P Al
Pu P Al

pupas
P U Pa S
Pu Pa S
P U P As
Pu P As

pupate
P U Pa Te
Pu Pa Te

pupation
P U P At I O N
Pu P At I O N
P U Pa Ti O N
Pu Pa Ti O N

pupilage
P U P I La Ge
Pu P I La Ge

pupipara
P U P I Pa Ra
Pu P I Pa Ra

pupiparous
P U P I P Ar O U S
Pu P I P Ar O U S

pupivora
P U P I V O Ra
Pu P I V O Ra

puplican
P U P Li Ca N
Pu P Li Ca N

puppies
P U P P I Es
Pu P P I Es

puppy
P U P P Y
Pu P P Y

puppyish
P U P P Y I S H
Pu P P Y I S H

puppyism
P U P P Y I Sm
Pu P P Y I Sm

purana
P U Ra Na
Pu Ra Na

puranic
P U Ra N I C
Pu Ra N I C
P U Ra Ni C
Pu Ra Ni C

purblind
P U Rb Li Nd
Pu Rb Li Nd

pure
P U Re
Pu Re

pureness
P U Re Ne S S
Pu Re Ne S S
P U Re N Es S
Pu Re N Es S

purgation
P U Rg At I O N
Pu Rg At I O N

purger
P U Rg Er
Pu Rg Er

purgery
P U Rg Er Y
Pu Rg Er Y

pus
P U S
Pu S

puseyism
P U Se Y I Sm
Pu Se Y I Sm

puseyistic
P U Se Y I S Ti C
Pu Se Y I S Ti C

puseyite
P U Se Y I Te
Pu Se Y I Te

push
P U S H
Pu S H

pusher
P U S H Er
Pu S H Er

pushpin
P U S H P I N
Pu S H P I N
P U S H P In
Pu S H P In

puss

P U S S

Pu S S

pussy

P U S S Y

Pu S S Y

putage

P U Ta Ge

Pu Ta Ge

putanism

P U Ta N I Sm

Pu Ta N I Sm

P U Ta Ni Sm

Pu Ta Ni Sm

putchuck

P U Tc H U C K

Pu Tc H U C K

puteal

P U Te Al

Pu Te Al

puteli

P U Te Li

Pu Te Li

puy

P U Y

Pu Y

pycnite

P Y C N I Te

P Y Cn I Te

P Y C Ni Te

pygarg

P Y Ga Rg

pygargus

P Y Ga Rg U S

pyin

P Y I N

P Y In

pykar

P Y K Ar

pyla

P Y La

pylas

P Y La S

pyne

P Y Ne

pynoun

P Y N O U N

P Y No U N

pyogenic

P Y O Ge N I C

P Y O Ge Ni C

pyracanth

P Y Ra Ca N Th

pyre

P Y Re

pyrena

P Y Re Na

pyrene

P Y Re Ne

pyretic

P Y Re Ti C

pyrula

P Y Ru La

pyrus

P Y Ru S

pyruvic

P Y Ru V I C

pythocenic

P Y Th O Ce N I C

P Y Th O Ce Ni C

python

P Y Th O N

pythoness

P Y Th O Ne S S

P Y Th O N Es S

pythonic

P Y Th O N I C

P Y Th O Ni C

pythonism

P Y Th O N I Sm

P Y Th O Ni Sm

Q

{There are no "Q" elements}

R

ra

Ra

raash

Ra As H

rab

Ra B

rabat

Ra B At

rabate

Ra Ba Te

rabatine

Ra B At I Ne

Ra Ba Ti Ne

rabato

Ra B At O

rabbate

Ra B Ba Te

rabbi

Ra B B I

Ra B Bi

rabbies

Ra B B I Es

Ra B Bi Es

rabbinic

Ra B B I N I C

Ra B Bi N I C

Ra B B In I C

Ra B B I Ni C

Ra B Bi Ni C

rabbinical

Ra B B I N I C Al

Ra B Bi N I C Al

Ra B B In I C Al

Ra B B I Ni C Al

Ra B Bi Ni C Al

rabbinism

Ra B B I N I Sm

Ra B Bi N I Sm

Ra B B In I Sm

Ra B B I Ni Sm

Ra B Bi Ni Sm

rabbinite

Ra B B I N I Te

Ra B Bi N I Te

Ra B B In I Te

Ra B B I Ni Te

Ra B Bi Ni Te

rabbis

Ra B B I S

Ra B Bi S

rabies

Ra B I Es

Ra Bi Es

rabious

Ra B I O U S

Ra Bi O U S

raca

Ra Ca

raccoon

Ra C C O O N

Ra C Co O N

race

Ra Ce

racemose

Ra Ce Mo Se

racemous

Ra Ce Mo U S

racer

Ra C Er

rach

Ra C H

rache

Ra C He

rachis

Ra C H I S

rachises

Ra C H I Se S

Ra C H I S Es

rachitic

Ra C H I Ti C

rachitis

Ra C H I Ti S

racial

Ra C I Al

raciness

Ra C I Ne S S

Ra C I N Es S

Ra C In Es S

rack

Ra C K

racker

Ra C K Er

racy

Ra C Y

raff
Ra F F
raffinose
Ra F F I N O Se
Ra F F In O Se
Ra F F I No Se
raffish
Ra F F I S H
raffler
Ra F Fl Er
rafte
Ra F Te
ragabash
Ra Ga Ba S H
Ra Ga B As H
ragabrash
Ra Ga B Ra S H
Ra Ga Br As H
rage
Ra Ge
rain
Ra I N
Ra In
rainbow
Ra I N B O W
Ra In B O W
Ra I Nb O W
raininess
Ra I N I Ne S S
Ra In I Ne S S
Ra I Ni Ne S S
Ra I N I N Es S
Ra In I N Es S
Ra I Ni N Es S
Ra I N In Es S
Ra In In Es S
rainy
Ra I N Y
Ra In Y
raip
Ra I P
rais
Ra I S
raise
Ra I Se
raiser
Ra I S Er
raisin
Ra I S I N
Ra I Si N
Ra I S In
raisonne
Ra I S O N Ne
raker
Ra K Er
rakery
Ra K Er Y
rakish
Ra K I S H
rakishness
Ra K I S H Ne S S
Ra K I S H N Es S
ramoon
Ra Mo O N
ramose
Ra Mo Se
ramous
Ra Mo U S
ran
Ra N
rana
Ra Na
ranal
Ra N Al
rance
Ra N Ce
ranch
Ra N C H
ranchero
Ra N C H Er O
rancheros
Ra N C H Er O S
Ra N C H Er Os
rancho
Ra N C H O
Ra N C Ho
ranchos
Ra N C H O S
Ra N C Ho S
Ra N C H Os
rand
Ra Nd
randon
Ra Nd O N
range
Ra N Ge
rani
Ra N I
Ra Ni
ranine
Ra N I Ne
Ra Ni Ne
rank
Ra N K
ranker
Ra N K Er
rankness
Ra N K Ne S S
Ra N K N Es S
ranny
Ra N N Y
ransack
Ra N S Ac K
rantism
Ra N Ti Sm
ranula
Ra N U La
ranunculaceous
Ra N U N C U La Ce O U S
Ra N U N Cu La Ce O U S
ranunculi
Ra N U N C U Li
Ra N U N Cu Li
ranunculus
Ra N U N C U Lu S
Ra N U N Cu Lu S
ranunculuses
Ra N U N C U Lu Se S
Ra N U N Cu Lu Se S
Ra N U N C U Lu S Es
Ra N U N Cu Lu S Es
rap
Ra P
rapaces
Ra Pa Ce S
Ra Pa C Es
Ra P Ac Es
rapacious
Ra Pa C I O U S
Ra P Ac I O U S
raphe
Ra P He

rapier
Ra P I Er

rapine
Ra P I Ne

rapinous
Ra P I N O U S
Ra P In O U S
Ra P I No U S

rappage
Ra P Pa Ge

rapper
Ra P P Er

rapscallion
Ra P S C Al Li O N
Ra P Sc Al Li O N

rapt
Ra Pt

rapter
Ra Pt Er

raptores
Ra Pt O Re S

rapture
Ra Pt U Re

rare
Ra Re

rarefaction
Ra Re F Ac Ti O N

rarefy
Ra Re F Y

rareness
Ra Re Ne S S
Ra Re N Es S

ras
Ra S

rascal
Ra S C Al
Ra Sc Al

rascaless
Ra S C Al Es S
Ra Sc Al Es S

rascalities
Ra S C Al I Ti Es
Ra Sc Al I Ti Es
Ra S Ca Li Ti Es

rascallion
Ra S C Al Li O N
Ra Sc Al Li O N

rase
Ra Se

rash
Ra S H

rasher
Ra S H Er

rashness
Ra S H Ne S S
Ra S H N Es S

rasores
Ra S O Re S

rasp
Ra S P

rasper
Ra S P Er

raspis
Ra S P I S

raspy
Ra S P Y

rasse
Ra S Se

rasure
Ra S U Re

rata
Ra Ta

ratan
Ra Ta N

ratany
Ra Ta N Y

rataplan
Ra Ta P La N

ratch
Ra Tc H

rate
Ra Te

ratepayer
Ra Te Pa Y Er

rath
Ra Th

rather
Ra Th Er

ratification
Ra Ti F I C At I O N
Ra Ti F I Ca Ti O N

ratifier
Ra Ti F I Er

ratify
Ra Ti F Y

ratio
Ra Ti O

ratiocinate
Ra Ti O C I Na Te

ratiocination
Ra Ti O C I N At I O N
Ra Ti O C In At I O N
Ra Ti O C I Na Ti O N

ration
Ra Ti O N

rational
Ra Ti O N Al

rationalism
Ra Ti O N Al I Sm
Ra Ti O Na Li Sm

rationalistic
Ra Ti O N Al I S Ti C
Ra Ti O Na Li S Ti C

rationalistical
Ra Ti O N Al I S Ti C Al
Ra Ti O Na Li S Ti C Al

rationalness
Ra Ti O N Al Ne S S
Ra Ti O N Al N Es S

ratitate
Ra Ti Ta Te

ratite
Ra Ti Te

ratlines
Ra Tl I Ne S
Ra Tl I N Es
Ra Tl In Es

ratlins
Ra Tl I N S
Ra Tl In S

raucous
Ra U C O U S
Ra U Co U S

raunch
Ra U N C H

raunsoun
Ra U N S O U N

ravager
Ra V Ag Er

raver
Ra V Er

ravin
Ra V I N
Ra V In

ravine
Ra V I Ne

ravish
Ra V I S H

ravisher
Ra V I S H Er

raw
Ra W

rawbone
Ra W B O Ne

rawish
Ra W I S H

rawness
Ra W Ne S S
Ra W N Es S

ray
Ra Y

rayon
Ra Y O N

re
Re

reaccess
Re Ac Ce S S
Re Ac C Es S

reaccuse
Re Ac C U Se
Re Ac Cu Se

reach
Re Ac H

reacher
Re Ac H Er

reaction
Re Ac Ti O N

reactionaries
Re Ac Ti O N Ar I Es

reactionary
Re Ac Ti O N Ar Y

real
Re Al

realism
Re Al I Sm

realistic
Re Al I S Ti C

realities
Re Al I Ti Es

realness
Re Al Ne S S
Re Al N Es S

ream
Re Am

reamer
Re Am Er

reamputation
Re Am P U Ta Ti O N
Re Am Pu Ta Ti O N

rear
Re Ar

rearer
Re Ar Er

rearmouse
Re Ar Mo U Se

rearrange
Re Ar Ra N Ge

reascend
Re As Ce Nd

reascension
Re As Ce N S I O N
Re As Ce N Si O N

reason
Re As O N

reasoner
Re As O N Er

reassertion
Re As S Er Ti O N
Re As S Er Ti O

reassurance
Re As S U Ra N Ce

reassure
Re As S U Re

reattach
Re At Ta C H

reattain
Re At Ta I N
Re At Ta In

rebanish
Re Ba N I S H
Re Ba Ni S H

rebaptism
Re Ba Pt I Sm
Re Ba P Ti Sm

rebate
Re Ba Te

rebato
Re B At O

rebec
Re Be C

reboation
Re B O At I O N

reborn
Re B O Rn

rebound
Re B O U Nd

rebrace
Re B Ra Ce

rebreathe
Re B Re At He

rebucous
Re B U C O U S
Re B U Co U S

rebuff
Re B U F F

rebuker
Re B U K Er

rebus
Re B U S

rebuses
Re B U Se S
Re B U S Es

recantation
Re Ca N Ta Ti O N

recapacitate
Re Ca Pa C I Ta Te
Re Ca P Ac I Ta Te

recapper
Re Ca P P Er

recaption
Re Ca Pt I O N
Re Ca P Ti O N

recapture
Re Ca Pt U Re

recarnify
Re C Ar N I F Y
Re Ca Rn I F Y
Re C Ar Ni F Y

recche
Re C C He

receipt
Re Ce I Pt

receiver
Re Ce I V Er

receivership

Re Ce I V Er S H I P

recency

Re Ce N C Y

recense

Re Ce N Se

recension

Re Ce N S I O N

Re Ce N Si O N

recently

Re Ce N Tl Y

receptacula

Re Ce P Ta C U La

Re Ce Pt Ac U La

Re Ce P Ta Cu La

receptary

Re Ce Pt Ar Y

reception

Re Ce Pt I O N

Re Ce P Ti O N

recess

Re Ce S S

Re C Es S

recession

Re Ce S S I O N

Re C Es S I O N

Re Ce S Si O N

Re C Es Si O N

recessional

Re Ce S S I O N Al

Re C Es S I O N Al

Re Ce S Si O N Al

Re C Es Si O N Al

recharge

Re C H Ar Ge

recheat

Re C He At

recherche

Re C H Er C He

rechoose

Re C H O O Se

Re C Ho O Se

recipes

Re C I P Es

reciprocal

Re C I Pr O C Al

reciprocalness

Re C I Pr O C Al Ne S S

Re C I Pr O C Al N Es S

reciprocate

Re C I Pr O Ca Te

reciprocation

Re C I Pr O C At I O N

Re C I Pr O Ca Ti O N

reciprocornous

Re C I Pr O C O Rn O U S

Re C I Pr O Co Rn O U S

reciprocous

Re C I Pr O C O U S

Re C I Pr O Co U S

reciprok

Re C I Pr O K

recision

Re C I S I O N

Re C I Si O N

recitation

Re C I Ta Ti O N

recitativo

Re C I Ta Ti V O

recite

Re C I Te

reck

Re C K

reckon

Re C K O N

reckoner

Re C K O N Er

reclamation

Re Cl Am At I O N

reclasp

Re C La S P

Re Cl As P

reclinate

Re Cl I Na Te

Re C Li Na Te

reclination

Re Cl I N At I O N

Re C Li N At I O N

Re Cl In At I O N

Re Cl I Na Ti O N

Re C Li Na Ti O N

recline

Re Cl I Ne

Re C Li Ne

recliner

Re Cl I N Er

Re C Li N Er

Re Cl In Er

reclose

Re Cl O Se

recluse

Re Cl U Se

Re C Lu Se

recluseness

Re Cl U Se Ne S S

Re C Lu Se Ne S S

Re Cl U Se N Es S

Re C Lu Se N Es S

reclusion

Re Cl U S I O N

Re C Lu S I O N

Re Cl U Si O N

Re C Lu Si O N

recoction

Re C O C Ti O N

Re Co C Ti O N

recoin

Re C O I N

Re Co I N

Re C O In

Re Co In

recoinage

Re C O I Na Ge

Re Co I Na Ge

reconciliation

Re C O N C I Li At I O N

Re Co N C I Li At I O N

recondite

Re C O Nd I Te

Re Co Nd I Te

reconsecrate

Re C O N Se C Ra Te

Re Co N Se C Ra Te

reconsecration

Re C O N Se Cr At I O N

Re Co N Se Cr At I O N

Re C O N Se C Ra Ti O N

Re Co N Se C Ra Ti O N

reconsolate

Re C O N S O La Te

Re Co N S O La Te

reconversion
Re C O N V Er S I O N
Re Co N V Er S I O N
Re C O N V Er Si O N
Re Co N V Er Si O N

recopy
Re C O P Y
Re Co P Y

recouch
Re C O U C H
Re Co U C H

recoup
Re C O U P
Re Co U P

recouper
Re C O U P Er
Re Co U P Er

recover
Re C O V Er
Re Co V Er

recoverer
Re C O V Er Er
Re Co V Er Er

recovery
Re C O V Er Y
Re Co V Er Y

recreation
Re C Re At I O N

recross
Re Cr O S S
Re Cr Os S

recti
Re C Ti

rectification
Re C Ti F I C At I O N
Re C Ti F I Ca Ti O N

rectifier
Re C Ti F I Er

rectify
Re C Ti F Y

rectilineal
Re C Ti Li Ne Al

rectilinear
Re C Ti Li Ne Ar

rectilineous
Re C Ti Li Ne O U S

rection
Re C Ti O N

rectiserial
Re C Ti S Er I Al

rectitis
Re C Ti Ti S

recubation
Re C U B At I O N
Re Cu B At I O N
Re C U Ba Ti O N
Re Cu Ba Ti O N

recuperation
Re C U P Er At I O N
Re Cu P Er At I O N

recure
Re C U Re
Re Cu Re

recusation
Re C U S At I O N
Re Cu S At I O N

recuse
Re C U Se
Re Cu Se

recussion
Re C U S S I O N
Re Cu S S I O N
Re C U S Si O N
Re Cu S Si O N

redback
Re Db Ac K

redskin
Re Ds K I N
Re Ds K In

reermouse
Re Er Mo U Se

reestablish
Re Es Ta B Li S H

reestablisher
Re Es Ta B Li S H Er

reestate
Re Es Ta Te

refaction
Re F Ac Ti O N

refar
Re F Ar

refashion
Re F As H I O N

refasten
Re F As Te N

refection
Re Fe C Ti O N

refer
Re F Er

reference
Re Fe Re N Ce

referendary
Re Fe Re Nd Ar Y

referential
Re Fe Re N Ti Al

refind
Re F I Nd

refine
Re F I Ne

refiner
Re F I N Er
Re F In Er

refineries
Re F I N Er I Es
Re F In Er I Es

refinery
Re F I N Er Y
Re F In Er Y

refloat
Re Fl O At

reflorescence
Re Fl O Re S Ce N Ce

reflow
Re Fl O W

reflower
Re Fl O W Er

reflueus
Re Fl U Eu S
Re F Lu Eu S

reforger
Re F O Rg Er

refossion
Re F O S S I O N
Re F Os S I O N
Re F O S Si O N
Re F Os Si O N

refound
Re F O U Nd

refounder
Re F O U Nd Er

refraction
Re F Ra C Ti O N
Re Fr Ac Ti O N

refragate
Re F Ra Ga Te

refrain
Re F Ra I N
Re F Ra In

refrainer
Re F Ra I N Er
Re F Ra In Er

refrenation
Re F Re N At I O N
Re F Re Na Ti O N

refresh
Re F Re S H
Re Fr Es H

refresher
Re F Re S H Er
Re Fr Es H Er

refrication
Re Fr I C At I O N
Re Fr I Ca Ti O N

refrigerate
Re Fr I Ge Ra Te

refrigeration
Re Fr I Ge Ra Ti O N

refringency
Re Fr I N Ge N C Y
Re Fr In Ge N C Y

refuge
Re F U Ge

refund
Re F U Nd

refunder
Re F U Nd Er

refurbish
Re F U Rb I S H

refurnish
Re F U Rn I S H

refusal
Re F U S Al

refuse
Re F U Se

refuser
Re F U S Er

refusion
Re F U S I O N
Re F U Si O N

refutation
Re F U Ta Ti O N

refute
Re F U Te

regain
Re Ga I N
Re Ga In

regalism
Re Ga Li Sm

regather
Re Ga Th Er

regelate
Re Ge La Te

regelation
Re Ge La Ti O N

regence
Re Ge N Ce

regencies
Re Ge N C I Es

regency
Re Ge N C Y

regeneracy
Re Ge Ne Ra C Y
Re Ge N Er Ac Y

regenerate
Re Ge Ne Ra Te

regenerateness
Re Ge Ne Ra Te Ne S S
Re Ge Ne Ra Te N Es S

regeneration
Re Ge N Er At I O N
Re Ge Ne Ra Ti O N

regenesis
Re Ge Ne S I S
Re Ge N Es I S
Re Ge Ne Si S

regentess
Re Ge N Te S S

reges
Re Ge S

rehash
Re H As H

rehear
Re He Ar

rehearsal
Re He Ar S Al

rehearse
Re He Ar Se

rehearser
Re He Ar S Er

reheat
Re He At

rehibition
Re H I B I Ti O N
Re H I Bi Ti O N

rehire
Re H I Re

rei
Re I

reichsrath
Re I C H Sr At H
Re I C H S Ra Th
Re I C Hs Ra Th

reichsstand
Re I C H S S Ta Nd
Re I C Hs S Ta Nd

reif
Re I F

rein
Re I N
Re In

reinduce
Re I Nd U Ce

reinfectious
Re I N Fe C Ti O U S
Re In Fe C Ti O U S

reinfund
Re I N F U Nd
Re In F U Nd

reins
Re I N S
Re In S

reinsertion
Re I N S Er Ti O N
Re In S Er Ti O N

reinspire
Re I N S P I Re
Re In S P I Re

reinstate
Re I N S Ta Te
Re In S Ta Te

reinstation
Re I N S Ta Ti O N
Re In S Ta Ti O N

reinsurance
Re I N S U Ra N Ce
Re In S U Ra N Ce

reinsure
Re I N S U Re
Re In S U Re
reinvestigate
Re I N V Es Ti Ga Te
Re In V Es Ti Ga Te
reis
Re I S
reiseffendi
Re I Se F Fe Nd I
reiterate
Re I Te Ra Te
reiteration
Re I Te Ra Ti O N
reiver
Re I V Er
rekne
Re K Ne
relais
Re La I S
reland
Re La Nd
relapse
Re La P Se
relapser
Re La P S Er
relate
Re La Te
relation
Re La Ti O N
relational
Re La Ti O N Al
relationship
Re La Ti O N S H I P
relay
Re La Y
relic
Re Li C
relicly
Re Li Cl Y
reliction
Re Li C Ti O N
relier
Re Li Er
relik
Re Li K
relish
Re Li S H

reluctance
Re Lu C Ta N Ce
reluctancy
Re Lu C Ta N C Y
reluctantly
Re Lu C Ta N Tl Y
reluctate
Re Lu C Ta Te
reluctation
Re Lu C Ta Ti O N
remora
Re Mo Ra
remorate
Re Mo Ra Te
remote
Re Mo Te
remotion
Re Mo Ti O N
removal
Re Mo V Al
remover
Re Mo V Er
ren
Re N
renal
Re N Al
renascence
Re Na S Ce N Ce
Re N As Ce N Ce
renascency
Re Na S Ce N C Y
Re N As Ce N C Y
renate
Re Na Te
renavigate
Re Na V I Ga Te
renay
Re Na Y
rend
Re Nd
render
Re Nd Er
renderer
Re Nd Er Er
rendition
Re Nd I Ti O N
renegation
Re Ne Ga Ti O N

renege
Re Ne Ge
renew
Re Ne W
renewal
Re Ne W Al
renewer
Re Ne W Er
renitence
Re N I Te N Ce
Re Ni Te N Ce
renitency
Re N I Te N C Y
Re Ni Te N C Y
renne
Re N Ne
renner
Re N N Er
rennin
Re N N I N
Re N Ni N
Re N N In
renounce
Re N O U N Ce
Re No U N Ce
renouncer
Re N O U N C Er
Re No U N C Er
renovation
Re N O V At I O N
Re No V At I O N
renown
Re N O W N
Re No W N
renowner
Re N O W N Er
Re No W N Er
rensselaerite
Re N S Se La Er I Te
rentage
Re N Ta Ge
rente
Re N Te
rentier
Re N Ti Er
renunciation
Re N U N C I At I O N

renverse
Re N V Er Se

renvoy
Re N V O Y

reobtain
Re O B Ta I N
Re O B Ta In

reoccupy
Re O C C U P Y
Re O C Cu P Y

reoppose
Re O P P O Se
Re O P Po Se

rep
Re P

repace
Re Pa Ce

repacify
Re Pa C I F Y
Re P Ac I F Y

repack
Re Pa C K
Re P Ac K

repacker
Re Pa C K Er
Re P Ac K Er

repair
Re Pa Ir

repairer
Re Pa Ir Er

repand
Re Pa Nd

reparation
Re P Ar At I O N
Re Pa Ra Ti O N

repass
Re Pa S S
Re P As S

repay
Re Pa Y

reperception
Re P Er Ce Pt I O N
Re P Er Ce P Ti O N

repercuss
Re P Er C U S S
Re P Er Cu S S

repercussion
Re P Er C U S S I O N
Re P Er Cu S S I O N
Re P Er C U S Si O N
Re P Er Cu S Si O N

repertitious
Re P Er Ti Ti O U S

reperusal
Re P Er U S Al

reperuse
Re P Er U Se

repine
Re P I Ne

repiner
Re P I N Er
Re P In Er

replace
Re P La Ce

replantation
Re P La N Ta Ti O N

replica
Re P Li Ca

replicate
Re P Li Ca Te

replication
Re P Li C At I O N
Re P Li Ca Ti O N

replier
Re P Li Er

replies
Re P Li Es

repolish
Re P O Li S H
Re Po Li S H

repone
Re P O Ne
Re Po Ne

repopulation
Re P O P U La Ti O N
Re Po P U La Ti O N
Re P O Pu La Ti O N
Re Po Pu La Ti O N

reposal
Re P O S Al
Re Po S Al
Re P Os Al

repose
Re P O Se
Re Po Se

reposer
Re P O S Er
Re Po S Er
Re P Os Er

reposition
Re P O S I Ti O N
Re Po S I Ti O N
Re P Os I Ti O N
Re P O Si Ti O N
Re Po Si Ti O N

repossess
Re P O S Se S S
Re Po S Se S S
Re P Os Se S S
Re P O S S Es S
Re Po S S Es S
Re P Os S Es S

repossession
Re P O S Se S S I O N
Re Po S Se S S I O N
Re P Os Se S S I O N
Re P O S S Es S I O N
Re Po S S Es S I O N
Re P Os S Es S I O N
Re P O S Se S Si O N
Re Po S Se S Si O N
Re P Os Se S Si O N
Re P O S S Es Si O N
Re Po S S Es Si O N
Re P Os S Es Si O N

reposure
Re P O S U Re
Re Po S U Re
Re P Os U Re

repousse
Re P O U S Se
Re Po U S Se

reprefe
Re P Re Fe

reprehend
Re P Re He Nd

reprehender
Re P Re He Nd Er

reprehension
Re P Re He N S I O N
Re P Re He N Si O N

representance
Re P Re Se N Ta N Ce

representation
Re P Re Se N Ta Ti O N

representationary
Re P Re Se N Ta Ti O N Ar Y

repress
Re P Re S S
Re Pr Es S

represser
Re P Re S S Er
Re Pr Es S Er

repression
Re P Re S S I O N
Re Pr Es S I O N
Re P Re S Si O N
Re Pr Es Si O N

reprisal
Re Pr I S Al

reprise
Re Pr I Se

repristinate
Re Pr I S Ti Na Te

repristination
Re Pr I S Ti N At I O N
Re Pr I S Ti Na Ti O N

reproach
Re Pr O Ac H

reproacher
Re Pr O Ac H Er

reprobacy
Re Pr O Ba C Y
Re Pr O B Ac Y

reprobance
Re Pr O Ba N Ce

reprobate
Re Pr O Ba Te

reprobateness
Re Pr O Ba Te Ne S S
Re Pr O Ba Te N Es S

reprobater
Re Pr O B At Er

reprobation
Re Pr O B At I O N
Re Pr O Ba Ti O N

reprobationer
Re Pr O B At I O N Er
Re Pr O Ba Ti O N Er

reproof
Re Pr O O F

reproval
Re Pr O V Al

reprover
Re Pr O V Er

reprune
Re Pr U Ne
Re P Ru Ne

reptation
Re Pt At I O N
Re P Ta Ti O N

republic
Re P U B Li C
Re Pu B Li C

republican
Re P U B Li Ca N
Re Pu B Li Ca N

republicanism
Re P U B Li Ca N I Sm
Re Pu B Li Ca N I Sm
Re P U B Li Ca Ni Sm
Re Pu B Li Ca Ni Sm

republicate
Re P U B Li Ca Te
Re Pu B Li Ca Te

republication
Re P U B Li C At I O N
Re Pu B Li C At I O N
Re P U B Li Ca Ti O N
Re Pu B Li Ca Ti O N

republish
Re P U B Li S H
Re Pu B Li S H

republisher
Re P U B Li S H Er
Re Pu B Li S H Er

reputation
Re P U Ta Ti O N
Re Pu Ta Ti O N

repute
Re P U Te
Re Pu Te

rerebrace
Re Re B Ra Ce

reremouse
Re Re Mo U Se

res
Re S

resalute
Re S Al U Te

rescat
Re S C At
Re Sc At

rescind
Re S C I Nd
Re Sc I Nd

rescission
Re S C I S S I O N
Re Sc I S S I O N
Re S C I S Si O N
Re Sc I S Si O N

rescous
Re S C O U S
Re Sc O U S
Re S Co U S

rescribe
Re S Cr I Be

rescript
Re S Cr I Pt

rescription
Re S Cr I Pt I O N
Re S Cr I P Ti O N

rescuer
Re S C U Er
Re Sc U Er
Re S Cu Er

rese
Re Se

research
Re Se Ar C H

researcher
Re Se Ar C H Er

reseat
Re Se At

resection
Re Se C Ti O N

resend
Re Se Nd

reserate
Re Se Ra Te

reservation
Re S Er V At I O N

reserver
Re S Er V Er

reservoir
Re S Er V O Ir

reship
Re S H I P
reshipper
Re S H I P P Er
resilition
Re S I Li Ti O N
Re Si Li Ti O N
resin
Re S I N
Re Si N
Re S In
resinaceous
Re S I Na Ce O U S
Re Si Na Ce O U S
resinate
Re S I Na Te
Re Si Na Te
resinic
Re S I N I C
Re Si N I C
Re S In I C
Re S I Ni C
Re Si Ni C
resiniferous
Re S I N I F Er O U S
Re Si N I F Er O U S
Re S In I F Er O U S
Re S I Ni F Er O U S
Re Si Ni F Er O U S
resinous
Re S I N O U S
Re Si N O U S
Re S In O U S
Re S I No U S
Re Si No U S
resinousness
Re S I N O U S Ne S S
Re Si N O U S Ne S S
Re S In O U S Ne S S
Re S I No U S Ne S S
Re Si No U S Ne S S
Re S I N O U S N Es S
Re Si N O U S N Es S
Re S In O U S N Es S
Re S I No U S N Es S
Re Si No U S N Es S
Re S I N O U Sn Es S
Re Si N O U Sn Es S
Re S In O U Sn Es S
Re S I No U Sn Es S
Re Si No U Sn Es S
Re S I N O U S N Es S
Re Si N O U S N Es S
Re S In O U S N Es S
Re S I No U S N Es S
Re Si No U S N Es S
Re S I N O U Sn Es S
Re Si N O U Sn Es S
Re S In O U Sn Es S
Re S I No U Sn Es S
Re Si No U Sn Es S
resiny
Re S I N Y
Re Si N Y
Re S In Y
resipiscence
Re S I P I S Ce N Ce
Re Si P I S Ce N Ce
resistance
Re S I S Ta N Ce
Re Si S Ta N Ce
resistless
Re S I S Tl Es S
Re Si S Tl Es S
resolute
Re S O Lu Te
resoluteness
Re S O Lu Te Ne S S
Re S O Lu Te N Es S
resolution
Re S O Lu Ti O N
resolutioner
Re S O Lu Ti O N Er
resolver
Re S O Lv Er
resonance
Re S O Na N Ce
resonancy
Re S O Na N C Y
resonantly
Re S O Na N Tl Y
resorb
Re S O Rb
resoun
Re S O U N
resound
Re S O U Nd
resow
Re S O W
resown
Re S O W N
resperse
Re S P Er Se
respersion
Re S P Er S I O N
Re S P Er Si O N
respiration
Re S P Ir At I O N
Re S P I Ra Ti O N
respirational
Re S P Ir At I O N Al
Re S P I Ra Ti O N Al
respire
Re S P I Re
respite
Re S P I Te
respond
Re S P O Nd
Re S Po Nd
responsal
Re S P O N S Al
Re S Po N S Al
response
Re S P O N Se
Re S Po N Se
responsion
Re S P O N S I O N
Re S Po N S I O N
Re S P O N Si O N
Re S Po N Si O N
restate
Re S Ta Te
restaurate
Re S Ta U Ra Te
restauration
Re S Ta U Ra Ti O N
restiff
Re S Ti F F
restiffness
Re S Ti F F Ne S S
Re S Ti F F N Es S
restinction
Re S Ti N C Ti O N

restiness

Re S Ti Ne S S

Re S Ti N Es S

restless

Re S Tl Es S

resupinate

Re S U P I Na Te

resupination

Re S U P I N At I O N

Re S U P In At I O N

Re S U P I Na Ti O N

resupine

Re S U P I Ne

resuscitate

Re S U S C I Ta Te

Re S U Sc I Ta Te

resuscitation

Re S U S C I Ta Ti O N

Re S U Sc I Ta Ti O N

retain

Re Ta I N

Re Ta In

retainal

Re Ta I N Al

Re Ta In Al

retainer

Re Ta I N Er

Re Ta In Er

retaker

Re Ta K Er

retaliation

Re Ta Li At I O N

retch

Re Tc H

rete

Re Te

retecious

Re Te C I O U S

retection

Re Te C Ti O N

retene

Re Te Ne

retention

Re Te N Ti O N

retepore

Re Te P O Re

Re Te Po Re

retiarius

Re Ti Ar I U S

retiary

Re Ti Ar Y

reticence

Re Ti Ce N Ce

reticency

Re Ti Ce N C Y

reticula

Re Ti C U La

Re Ti Cu La

reticulate

Re Ti C U La Te

Re Ti Cu La Te

reticulation

Re Ti C U La Ti O N

Re Ti Cu La Ti O N

retina

Re Ti Na

retinacula

Re Ti Na C U La

Re Ti N Ac U La

Re Ti Na Cu La

retinal

Re Ti N Al

retinalite

Re Ti N Al I Te

Re Ti Na Li Te

retinic

Re Ti N I C

Re Ti Ni C

retinite

Re Ti N I Te

Re Ti Ni Te

retinitis

Re Ti N I Ti S

Re Ti Ni Ti S

retinophora

Re Ti N O P H O Ra

Re Ti No P H O Ra

Re Ti N O P Ho Ra

Re Ti No P Ho Ra

retinoscopy

Re Ti N O S C O P Y

Re Ti No S C O P Y

Re Ti N Os C O P Y

Re Ti N O Sc O P Y

Re Ti No Sc O P Y

Re Ti N O S Co P Y

Re Ti No S Co P Y

Re Ti N Os Co P Y

retinula

Re Ti N U La

retinulate

Re Ti N U La Te

retiracy

Re Ti Ra C Y

retire

Re Ti Re

retistene

Re Ti S Te Ne

reunion

Re U N I O N

Re U Ni O N

reunite

Re U N I Te

Re U Ni Te

reunition

Re U N I Ti O N

Re U Ni Ti O N

revaccinate

Re V Ac C I Na Te

revalescence

Re V Al Es Ce N Ce

revaluation

Re V Al U At I O N

revamp

Re V Am P

reverb

Re V Er B

reverberate

Re V Er Be Ra Te

reverberation

Re V Er B Er At I O N

Re V Er Be Ra Ti O N

reverer

Re V Er Er

reveries

Re V Er I Es

reversal

Re V Er S Al

reverse

Re V Er Se

reverser

Re V Er S Er

reversion
Re V Er S I O N
Re V Er Si O N

reversionary
Re V Er S I O N Ar Y
Re V Er Si O N Ar Y

reversioner
Re V Er S I O N Er
Re V Er Si O N Er

reversis
Re V Er S I S
Re V Er Si S

revery
Re V Er Y

revestiary
Re V Es Ti Ar Y

revibrate
Re V I B Ra Te

reviction
Re V I C Ti O N

revince
Re V I N Ce
Re V In Ce

revindicate
Re V I Nd I Ca Te

revirescence
Re V I Re S Ce N Ce
Re V Ir Es Ce N Ce

revisal
Re V I S Al

revise
Re V I Se

reviser
Re V I S Er

revision
Re V I S I O N
Re V I Si O N

revisional
Re V I S I O N Al
Re V I Si O N Al

revisionary
Re V I S I O N Ar Y
Re V I Si O N Ar Y

revisitation
Re V I S I Ta Ti O N
Re V I Si Ta Ti O N

revival
Re V I V Al

revivalism
Re V I V Al I Sm

revivalistic
Re V I V Al I S Ti C

reviver
Re V I V Er

revivificate
Re V I V I F I Ca Te

revivification
Re V I V I F I C At I O N
Re V I V I F I Ca Ti O N

revivify
Re V I V I F Y

reviviscence
Re V I V I S Ce N Ce

reviviscency
Re V I V I S Ce N C Y

revocate
Re V O Ca Te

revocation
Re V O C At I O N
Re V O Ca Ti O N

revoice
Re V O I Ce

revoker
Re V O K Er

revolute
Re V O Lu Te

revolution
Re V O Lu Ti O N

revolutionary
Re V O Lu Ti O N Ar Y

revolutioner
Re V O Lu Ti O N Er

revolutionism
Re V O Lu Ti O N I Sm
Re V O Lu Ti O Ni Sm

revolver
Re V O Lv Er

rew
Re W

rewin
Re W I N
Re W In

rewth
Re W Th

reyn
Re Y N

reyse
Re Y Se

rhachis
Rh Ac H I S

rhachises
Rh Ac H I Se S
Rh Ac H I S Es

rhachitis
Rh Ac H I Ti S

rhamnaceous
Rh Am Na Ce O U S

rhamnus
Rh Am N U S

rhamphorhynchus
Rh Am P H O Y N C H U S
Rh Am P Ho Y N C H U S

rhesus
Rh Es U S

rhinal
Rh I N Al
Rh In Al

rhine
Rh I Ne

rhinencephalic
Rh I Ne N Ce P H Al I C

rhinencephalon
Rh I Ne N Ce P H Al O N

rhinitis
Rh I N I Ti S
Rh In I Ti S
Rh I Ni Ti S

rhino
Rh I N O
Rh In O
Rh I No

rhinocerial
Rh I N O C Er I Al
Rh In O C Er I Al
Rh I No C Er I Al

rhinocerical
Rh I N O C Er I C Al
Rh In O C Er I C Al
Rh I No C Er I C Al

rhinoceros
Rh I N O C Er O S
Rh In O C Er O S
Rh I No C Er O S
Rh I N O C Er Os
Rh In O C Er Os
Rh I No C Er Os

rhinocerote
Rh I N O C Er O Te
Rh In O C Er O Te
Rh I No C Er O Te

rhinocerotic
Rh I N O C Er O Ti C
Rh In O C Er O Ti C
Rh I No C Er O Ti C

rhinolite
Rh I N O Li Te
Rh In O Li Te
Rh I No Li Te

rhinolith
Rh I N O Li Th
Rh In O Li Th
Rh I No Li Th

rhinophore
Rh I N O P H O Re
Rh In O P H O Re
Rh I No P H O Re
Rh I N O P Ho Re
Rh In O P Ho Re
Rh I No P Ho Re

rhinoplastic
Rh I N O P La S Ti C
Rh In O P La S Ti C
Rh I No P La S Ti C

rhinoscopic
Rh I N O S C O P I C
Rh In O S C O P I C
Rh I No S C O P I C
Rh I N Os C O P I C
Rh In Os C O P I C
Rh I N O Sc O P I C
Rh In O Sc O P I C
Rh I No Sc O P I C
Rh I N O S Co P I C
Rh In O S Co P I C
Rh I No S Co P I C
Rh I N Os Co P I C
Rh In Os Co P I C

rhinoscopy
Rh I N O S C O P Y
Rh In O S C O P Y
Rh I No S C O P Y
Rh I N Os C O P Y
Rh In Os C O P Y
Rh I N O Sc O P Y
Rh In O Sc O P Y
Rh I No Sc O P Y
Rh I N O S Co P Y
Rh In O S Co P Y
Rh I No S Co P Y
Rh I N Os Co P Y
Rh In Os Co P Y

rhipipter
Rh I P I Pt Er

rhipipteran
Rh I P I P Te Ra N

rhob
Rh O B

rhonchal
Rh O N C H Al

rhonchi
Rh O N C H I

rhonchial
Rh O N C H I Al

rhonchus
Rh O N C H U S

rhopalic
Rh O P Al I C
Rh O Pa Li C

rhopalocera
Rh O P Al O Ce Ra

rhotacism
Rh O Ta C I Sm

rhubarb
Rh U B Ar B
Rh U Ba Rb

rhubarby
Rh U B Ar B Y
Rh U Ba Rb Y

rhus
Rh U S

rhyncholite
Rh Y N C H O Li Te
Rh Y N C Ho Li Te

rhynchophora
Rh Y N C H O P H O Ra
Rh Y N C Ho P H O Ra
Rh Y N C H O P Ho Ra
Rh Y N C Ho P Ho Ra

rhynchophore
Rh Y N C H O P H O Re
Rh Y N C Ho P H O Re
Rh Y N C H O P Ho Re
Rh Y N C Ho P Ho Re

rhynchota
Rh Y N C H O Ta
Rh Y N C Ho Ta

rhyolite
Rh Y O Li Te

rhytina
Rh Y Ti Na

rub
Ru B

rubato
Ru B At O

rubbage
Ru B Ba Ge

rubber
Ru B B Er

rubbish
Ru B B I S H
Ru B Bi S H

rubefaction
Ru Be F Ac Ti O N

rubeola
Ru Be O La

rubescence
Ru Be S Ce N Ce
Ru B Es Ce N Ce

rubiacin
Ru B I Ac I N
Ru Bi Ac I N
Ru B I Ac In
Ru Bi Ac In

rubican
Ru B I Ca N
Ru Bi Ca N

rubicon
Ru B I C O N
Ru Bi C O N
Ru B I Co N
Ru Bi Co N

rubicund

Ru B I C U Nd

Ru Bi C U Nd

Ru B I Cu Nd

Ru Bi Cu Nd

rubies

Ru B I Es

Ru Bi Es

rubific

Ru B I F I C

Ru Bi F I C

rubification

Ru B I F I C At I O N

Ru Bi F I C At I O N

Ru B I F I Ca Ti O N

Ru Bi F I Ca Ti O N

rubify

Ru B I F Y

Ru Bi F Y

rubin

Ru B I N

Ru Bi N

Ru B In

rubious

Ru B I O U S

Ru Bi O U S

rubiretin

Ru B I Re Ti N

Ru Bi Re Ti N

rubric

Ru Br I C

rubrical

Ru Br I C Al

rubricate

Ru Br I Ca Te

rubus

Ru B U S

ruby

Ru B Y

rucervine

Ru C Er V I Ne

ruche

Ru C He

ruck

Ru C K

ructation

Ru C Ta Ti O N

ruction

Ru C Ti O N

ruff

Ru F F

ruffe

Ru F Fe

ruffin

Ru F F I N

Ru F F In

ruffler

Ru F Fl Er

rufiopin

Ru F I O P I N

Ru F I O P In

rufous

Ru F O U S

ruga

Ru Ga

rugate

Ru Ga Te

ruin

Ru I N

Ru In

ruinate

Ru I Na Te

ruination

Ru I N At I O N

Ru In At I O N

Ru I Na Ti O N

ruiner

Ru I N Er

Ru In Er

ruinous

Ru I N O U S

Ru In O U S

Ru I No U S

rukh

Ru K H

run

Ru N

runagate

Ru Na Ga Te

runcation

Ru N C At I O N

Ru N Ca Ti O N

runch

Ru N C H

runcinate

Ru N C I Na Te

rune

Ru Ne

runer

Ru N Er

runic

Ru N I C

Ru Ni C

runner

Ru N N Er

runnion

Ru N N I O N

Ru N Ni O N

rupial

Ru P I Al

rupicola

Ru P I C O La

Ru P I Co La

rupicoline

Ru P I C O Li Ne

Ru P I Co Li Ne

ruption

Ru Pt I O N

Ru P Ti O N

ruptuary

Ru Pt U Ar Y

rupture

Ru Pt U Re

ruralism

Ru Ra Li Sm

ruse

Ru Se

rush

Ru S H

rusher

Ru S H Er

rushiness

Ru S H I Ne S S

Ru S H I N Es S

Ru S H In Es S

rushy

Ru S H Y

rusine

Ru S I Ne

Ru Si Ne

rusk

Ru S K

russ

Ru S S

russification

Ru S S I F I C At I O N

Ru S Si F I C At I O N

Ru S S I F I Ca Ti O N

Ru S Si F I Ca Ti O N

russify

Ru S S I F Y

Ru S Si F Y

russophobe

Ru S S O P H O Be

Ru S S O P Ho Be

rustic

Ru S Ti C

rustical

Ru S Ti C Al

rusticate

Ru S Ti Ca Te

rustication

Ru S Ti C At I O N

Ru S Ti Ca Ti O N

rusticly

Ru S Ti Cl Y

rustiness

Ru S Ti Ne S S

Ru S Ti N Es S

rustler

Ru S Tl Er

rustless

Ru S Tl Es S

rutaceous

Ru Ta Ce O U S

rutate

Ru Ta Te

ruth

Ru Th

rutic

Ru Ti C

rutilate

Ru Ti La Te

rutin

Ru Ti N

S

sac
S Ac

sacar
S Ac Ar

saccate
S Ac Ca Te

saccharic
S Ac C H Ar I C

sacchariferous
S Ac C H Ar I F Er O U S

saccharify
S Ac C H Ar I F Y

saccharin
S Ac C H Ar I N
S Ac C H Ar In

saccharinate
S Ac C H Ar I Na Te

saccharine
S Ac C H Ar I Ne

saccharinic
S Ac C H Ar I N I C
S Ac C H Ar In I C
S Ac C H Ar I Ni C

saccharonate
S Ac C H Ar O Na Te

saccharone
S Ac C H Ar O Ne

saccharonic
S Ac C H Ar O N I C
S Ac C H Ar O Ni C

saccharose
S Ac C H Ar O Se

saccharous
S Ac C H Ar O U S

saccholactate
S Ac C H O La C Ta Te
S Ac C Ho La C Ta Te

saccholactic
S Ac C H O La C Ti C
S Ac C Ho La C Ti C

saccholic
S Ac C H O Li C
S Ac C Ho Li C

sacci
S Ac C I

sacciferous
S Ac C I F Er O U S

sacculi
S Ac C U Li
S Ac C U Li S Ac Cu Li

sacculus
S Ac C U Lu S
S Ac Cu Lu S

saccus
S Ac C U S
S Ac Cu S

sack
S Ac K

sackcloth
S Ac K Cl O Th

sacker
S Ac K Er

sacra
S Ac Ra

sacrate
S Ac Ra Te

sacration
S Ac Ra Ti O N

sacre
S Ac Re

sacs
S Ac S

sag
S Ag

sagacious
S Ag Ac I O U S

sagamore
S Ag Am O Re

sagas
S Ag As

sagathy
S Ag At H Y

saginate
S Ag I Na Te

sagination
S Ag I N At I O N
S Ag In At I O N
S Ag I Na Ti O N

sago
S Ag O

sagoin
S Ag O I N
S Ag O In

sagus
S Ag U S

sagy
S Ag Y

sal
S Al

salacious
S Al Ac I O U S

salam
S Al Am

salaries
S Al Ar I Es

salary
S Al Ar Y

saleratus
S Al Er At U S

saliaunce
S Al I Au N Ce

salic
S Al I C

salicaceous
S Al I Ca Ce O U S

salices
S Al I Ce S
S Al I C Es

salicin
S Al I C I N
S Al I C In

salicylate
S Al I C Y La Te

salicylic
S Al I C Y Li C

salicylite
S Al I C Y Li Te

saliferous
S Al I F Er O U S

salification
S Al I F I C At I O N
S Al I F I Ca Ti O N

salify
S Al I F Y

saligenin
S Al I Ge N I N
S Al I Ge Ni N
S Al I Ge N In

salina
S Al I Na

salination
S Al I N At I O N
S Al In At I O N
S Al I Na Ti O N

saline
S Al I Ne

salineness
S Al I Ne Ne S S
S Al I Ne N Es S

saliniferous
S Al I N I F Er O U S
S Al In I F Er O U S
S Al I Ni F Er O U S

salinous
S Al I N O U S
S Al In O U S
S Al I No U S

saliretin
S Al I Re Ti N

salite
S Al I Te

salival
S Al I V Al

salivary
S Al I V Ar Y

salivation
S Al I V At I O N

salivous
S Al I V O U S

sallies
S Al Li Es

salmon
S Al Mo N

salmons
S Al Mo N S

salogen
S Al O Ge N

salon
S Al O N

saloon
S Al O O N

saloop
S Al O O P

salp
S Al P

salpa
S Al Pa

salpas
S Al Pa S
S Al P As

salpicon
S Al P I C O N
S Al P I Co N

salse
S Al Se

salsify
S Al S I F Y
S Al Si F Y

salsola
S Al S O La

saltate
S Al Ta Te

saltation
S Al Ta Ti O N

saltbush
S Al Tb U S H

saltcat
S Al Tc At

saltern
S Al Te Rn

saltier
S Al Ti Er

saltire
S Al Ti Re

saltirewise
S Al Ti Re W I Se

saltish
S Al Ti S H

saltless
S Al Tl Es S

saltly
S Al Tl Y

saltmouth
S Al Tm O U Th

salubrious
S Al U Br I O U S

salutation
S Al U Ta Ti O N

salute
S Al U Te

salutiferous
S Al U Ti F Er O U S

salvation
S Al V At I O N

salver
S Al V Er

salvific
S Al V I F I C

salvo
S Al V O

salvos
S Al V O S
S Al V Os

sam
S Am

samaritan
S Am Ar I Ta N

samarra
S Am Ar Ra

samarskite
S Am Ar S K I Te

sambo
S Am B O

samboo
S Am B O O

sambucus
S Am B U C U S
S Am B U Cu S

samite
S Am I Te

samovar
S Am O V Ar

samp
S Am P

sampan
S Am Pa N

samphire
S Am P H I Re

samshoo
S Am S H O O
S Am S Ho O

samshu
S Am S H U

samson
S Am S O N

sarasin
S Ar As I N
S Ar As In

saraswati
S Ar As W At I

sarcasm
S Ar Ca Sm

sarcasmous
S Ar Ca Sm O U S
S Ar Ca S Mo U S
S Ar C As Mo U S

sarcastic
S Ar Ca S Ti C
S Ar C As Ti C

sarcastical
S Ar Ca S Ti C Al
S Ar C As Ti C Al

sarcin
S Ar C I N
S Ar C In

sarcina
S Ar C I Na

sarcobases
S Ar C O Ba Se S
S Ar Co Ba Se S
S Ar C O Ba S Es
S Ar Co Ba S Es
S Ar C O B As Es
S Ar Co B As Es

sarcobasis
S Ar C O Ba S I S
S Ar Co Ba S I S
S Ar C O B As I S
S Ar Co B As I S
S Ar C O Ba Si S
S Ar Co Ba Si S

sarcocarp
S Ar C O C Ar P
S Ar Co C Ar P

sarcolactic
S Ar C O La C Ti C
S Ar Co La C Ti C

sarcoline
S Ar C O Li Ne
S Ar Co Li Ne

sarcophagi
S Ar C O P H Ag I
S Ar Co P H Ag I

sarcophagous
S Ar C O P H Ag O U S
S Ar Co P H Ag O U S

sarcophagus
S Ar C O P H Ag U S
S Ar Co P H Ag U S

sarcophaguses
S Ar C O P H Ag U Se S
S Ar Co P H Ag U Se S
S Ar C O P H Ag U S Es
S Ar Co P H Ag U S Es

sarcophagy
S Ar C O P H Ag Y
S Ar Co P H Ag Y

sarcoptes
S Ar C O P Te S
S Ar Co P Te S
S Ar C O Pt Es
S Ar Co Pt Es

sarcorhamphi
S Ar C O Rh Am P H I
S Ar Co Rh Am P H I

sarcosepta
S Ar C O Se P Ta
S Ar Co Se P Ta

sarcosin
S Ar C O S I N
S Ar Co S I N
S Ar C Os I N
S Ar C O Si N
S Ar Co Si N
S Ar C O S In
S Ar Co S In
S Ar C Os In

sarcosis
S Ar C O S I S
S Ar Co S I S
S Ar C Os I S
S Ar C O Si S
S Ar Co Si S

sarcotic
S Ar C O Ti C
S Ar Co Ti C

sarcous
S Ar C O U S
S Ar Co U S

sarculation
S Ar C U La Ti O N
S Ar Cu La Ti O N

sargasso
S Ar Ga S S O

sari
S Ar I

sark
S Ar K

sarkin
S Ar K I N
S Ar K In

sarlac
S Ar La C

sarn
S Ar N

saros
S Ar O S
S Ar Os

sarplier
S Ar P Li Er

sarpo
S Ar P O
S Ar Po

sarrasin
S Ar Ra S I N
S Ar Ra Si N
S Ar Ra S In

sarrasine
S Ar Ra S I Ne
S Ar Ra Si Ne

sarse
S Ar Se

sarsen
S Ar Se N

sash
S As H

sashery
S As H Er Y

sashoon
S As H O O N
S As Ho O N

sasin
S As I N
S As In

sasse
S As Se

sassenach
S As Se Na C H
S As Se N Ac H

sassolin
S As S O Li N

sassoline
S As S O Li Ne

sassybark
S As S Y B Ar K
S As S Yb Ar K

sat
S At

satiation
S At I At I O N

satin
S At I N
S At In

satiny
S At I N Y
S At In Y

sation
S At I O N

satire
S At I Re

satiric
S At Ir I C

satirical
S At Ir I C Al

satisfaction
S At I S F Ac Ti O N

satisfier
S At I S F I Er

satisfy
S At I S F Y

satrap
S At Ra P

satrapal
S At Ra P Al

satrapess
S At Ra P Es S

satrapical
S At Ra P I C Al

satrapies
S At Ra P I Es

satrapy
S At Ra P Y

saturate
S At U Ra Te

saturation
S At U Ra Ti O N

saturn
S At U Rn

saturnine
S At U Rn I Ne

saturnism
S At U Rn I Sm

sauce
S Au Ce

saucepan
S Au Ce Pa N

saucer
S Au C Er

sauciness
S Au C I Ne S S
S Au C I N Es S
S Au C In Es S

saucisse
S Au C I S Se

saucisson
S Au C I S S O N

saucy
S Au C Y

sauf
S Au F

saufly
S Au Fl Y

sauh
S Au H

sauks
S Au K S

saunders
S Au Nd Er S

saute
S Au Te

scab
S Ca B

scabbiness
S Ca B B I Ne S S
S Ca B Bi Ne S S
S Ca B B I N Es S
S Ca B Bi N Es S
S Ca B B In Es S

scabby
S Ca B B Y

scabies
S Ca B I Es
S Ca Bi Es

scabious
S Ca B I O U S
S Ca Bi O U S

scabrous
S Ca Br O U S

scabrousness
S Ca Br O U S Ne S S

S Ca Br O U S N Es S

S Ca Br O U Sn Es S

scagliola
S C Ag Li O La

Sc Ag Li O La

scala
S Ca La

scalar
S C Al Ar

Sc Al Ar

scalary
S C Al Ar Y

Sc Al Ar Y

scalawag
S Ca La W Ag

scaler
S C Al Er

Sc Al Er

scaliness
S C Al I Ne S S

Sc Al I Ne S S

S Ca Li Ne S S

S C Al I N Es S

Sc Al I N Es S

S Ca Li N Es S

S C Al In Es S

Sc Al In Es S

scaliola
S C Al I O La

Sc Al I O La

S Ca Li O La

scallion
S C Al Li O N

Sc Al Li O N

scalp
S C Al P

Sc Al P

scalper
S C Al P Er

Sc Al P Er

scaly
S C Al Y

Sc Al Y

scammony
S C Am Mo N Y

Sc Am Mo N Y

scamp
S C Am P

Sc Am P

scamper
S C Am P Er

Sc Am P Er

scamperer
S C Am P Er Er

Sc Am P Er Er

scampish
S C Am P I S H

Sc Am P I S H

scan
S Ca N

scandal
S Ca Nd Al

scandalous
S Ca Nd Al O U S

scandalousness
S Ca Nd Al O U S Ne S S

S Ca Nd Al O U S N Es S

S Ca Nd Al O U Sn Es S

scandic
S Ca Nd I C

scansion
S Ca N S I O N

S Ca N Si O N

scansores
S Ca N S O Re S

scantiness
S Ca N Ti Ne S S

S Ca N Ti N Es S

scantly
S Ca N Tl Y

scaphism
S Ca P H I Sm

scaphite
S Ca P H I Te

scaphocephalic
S Ca P H O Ce P H Al I C

S Ca P Ho Ce P H Al I C

scaphocephaly
S Ca P H O Ce P H Al Y

S Ca P Ho Ce P H Al Y

scaphocerite
S Ca P H O C Er I Te

S Ca P Ho C Er I Te

scapholunar
S Ca P H O Lu N Ar

S Ca P Ho Lu N Ar

scapolite
S Ca P O Li Te

S Ca Po Li Te

scapula
S Ca P U La

S Ca Pu La

scapulas
S Ca P U La S

S Ca Pu La S

scapus
S Ca P U S

S Ca Pu S

scar
S C Ar

Sc Ar

scarab
S Ca Ra B

scarabaeus
S Ca Ra Ba Eu S

scaramouch
S C Ar Am O U C H

Sc Ar Am O U C H

S Ca Ra Mo U C H

scarce
S C Ar Ce

Sc Ar Ce

scarceness
S C Ar Ce Ne S S

Sc Ar Ce Ne S S

S C Ar Ce N Es S

Sc Ar Ce N Es S

scare
S Ca Re

scarecrow
S Ca Re Cr O W

scarefire
S Ca Re F I Re

scarf
S C Ar F

Sc Ar F

S Ca Rf

scarfs
S C Ar F S
Sc Ar F S
S Ca Rf S

scarfskin
S C Ar F S K I N
Sc Ar F S K I N
S Ca Rf S K I N
S C Ar F S K In
Sc Ar F S K In
S Ca Rf S K In

scarification
S C Ar I F I C At I O N
Sc Ar I F I C At I O N
S C Ar I F I Ca Ti O N
Sc Ar I F I Ca Ti O N

scarifier
S C Ar I F I Er
Sc Ar I F I Er

scarify
S C Ar I F Y
Sc Ar I F Y

scariose
S C Ar I O Se
Sc Ar I O Se

scarious
S C Ar I O U S
Sc Ar I O U S

scarlatina
S C Ar La Ti Na
Sc Ar La Ti Na

scarmoge
S C Ar Mo Ge
Sc Ar Mo Ge

scarn
S C Ar N
Sc Ar N
S Ca Rn

scarp
S C Ar P
Sc Ar P

scarus
S C Ar U S
Sc Ar U S
S Ca Ru S

scarves
S C Ar V Es
Sc Ar V Es

scary
S C Ar Y
Sc Ar Y

scat
S C At
Sc At

scatch
S C At C H
Sc At C H
S Ca Tc H

scatches
S C At C He S
Sc At C He S
S Ca Tc He S
S C At C H Es
Sc At C H Es
S Ca Tc H Es

scate
S Ca Te

scatebrous
S Ca Te Br O U S

scath
S C At H
Sc At H
S Ca Th

scathe
S C At He
Sc At He

scaup
S Ca U P
S C Au P
Sc Au P

scauper
S Ca U P Er
S C Au P Er
Sc Au P Er

scena
S Ce Na

scenario
S Ce N Ar I O

scenary
S Ce N Ar Y

scene
S Ce Ne

scenery
S Ce N Er Y

scenic
S Ce N I C
S Ce Ni C

scenical
S Ce N I C Al
S Ce Ni C Al

scentless
S Ce N Tl Es S

scepsis
S Ce P S I S
S Ce P Si S

scepter
S Ce Pt Er

sceptic
S Ce Pt I C
S Ce P Ti C

sceptical
S Ce Pt I C Al
S Ce P Ti C Al

scepticism
S Ce Pt I C I Sm
S Ce P Ti C I Sm

sceptre
S Ce Pt Re

scern
S C Er N
Sc Er N
S Ce Rn

scheik
S C He I K
Sc He I K

schene
S C He Ne
Sc He Ne

schenkbeer
S C He N K Be Er
Sc He N K Be Er

scherif
S C H Er I F
Sc H Er I F

schesis
S C He S I S
Sc He S I S
S C H Es I S
Sc H Es I S
S C He Si S
Sc He Si S

schetic
S C He Ti C
Sc He Ti C

schetical
S C He Ti C Al
Sc He Ti C Al

schirrhus
S C H Ir Rh U S
Sc H Ir Rh U S

schism
S C H I Sm
Sc H I Sm

schismatic
S C H I Sm At I C
Sc H I Sm At I C

schismatical
S C H I Sm At I C Al
Sc H I Sm At I C Al

schistaceous
S C H I S Ta Ce O U S
Sc H I S Ta Ce O U S

schistic
S C H I S Ti C
Sc H I S Ti C

schlich
S C H Li C H
Sc H Li C H

schnapps
S C H Na P P S
Sc H Na P P S

scholastic
S C H O La S Ti C
Sc H O La S Ti C
S C Ho La S Ti C
Sc Ho La S Ti C

scholastical
S C H O La S Ti C Al
Sc H O La S Ti C Al
S C Ho La S Ti C Al
Sc Ho La S Ti C Al

scholasticism
S C H O La S Ti C I Sm
Sc H O La S Ti C I Sm
S C Ho La S Ti C I Sm
Sc Ho La S Ti C I Sm

scholiastic
S C H O Li As Ti C
Sc H O Li As Ti C
S C Ho Li As Ti C
Sc Ho Li As Ti C

scholical
S C H O Li C Al
Sc H O Li C Al
S C Ho Li C Al
Sc Ho Li C Al

scholion
S C H O Li O N
Sc H O Li O N
S C Ho Li O N
Sc Ho Li O N

schooner
S C H O O N Er
Sc H O O N Er
S C Ho O N Er
Sc Ho O N Er

schreibersite
S C H Re I B Er S I Te
Sc H Re I B Er S I Te
S C H Re I B Er Si Te
Sc H Re I B Er Si Te

sciagraph
S C I Ag Ra P H
Sc I Ag Ra P H

sciagraphical
S C I Ag Ra P H I C Al
Sc I Ag Ra P H I C Al

sciagraphy
S C I Ag Ra P H Y
Sc I Ag Ra P H Y

sciamachy
S C I Am Ac H Y
Sc I Am Ac H Y

sciatheric
S C I At H Er I C
Sc I At H Er I C

sciatherical
S C I At H Er I C Al
Sc I At H Er I C Al

sciatic
S C I At I C
Sc I At I C

sciatica
S C I At I Ca
Sc I At I Ca

sciatical
S C I At I C Al
Sc I At I C Al

sciniph
S C I N I P H
Sc I N I P H
S C In I P H
Sc In I P H
S C I Ni P H
Sc I Ni P H

scink
S C I N K
Sc I N K
S C In K
Sc In K

sciolism
S C I O Li Sm
Sc I O Li Sm

sciolistic
S C I O Li S Ti C
Sc I O Li S Ti C

scion
S C I O N
Sc I O N

scioptic
S C I O Pt I C
Sc I O Pt I C
S C I O P Ti C
Sc I O P Ti C

sciopticon
S C I O Pt I C O N
Sc I O Pt I C O N
S C I O P Ti C O N
Sc I O P Ti C O N
S C I O Pt I Co N
Sc I O Pt I Co N
S C I O P Ti Co N
Sc I O P Ti Co N

scioptics
S C I O Pt I C S
Sc I O Pt I C S
S C I O P Ti C S
Sc I O P Ti C S
S C I O Pt I Cs
Sc I O Pt I Cs
S C I O P Ti Cs
Sc I O P Ti Cs

sciotheric
S C I O Th Er I C
Sc I O Th Er I C

scious

S C I O U S

Sc I O U S

scirefacias

S C I Re F Ac I As

Sc I Re F Ac I As

scirrhi

S C Ir Rh I

Sc Ir Rh I

scirrhous

S C Ir Rh O U S

Sc Ir Rh O U S

scirrhus

S C Ir Rh U S

Sc Ir Rh U S

scirrhuses

S C Ir Rh U Se S

Sc Ir Rh U Se S

S C Ir Rh U S Es

Sc Ir Rh U S Es

sciscitation

S C I S C I Ta Ti O N

Sc I S C I Ta Ti O N

S C I Sc I Ta Ti O N

Sc I Sc I Ta Ti O N

scise

S C I Se

Sc I Se

scission

S C I S S I O N

Sc I S S I O N

S C I S Si O N

Sc I S Si O N

scissure

S C I S S U Re

Sc I S S U Re

sciurus

S C I U Ru S

Sc I U Ru S

sclaundre

S C La U Nd Re

Sc La U Nd Re

S Cl Au Nd Re

sclav

S C La V

Sc La V

sclavic

S C La V I C

Sc La V I C

sclavism

S C La V I Sm

Sc La V I Sm

sclavonic

S C La V O N I C

Sc La V O N I C

S C La V O Ni C

Sc La V O Ni C

scleriasis

S Cl Er I As I S

sclerite

S Cl Er I Te

scleritis

S Cl Er I Ti S

sclerobase

S Cl Er O Ba Se

sclerogen

S Cl Er O Ge N

sclerogenous

S Cl Er O Ge N O U S

S Cl Er O Ge No U S

sclerosis

S Cl Er O S I S

S Cl Er Os I S

S Cl Er O Si S

sclerotic

S Cl Er O Ti C

sclerotical

S Cl Er O Ti C Al

sclerotitis

S Cl Er O Ti Ti S

sclerous

S Cl Er O U S

scoat

S C O At

Sc O At

S Co At

scobby

S C O B B Y

Sc O B B Y

S Co B B Y

scobs

S C O B S

Sc O B S

S Co B S

scoff

S C O F F

Sc O F F

S Co F F

scoffer

S C O F F Er

Sc O F F Er

S Co F F Er

scoffery

S C O F F Er Y

Sc O F F Er Y

S Co F F Er Y

scolay

S C O La Y

Sc O La Y

S Co La Y

scoliosis

S C O Li O S I S

Sc O Li O S I S

S Co Li O S I S

S C O Li Os I S

Sc O Li Os I S

S Co Li Os I S

S C O Li O Si S

Sc O Li O Si S

S Co Li O Si S

scolithus

S C O Li Th U S

Sc O Li Th U S

S Co Li Th U S

sconce

S C O N Ce

Sc O N Ce

S Co N Ce

sconcheon

S C O N C He O N

Sc O N C He O N

S Co N C He O N

scone

S C O Ne

Sc O Ne

S Co Ne

scoop

S C O O P

Sc O O P

S Co O P

scooper

S C O O P Er

Sc O O P Er

S Co O P Er

scoparin

S C O P Ar I N

Sc O P Ar I N

S Co P Ar I N

S C O P Ar In

Sc O P Ar In

S Co P Ar In

scopate

S C O Pa Te

Sc O Pa Te

S Co Pa Te

scopiferous

S C O P I F Er O U S

Sc O P I F Er O U S

S Co P I F Er O U S

scoptic

S C O Pt I C

Sc O Pt I C

S Co Pt I C

S C O P Ti C

Sc O P Ti C

S Co P Ti C

scoptical

S C O Pt I C Al

Sc O Pt I C Al

S Co Pt I C Al

S C O P Ti C Al

Sc O P Ti C Al

S Co P Ti C Al

scopula

S C O P U La

Sc O P U La

S Co P U La

S C O Pu La

Sc O Pu La

S Co Pu La

scopulas

S C O P U La S

Sc O P U La S

S Co P U La S

S C O Pu La S

Sc O Pu La S

S Co Pu La S

scorbute

S C O Rb U Te

Sc O Rb U Te

S Co Rb U Te

scorbutic

S C O Rb U Ti C

Sc O Rb U Ti C

S Co Rb U Ti C

scorbutical

S C O Rb U Ti C Al

Sc O Rb U Ti C Al

S Co Rb U Ti C Al

score

S C O Re

Sc O Re

S Co Re

scorn

S C O Rn

Sc O Rn

S Co Rn

scorner

S C O Rn Er

Sc O Rn Er

S Co Rn Er

scorny

S C O Rn Y

Sc O Rn Y

S Co Rn Y

scotch

S C O Tc H

Sc O Tc H

S Co Tc H

scoth

S C O Th

Sc O Th

S Co Th

scoundrelism

S C O U Nd Re Li Sm

Sc O U Nd Re Li Sm

S Co U Nd Re Li Sm

scourage

S C O U Ra Ge

Sc O U Ra Ge

S Co U Ra Ge

scourger

S C O U Rg Er

Sc O U Rg Er

S Co U Rg Er

scouse

S C O U Se

Sc O U Se

S Co U Se

scow

S C O W

Sc O W

S Co W

scraber

S C Ra B Er

Sc Ra B Er

scrag

S Cr Ag

scranch

S C Ra N C H

Sc Ra N C H

scranky

S C Ra N K Y

Sc Ra N K Y

scranny

S C Ra N N Y

Sc Ra N N Y

scrap

S C Ra P

Sc Ra P

scrapbook

S C Ra P B O O K

Sc Ra P B O O K

S C Ra Pb O O K

Sc Ra Pb O O K

scraper

S C Ra P Er

Sc Ra P Er

scrappy

S C Ra P P Y

Sc Ra P P Y

scrat

S Cr At

scratch

S Cr At C H

S C Ra Tc H

Sc Ra Tc H

scratchback

S Cr At C H Ba C K

S C Ra Tc H Ba C K

Sc Ra Tc H Ba C K

S Cr At C H B Ac K

S C Ra Tc H B Ac K

Sc Ra Tc H B Ac K

scratchbrush

S Cr At C H Br U S H

S C Ra Tc H Br U S H

Sc Ra Tc H Br U S H

S Cr At C H B Ru S H

S C Ra Tc H B Ru S H

Sc Ra Tc H B Ru S H

scratchcoat

S Cr At C H C O At

S C Ra Tc H C O At

Sc Ra Tc H C O At

S Cr At C H Co At

S C Ra Tc H Co At

Sc Ra Tc H Co At

scratcher

S Cr At C H Er

S C Ra Tc H Er

Sc Ra Tc H Er

scratchy

S Cr At C H Y

S C Ra Tc H Y

Sc Ra Tc H Y

scraw

S C Ra W

Sc Ra W

scrawny

S C Ra W N Y

Sc Ra W N Y

scray

S C Ra Y

Sc Ra Y

scream

S C Re Am

Sc Re Am

screamer

S C Re Am Er

Sc Re Am Er

screw

S C Re W

Sc Re W

screwer

S C Re W Er

Sc Re W Er

scribatious

S Cr I B At I O U S

S Cr I Ba Ti O U S

scribe

S Cr I Be

scriber

S Cr I B Er

scribism

S Cr I B I Sm

S Cr I Bi Sm

scrine

S Cr I Ne

scrip

S Cr I P

scrippage

S Cr I P Pa Ge

scripturalism

S Cr I Pt U Ra Li Sm

scripture

S Cr I Pt U Re

scritch

S Cr I Tc H

scrobicula

S Cr O B I C U La

S Cr O Bi C U La

S Cr O B I Cu La

S Cr O Bi Cu La

scrobiculate

S Cr O B I C U La Te

S Cr O Bi C U La Te

S Cr O B I Cu La Te

S Cr O Bi Cu La Te

scrofula

S Cr O F U La

scrouge

S Cr O U Ge

scrow

S Cr O W

scrub

S Cr U B

S C Ru B

Sc Ru B

scrubber

S Cr U B B Er

S C Ru B B Er

Sc Ru B B Er

scrubby

S Cr U B B Y

S C Ru B B Y

Sc Ru B B Y

scruff

S Cr U F F

S C Ru F F

Sc Ru F F

scrunch

S Cr U N C H

S C Ru N C H

Sc Ru N C H

scrutation

S Cr U Ta Ti O N

S C Ru Ta Ti O N

Sc Ru Ta Ti O N

scrutineer

S Cr U Ti Ne Er

S C Ru Ti Ne Er

Sc Ru Ti Ne Er

scrutinous

S Cr U Ti N O U S

S C Ru Ti N O U S

Sc Ru Ti N O U S

S Cr U Ti No U S

S C Ru Ti No U S

Sc Ru Ti No U S

scrutiny

S Cr U Ti N Y

S C Ru Ti N Y

Sc Ru Ti N Y

scry

S Cr Y

scuff

S C U F F

Sc U F F

S Cu F F

scuffler

S C U F Fl Er

Sc U F Fl Er

S Cu F Fl Er

scunner

S C U N N Er

Sc U N N Er

S Cu N N Er

scup

S C U P

Sc U P

S Cu P

scupper

S C U P P Er

Sc U P P Er

S Cu P P Er

scurf

S C U Rf

Sc U Rf

S Cu Rf

scurff

S C U Rf F

Sc U Rf F

S Cu Rf F

scurfiness

S C U Rf I Ne S S

Sc U Rf I Ne S S

S Cu Rf I Ne S S

S C U Rf I N Es S

Sc U Rf I N Es S

S Cu Rf I N Es S

S C U Rf In Es S

Sc U Rf In Es S

S Cu Rf In Es S

scurfy

S C U Rf Y

Sc U Rf Y

S Cu Rf Y

scuta

S C U Ta

Sc U Ta

S Cu Ta

scutage

S C U Ta Ge

Sc U Ta Ge

S Cu Ta Ge

scutate

S C U Ta Te

Sc U Ta Te

S Cu Ta Te

scutch

S C U Tc H

Sc U Tc H

S Cu Tc H

scutcheon

S C U Tc He O N

Sc U Tc He O N

S Cu Tc He O N

scutcher

S C U Tc H Er

Sc U Tc H Er

S Cu Tc H Er

scutchgrass

S C U Tc Hg Ra S S

Sc U Tc Hg Ra S S

S Cu Tc Hg Ra S S

scute

S C U Te

Sc U Te

S Cu Te

scutibranch

S C U Ti B Ra N C H

Sc U Ti B Ra N C H

S Cu Ti B Ra N C H

scutiferous

S C U Ti F Er O U S

Sc U Ti F Er O U S

S Cu Ti F Er O U S

scybala

S C Y Ba La

Sc Y Ba La

scyphi

S C Y P H I

Sc Y P H I

scyphobranchii

S C Y P H O B Ra N C H I I

Sc Y P H O B Ra N C H I I

S C Y P Ho B Ra N C H I I

Sc Y P Ho B Ra N C H I I

scyphus

S C Y P H U S

Sc Y P H U S

seacalf

Se Ac Al F

seacat

Se Ac At

seacatfish

Se Ac At F I S H

seacoal

Se Ac O Al

seacob

Se Ac O B

seacock

Se Ac O C K

seacolander

Se Ac O La Nd Er

seacorn

Se Ac O Rn

seacow

Se Ac O W

seacrawfish

Se Ac Ra W F I S H

seacrayfish

Se Ac Ra Y F I S H

seagauge

Se Ag Au Ge

seagherkin

Se Ag H Er K I N

Se Ag H Er K In

seagirkin

Se Ag Ir K I N

Se Ag Ir K In

seagoose

Se Ag O O Se

seagown

Se Ag O W N

seagrass

Se Ag Ra S S

seal

Se Al

sealaces

Se Al Ac Es

sealamprey

Se Al Am P Re Y

sealark

Se Al Ar K

sealer

Se Al Er

sealion

Se Al I O N

sealoach

Se Al O Ac H

sealouse

Se Al O U Se

seam

Se Am

seamarge

Se Am Ar Ge

seamark

Se Am Ar K

seamat

Se Am At

seamonk

Se Am O N K

seamoss

Se Am O S S

Se Am Os S

seamouse

Se Am O U Se

seamy
Se Am Y
sear
Se Ar
searat
Se Ar At
searce
Se Ar Ce
searcer
Se Ar C Er
search
Se Ar C H
searcher
Se Ar C H Er
searcloth
Se Ar Cl O Th
searisk
Se Ar I S K
searobber
Se Ar O B B Er
searobin
Se Ar O B I N
Se Ar O Bi N
Se Ar O B In
searover
Se Ar O V Er
seasalmon
Se As Al Mo N
seascurf
Se As C U Rf
Se As Cu Rf
seashore
Se As H O Re
Se As Ho Re
seasick
Se As I C K
seasickness
Se As I C K Ne S S
Se As I C K N Es S
season
Se As O N
seasonage
Se As O Na Ge
seasonal
Se As O N Al
seasoner
Se As O N Er

seat
Se At
seaturn
Se At U Rn
seaunicorn
Se Au N I C O Rn
Se Au Ni C O Rn
Se Au N I Co Rn
Se Au Ni Co Rn
sebaceous
Se Ba Ce O U S
sebacic
Se Ba C I C
Se B Ac I C
sebat
Se B At
sebate
Se Ba Te
sebesten
Se Be S Te N
Se B Es Te N
sebic
Se B I C
Se Bi C
sebiferous
Se B I F Er O U S
Se Bi F Er O U S
sebiparous
Se B I P Ar O U S
Se Bi P Ar O U S
secancy
Se Ca N C Y
secco
Se C C O
Se C Co
secern
Se C Er N
Se Ce Rn
secess
Se Ce S S
Se C Es S
secession
Se Ce S S I O N
Se C Es S I O N
Se Ce S Si O N
Se C Es Si O N
secessionism
Se Ce S S I O N I Sm
Se C Es S I O N I Sm
Se Ce S Si O N I Sm
Se C Es Si O N I Sm
Se Ce S S I O Ni Sm
Se C Es S I O Ni Sm
Se Ce S Si O Ni Sm
Se C Es Si O Ni Sm

seche
Se C He
seck
Se C K
seclusion
Se Cl U S I O N
Se C Lu S I O N
Se Cl U Si O N
Se C Lu Si O N
second
Se C O Nd
Se Co Nd
secondaries
Se C O Nd Ar I Es
Se Co Nd Ar I Es
secondariness
Se C O Nd Ar I Ne S S
Se Co Nd Ar I Ne S S
Se C O Nd Ar I N Es S
Se Co Nd Ar I N Es S
Se C O Nd Ar In Es S
Se Co Nd Ar In Es S
secondary
Se C O Nd Ar Y
Se Co Nd Ar Y
seconder
Se C O Nd Er
Se Co Nd Er
secondo
Se C O Nd O
Se Co Nd O
secre
Se C Re
secrecies
Se C Re C I Es
secrecy
Se C Re C Y
secreness
Se C Re Ne S S
Se C Re N Es S

secretage
Se C Re Ta Ge

secrete
Se C Re Te

secretion
Se C Re Ti O N

secretitious
Se C Re Ti Ti O U S

secretly
Se C Re Tl Y

section
Se C Ti O N

sectional
Se C Ti O N Al

sectionalism
Se C Ti O N Al I Sm
Se C Ti O Na Li Sm

sectism
Se C Ti Sm

secularness
Se C U La Rn Es S
Se Cu La Rn Es S

secund
Se C U Nd
Se Cu Nd

secundation
Se C U Nd At I O N
Se Cu Nd At I O N

secundine
Se C U Nd I Ne
Se Cu Nd I Ne

secure
Se C U Re
Se Cu Re

secureness
Se C U Re Ne S S
Se Cu Re Ne S S
Se C U Re N Es S
Se Cu Re N Es S

seer
Se Er

seeress
Se Er Es S

seerfish
Se Er F I S H

seership
Se Er S H I P

seersucker
Se Er S U C K Er

seiches
Se I C He S
Se I C H Es

seine
Se I Ne

seiner
Se I N Er
Se In Er

seirfish
Se Ir F I S H
Se I Rf I S H

seirospore
Se Ir O S P O Re
Se Ir Os P O Re
Se Ir O S Po Re
Se Ir Os Po Re

seise
Se I Se

seisin
Se I S I N
Se I Si N
Se I S In

seismal
Se I Sm Al

seismic
Se I Sm I C

sekes
Se K Es

selachii
Se La C H I I

selah
Se La H

selion
Se Li O N

selvas
Se Lv As

selves
Se Lv Es

semnifical
Se Mn I F I C Al

semolina
Se Mo Li Na

semolino
Se Mo Li N O
Se Mo Li No

sen
Se N

senary
Se N Ar Y

senate
Se Na Te

send
Se Nd

sendal
Se Nd Al

sender
Se Nd Er

senecas
Se Ne Ca S
Se Ne C As

senecio
Se Ne C I O

senega
Se Ne Ga

senescence
Se Ne S Ce N Ce
Se N Es Ce N Ce

seneschal
Se Ne S C H Al
Se N Es C H Al
Se Ne Sc H Al

seneschalship
Se Ne S C H Al S H I P
Se N Es C H Al S H I P
Se Ne Sc H Al S H I P

senge
Se N Ge

senna
Se N Na

sennachy
Se N Na C H Y
Se N N Ac H Y

sens
Se N S

sensation
Se N S At I O N

sensational
Se N S At I O N Al

sensationalism
Se N S At I O N Al I Sm
Se N S At I O Na Li Sm

sense
Se N Se

sensery

Se N S Er Y

sensibilities

Se N S I B I Li Ti Es

Se N Si B I Li Ti Es

Se N S I Bi Li Ti Es

Se N Si Bi Li Ti Es

sensiferous

Se N S I F Er O U S

Se N Si F Er O U S

sensific

Se N S I F I C

Se N Si F I C

sensigenous

Se N S I Ge N O U S

Se N Si Ge N O U S

Se N S I Ge No U S

Se N Si Ge No U S

sensism

Se N S I Sm

Se N Si Sm

sensual

Se N S U Al

sensualism

Se N S U Al I Sm

sensualistic

Se N S U Al I S Ti C

sensualness

Se N S U Al Ne S S

Se N S U Al N Es S

sensuism

Se N S U I Sm

sensuous

Se N S U O U S

sentence

Se N Te N Ce

sentencer

Se N Te N C Er

sentential

Se N Te N Ti Al

sententiary

Se N Te N Ti Ar Y

sententious

Se N Te N Ti O U S

sentine

Se N Ti Ne

sentires

Se N Ti Re S

sentisection

Se N Ti Se C Ti O N

sepal

Se P Al

sepaline

Se P Al I Ne

Se Pa Li Ne

sepalody

Se P Al O Dy

sepalous

Se P Al O U S

separate

Se Pa Ra Te

separatical

Se P Ar At I C Al

Se Pa Ra Ti C Al

separation

Se P Ar At I O N

Se Pa Ra Ti O N

separatism

Se P Ar At I Sm

Se Pa Ra Ti Sm

separatistic

Se P Ar At I S Ti C

Se Pa Ra Ti S Ti C

sepawn

Se Pa W N

sephen

Se P He N

sepias

Se P I As

sepic

Se P I C

sepiolite

Se P I O Li Te

sepiostare

Se P I O S Ta Re

Se P I Os Ta Re

sepon

Se P O N

Se Po N

sepose

Se P O Se

Se Po Se

seposition

Se P O S I Ti O N

Se Po S I Ti O N

Se P Os I Ti O N

Se P O Si Ti O N

Se Po Si Ti O N

sepoy

Se P O Y

Se Po Y

seppuku

Se P P U K U

Se P Pu K U

sepsin

Se P S I N

Se P Si N

Se P S In

sepsis

Se P S I S

Se P Si S

sept

Se Pt

septa

Se P Ta

septal

Se Pt Al

septane

Se P Ta Ne

septate

Se P Ta Te

septenary

Se P Te N Ar Y

septenate

Se P Te Na Te

septennate

Se P Te N Na Te

septennial

Se P Te N N I Al

Se P Te N Ni Al

septic

Se Pt I C

Se P Ti C

septical

Se Pt I C Al

Se P Ti C Al

septifarious

Se Pt I F Ar I O U S

Se P Ti F Ar I O U S

septiferous

Se Pt I F Er O U S

Se P Ti F Er O U S

septifluous
Se Pt I Fl U O U S
Se P Ti Fl U O U S
Se Pt I F Lu O U S
Se P Ti F Lu O U S

septifolious
Se Pt I F O Li O U S
Se P Ti F O Li O U S

septifragal
Se Pt I Fr Ag Al
Se P Ti Fr Ag Al

septoic
Se Pt O I C

septuary
Se Pt U Ar Y

septula
Se Pt U La

septulate
Se Pt U La Te

seraglio
S Er Ag Li O

serai
Se Ra I

seraph
Se Ra P H

seraphic
Se Ra P H I C

seraphical
Se Ra P H I C Al

seraphicism
Se Ra P H I C I Sm

seraphina
Se Ra P H I Na

seraphine
Se Ra P H I Ne

seraphs
Se Ra P H S
Se Ra P Hs

serapis
Se Ra P I S

seraskier
Se Ra S K I Er
S Er As K I Er

sere
Se Re

serein
Se Re I N
Se Re In

serenata
Se Re Na Ta

serenate
Se Re Na Te

serene
Se Re Ne

sereneness
Se Re Ne Ne S S
Se Re Ne N Es S

serf
S Er F
Se Rf

serfism
S Er F I Sm
Se Rf I Sm

serge
S Er Ge

serial
S Er I Al

seriation
S Er I At I O N

sericeous
S Er I Ce O U S

sericin
S Er I C I N
S Er I C In

sericite
S Er I C I Te

series
S Er I Es

serin
S Er I N
S Er In

serine
S Er I Ne

serious
S Er I O U S

seriph
S Er I P H

sermocination
S Er Mo C I N At I O N
S Er Mo C In At I O N
S Er Mo C I Na Ti O N

sermon
S Er Mo N

sermoneer
S Er Mo Ne Er

sermoner
S Er Mo N Er

sermonic
S Er Mo N I C
S Er Mo Ni C

sermonical
S Er Mo N I C Al
S Er Mo Ni C Al

sermonish
S Er Mo N I S H
S Er Mo Ni S H

serolin
S Er O Li N

seron
S Er O N

seroon
S Er O O N

serose
S Er O Se

serotine
S Er O Ti Ne

serotinous
S Er O Ti N O U S
S Er O Ti No U S

serous
S Er O U S

serow
S Er O W

serpula
S Er P U La
S Er Pu La

serpulas
S Er P U La S
S Er Pu La S

serpulite
S Er P U Li Te
S Er Pu Li Te

serrate
S Er Ra Te

serration
S Er Ra Ti O N

serrula
S Er Ru La

serrulate
S Er Ru La Te

serrulation
S Er Ru La Ti O N

serval
S Er V Al
servaline
S Er V Al I Ne
server
S Er V Er
service
S Er V I Ce
servite
S Er V I Te
sesban
Se S Ba N
S Es Ba N
sess
Se S S
S Es S
session
Se S S I O N
S Es S I O N
Se S Si O N
S Es Si O N
sessional
Se S S I O N Al
S Es S I O N Al
Se S Si O N Al
S Es Si O N Al
sestine
Se S Ti Ne
S Es Ti Ne
seta
Se Ta
setaceous
Se Ta Ce O U S
setback
Se Tb Ac K
seten
Se Te N
sethic
Se Th I C
setiferous
Se Ti F Er O U S
setiparous
Se Ti P Ar O U S
sever
Se V Er
several
Se V Er Al
severalities
Se V Er Al I Ti Es
severities
Se V Er I Ti Es
severy
Se V Er Y
sevocation
Se V O C At I O N
Se V O Ca Ti O N
sew
Se W
sewer
Se W Er
sewin
Se W I N
Se W In
sewn
Se W N
sexenary
Se Xe N Ar Y
sexennial
Se Xe N N I Al
Se Xe N Ni Al
sey
Se Y
seyh
Se Y H
seynd
Se Y Nd
shack
S H Ac K
shag
S H Ag
shagbark
S H Ag B Ar K
shalli
S H Al Li
shaly
S H Al Y
sham
S H Am
shamer
S H Am Er
shamois
S H Am O I S
shamoy
S H Am O Y
shampoo
S H Am P O O
S H Am Po O
shampooer
S H Am P O O Er
S H Am Po O Er
shardy
S H Ar Dy
sharer
S H Ar Er
shark
S H Ar K
sharker
S H Ar K Er
sharock
S H Ar O C K
sharp
S H Ar P
sharper
S H Ar P Er
sharpness
S H Ar P Ne S S
S H Ar P N Es S
shash
S H As H
she
S He
sheal
S He Al
shear
S He Ar
shearer
S He Ar Er
shearn
S He Ar N
shears
S He Ar S
shearwater
S He Ar W At Er
sheatfish
S He At F I S H
sheath
S He At H
sheathe
S He At He
sheather
S He At H Er

sheathfish

S He At H F I S H

S He At Hf I S H

sheathy

S He At H Y

shebander

S He Ba Nd Er

shechinah

S He C H I Na H

sheer

S He Er

sheerwater

S He Er W At Er

sheik

S He I K

shekinah

S He K I Na H

shelves

S He Lv Es

shelvy

S He Lv Y

shend

S He Nd

shendship

S He Nd S H I P

S He N Ds H I P

sheriat

S H Er I At

sherif

S H Er I F

sheriff

S H Er I F F

sheriffry

S H Er I F Fr Y

sheriffship

S H Er I F F S H I P

sheriffwick

S H Er I F F W I C K

shern

S H Er N

S He Rn

shete

S He Te

sheth

S He Th

shew

S He W

shewer

S He W Er

shewn

S He W N

shiff

S H I F F

shiftiness

S H I F Ti Ne S S

S H I F Ti N Es S

shiftless

S H I F Tl Es S

shiite

S H I I Te

shikari

S H I K Ar I

shin

S H I N

S H In

shindies

S H I Nd I Es

shindy

S H I Nd Y

S H I N Dy

S H In Dy

shine

S H I Ne

shiner

S H I N Er

S H In Er

shiness

S H I Ne S S

S H I N Es S

S H In Es S

shinney

S H I N Ne Y

S H In Ne Y

shintiism

S H I N Ti I Sm

S H In Ti I Sm

shiny

S H I N Y

S H In Y

ship

S H I P

shipowner

S H I P O W N Er

S H I Po W N Er

shipper

S H I P P Er

shippon

S H I P P O N

S H I P Po N

shipwreck

S H I P W Re C K

shire

S H I Re

shirk

S H Ir K

shirker

S H Ir K Er

shirky

S H Ir K Y

shirtless

S H Ir Tl Es S

S H Ir Uut Es S

shiver

S H I V Er

shivery

S H I V Er Y

shoal

S H O Al

S Ho Al

shoaliness

S H O Al I Ne S S

S Ho Al I Ne S S

S H O Al I N Es S

S Ho Al I N Es S

S H O Al In Es S

S Ho Al In Es S

shoaly

S H O Al Y

S Ho Al Y

shoar

S H O Ar

S Ho Ar

shoat

S H O At

S Ho At

shock

S H O C K

S Ho C K

shoer

S H O Er

S Ho Er

shoes
S H O Es
S Ho Es
shola
S H O La
S Ho La
shone
S H O Ne
S Ho Ne
shoo
S H O O
S Ho O
shooi
S H O O I
S Ho O I
shook
S H O O K
S Ho O K
shoon
S H O O N
S Ho O N
shoop
S H O O P
S Ho O P
shop
S H O P
S Ho P
shopbook
S H O P B O O K
S Ho P B O O K
S H O Pb O O K
S Ho Pb O O K
shopboy
S H O P B O Y
S Ho P B O Y
S H O Pb O Y
S Ho Pb O Y
shopper
S H O P P Er
S Ho P P Er
shoppish
S H O P P I S H
S Ho P P I S H
shoppy
S H O P P Y
S Ho P P Y
shopwalker
S H O P W Al K Er
S Ho P W Al K Er
shopworn
S H O P W O Rn
S Ho P W O Rn
shorage
S H O Ra Ge
S Ho Ra Ge
shore
S H O Re
S Ho Re
shorn
S H O Rn
S Ho Rn
shoshones
S H O S H O Ne S
S Ho S H O Ne S
S H Os H O Ne S
S H O S Ho Ne S
S Ho S Ho Ne S
S H Os Ho Ne S
S H O S H O N Es
S Ho S H O N Es
S H Os H O N Es
S H O S Ho N Es
S Ho S Ho N Es
S H Os Ho N Es
shote
S H O Te
S Ho Te
show
S H O W
S Ho W
shower
S H O W Er
S Ho W Er
showeriness
S H O W Er I Ne S S
S Ho W Er I Ne S S
S H O W Er I N Es S
S Ho W Er I N Es S
S H O W Er In Es S
S Ho W Er In Es S
showery
S H O W Er Y
S Ho W Er Y
showiness
S H O W I Ne S S
S Ho W I Ne S S
S H O W I N Es S
S Ho W I N Es S
S H O W In Es S
S Ho W In Es S
showish
S H O W I S H
S Ho W I S H
shown
S H O W N
S Ho W N
showy
S H O W Y
S Ho W Y
shrank
S H Ra N K
shrap
S H Ra P
shrew
S H Re W
shrewish
S H Re W I S H
shrewmouse
S H Re W Mo U Se
shrub
S H Ru B
shrubberies
S H Ru B B Er I Es
shrubbery
S H Ru B B Er Y
shrubbiness
S H Ru B B I Ne S S
S H Ru B Bi Ne S S
S H Ru B B I N Es S
S H Ru B Bi N Es S
S H Ru B B In Es S
shrubby
S H Ru B B Y
shruff
S H Ru F F
shrunk
S H Ru N K
shuck
S H U C K
shucker
S H U C K Er
shuffler
S H U F Fl Er

shun

S H U N

shute

S H U Te

shy

S H Y

shyness

S H Y Ne S S

S H Y N Es S

si

S I

Si

sib

S I B

Si B

sibbens

S I B Be N S

Si B Be N S

sibilance

S I B I La N Ce

Si B I La N Ce

S I Bi La N Ce

Si Bi La N Ce

sibilancy

S I B I La N C Y

Si B I La N C Y

S I Bi La N C Y

Si Bi La N C Y

sibilate

S I B I La Te

Si B I La Te

S I Bi La Te

Si Bi La Te

sibilation

S I B I La Ti O N

Si B I La Ti O N

S I Bi La Ti O N

Si Bi La Ti O N

sic

S I C

Si C

sicamore

S I C Am O Re

Si C Am O Re

S I Ca Mo Re

Si Ca Mo Re

sicca

S I C Ca

Si C Ca

siccate

S I C Ca Te

Si C Ca Te

siccation

S I C C At I O N

Si C C At I O N

S I C Ca Ti O N

Si C Ca Ti O N

siccific

S I C C I F I C

Si C C I F I C

sice

S I Ce

Si Ce

sicer

S I C Er

Si C Er

sich

S I C H

Si C H

sick

S I C K

Si C K

sicker

S I C K Er

Si C K Er

sickerness

S I C K Er Ne S S

Si C K Er Ne S S

S I C K Er N Es S

Si C K Er N Es S

sickish

S I C K I S H

Si C K I S H

sickliness

S I C K Li Ne S S

Si C K Li Ne S S

S I C K Li N Es S

Si C K Li N Es S

sickness

S I C K Ne S S

Si C K Ne S S

S I C K N Es S

Si C K N Es S

sierra

S I Er Ra

Si Er Ra

siesta

S I Es Ta

Si Es Ta

sifac

S I F Ac

Si F Ac

sik

S I K

Si K

siker

S I K Er

Si K Er

sikerness

S I K Er Ne S S

Si K Er Ne S S

S I K Er N Es S

Si K Er N Es S

sikhs

S I K H S

Si K H S

S I K Hs

Si K Hs

silage

S I La Ge

Si La Ge

silica

S I Li Ca

Si Li Ca

silicate

S I Li Ca Te

Si Li Ca Te

siliceous

S I Li Ce O U S

Si Li Ce O U S

silicic

S I Li C I C

Si Li C I C

silicicalcareous

S I Li C I C Al Ca Re O U S

Si Li C I C Al Ca Re O U S

siliciferous

S I Li C I F Er O U S

Si Li C I F Er O U S

silicification

S I Li C I F I C At I O N

Si Li C I F I C At I O N

S I Li C I F I Ca Ti O N

Si Li C I F I Ca Ti O N

silicify

S I Li C I F Y

Si Li C I F Y

silicious

S I Li C I O U S

Si Li C I O U S

silicon

S I Li C O N

Si Li C O N

S I Li Co N

Si Li Co N

silicula

S I Li C U La

Si Li C U La

S I Li Cu La

Si Li Cu La

silure

S I Lu Re

Si Lu Re

silurus

S I Lu Ru S

Si Lu Ru S

silvas

S I Lv As

Si Lv As

silver

S I Lv Er

Si Lv Er

silverback

S I Lv Er Ba C K

Si Lv Er Ba C K

S I Lv Er B Ac K

Si Lv Er B Ac K

silverfin

S I Lv Er F I N

Si Lv Er F I N

S I Lv Er F In

Si Lv Er F In

silverfish

S I Lv Er F I S H

Si Lv Er F I S H

silveriness

S I Lv Er I Ne S S

Si Lv Er I Ne S S

S I Lv Er I N Es S

Si Lv Er I N Es S

S I Lv Er In Es S

Si Lv Er In Es S

silvern

S I Lv Er N

Si Lv Er N

silversmith

S I Lv Er Sm I Th

Si Lv Er Sm I Th

silvery

S I Lv Er Y

Si Lv Er Y

simoniac

S I Mo N I Ac

Si Mo N I Ac

S I Mo Ni Ac

Si Mo Ni Ac

simoniacal

S I Mo N I Ac Al

Si Mo N I Ac Al

S I Mo Ni Ac Al

Si Mo Ni Ac Al

simonial

S I Mo N I Al

Si Mo N I Al

S I Mo Ni Al

Si Mo Ni Al

simonious

S I Mo N I O U S

Si Mo N I O U S

S I Mo Ni O U S

Si Mo Ni O U S

simony

S I Mo N Y

Si Mo N Y

simoon

S I Mo O N

Si Mo O N

simous

S I Mo U S

Si Mo U S

sin

S I N

Si N

S In

sinaic

S I Na I C

Si Na I C

sinaitic

S I Na I Ti C

Si Na I Ti C

sinalbin

S I N Al B I N

Si N Al B I N

S In Al B I N

S I N Al Bi N

Si N Al Bi N

S In Al Bi N

S I N Al B In

Si N Al B In

S In Al B In

sinamine

S I N Am I Ne

Si N Am I Ne

S In Am I Ne

sinapate

S I Na Pa Te

Si Na Pa Te

sinapic

S I Na P I C

Si Na P I C

sinapine

S I Na P I Ne

Si Na P I Ne

sinapis

S I Na P I S

Si Na P I S

sinapisin

S I Na P I S I N

Si Na P I S I N

S I Na P I Si N

Si Na P I Si N

S I Na P I S In

Si Na P I S In

sinapism

S I Na P I Sm

Si Na P I Sm

sinapoline

S I Na P O Li Ne

Si Na P O Li Ne

S I Na Po Li Ne

Si Na Po Li Ne

sincaline

S I N C Al I Ne

Si N C Al I Ne

S In C Al I Ne

S I N Ca Li Ne

Si N Ca Li Ne

S In Ca Li Ne

since
S I N Ce

Si N Ce

S In Ce

sincere
S I N Ce Re

Si N Ce Re

S In Ce Re

sincereness
S I N Ce Re Ne S S

Si N Ce Re Ne S S

S In Ce Re Ne S S

S I N Ce Re N Es S

Si N Ce Re N Es S

S In Ce Re N Es S

sinch
S I N C H

Si N C H

S In C H

sindon
S I Nd O N

Si Nd O N

sine
S I Ne

Si Ne

sinecure
S I Ne C U Re

Si Ne C U Re

S I Ne Cu Re

Si Ne Cu Re

sinew
S I Ne W

Si Ne W

sinewiness
S I Ne W I Ne S S

Si Ne W I Ne S S

S I Ne W I N Es S

Si Ne W I N Es S

S I Ne W In Es S

Si Ne W In Es S

sinewish
S I Ne W I S H

Si Ne W I S H

sinewous
S I Ne W O U S

Si Ne W O U S

sinewy
S I Ne W Y

Si Ne W Y

singe
S I N Ge

Si N Ge

S In Ge

singeress
S I N Ge Re S S

Si N Ge Re S S

S In Ge Re S S

sinical
S I N I C Al

Si N I C Al

S In I C Al

S I Ni C Al

Si Ni C Al

sink
S I N K

Si N K

S In K

sinker
S I N K Er

Si N K Er

S In K Er

sinner
S I N N Er

Si N N Er

S In N Er

sinneress
S I N Ne Re S S

Si N Ne Re S S

S In Ne Re S S

S I N N Er Es S

Si N N Er Es S

S In N Er Es S

sinoper
S I N O P Er

Si N O P Er

S In O P Er

S I No P Er

Si No P Er

sinopis
S I N O P I S

Si N O P I S

S In O P I S

S I No P I S

Si No P I S

sinopite
S I N O P I Te

Si N O P I Te

S In O P I Te

S I No P I Te

Si No P I Te

sinuation
S I N U At I O N

Si N U At I O N

S In U At I O N

sinuose
S I N U O Se

Si N U O Se

S In U O Se

sinuosities
S I N U O S I Ti Es

Si N U O S I Ti Es

S In U O S I Ti Es

S I N U Os I Ti Es

Si N U Os I Ti Es

S In U Os I Ti Es

S I N U O Si Ti Es

Si N U O Si Ti Es

S In U O Si Ti Es

sinuous
S I N U O U S

Si N U O U S

S In U O U S

sinus
S I N U S

Si N U S

S In U S

sinuses
S I N U Se S

Si N U Se S

S In U Se S

S I N U S Es

Si N U S Es

S In U S Es

sip
S I P

Si P

sipage
S I Pa Ge

Si Pa Ge

siphilis
S I P H I Li S

Si P H I Li S

siphon

S I P H O N

Si P H O N

S I P Ho N

Si P Ho N

siphonage

S I P H O Na Ge

Si P H O Na Ge

S I P Ho Na Ge

Si P Ho Na Ge

siphonal

S I P H O N Al

Si P H O N Al

S I P Ho N Al

Si P Ho N Al

siphonata

S I P H O Na Ta

Si P H O Na Ta

S I P Ho Na Ta

Si P Ho Na Ta

siphonate

S I P H O Na Te

Si P H O Na Te

S I P Ho Na Te

Si P Ho Na Te

siphonic

S I P H O N I C

Si P H O N I C

S I P Ho N I C

Si P Ho N I C

S I P H O Ni C

Si P H O Ni C

S I P Ho Ni C

Si P Ho Ni C

siphonifer

S I P H O N I F Er

Si P H O N I F Er

S I P Ho N I F Er

Si P Ho N I F Er

S I P H O Ni F Er

Si P H O Ni F Er

S I P Ho Ni F Er

Si P Ho Ni F Er

siphoniferous

S I P H O N I F Er O U S

Si P H O N I F Er O U S

S I P Ho N I F Er O U S

Si P Ho N I F Er O U S

S I P H O Ni F Er O U S

Si P H O Ni F Er O U S

S I P Ho Ni F Er O U S

Si P Ho Ni F Er O U S

siphonophora

S I P H O N O P H O Ra

Si P H O N O P H O Ra

S I P Ho N O P H O Ra

Si P Ho N O P H O Ra

S I P H O No P H O Ra

Si P H O No P H O Ra

S I P Ho No P H O Ra

Si P Ho No P H O Ra

S I P H O N O P Ho Ra

Si P H O N O P Ho Ra

S I P Ho N O P Ho Ra

Si P Ho N O P Ho Ra

S I P H O No P Ho Ra

Si P H O No P Ho Ra

S I P Ho No P Ho Ra

Si P Ho No P Ho Ra

siphonophoran

S I P H O N O P H O Ra N

Si P H O N O P H O Ra N

S I P Ho N O P H O Ra N

Si P Ho N O P H O Ra N

S I P H O No P H O Ra N

Si P H O No P H O Ra N

S I P Ho No P H O Ra N

Si P Ho No P H O Ra N

S I P H O N O P Ho Ra N

Si P H O N O P Ho Ra N

S I P Ho N O P Ho Ra N

Si P Ho N O P Ho Ra N

S I P H O No P Ho Ra N

Si P H O No P Ho Ra N

S I P Ho No P Ho Ra N

Si P Ho No P Ho Ra N

siphonophore

S I P H O N O P H O Re

Si P H O N O P H O Re

S I P Ho N O P H O Re

Si P Ho N O P H O Re

S I P H O No P H O Re

Si P H O No P H O Re

S I P Ho No P H O Re

Si P Ho No P H O Re

S I P H O N O P Ho Re

Si P H O N O P Ho Re

S I P Ho N O P Ho Re

Si P Ho N O P Ho Re

S I P H O No P Ho Re

Si P H O No P Ho Re

S I P Ho No P Ho Re

Si P Ho No P Ho Re

siphorhinal

S I P H O Rh I N Al

Si P H O Rh I N Al

S I P Ho Rh I N Al

Si P Ho Rh I N Al

S I P H O Rh In Al

Si P H O Rh In Al

S I P Ho Rh In Al

Si P Ho Rh In Al

sipper

S I P P Er

Si P P Er

sipy

S I P Y

Si P Y

sir

S Ir

siraskier

S I Ra S K I Er

Si Ra S K I Er

S Ir As K I Er

sircar

S Ir C Ar

sire

S I Re

Si Re

siren

S I Re N

Si Re N

sirene

S I Re Ne

Si Re Ne

sirenical

S I Re N I C Al

Si Re N I C Al

S I Re Ni C Al

Si Re Ni C Al

siriasis

S Ir I As I S

sirius

S Ir I U S

siroc

S Ir O C

sirocco

S Ir O C C O

S Ir O C Co

siroccos

S Ir O C C O S

S Ir O C Co S

S Ir O C Co S S Ir O C C Os

sirrah

S Ir Ra H

sirup

S Ir U P

S I Ru P

Si Ru P

sirupy

S Ir U P Y

S I Ru P Y

Si Ru P Y

sis

S I S

Si S

sise

S I Se

Si Se

siser

S I S Er

Si S Er

siserara

S I Se Ra Ra

Si Se Ra Ra

siserary

S I S Er Ar Y

Si S Er Ar Y

siskin

S I S K I N

Si S K I N

S I S K In

Si S K In

siss

S I S S

Si S S

sissoo

S I S S O O

Si S S O O

sistine

S I S Ti Ne

Si S Ti Ne

sisyphus

S I S Y P H U S

Si S Y P H U S

site

S I Te

Si Te

sith

S I Th

Si Th

siver

S I V Er

Si V Er

siwin

S I W I N

Si W I N

S I W In

Si W In

skag

S K Ag

skar

S K Ar

skater

S K At Er

skies

S K I Es

skiff

S K I F F

skin

S K I N

S K In

skinbound

S K I N B O U Nd

S K In B O U Nd

S K I Nb O U Nd

skinch

S K I N C H

S K In C H

skink

S K I N K

S K In K

skinker

S K I N K Er

S K In K Er

skinner

S K I N N Er

S K In N Er

skinniness

S K I N N I Ne S S

S K In N I Ne S S

S K I N Ni Ne S S

S K In Ni Ne S S

S K I N N I N Es S

S K In N I N Es S

S K I N Ni N Es S

S K In Ni N Es S

S K I N N In Es S

S K In N In Es S

skinny

S K I N N Y

S K In N Y

skip

S K I P

skipper

S K I P P Er

skirrhus

S K Ir Rh U S

skiver

S K I V Er

sklayre

S K La Y Re

skonce

S K O N Ce

skringe

S Kr I N Ge

S Kr In Ge

skrite

S Kr I Te

skun

S K U N

skunk

S K U N K

skunkish

S K U N K I S H

skute

S K U Te

sky

S K Y

skyish

S K Y I S H

slab

S La B

slabber

S La B B Er

slabberer

S La B B Er Er

slabbery
S La B B Er Y

slabbiness
S La B B I Ne S S
S La B Bi Ne S S
S La B B I N Es S
S La B Bi N Es S
S La B B In Es S

slabby
S La B B Y

slack
S La C K

slackness
S La C K Ne S S
S La C K N Es S

slain
S La I N
S La In

slakin
S La K I N
S La K In

slander
S La Nd Er

slanderer
S La Nd Er Er

slanderous
S La Nd Er O U S

slank
S La N K

slantly
S La N Tl Y

slap
S La P

slapdash
S La Pd As H

slapper
S La P P Er

slash
S La S H

slasher
S La S H Er

slashpine
S La S H P I Ne

slashy
S La S H Y

slatch
S La Tc H

slate
S La Te

slav
S La V

slaver
S La V Er

slaverer
S La V Er Er

slaveries
S La V Er I Es

slavery
S La V Er Y

slavic
S La V I C

slavish
S La V I S H

slavism
S La V I Sm

slavocracy
S La V O C Ra C Y
S La V O Cr Ac Y

slavonic
S La V O N I C
S La V O Ni C

slavs
S La V S

slaw
S La W

slay
S La Y

slayer
S La Y Er

slibber
S Li B B Er

slice
S Li Ce

slicer
S Li C Er

slich
S Li C H

slick
S Li C K

slicker
S Li C K Er

slickness
S Li C K Ne S S
S Li C K N Es S

slik
S Li K

slimness
S Li Mn Es S

sliness
S Li Ne S S
S Li N Es S

slink
S Li N K

slinky
S Li N K Y

slip
S Li P

slipes
S Li P Es

slippage
S Li P Pa Ge

slipper
S Li P P Er

slipperiness
S Li P P Er I Ne S S
S Li P P Er I N Es S
S Li P P Er In Es S

slipperness
S Li P P Er Ne S S
S Li P P Er N Es S

slippery
S Li P P Er Y

slippiness
S Li P P I Ne S S
S Li P P I N Es S
S Li P P In Es S

slippy
S Li P P Y

slipskin
S Li P S K I N
S Li P S K In

slish
S Li S H

slither
S Li Th Er

sliver
S Li V Er

slub
S Lu B

slubber
S Lu B B Er

sludy
S Lu Dy

sluice
S Lu I Ce

sluicy
S Lu I C Y

slunk
S Lu N K

slush
S Lu S H

slushy
S Lu S H Y

slutch
S Lu Tc H

slutchy
S Lu Tc H Y

sluthhound
S Lu Th H O U Nd
S Lu Th Ho U Nd

smack
Sm Ac K

smallage
Sm Al La Ge

smallish
Sm Al Li S H

smaltine
Sm Al Ti Ne

smaltite
Sm Al Ti Te

smarten
Sm Ar Te N

smartly
Sm Ar Tl Y

smash
Sm As H

smasher
Sm As H Er

smatch
Sm At C H

smerk
Sm Er K

smerky
Sm Er K Y

smerlin
Sm Er Li N

smicker
Sm I C K Er

smilacin
Sm I La C I N
Sm I La C In

smirch
Sm Ir C H

smirk
Sm Ir K

smirky
Sm Ir K Y

smite
Sm I Te

smith
Sm I Th

smither
Sm I Th Er

smithery
Sm I Th Er Y

smithsonite
Sm I Th S O N I Te
Sm I Th S O Ni Te

smithy
Sm I Th Y

smock
Sm O C K
S Mo C K

smockfrock
Sm O C K Fr O C K
S Mo C K Fr O C K

smoker
Sm O K Er
S Mo K Er

smokestack
Sm O K Es Ta C K
S Mo K Es Ta C K

smokiness
Sm O K I Ne S S
S Mo K I Ne S S
Sm O K I N Es S
S Mo K I N Es S
Sm O K In Es S
S Mo K In Es S

smoky
Sm O K Y
S Mo K Y

smooch
Sm O O C H
S Mo O C H

smooth
Sm O O Th
S Mo O Th

smoothbore
Sm O O Th B O Re
S Mo O Th B O Re

smoother
Sm O O Th Er
S Mo O Th Er

smoothness
Sm O O Th Ne S S
S Mo O Th Ne S S
Sm O O Th N Es S
S Mo O Th N Es S

smore
Sm O Re
S Mo Re

smote
Sm O Te
S Mo Te

smother
Sm O Th Er
S Mo Th Er

smotheriness
Sm O Th Er I Ne S S
S Mo Th Er I Ne S S
Sm O Th Er I N Es S
S Mo Th Er I N Es S
Sm O Th Er In Es S
S Mo Th Er In Es S

smothery
Sm O Th Er Y
S Mo Th Er Y

smouch
Sm O U C H
S Mo U C H

smutch
Sm U Tc H

smutchin
Sm U Tc H I N
Sm U Tc H In

snack
S Na C K
S N Ac K
Sn Ac K

snag
S N Ag
Sn Ag

snakish

[S][Na][K][I][S][H]

snaky

[S][Na][K][Y]

snap

[S][Na][P]

snapper

[S][Na][P][P][Er]

snappish

[S][Na][P][P][I][S][H]

snappy

[S][Na][P][P][Y]

snapsack

[S][Na][P][S][Ac][K]

snar

[S][N][Ar]

[Sn][Ar]

snare

[S][Na][Re]

snarer

[S][N][Ar][Er]

[Sn][Ar][Er]

snary

[S][N][Ar][Y]

[Sn][Ar][Y]

snatch

[S][N][At][C][H]

[Sn][At][C][H]

[S][Na][Tc][H]

snatcher

[S][N][At][C][H][Er]

[Sn][At][C][H][Er]

[S][Na][Tc][H][Er]

snathe

[S][N][At][He]

[Sn][At][He]

snaw

[S][Na][W]

sneath

[S][Ne][At][H]

sneathe

[S][Ne][At][He]

sneb

[S][Ne][B]

sneck

[S][Ne][C][K]

sneer

[S][Ne][Er]

sneerer

[S][Ne][Er][Er]

snew

[S][Ne][W]

snib

[S][N][I][B]

[Sn][I][B]

[S][Ni][B]

snick

[S][N][I][C][K]

[Sn][I][C][K]

[S][Ni][C][K]

snicker

[S][N][I][C][K][Er]

[Sn][I][C][K][Er]

[S][Ni][C][K][Er]

sniff

[S][N][I][F][F]

[Sn][I][F][F]

[S][Ni][F][F]

snip

[S][N][I][P]

[Sn][I][P]

[S][Ni][P]

snippack

[S][N][I][P][Pa][C][K]

[Sn][I][P][Pa][C][K]

[S][Ni][P][Pa][C][K]

[S][N][I][P][P][Ac][K]

[Sn][I][P][P][Ac][K]

[S][Ni][P][P][Ac][K]

snipper

[S][N][I][P][P][Er]

[Sn][I][P][P][Er]

[S][Ni][P][P][Er]

snite

[S][N][I][Te]

[Sn][I][Te]

[S][Ni][Te]

snithy

[S][N][I][Th][Y]

[Sn][I][Th][Y]

[S][Ni][Th][Y]

snob

[S][N][O][B]

[Sn][O][B]

[S][No][B]

snobbery

[S][N][O][B][B][Er][Y]

[Sn][O][B][B][Er][Y]

[S][No][B][B][Er][Y]

snobbish

[S][N][O][B][B][I][S][H]

[Sn][O][B][B][I][S][H]

[S][No][B][B][I][S][H]

[S][N][O][B][Bi][S][H]

[Sn][O][B][Bi][S][H]

[S][No][B][Bi][S][H]

snobbishness

[S][N][O][B][B][I][S][H][Ne][S][S]

[Sn][O][B][B][I][S][H][Ne][S][S]

[S][No][B][B][I][S][H][Ne][S][S]

[S][N][O][B][Bi][S][H][Ne][S][S]

[Sn][O][B][Bi][S][H][Ne][S][S]

[S][No][B][Bi][S][H][Ne][S][S]

[S][N][O][B][B][I][S][H][N][Es][S]

[Sn][O][B][B][I][S][H][N][Es][S]

[S][No][B][B][I][S][H][N][Es][S]

[S][N][O][B][Bi][S][H][N][Es][S]

[Sn][O][B][Bi][S][H][N][Es][S]

[S][No][B][Bi][S][H][N][Es][S]

[S][N][O][B][B][I][S][H][N][Es][S]

[Sn][O][B][B][I][S][H][N][Es][S]

[S][No][B][B][I][S][H][N][Es][S]

snobbism

[S][N][O][B][B][I][Sm]

[Sn][O][B][B][I][Sm]

[S][No][B][B][I][Sm]

[S][N][O][B][Bi][Sm]

[Sn][O][B][Bi][Sm]

[S][No][B][Bi][Sm]

snobby

[S][N][O][B][B][Y]

[Sn][O][B][B][Y]

[S][No][B][B][Y]

snobocracy

[S][N][O][B][O][C][Ra][C][Y]

[Sn][O][B][O][C][Ra][C][Y]

[S][No][B][O][C][Ra][C][Y]

[S][N][O][B][O][Cr][Ac][Y]

[Sn][O][B][O][Cr][Ac][Y]

[S][No][B][O][Cr][Ac][Y]

snoff
S N O F F
Sn O F F
S No F F
snook
S N O O K
Sn O O K
S No O K
snore
S N O Re
Sn O Re
S No Re
snow
S N O W
Sn O W
S No W
snowcap
S N O W Ca P
Sn O W Ca P
S No W Ca P
snowshoer
S N O W S H O Er
Sn O W S H O Er
S No W S H O Er
S N O W S Ho Er
Sn O W S Ho Er
S No W S Ho Er
snowslip
S N O W S Li P
Sn O W S Li P
S No W S Li P
snowy
S N O W Y
Sn O W Y
S No W Y
snub
S N U B
Sn U B
snuff
S N U F F
Sn U F F
snuffer
S N U F F Er
Sn U F F Er
snuffers
S N U F F Er S
Sn U F F Er S
snuffler
S N U F Fl Er
Sn U F Fl Er
snuffy
S N U F F Y
Sn U F F Y
sny
S N Y
Sn Y
snypy
S N Y P Y
Sn Y P Y
so
S O
soal
S O Al
soam
S O Am
soar
S O Ar
sob
S O B
sober
S O B Er
soberness
S O B Er Ne S S
S O B Er N Es S
S O Be Rn Es S
soboliferous
S O B O Li F Er O U S
soc
S O C
socage
S O Ca Ge
socager
S O C Ag Er
social
S O C I Al
socialism
S O C I Al I Sm
socialistic
S O C I Al I S Ti C
socialness
S O C I Al Ne S S
S O C I Al N Es S
sock
S O C K
socky
S O C K Y
socratic
S O Cr At I C
S O C Ra Ti C
socratical
S O Cr At I C Al
S O C Ra Ti C Al
socratism
S O Cr At I Sm
S O C Ra Ti Sm
sofas
S O F As
sofi
S O F I
sofis
S O F I S
sofism
S O F I Sm
softa
S O F Ta
soften
S O F Te N
softener
S O F Te N Er
softish
S O F Ti S H
softly
S O F Tl Y
soho
S O H O
S O Ho
soiliness
S O I Li Ne S S
S O I Li N Es S
soilure
S O I Lu Re
soko
S O K O
sola
S O La
solace
S O La Ce
solacious
S O La C I O U S
solanaceous
S O La Na Ce O U S

soland
S O La Nd

solander
S O La Nd Er

solanicine
S O La N I C I Ne
S O La Ni C I Ne

solanine
S O La N I Ne
S O La Ni Ne

solano
S O La N O
S O La No

solas
S O La S

soli
S O Li

solicitate
S O Li C I Ta Te

soliitation
S O Li I Ta Ti O N

solipsism
S O Li P S I Sm
S O Li P Si Sm

solitaire
S O Li Ta I Re

solivagous
S O Li V Ag O U S

solus
S O Lu S

solute
S O Lu Te

solution
S O Lu Ti O N

solver
S O Lv Er

somnambulate
S O Mn Am B U La Te

somnambulation
S O Mn Am B U La Ti O N

somnambulic
S O Mn Am B U Li C

somnambulism
S O Mn Am B U Li Sm

somnambulistic
S O Mn Am B U Li S Ti C

somner
S O Mn Er

somnial
S O Mn I Al

somniferous
S O Mn I F Er O U S

somnific
S O Mn I F I C

somnipathy
S O Mn I P At H Y
S O Mn I Pa Th Y

somnolism
S O Mn O Li Sm

somnopathy
S O Mn O P At H Y
S O Mn O Pa Th Y

somonaunce
S O Mo Na U N Ce
S O Mo N Au N Ce

somonce
S O Mo N Ce

son
S O N

sonance
S O Na N Ce

sonata
S O Na Ta

sonatina
S O N At I Na
S O Na Ti Na

soncy
S O N C Y

sond
S O Nd

sonifer
S O N I F Er
S O Ni F Er

soniferous
S O N I F Er O U S
S O Ni F Er O U S

sonification
S O N I F I C At I O N
S O Ni F I C At I O N
S O N I F I Ca Ti O N
S O Ni F I Ca Ti O N

sonneteer
S O N Ne Te Er

sonnish
S O N N I S H
S O N Ni S H

sonnite
S O N N I Te
S O N Ni Te

sonship
S O N S H I P

sonsy
S O N S Y

sonties
S O N Ti Es

soon
S O O N

soosoo
S O O S O O
S O Os O O

soote
S O O Te

sooth
S O O Th

soother
S O O Th Er

soothness
S O O Th Ne S S
S O O Th N Es S

sootiness
S O O Ti Ne S S
S O O Ti N Es S

sootish
S O O Ti S H

sop
S O P

soph
S O P H

sophi
S O P H I

sophic
S O P H I C

sophical
S O P H I C Al

sophis
S O P H I S

sophism
S O P H I Sm

sophistic
S O P H I S Ti C

sophistical

S O P H I S Ti C Al

sophisticate

S O P H I S Ti Ca Te

sophistication

S O P H I S Ti C At I O N

S O P H I S Ti Ca Ti O N

sophomore

S O P H O Mo Re

S O P Ho Mo Re

sophora

S O P H O Ra

S O P Ho Ra

sophta

S O P H Ta

sopite

S O P I Te

sopition

S O P I Ti O N

soporate

S O P O Ra Te

S O Po Ra Te

sopper

S O P P Er

soppy

S O P P Y

sopra

S O P Ra

soprani

S O P Ra N I

S O P Ra Ni

soprano

S O P Ra N O

S O P Ra No

sopranos

S O P Ra N O S

S O P Ra No S

S O P Ra N Os

sora

S O Ra

sorance

S O Ra N Ce

sorb

S O Rb

sorbic

S O Rb I C

sorbin

S O Rb I N

S O Rb In

sorbite

S O Rb I Te

sorbition

S O Rb I Ti O N

sorbonical

S O Rb O N I C Al

S O Rb O Ni C Al

sore

S O Re

sorehon

S O Re H O N

S O Re Ho N

soreness

S O Re Ne S S

S O Re N Es S

sorgne

S O Rg Ne

sorgo

S O Rg O

sorn

S O Rn

sorner

S O Rn Er

sorus

S O Ru S

soss

S O S S

S Os S

sote

S O Te

sothiac

S O Th I Ac

sothic

S O Th I C

sou

S O U

soubah

S O U Ba H

souce

S O U Ce

souir

S O U Ir

soulili

S O U Li Li

soun

S O U N

sound

S O U Nd

sounder

S O U Nd Er

soundness

S O U Nd Ne S S

S O U Nd N Es S

soune

S O U Ne

soup

S O U P

soupy

S O U P Y

sourness

S O U Rn Es S

sous

S O U S

souse

S O U Se

souslik

S O U S Li K

soutache

S O U Ta C He

soutage

S O U Ta Ge

soutane

S O U Ta Ne

south

S O U Th

souther

S O U Th Er

southerliness

S O U Th Er Li Ne S S

S O U Th Er Li N Es S

southern

S O U Th Er N

southerner

S O U Th Er N Er

southernliness

S O U Th Er N Li Ne S S

S O U Th Er N Li N Es S

southness

S O U Th Ne S S

S O U Th N Es S

southwards

S O U Th W Ar Ds

southwestern

S O U Th W Es Te Rn

sovran
S O V Ra N

sow
S O W

sowar
S O W Ar

sowbane
S O W Ba Ne

sowce
S O W Ce

sower
S O W Er

sowins
S O W I N S
S O W In S

sown
S O W N

sowne
S O W Ne

sowse
S O W Se

soy
S O Y

spa
S Pa

space
S Pa Ce

spacelate
S Pa Ce La Te

spacial
S Pa C I Al
S P Ac I Al

spacious
S Pa C I O U S
S P Ac I O U S

spahi
S Pa H I

spaky
S Pa K Y

span
S Pa N

spane
S Pa Ne

spanish
S Pa N I S H
S Pa Ni S H

spank
S Pa N K

spanker
S Pa N K Er

spanner
S Pa N N Er

spar
S P Ar

sparage
S Pa Ra Ge

sparagrass
S P Ar Ag Ra S S

sparagus
S P Ar Ag U S

spare
S Pa Re

spareness
S Pa Re Ne S S
S Pa Re N Es S

sparer
S P Ar Er

sparerib
S P Ar Er I B

sparge
S P Ar Ge

spargefaction
S P Ar Ge F Ac Ti O N

sparger
S Pa Rg Er

spark
S P Ar K

sparker
S P Ar K Er

sparkish
S P Ar K I S H

sparkliness
S P Ar K Li Ne S S
S P Ar K Li N Es S

sparse
S P Ar Se

sparseness
S P Ar Se Ne S S
S P Ar Se N Es S

spartan
S P Ar Ta N

sparteine
S P Ar Te I Ne

sparth
S P Ar Th

spary
S P Ar Y

spasm
S Pa Sm

spasmatical
S Pa Sm At I C Al

spastic
S Pa S Ti C
S P As Ti C

spat
S P At

spatchcock
S P At C H C O C K
S Pa Tc H C O C K
S P At C H Co C K
S Pa Tc H Co C K

spate
S Pa Te

spathal
S P At H Al
S Pa Th Al

spathe
S P At He

spathic
S P At H I C
S Pa Th I C

spathose
S P At H O Se
S Pa Th O Se
S P At Ho Se

spathous
S P At H O U S
S Pa Th O U S
S P At Ho U S

spathulate
S P At H U La Te
S Pa Th U La Te

spatial
S P At I Al
S Pa Ti Al

spatula
S P At U La

spatulate
S P At U La Te

spavin
S Pa V I N
S Pa V In

spaw
S Pa W

spawn
S Pa W N

spawner
S Pa W N Er

spay
S Pa Y

sper
S P Er

sperge
S P Er Ge

spermococcus
S P Er Mo C O C C U S
S P Er Mo Co C C U S
S P Er Mo C O C Cu S
S P Er Mo Co C Cu S

spermophore
S P Er Mo P H O Re
S P Er Mo P Ho Re

spermophyta
S P Er Mo P H Y Ta

spermophyte
S P Er Mo P H Y Te

spermophytic
S P Er Mo P H Y Ti C

spermosphere
S P Er Mo S P He Re

spermospore
S P Er Mo S P O Re
S P Er Mo S Po Re

sperre
S P Er Re

sperse
S P Er Se

spessartite
S P Es S Ar Ti Te

sphagnous
S P H Ag N O U S
S P H Ag No U S

sphalerite
S P H Al Er I Te

sphene
S P He Ne

spheniscan
S P He N I S Ca N
S P He Ni S Ca N

sphenotic
S P He N O Ti C
S P He No Ti C

spheral
S P H Er Al

sphere
S P He Re

spheric
S P H Er I C

spherical
S P H Er I C Al

spherics
S P H Er I C S
S P H Er I Cs

spheroconic
S P H Er O C O N I C
S P H Er O Co N I C
S P H Er O C O Ni C
S P H Er O Co Ni C

spherulate
S P H Er U La Te
S P He Ru La Te

spherulite
S P H Er U Li Te
S P He Ru Li Te

spherulitic
S P H Er U Li Ti C
S P He Ru Li Ti C

sphery
S P H Er Y

spial
S P I Al

spica
S P I Ca

spicate
S P I Ca Te

spiccato
S P I C C At O

spice
S P I Ce

spicebush
S P I Ce B U S H

spicer
S P I C Er

spicery
S P I C Er Y

spiciferous
S P I C I F Er O U S

spiciness
S P I C I Ne S S
S P I C I N Es S
S P I C In Es S

spick
S P I C K

spicose
S P I C O Se
S P I Co Se

spicous
S P I C O U S
S P I Co U S

spicula
S P I C U La
S P I Cu La

spiculate
S P I C U La Te
S P I Cu La Te

spiculigenous
S P I C U Li Ge N O U S
S P I Cu Li Ge N O U S
S P I C U Li Ge No U S
S P I Cu Li Ge No U S

spicy
S P I C Y

spies
S P I Es

spiky
S P I K Y

spilikin
S P I Li K I N
S P I Li K In

spilikins
S P I Li K I N S
S P I Li K In S

spin
S P I N
S P In

spinaceous
S P I Na Ce O U S

spinach
S P I Na C H
S P I N Ac H
S P In Ac H

spinage
S P I Na Ge

spinal

S P I N Al

S P In Al

spinate

S P I Na Te

spine

S P I Ne

spineback

S P I Ne Ba C K

S P I Ne B Ac K

spiniferous

S P I N I F Er O U S

S P In I F Er O U S

S P I Ni F Er O U S

spininess

S P I N I Ne S S

S P In I Ne S S

S P I Ni Ne S S

S P I N I N Es S

S P In I N Es S

S P I Ni N Es S

S P I N In Es S

S P In In Es S

spink

S P I N K

S P In K

spinnaker

S P I N Na K Er

S P In Na K Er

spinner

S P I N N Er

S P In N Er

spinney

S P I N Ne Y

S P In Ne Y

spinneys

S P I N Ne Y S

S P In Ne Y S

spinnies

S P I N N I Es

S P In N I Es

S P I N Ni Es

S P In Ni Es

spinny

S P I N N Y

S P In N Y

spinose

S P I N O Se

S P In O Se

S P I No Se

spinous

S P I N O U S

S P In O U S

S P I No U S

spiny

S P I N Y

S P In Y

spiral

S P Ir Al

spiranthy

S P I Ra N Th Y

spiration

S P Ir At I O N

S P I Ra Ti O N

spire

S P I Re

spirifer

S P Ir I F Er

spiritism

S P Ir I Ti Sm

spiritless

S P Ir I Tl Es S

spiroylic

S P Ir O Y Li C

spirula

S P Ir U La

S P I Ru La

spirulate

S P Ir U La Te

S P I Ru La Te

spiry

S P Ir Y

spiss

S P I S S

spitchcock

S P I Tc H C O C K

S P I Tc H Co C K

spite

S P I Te

splanchnapophyses

S P La N C H Na P O P H Y Se S

S P La N C H Na Po P H Y Se S

S P La N C H Na P O P H Y S Es

S P La N C H Na Po P H Y S Es

splanchnapophysis

S P La N C H Na P O P H Y S I S

S P La N C H Na Po P H Y S I S

S P La N C H Na P O P H Y Si S

S P La N C H Na Po P H Y Si S

splanchnic

S P La N C H N I C

S P La N C H Ni C

splash

S P La S H

splasher

S P La S H Er

splashy

S P La S H Y

splay

S P La Y

splaymouth

S P La Y Mo U Th

splaymouths

S P La Y Mo U Th S

splice

S P Li Ce

spline

S P Li Ne

spoffish

S P O F F I S H

S Po F F I S H

spoliation

S P O Li At I O N

S Po Li At I O N

spondulics

S P O Nd U Li C S

S Po Nd U Li C S

S P O Nd U Li Cs

S Po Nd U Li Cs

sponge

S P O N Ge

S Po N Ge

spongeous

S P O N Ge O U S

S Po N Ge O U S

sponk

S P O N K

S Po N K

sponsal
S P O N S Al
S Po N S Al

sponsion
S P O N S I O N
S Po N S I O N
S P O N Si O N
S Po N Si O N

sponsional
S P O N S I O N Al
S Po N S I O N Al
S P O N Si O N Al
S Po N Si O N Al

sponson
S P O N S O N
S Po N S O N

spontaneities
S P O N Ta Ne I Ti Es
S Po N Ta Ne I Ti Es

spontaneous
S P O N Ta Ne O U S
S Po N Ta Ne O U S

spook
S P O O K
S Po O K

spoon
S P O O N
S Po O N

spooney
S P O O Ne Y
S Po O Ne Y

spoony
S P O O N Y
S Po O N Y

spore
S P O Re
S Po Re

sporulation
S P O Ru La Ti O N
S Po Ru La Ti O N

sporuliferous
S P O Ru Li F Er O U S
S Po Ru Li F Er O U S

spotless
S P O Tl Es S
S Po Tl Es S

spousal
S P O U S Al
S Po U S Al

spouse
S P O U Se
S Po U Se

spousess
S P O U Se S S
S Po U Se S S
S P O U S Es S
S Po U S Es S

spoutless
S P O U Tl Es S
S Po U Tl Es S

sprack
S P Ra C K
S Pr Ac K

sprag
S Pr Ag

sprain
S P Ra I N
S P Ra In

sprat
S Pr At

spray
S P Ra Y

sprechery
S P Re C H Er Y

sprenge
S P Re N Ge

sprew
S P Re W

spreynd
S P Re Y Nd

springe
S Pr I N Ge
S Pr In Ge

sprite
S Pr I Te

spriteliness
S Pr I Te Li Ne S S
S Pr I Te Li N Es S

spruce
S Pr U Ce
S P Ru Ce

spruntly
S Pr U N Tl Y
S P Ru N Tl Y

spry
S Pr Y

spumous
S P U Mo U S
S Pu Mo U S

spun
S P U N
S Pu N

spunge
S P U N Ge
S Pu N Ge

spunk
S P U N K
S Pu N K

spunky
S P U N K Y
S Pu N K Y

spurn
S P U Rn
S Pu Rn

spurner
S P U Rn Er
S Pu Rn Er

sputa
S P U Ta
S Pu Ta

sputation
S P U Ta Ti O N
S Pu Ta Ti O N

spute
S P U Te
S Pu Te

spy
S P Y

spyboat
S P Y B O At
S P Yb O At

spyism
S P Y I Sm

spynace
S P Y Na Ce

spyne
S P Y Ne

stab
S Ta B

stabatmater
S Ta Ba Tm At Er

stabber
S Ta B B Er

stabilitate
S Ta B I Li Ta Te
S Ta Bi Li Ta Te

stablish
S Ta B Li S H

stabulation
S Ta B U La Ti O N

staccato
S Ta C C At O

stack
S Ta C K

stackstand
S Ta C K S Ta Nd

stacte
S Ta C Te

staff
S Ta F F

staffier
S Ta F F I Er

staffish
S Ta F F I S H

staffs
S Ta F F S

stage
S Ta Ge

stagecoach
S Ta Ge C O Ac H
S Ta Ge Co Ac H

stagehouse
S Ta Ge H O U Se
S Ta Ge Ho U Se

stageplay
S Ta Ge P La Y

stageplayer
S Ta Ge P La Y Er

stahlism
S Ta H Li Sm

stain
S Ta I N
S Ta In

stainer
S Ta I N Er
S Ta In Er

stair
S Ta Ir

staircase
S Ta Ir Ca Se

staith
S Ta I Th

stalactic
S Ta La C Ti C

stalactical
S Ta La C Ti C Al

stalactite
S Ta La C Ti Te

stalactites
S Ta La C Ti Te S

stalactitic
S Ta La C Ti Ti C

stalactitical
S Ta La C Ti Ti C Al

stance
S Ta N Ce

stanch
S Ta N C H

stancher
S Ta N C H Er

stanchion
S Ta N C H I O N

stanchness
S Ta N C H Ne S S
S Ta N C H N Es S

stand
S Ta Nd

stander
S Ta Nd Er

standish
S Ta Nd I S H

stane
S Ta Ne

stank
S Ta N K

stannaries
S Ta N N Ar I Es

stannary
S Ta N N Ar Y

stannate
S Ta N Na Te

stannic
S Ta N N I C
S Ta N Ni C

stanniferous
S Ta N N I F Er O U S
S Ta N Ni F Er O U S

stannine
S Ta N N I Ne
S Ta N Ni Ne

stannite
S Ta N N I Te
S Ta N Ni Te

stannous
S Ta N N O U S
S Ta N No U S

stapes
S Ta P Es

staphyline
S Ta P H Y Li Ne

stare
S Ta Re

starf
S Ta Rf

starfinch
S Ta Rf I N C H
S Ta Rf In C H

starfish
S Ta Rf I S H

stargaser
S Ta Rg As Er

starn
S Ta Rn

starnose
S Ta Rn O Se

stasimon
S Ta S I Mo N
S Ta Si Mo N

stasis
S Ta S I S
S Ta Si S

state
S Ta Te

statehouse
S Ta Te H O U Se
S Ta Te Ho U Se

stateliness
S Ta Te Li Ne S S
S Ta Te Li N Es S

stateprison
S Ta Te Pr I S O N

static
S Ta Ti C

statical
S Ta Ti C Al

statics
S Ta Ti C S
S Ta Ti Cs
station
S Ta Ti O N
stational
S Ta Ti O N Al
stationariness
S Ta Ti O N Ar I Ne S S
S Ta Ti O N Ar I N Es S
S Ta Ti O N Ar In Es S
stationary
S Ta Ti O N Ar Y
stationer
S Ta Ti O N Er
stationery
S Ta Ti O N Er Y
statism
S Ta Ti Sm
statistic
S Ta Ti S Ti C
statistical
S Ta Ti S Ti C Al
statistics
S Ta Ti S Ti C S
S Ta Ti S Ti Cs
staunch
S Ta U N C H
staunchness
S Ta U N C H Ne S S
S Ta U N C H N Es S
staves
S Ta V Es
stavesacre
S Ta V Es Ac Re
staw
S Ta W
stay
S Ta Y
stayer
S Ta Y Er
staylace
S Ta Y La Ce
stayship
S Ta Y S H I P
steal
S Te Al

stealer
S Te Al Er
stealth
S Te Al Th
stealthiness
S Te Al Th I Ne S S
S Te Al Th I N Es S
S Te Al Th In Es S
stealthy
S Te Al Th Y
steam
S Te Am
steamboat
S Te Am B O At
steamer
S Te Am Er
steaminess
S Te Am I Ne S S
S Te Am I N Es S
S Te Am In Es S
steamship
S Te Am S H I P
steamy
S Te Am Y
stearic
S Te Ar I C
stearin
S Te Ar I N
S Te Ar In
stearolic
S Te Ar O Li C
stearone
S Te Ar O Ne
stearoptene
S Te Ar O P Te Ne
steatite
S Te At I Te
steatitic
S Te At I Ti C
steatopyga
S Te At O P Y Ga
steer
S Te Er
steerer
S Te Er Er
steik
S Te I K

stein
S Te I N
S Te In
steinbock
S Te I N B O C K
S Te In B O C K
S Te I Nb O C K
steinkirk
S Te I N K Ir K
S Te In K Ir K
stela
S Te La
stench
S Te N C H
stenchy
S Te N C H Y
stenosis
S Te N O S I S
S Te No S I S
S Te N Os I S
S Te N O Si S
S Te No Si S
stente
S Te N Te
step
S Te P
stepbrother
S Te P Br O Th Er
stepfather
S Te P F At H Er
stepmother
S Te Pm O Th Er
S Te P Mo Th Er
stepper
S Te P P Er
stepson
S Te P S O N
stere
S Te Re
stereobate
S Te Re O Ba Te
stereoplasm
S Te Re O P La Sm
stereopticon
S Te Re O Pt I C O N
S Te Re O P Ti C O N
S Te Re O Pt I Co N
S Te Re O P Ti Co N

stereoscopic

S Te Re O S C O P I C

S Te Re Os C O P I C

S Te Re O Sc O P I C

S Te Re O S Co P I C

S Te Re Os Co P I C

stereoscopical

S Te Re O S C O P I C Al

S Te Re Os C O P I C Al

S Te Re O Sc O P I C Al

S Te Re O S Co P I C Al

S Te Re Os Co P I C Al

stereoscopy

S Te Re O S C O P Y

S Te Re Os C O P Y

S Te Re O Sc O P Y

S Te Re O S Co P Y

S Te Re Os Co P Y

stereostatic

S Te Re O S Ta Ti C

S Te Re Os Ta Ti C

stern

S Te Rn

sternal

S Te Rn Al

sternbergite

S Te Rn Be Rg I Te

sterner

S Te Rn Er

sternite

S Te Rn I Te

sternness

S Te Rn Ne S S

S Te Rn N Es S

sternson

S Te Rn S O N

sternutation

S Te Rn U Ta Ti O N

stethal

S Te Th Al

stethoscopic

S Te Th O S C O P I C

S Te Th Os C O P I C

S Te Th O Sc O P I C

S Te Th O S Co P I C

S Te Th Os Co P I C

stethoscopical

S Te Th O S C O P I C Al

S Te Th Os C O P I C Al

S Te Th O Sc O P I C Al

S Te Th O S Co P I C Al

S Te Th Os Co P I C Al

stethoscopy

S Te Th O S C O P Y

S Te Th Os C O P Y

S Te Th O Sc O P Y

S Te Th O S Co P Y

S Te Th Os Co P Y

stew

S Te W

stewardship

S Te W Ar Ds H I P

stewish

S Te W I S H

stewpan

S Te W Pa N

stey

S Te Y

stiacciato

S Ti Ac C I At O

stibborn

S Ti B B O Rn

stibial

S Ti B I Al

S Ti Bi Al

stibialism

S Ti B I Al I Sm

S Ti Bi Al I Sm

stibic

S Ti B I C

S Ti Bi C

stibiconite

S Ti B I C O N I Te

S Ti Bi C O N I Te

S Ti B I Co N I Te

S Ti Bi Co N I Te

S Ti B I C O Ni Te

S Ti Bi C O Ni Te

S Ti B I Co Ni Te

S Ti Bi Co Ni Te

stibine

S Ti B I Ne

S Ti Bi Ne

stibious

S Ti B I O U S

S Ti Bi O U S

stibnite

S Ti B N I Te

S Ti B Ni Te

stich

S Ti C H

stichic

S Ti C H I C

stick

S Ti C K

sticker

S Ti C K Er

stickiness

S Ti C K I Ne S S

S Ti C K I N Es S

S Ti C K In Es S

sticky

S Ti C K Y

sties

S Ti Es

stiff

S Ti F F

stiffen

S Ti F Fe N

stiffener

S Ti F Fe N Er

stiffish

S Ti F F I S H

stiffly

S Ti F Fl Y

stiffness

S Ti F F Ne S S

S Ti F F N Es S

stifler

S Ti Fl Er

stink

S Ti N K

stinker

S Ti N K Er

stinkhorn

S Ti N K H O Rn

S Ti N K Ho Rn

stintance

S Ti N Ta N Ce

stintless

S Ti N Tl Es S

stipes

S Ti P Es

stipitate

S Ti P I Ta Te

stipites

S Ti P I Te S

stiptic

S Ti Pt I C

S Ti P Ti C

stipula

S Ti P U La

S Ti Pu La

stipulaceous

S Ti P U La Ce O U S

S Ti Pu La Ce O U S

stipulas

S Ti P U La S

S Ti Pu La S

stipulate

S Ti P U La Te

S Ti Pu La Te

stipulation

S Ti P U La Ti O N

S Ti Pu La Ti O N

stitch

S Ti Tc H

stitcher

S Ti Tc H Er

stitchery

S Ti Tc H Er Y

stith

S Ti Th

stithy

S Ti Th Y

stiver

S Ti V Er

stives

S Ti V Es

suasion

S U As I O N

sub

S U B

subaction

S U Ba C Ti O N

S U B Ac Ti O N

subacute

S U Ba C U Te

S U B Ac U Te

S U Ba Cu Te

subaerial

S U Ba Er I Al

subagency

S U Ba Ge N C Y

subagitation

S U B Ag I Ta Ti O N

subalmoner

S U B Al Mo N Er

subalpine

S U B Al P I Ne

subaltern

S U B Al Te Rn

subalternation

S U B Al Te Rn At I O N

subapical

S U Ba P I C Al

subarctic

S U B Ar C Ti C

subarration

S U B Ar Ra Ti O N

subash

S U Ba S H

S U B As H

subashship

S U Ba S H S H I P

S U B As H S H I P

S U Ba S Hs H I P

S U B As Hs H I P

subbasal

S U B Ba S Al

S U B B As Al

subbrachial

S U B B Ra C H I Al

S U B Br Ac H I Al

subbrachiales

S U B B Ra C H I Al Es

S U B Br Ac H I Al Es

subbronchial

S U B Br O N C H I Al

subcaliber

S U B C Al I B Er

S U B Ca Li B Er

subcarboniferous

S U B C Ar B O N-

I F Er O U S

S U B Ca Rb O N I F Er O U S

S U B C Ar B O Ni F Er O U S

S U B Ca Rb O Ni F Er O U S

subclass

S U B C La S S

S U B Cl As S

subcolumnar

S U B C O Lu Mn Ar

S U B Co Lu Mn Ar

subconical

S U B C O N I C Al

S U B Co N I C Al

S U B C O Ni C Al

S U B Co Ni C Al

subconscious

S U B C O N S C I O U S

S U B Co N S C I O U S

S U B C O N Sc I O U S

S U B Co N Sc I O U S

subcranial

S U B C Ra N I Al

S U B C Ra Ni Al

subcrustaceous

S U B Cr U S Ta Ce O U S

S U B C Ru S Ta Ce O U S

subcutaneous

S U B C U Ta Ne O U S

S U B Cu Ta Ne O U S

suberate

S U Be Ra Te

subereous

S U Be Re O U S

suberic

S U B Er I C

suberin

S U B Er I N

S U B Er In

suberite

S U B Er I Te

suberone

S U B Er O Ne

suberose

S U B Er O Se

suberous

S U B Er O U S

subfibrous

S U B F I Br O U S

subfuscous

S U B F U S C O U S

S U B F U Sc O U S

S U B F U S Co U S

subfusk

S U B F U S K

subgelatinous

S U B Ge La Ti N O U S

S U B Ge La Ti No U S

subgenera

S U B Ge Ne Ra

subgeneric

S U B Ge N Er I C

subgenus

S U B Ge N U S

subhastation

S U B H As Ta Ti O N

S U Bh As Ta Ti O N

subhepatic

S U B He P At I C

S U B He Pa Ti C

subibfer

S U B I B F Er

S U Bi B F Er

subincusation

S U B I N C U S At I O N

S U Bi N C U S At I O N

S U B In C U S At I O N

S U B I N Cu S At I O N

S U Bi N Cu S At I O N

S U B In Cu S At I O N

subindicate

S U B I Nd I Ca Te

S U Bi Nd I Ca Te

subindication

S U B I Nd I C At I O N

S U Bi Nd I C At I O N

S U B I Nd I Ca Ti O N

S U Bi Nd I Ca Ti O N

subindices

S U B I Nd I Ce S

S U Bi Nd I Ce S

S U B I Nd I C Es

S U Bi Nd I C Es

subinduce

S U B I Nd U Ce

S U Bi Nd U Ce

subintestinal

S U B I N Te S Ti N Al

S U Bi N Te S Ti N Al

S U B In Te S Ti N Al

subinvolution

S U B I N V O Lu Ti O N

S U Bi N V O Lu Ti O N

S U B In V O Lu Ti O N

subitaneous

S U B I Ta Ne O U S

S U Bi Ta Ne O U S

subitany

S U B I Ta N Y

S U Bi Ta N Y

sublapsary

S U B La P S Ar Y

sublate

S U B La Te

sublation

S U B La Ti O N

subligation

S U B Li Ga Ti O N

sublineation

S U B Li Ne At I O N

sublition

S U B Li Ti O N

sublunar

S U B Lu N Ar

sublunary

S U B Lu N Ar Y

submonish

S U B Mo N I S H

S U B Mo Ni S H

submonition

S U B Mo N I Ti O N

S U B Mo Ni Ti O N

subnarcotic

S U B N Ar C O Ti C

S U B N Ar Co Ti C

subnasal

S U B Na S Al

S U B N As Al

subnotation

S U B N O Ta Ti O N

S U B No Ta Ti O N

subofficer

S U B O F F I C Er

suborbiculate

S U B O Rb I C U La Te

S U B O Rb I Cu La Te

suborn

S U B O Rn

subornation

S U B O Rn At I O N

suborner

S U B O Rn Er

suboval

S U B O V Al

subperiosteal

S U B P Er I O S Te Al

S U B P Er I Os Te Al

subpubic

S U B P U B I C

S U B Pu B I C

S U B P U Bi C

S U B Pu Bi C

subreption

S U B Re Pt I O N

S U B Re P Ti O N

subreptitious

S U B Re Pt I Ti O U S

S U B Re P Ti Ti O U S

subrogate

S U Br O Ga Te

subrogation

S U Br O Ga Ti O N

subsaline

S U B S Al I Ne

subscribe

S U B S Cr I Be

subscriber

S U B S Cr I B Er

subscript

S U B S Cr I Pt

subscription

S U B S Cr I Pt I O N

S U B S Cr I P Ti O N

subsecute

S U B Se C U Te

S U B Se Cu Te

subserous

S U B S Er O U S

subsidy

S U B S I Dy

S U B Si Dy

subsilicate

S U B S I Li Ca Te

S U B Si Li Ca Te

subsinnation

S U B S I N N At I O N
S U B Si N N At I O N
S U B S In N At I O N
S U B S I N Na Ti O N
S U B Si N Na Ti O N
S U B S In Na Ti O N

subsistence

S U B S I S Te N Ce
S U B Si S Te N Ce

subsistency

S U B S I S Te N C Y
S U B Si S Te N C Y

subspherical

S U B S P H Er I C Al

subspinous

S U B S P I N O U S
S U B S P In O U S
S U B S P I No U S

substance

S U B S Ta N Ce

substantial

S U B S Ta N Ti Al

substantialness

S U B S Ta N Ti Al Ne S S
S U B S Ta N Ti Al N Es S

substantials

S U B S Ta N Ti Al S

substantiation

S U B S Ta N Ti At I O N

substantival

S U B S Ta N Ti V Al

subtend

S U B Te Nd

subtense

S U B Te N Se

subterete

S U B Te Re Te

subterfluous

S U B Te Rf Lu O U S

subterfuge

S U B Te Rf U Ge

subthalamic

S U B Th Al Am I C

subtilism

S U B Ti Li Sm

subtly

S U B Tl Y

subulate

S U B U La Te

subulicornes

S U B U Li C O Rn Es
S U B U Li Co Rn Es

subulipalp

S U B U Li P Al P

subundation

S U B U Nd At I O N

suburb

S U B U Rb

suburbial

S U B U Rb I Al

suburbicary

S U B U Rb I C Ar Y

subvaginal

S U B V Ag I N Al
S U B V Ag In Al

subverse

S U B V Er Se

subversion

S U B V Er S I O N
S U B V Er Si O N

subversionary

S U B V Er S I O N Ar Y
S U B V Er Si O N Ar Y

subvertebral

S U B V Er Te Br Al

subvocal

S U B V O C Al

success

S U C Ce S S
S U C C Es S

successary

S U C Ce S S Ar Y
S U C C Es S Ar Y

succession

S U C Ce S S I O N
S U C C Es S I O N
S U C Ce S Si O N
S U C C Es Si O N

successional

S U C Ce S S I O N Al
S U C C Es S I O N Al
S U C Ce S Si O N Al
S U C C Es Si O N Al

succi

S U C C I

succiferous

S U C C I F Er O U S

succinamic

S U C C I N Am I C
S U C C In Am I C

succinate

S U C C I Na Te

succinic

S U C C I N I C
S U C C In I C
S U C C I Ni C

succinite

S U C C I N I Te
S U C C In I Te
S U C C I Ni Te

succinous

S U C C I N O U S
S U C C In O U S
S U C C I No U S

succinurate

S U C C I N U Ra Te
S U C C In U Ra Te

succise

S U C C I Se

succision

S U C C I S I O N
S U C C I Si O N

succotash

S U C C O Ta S H
S U C Co Ta S H

succuba

S U C C U Ba
S U C Cu Ba

succubi

S U C C U B I
S U C Cu B I
S U C C U Bi
S U C Cu Bi

succubine

S U C C U B I Ne
S U C Cu B I Ne
S U C C U Bi Ne
S U C Cu Bi Ne

succubous

S U C C U B O U S
S U C Cu B O U S

succubus

S U C C U B U S

S U C Cu B U S

succula

S U C C U La

S U C Cu La

succus

S U C C U S

S U C Cu S

succussation

S U C C U S S At I O N

S U C Cu S S At I O N

succussion

S U C C U S S I O N

S U C Cu S S I O N

S U C C U S Si O N

S U C Cu S Si O N

such

S U C H

suchwise

S U C H W I Se

suck

S U C K

suckatash

S U C K At As H

sucker

S U C K Er

suckfish

S U C K F I S H

sucrate

S U C Ra Te

sucre

S U C Re

sucrose

S U Cr O Se

suction

S U C Ti O N

suds

S U Ds

suer

S U Er

suffer

S U F F Er

sufferance

S U F Fe Ra N Ce

sufferer

S U F F Er Er

suffice

S U F F I Ce

sufflaminate

S U F Fl Am I Na Te

sufflate

S U F F La Te

sufflation

S U F Fl At I O N

S U F F La Ti O N

suffocate

S U F F O Ca Te

suffocation

S U F F O C At I O N

S U F F O Ca Ti O N

suffossion

S U F F O S S I O N

S U F F Os S I O N

S U F F O S Si O N

S U F F Os Si O N

suffragan

S U F F Ra Ga N

suffraganship

S U F F Ra Ga N S H I P

suffragate

S U F F Ra Ga Te

suffrage

S U F F Ra Ge

suffraginous

S U F Fr Ag I N O U S

S U F Fr Ag In O U S

S U F Fr Ag I No U S

suffrago

S U F Fr Ag O

suffrance

S U F F Ra N Ce

suffruticose

S U F Fr U Ti C O Se

S U F F Ru Ti C O Se

S U F Fr U Ti Co Se

S U F F Ru Ti Co Se

suffruticous

S U F Fr U Ti C O U S

S U F F Ru Ti C O U S

S U F Fr U Ti Co U S

S U F F Ru Ti Co U S

suffuse

S U F F U Se

suffusion

S U F F U S I O N

S U F F U Si O N

sufi

S U F I

sufism

S U F I Sm

suicism

S U I C I Sm

suigeneris

S U I Ge N Er I S

suine

S U I Ne

suite

S U I Te

sula

S U La

sumner

S U Mn Er

sun

S U N

sunbeam

S U N Be Am

sunblink

S U N B Li N K

S U Nb Li N K

sunbow

S U N B O W

S U Nb O W

sunburn

S U N B U Rn

S U Nb U Rn

sunder

S U Nd Er

sundial

S U Nd I Al

sundown

S U Nd O W N

sunfish

S U N F I S H

sunflower

S U N Fl O W Er

sunk

S U N K

sunn

S U N N

sunna

S U N Na

sunniness

S U N N I Ne S S
S U N Ni Ne S S
S U N N I N Es S
S U N Ni N Es S
S U N N In Es S

sunnite

S U N N I Te
S U N Ni Te

sunny

S U N N Y

sunproof

S U N Pr O O F

sunshine

S U N S H I Ne

sunshiny

S U N S H I N Y
S U N S H In Y

sunup

S U N U P

sunwise

S U N W I Se

sup

S U P

supawn

S U Pa W N

super

S U P Er

superb

S U P Er B

supercarbonate

S U P Er C Ar B O Na Te
S U P Er Ca Rb O Na Te

supercargo

S U P Er Ca Rg O

supercarpal

S U P Er C Ar P Al

supercharge

S U P Er C H Ar Ge

superchery

S U P Er C H Er Y

superciliary

S U P Er C I Li Ar Y

supercilious

S U P Er C I Li O U S

supercolumniation

S U P Er C O Lu Mn I At I O N
S U P Er Co Lu Mn I At I O N

superconception

S U P Er C O N Ce Pt I O N
S U P Er Co N Ce Pt I O N
S U P Er C O N Ce P Ti O N
S U P Er Co N Ce P Ti O N

supercrescence

S U P Er C Re S Ce N Ce
S U P Er Cr Es Ce N Ce

supercretaceous

S U P Er C Re Ta Ce O U S

supererogate

S U P Er Er O Ga Te

supererogation

S U P Er Er O Ga Ti O N

superessential

S U P Er Es Se N Ti Al

superfecundation

S U P Er Fe C U Nd At I O N
S U P Er Fe Cu Nd At I O N

superfetate

S U P Er Fe Ta Te

superfetation

S U P Er Fe Ta Ti O N

superfete

S U P Er Fe Te

superfice

S U P Er F I Ce

superficial

S U P Er F I C I Al

superficiary

S U P Er F I C I Ar Y

superficies

S U P Er F I C I Es

superfine

S U P Er F I Ne

superfineness

S U P Er F I Ne Ne S S
S U P Er F I Ne N Es S

superfinical

S U P Er F I N I C Al
S U P Er F In I C Al
S U P Er F I Ni C Al

superfluities

S U P Er Fl U I Ti Es
S U P Er F Lu I Ti Es

superfluous

S U P Er Fl U O U S
S U P Er F Lu O U S

superfoliation

S U P Er F O Li At I O N

superfuse

S U P Er F U Se

superheat

S U P Er He At

superheater

S U P Er He At Er

superinduce

S U P Er I Nd U Ce

superinduction

S U P Er I Nd U C Ti O N

superinfuse

S U P Er I N F U Se
S U P Er In F U Se

superintend

S U P Er I N Te Nd
S U P Er In Te Nd

superintender

S U P Er I N Te Nd Er
S U P Er In Te Nd Er

superioress

S U P Er I O Re S S

superlation

S U P Er La Ti O N

superlucration

S U P Er Lu Cr At I O N
S U P Er Lu C Ra Ti O N

superlunar

S U P Er Lu N Ar

superlunary

S U P Er Lu N Ar Y

supernal

S U P Er N Al

supernatation

S U P Er N At At I O N
S U P Er Na Ta Ti O N

supernaturalism

S U P Er N At U Ra Li Sm

supernaturalistic

S U P Er N At U Ra Li S Ti C

superphysical

S U P Er P H Y S I C Al
S U P Er P H Y Si C Al

superplus

S U P Er P Lu S

superpolitic

S U P Er P O Li Ti C

S U P Er Po Li Ti C

superpose

S U P Er P O Se

S U P Er Po Se

superposition

S U P Er P O S I Ti O N

S U P Er Po S I Ti O N

S U P Er P Os I Ti O N

S U P Er P O Si Ti O N

S U P Er Po Si Ti O N

superpraise

S U P Er P Ra I Se

superpurgation

S U P Er P U Rg At I O N

S U P Er Pu Rg At I O N

supersaturate

S U P Er S At U Ra Te

supersaturation

S U P Er S At U Ra Ti O N

superscribe

S U P Er S Cr I Be

superscript

S U P Er S Cr I Pt

superscription

S U P Er S Cr I Pt I O N

S U P Er S Cr I P Ti O N

supersensual

S U P Er Se N S U Al

supersensuous

S U P Er Se N S U O U S

supersession

S U P Er Se S S I O N

S U P Er S Es S I O N

S U P Er Se S Si O N

S U P Er S Es Si O N

superspinous

S U P Er S P I N O U S

S U P Er S P In O U S

S U P Er S P I No U S

superstition

S U P Er S Ti Ti O N

superstitious

S U P Er S Ti Ti O U S

supersubstantial

S U P Er S U B S Ta N Ti Al

supervisal

S U P Er V I S Al

supervise

S U P Er V I Se

supervision

S U P Er V I S I O N

S U P Er V I Si O N

supervolute

S U P Er V O Lu Te

supination

S U P I N At I O N

S U P In At I O N

S U P I Na Ti O N

supine

S U P I Ne

suppage

S U P Pa Ge

suppalpation

S U P P Al P At I O N

S U P P Al Pa Ti O N

supparasitation

S U P Pa Ra S I Ta Ti O N

S U P P Ar As I Ta Ti O N

S U P Pa Ra Si Ta Ti O N

supparasite

S U P Pa Ra S I Te

S U P P Ar As I Te

S U P Pa Ra Si Te

suppawn

S U P Pa W N

supper

S U P P Er

supplace

S U P P La Ce

supplantation

S U P P La N Ta Ti O N

supplial

S U P P Li Al

supplicancy

S U P P Li Ca N C Y

supplicat

S U P P Li C At

supplicate

S U P P Li Ca Te

supplication

S U P P Li C At I O N

S U P P Li Ca Ti O N

supplier

S U P P Li Er

supplies

S U P P Li Es

supposal

S U P P O S Al

S U P Po S Al

S U P P Os Al

suppose

S U P P O Se

S U P Po Se

supposeer

S U P P O Se Er

S U P Po Se Er

supposition

S U P P O S I Ti O N

S U P Po S I Ti O N

S U P P Os I Ti O N

S U P P O Si Ti O N

S U P Po Si Ti O N

suppositional

S U P P O S I Ti O N Al

S U P Po S I Ti O N Al

S U P P Os I Ti O N Al

S U P P O Si Ti O N Al

S U P Po Si Ti O N Al

supposititious

S U P P O S I Ti Ti O U S

S U P Po S I Ti Ti O U S

S U P P Os I Ti Ti O U S

S U P P O Si Ti Ti O U S

S U P Po Si Ti Ti O U S

supposure

S U P P O S U Re

S U P Po S U Re

S U P P Os U Re

suppress

S U P P Re S S

S U P Pr Es S

suppression

S U P P Re S S I O N

S U P Pr Es S I O N

S U P P Re S Si O N

S U P Pr Es Si O N

supprise

S U P Pr I Se

suppurate
S U P P U Ra Te
S U P Pu Ra Te

suppuration
S U P P U Ra Ti O N
S U P Pu Ra Ti O N

supputate
S U P P U Ta Te
S U P Pu Ta Te

supputation
S U P P U Ta Ti O N
S U P Pu Ta Ti O N

suppute
S U P P U Te
S U P Pu Te

supra
S U P Ra

suprabranchial
S U P Ra B Ra N C H I Al

supraciliary
S U P Ra C I Li Ar Y
S U Pr Ac I Li Ar Y

supracranial
S U P Ra C Ra N I Al
S U Pr Ac Ra N I Al
S U P Ra C Ra Ni Al
S U Pr Ac Ra Ni Al

supracretaceous
S U P Ra C Re Ta Ce O U S
S U Pr Ac Re Ta Ce O U S

suprahepatic
S U P Ra He P At I C
S U P Ra He Pa Ti C

supralapsary
S U P Ra La P S Ar Y

supralunar
S U Pr Al U N Ar
S U P Ra Lu N Ar

supralunary
S U Pr Al U N Ar Y
S U P Ra Lu N Ar Y

supranaturalism
S U P Ra N At U Ra Li Sm

supranaturalistic
S U P Ra N At U Ra Li S Ti C

suprapubic
S U P Ra P U B I C
S U P Ra Pu B I C
S U P Ra P U Bi C
S U P Ra Pu Bi C

suprarenal
S U P Ra Re N Al

supraspinal
S U P Ra S P I N Al
S U Pr As P I N Al
S U P Ra S P In Al
S U Pr As P In Al

supraspinate
S U P Ra S P I Na Te
S U Pr As P I Na Te

supraspinous
S U P Ra S P I N O U S
S U Pr As P I N O U S
S U P Ra S P In O U S
S U Pr As P In O U S
S U P Ra S P I No U S
S U Pr As P I No U S

suprasternal
S U P Ra S Te Rn Al
S U Pr As Te Rn Al

supravaginal
S U P Ra V Ag I N Al
S U P Ra V Ag In Al

supravision
S U P Ra V I S I O N
S U P Ra V I Si O N

sura
S U Ra

surah
S U Ra H

surance
S U Ra N Ce

sure
S U Re

sureness
S U Re Ne S S
S U Re N Es S

suresby
S U Re S B Y
S U Re Sb Y

sureties
S U Re Ti Es

suretiship
S U Re Ti S H I P

surf
S U Rf

surfacer
S U Rf Ac Er

surfboat
S U Rf B O At

surfer
S U Rf Er

surfy
S U Rf Y

surgery
S U Rg Er Y

surgical
S U Rg I C Al

surgy
S U Rg Y

surucucu
S U Ru C U C U
S U Ru Cu C U
S U Ru C U Cu
S U Ru Cu Cu

susceptibilities
S U S Ce Pt I B I Li Ti Es
S U S Ce P Ti B I Li Ti Es
S U S Ce Pt I Bi Li Ti Es
S U S Ce P Ti Bi Li Ti Es

susception
S U S Ce Pt I O N
S U S Ce P Ti O N

suscitate
S U S C I Ta Te
S U Sc I Ta Te

suscitation
S U S C I Ta Ti O N
S U Sc I Ta Ti O N

suslik
S U S Li K

suspicion
S U S P I C I O N

suspicious
S U S P I C I O U S

suspiral
S U S P Ir Al

suspiration
S U S P Ir At I O N
S U S P I Ra Ti O N

suspire
S U S P I Re

sustain
S U S Ta I N
S U S Ta In
sustainer
S U S Ta I N Er
S U S Ta In Er
sustenance
S U S Te Na N Ce
sustentate
S U S Te N Ta Te
sustentation
S U S Te N Ta Ti O N
sustention
S U S Te N Ti O N
susu
S U S U
sutler
S U Tl Er
sutlership
S U Tl Er S H I P
swag
S W Ag
swal
S W Al
swam
S W Am
swamp
S W Am P
swampy
S W Am P Y
swardy
S W Ar Dy
swarf
S W Ar F
swartback
S W Ar Tb Ac K
swarth
S W Ar Th
swarthiness
S W Ar Th I Ne S S
S W Ar Th I N Es S
S W Ar Th In Es S
swarthness
S W Ar Th Ne S S
S W Ar Th N Es S
swarthy
S W Ar Th Y
swartiness
S W Ar Ti Ne S S
S W Ar Ti N Es S
swartish
S W Ar Ti S H
swash
S W As H
swasher
S W As H Er
swashy
S W As H Y
swat
S W At
swatch
S W At C H
swath
S W At H
swathe
S W At He
swather
S W At H Er
swatte
S W At Te
swich
S W I C H
swiftly
S W I F Tl Y
swinck
S W I N C K
S W In C K
swine
S W I Ne
swinecase
S W I Ne Ca Se
swinecote
S W I Ne C O Te
S W I Ne Co Te
swineery
S W I Ne Er Y
swinefish
S W I Ne F I S H
swinge
S W I N Ge
S W In Ge
swinish
S W I N I S H
S W In I S H
S W I Ni S H
swink
S W I N K
S W In K
swinker
S W I N K Er
S W In K Er
swinney
S W I N Ne Y
S W In Ne Y
swipper
S W I P P Er
swish
S W I S H
swiss
S W I S S
switch
S W I Tc H
switchy
S W I Tc H Y
swob
S W O B
swobber
S W O B B Er
swonk
S W O N K
swoon
S W O O N
swoop
S W O O P
swop
S W O P
swore
S W O Re
sworn
S W O Rn
swound
S W O U Nd
swown
S W O W N
sy
S Y
syb
S Y B
S Yb
sybarite
S Y B Ar I Te
S Yb Ar I Te

sybaritic
S Y B Ar I Ti C
S Yb Ar I Ti C

sybaritical
S Y B Ar I Ti C Al
S Yb Ar I Ti C Al

sybaritism
S Y B Ar I Ti Sm
S Yb Ar I Ti Sm

sycamine
S Y C Am I Ne

sycamore
S Y C Am O Re
S Y Ca Mo Re

syce
S Y Ce

sychnocarpous
S Y C H N O C Ar P O U S
S Y C H No C Ar P O U S
S Y C H N O C Ar Po U S
S Y C H No C Ar Po U S

sycite
S Y C I Te

sycoceric
S Y C O C Er I C
S Y Co C Er I C

sycock
S Y C O C K
S Y Co C K

sycones
S Y C O Ne S
S Y Co Ne S
S Y C O N Es
S Y Co N Es

syconus
S Y C O N U S
S Y Co N U S

sycosis
S Y C O S I S
S Y Co S I S
S Y C Os I S
S Y C O Si S
S Y Co Si S

syker
S Y K Er

sylvatic
S Y Lv At I C

sylvic
S Y Lv I C

sylvicoline
S Y Lv I C O Li Ne
S Y Lv I Co Li Ne

sylvine
S Y Lv I Ne

sylvite
S Y Lv I Te

synacmy
S Y Na Cm Y

synaeresis
S Y Na Er Es I S

synantherous
S Y Na N Th Er O U S

synanthesis
S Y Na N Th Es I S

synanthous
S Y Na N Th O U S

synapta
S Y Na P Ta

synaptase
S Y Na P Ta Se

synapticula
S Y Na Pt I C U La
S Y Na P Ti C U La
S Y Na Pt I Cu La
S Y Na P Ti Cu La

synarchy
S Y N Ar C H Y

synartesis
S Y N Ar Te S I S
S Y N Ar Te Si S

syncarp
S Y N C Ar P

syncarpous
S Y N C Ar P O U S
S Y N C Ar Po U S

synchoresis
S Y N C H O Re S I S
S Y N C Ho Re S I S
S Y N C H O Re Si S
S Y N C Ho Re Si S

synchysis
S Y N C H Y S I S
S Y N C H Y Si S

synclastic
S Y N C La S Ti C
S Y N Cl As Ti C

synclinal
S Y N Cl I N Al
S Y N C Li N Al
S Y N Cl In Al

syncline
S Y N Cl I Ne
S Y N C Li Ne

synclinical
S Y N Cl I N I C Al
S Y N C Li N I C Al
S Y N Cl In I C Al
S Y N Cl I Ni C Al
S Y N C Li Ni C Al

syncopal
S Y N C O P Al
S Y N Co P Al

syncopate
S Y N C O Pa Te
S Y N Co Pa Te

syncopation
S Y N C O P At I O N
S Y N Co P At I O N
S Y N C O Pa Ti O N
S Y N Co Pa Ti O N

syncretic
S Y N C Re Ti C

syncretism
S Y N C Re Ti Sm

syncretistic
S Y N C Re Ti S Ti C

syncrisis
S Y N Cr I S I S
S Y N Cr I Si S

syndesmoses
S Y Nd Es Mo Se S
S Y Nd Es Mo S Es

syndesmosis
S Y Nd Es Mo S I S
S Y Nd Es Mo Si S

syndic
S Y Nd I C

syndicate
S Y Nd I Ca Te

syne
S Y Ne

synecdoche

S Y Ne Cd O C He

synecdochical

S Y Ne Cd O C H I C Al

synecphonesis

S Y Ne C P H O Ne S I S

S Y Ne C P Ho Ne S I S

S Y Ne C P H O N Es I S

S Y Ne C P Ho N Es I S

S Y Ne C P H O Ne Si S

S Y Ne C P Ho Ne Si S

synepy

S Y Ne P Y

syneresis

S Y Ne Re S I S

S Y N Er Es I S

S Y Ne Re Si S

synergetic

S Y N Er Ge Ti C

synergism

S Y Ne Rg I Sm

synergistic

S Y Ne Rg I S Ti C

synergy

S Y Ne Rg Y

syngenesious

S Y N Ge Ne S I O U S

S Y N Ge N Es I O U S

S Y N Ge Ne Si O U S

syngenesis

S Y N Ge Ne S I S

S Y N Ge N Es I S

S Y N Ge Ne Si S

synochal

S Y N O C H Al

S Y No C H Al

synochus

S Y N O C H U S

S Y No C H U S

synomocy

S Y N O Mo C Y

S Y No Mo C Y

synonymous

S Y N O N Y Mo U S

S Y No N Y Mo U S

synopses

S Y N O P Se S

S Y No P Se S

S Y N O P S Es

S Y No P S Es

synopsis

S Y N O P S I S

S Y No P S I S

S Y N O P Si S

S Y No P Si S

synoptic

S Y N O Pt I C

S Y No Pt I C

S Y N O P Ti C

S Y No P Ti C

synoptical

S Y N O Pt I C Al

S Y No Pt I C Al

S Y N O P Ti C Al

S Y No P Ti C Al

synosteoses

S Y N O S Te O Se S

S Y No S Te O Se S

S Y N Os Te O Se S

S Y N O S Te O S Es

S Y No S Te O S Es

S Y N Os Te O S Es

S Y N O S Te Os Es

S Y No S Te Os Es

S Y N Os Te Os Es

synosteosis

S Y N O S Te O S I S

S Y No S Te O S I S

S Y N Os Te O S I S

S Y N O S Te Os I S

S Y No S Te Os I S

S Y N Os Te Os I S

S Y N O S Te O Si S

S Y No S Te O Si S

S Y N Os Te O Si S

synovial

S Y N O V I Al

S Y No V I Al

synovitis

S Y N O V I Ti S

S Y No V I Ti S

synsepalous

S Y N Se P Al O U S

syntactic

S Y N Ta C Ti C

syntactical

S Y N Ta C Ti C Al

synteresis

S Y N Te Re S I S

S Y N Te Re Si S

synteretic

S Y N Te Re Ti C

synteretics

S Y N Te Re Ti C S

S Y N Te Re Ti Cs

syntheses

S Y N Th Es Es

synthesis

S Y N Th Es I S

syphilis

S Y P H I Li S

syphilitic

S Y P H I Li Ti C

syphon

S Y P H O N

S Y P Ho N

syracuse

S Y Ra C U Se

S Y Ra Cu Se

syren

S Y Re N

syrup

S Y Ru P

syrupy

S Y Ru P Y

syssarcosis

S Y S S Ar C O S I S

S Y S S Ar Co S I S

S Y S S Ar C Os I S

S Y S S Ar C O Si S

S Y S S Ar Co Si S

systasis

S Y S Ta S I S

S Y S Ta Si S

syth

S Y Th

T

ta

Ta

taas

Ta As

tab

Ta B

tabacco

Ta Ba C C O

Ta B Ac C O

Ta Ba C Co

Ta B Ac Co

tabanus

Ta Ba N U S

tabasheer

Ta Ba S He Er

Ta B As He Er

tabbies

Ta B B I Es

Ta B Bi Es

tabby

Ta B B Y

tabefaction

Ta Be F Ac Ti O N

tabefy

Ta Be F Y

taber

Ta B Er

tabes

Ta Be S

Ta B Es

tabetic

Ta Be Ti C

tabific

Ta B I F I C

Ta Bi F I C

tabifical

Ta B I F I C Al

Ta Bi F I C Al

taboo

Ta B O O

tabrere

Ta B Re Re

tabu

Ta B U

tabula

Ta B U La

tabulata

Ta B U La Ta

tabulate

Ta B U La Te

tabulation

Ta B U La Ti O N

tac

Ta C

tace

Ta Ce

tache

Ta C He

tachina

Ta C H I Na

tack

Ta C K

tacker

Ta C K Er

tacky

Ta C K Y

taconic

Ta C O N I C

Ta Co N I C

Ta C O Ni C

Ta Co Ni C

tactic

Ta C Ti C

tactical

Ta C Ti C Al

tactics

Ta C Ti C S

Ta C Ti Cs

taction

Ta C Ti O N

tactless

Ta C Tl Es S

tafferer

Ta F F Er Er

taffeta

Ta F Fe Ta

taffy

Ta F F Y

tailage

Ta I La Ge

tain
Ta I N
Ta In
taintless
Ta I N Tl Es S
Ta In Tl Es S
taira
Ta I Ra
tairn
Ta Ir N
Ta I Rn
taker
Ta K Er
talapoin
Ta La P O I N
Ta La Po I N
Ta La P O In
Ta La Po In
tali
Ta Li
taliation
Ta Li At I O N
talion
Ta Li O N
talipes
Ta Li P Es
taluk
Ta Lu K
talus
Ta Lu S
tan
Ta N
tana
Ta Na
tanager
Ta N Ag Er
tanate
Ta Na Te
tangence
Ta N Ge N Ce
tangency
Ta N Ge N C Y
tangential
Ta N Ge N Ti Al
tanier
Ta N I Er
Ta Ni Er

tanite
Ta N I Te
Ta Ni Te
tank
Ta N K
tannage
Ta N Na Ge
tannate
Ta N Na Te
tanner
Ta N N Er
tanneries
Ta N N Er I Es
tannery
Ta N N Er Y
tannic
Ta N N I C
Ta N Ni C
tannier
Ta N N I Er
Ta N Ni Er
tannin
Ta N N I N
Ta N Ni N
Ta N Ni N
Ta N N In
tanrec
Ta N Re C
tansy
Ta N S Y
tantalate
Ta N Ta La Te
tantalic
Ta N Ta Li C
tantalism
Ta N Ta Li Sm
tantalite
Ta N Ta Li Te
tantalus
Ta N Ta Lu S
tantivy
Ta N Ti V Y
taoism
Ta O I Sm
tap
Ta P
tapa
Ta Pa

taper
Ta P Er
taperness
Ta P Er Ne S S
Ta P Er N Es S
taphouse
Ta P H O U Se
Ta P Ho U Se
tapinage
Ta P I Na Ge
tapioca
Ta P I O Ca
tapir
Ta P Ir
tapis
Ta P I S
tapiser
Ta P I S Er
tapish
Ta P I S H
taplash
Ta P La S H
tapper
Ta P P Er
tappice
Ta P P I Ce
tappis
Ta P P I S
taranis
Ta Ra N I S
Ta Ra Ni S
tarantass
Ta Ra N Ta S S
tarantism
Ta Ra N Ti Sm
tarbogan
Ta Rb O Ga N
tarboosh
Ta Rb O O S H
Ta Rb O Os H
tare
Ta Re
tarente
Ta Re N Te
tarentism
Ta Re N Ti Sm
tarn
Ta Rn

tarnish

Ta Rn I S H

tarnisher

Ta Rn I S H Er

tas

Ta S

tasco

Ta S C O

Ta Sc O

Ta S Co

task

Ta S K

tasker

Ta S K Er

tasse

Ta S Se

taste

Ta S Te

tataupa

Ta Ta U Pa

tatch

Ta Tc H

tath

Ta Th

tau

Ta U

taurus

Ta U Ru S

tavern

Ta V Er N

taverner

Ta V Er N Er

taw

Ta W

tawer

Ta W Er

tawery

Ta W Er Y

tawniness

Ta W N I Ne S S

Ta W Ni Ne S S

Ta W N I N Es S

Ta W Ni N Es S

Ta W N In Es S

tawny

Ta W N Y

taws

Ta W S

tayra

Ta Y Ra

teach

Te Ac H

teache

Te Ac He

teacher

Te Ac H Er

teacup

Te Ac U P

teal

Te Al

team

Te Am

tear

Te Ar

tearer

Te Ar Er

teary

Te Ar Y

teaser

Te As Er

teaspoon

Te As P O O N

Te As Po O N

teat

Te At

teathe

Te At He

teatish

Te At I S H

tebeth

Te Be Th

techiness

Te C H I Ne S S

Te C H I N Es S

Te C H In Es S

technic

Te C H N I C

Te C H Ni C

technical

Te C H N I C Al

Te C H Ni C Al

technicalities

Te C H N I C Al I Ti Es

Te C H Ni C Al I Ti Es

Te C H N I Ca Li Ti Es

Te C H Ni Ca Li Ti Es

technicalness

Te C H N I C Al Ne S S

Te C H Ni C Al Ne S S

Te C H N I C Al N Es S

Te C H Ni C Al N Es S

technicals

Te C H N I C Al S

Te C H Ni C Al S

technics

Te C H N I C S

Te C H Ni C S

Te C H N I Cs

Te C H Ni Cs

technism

Te C H N I Sm

Te C H Ni Sm

techy

Te C H Y

tectibranch

Te C Ti B Ra N C H

tectly

Te C Tl Y

teeuck

Te Eu C K

teind

Te I Nd

teine

Te I Ne

teinland

Te I N La Nd

Te In La Nd

tek

Te K

telamones

Te La Mo Ne S

Te La Mo N Es

telic

Te Li C

ten

Te N

tenace

Te Na Ce

tenacies

Te Na C I Es

Te N Ac I Es

tenacious
Te Na C I O U S
Te N Ac I O U S
tenacula
Te Na C U La
Te N Ac U La
Te Na Cu La
tenacy
Te Na C Y
Te N Ac Y
tenancy
Te Na N C Y
tenantless
Te Na N Tl Es S
tench
Te N C H
tend
Te Nd
tender
Te Nd Er
tenderness
Te Nd Er Ne S S
Te Nd Er N Es S
tendinous
Te Nd I N O U S
Te Nd In O U S
Te Nd I No U S
tendon
Te Nd O N
tendonous
Te Nd O N O U S
Te Nd O No U S
tendosynovitis
Te Nd O S Y N O V I Ti S
Te Nd Os Y N O V I Ti S
Te Nd O S Y No V I Ti S
Te Nd Os Y No V I Ti S
tendrac
Te Nd Ra C
tene
Te Ne
tenebricose
Te Ne Br I C O Se
Te Ne Br I Co Se
tenebrific
Te Ne Br I F I C
tenebrificous
Te Ne Br I F I C O U S
Te Ne Br I F I Co U S
tenebrious
Te Ne Br I O U S
tenebrose
Te Ne Br O Se
tenebrous
Te Ne Br O U S
teneral
Te N Er Al
teneriffe
Te N Er I F Fe
tenesmic
Te Ne Sm I C
tenesmus
Te Ne Sm U S
tennantite
Te N Na N Ti Te
tenne
Te N Ne
tennis
Te N N I S
Te N Ni S
tennu
Te N N U
tenon
Te N O N
Te No N
tenosynovitis
Te N O S Y N O V I Ti S
Te No S Y N O V I Ti S
Te N Os Y N O V I Ti S
Te N O S Y No V I Ti S
Te No S Y No V I Ti S
Te N Os Y No V I Ti S
tenpins
Te N P I N S
Te Np I N S
Te N P In S
Te Np In S
tenrec
Te N Re C
tense
Te N Se
tension
Te N S I O N
Te N Si O N
tensure
Te N S U Re
tentacula
Te N Ta C U La
Te N Ta Cu La
tentaculata
Te N Ta C U La Ta
Te N Ta Cu La Ta
tentaculate
Te N Ta C U La Te
Te N Ta Cu La Te
tentaculifera
Te N Ta C U Li Fe Ra
Te N Ta Cu Li Fe Ra
tentaculiferous
Te N Ta C U Li F Er O U S
Te N Ta Cu Li F Er O U S
tentaculite
Te N Ta C U Li Te
Te N Ta Cu Li Te
tentage
Te N Ta Ge
tentation
Te N Ta Ti O N
tenth
Te N Th
tentif
Te N Ti F
tentifly
Te N Ti Fl Y
tenues
Te N U Es
tenuifolious
Te N U I F O Li O U S
tenuious
Te N U I O U S
tenuis
Te N U I S
tenuous
Te N U O U S
tenure
Te N U Re
teocalli
Te O C Al Li
teocallis
Te O C Al Li S

teosinte
Te O S I N Te
Te Os I N Te
Te O Si N Te
Te O S In Te
Te Os In Te

tepal
Te P Al

teraconic
Te Ra C O N I C
Te Ra Co N I C
Te Ra C O Ni C
Te Ra Co Ni C

teracrylic
Te Ra Cr Y Li C

teraph
Te Ra P H

teraphs
Te Ra P H S
Te Ra P Hs

terapin
Te Ra P I N
Te Ra P In

teratical
Te Ra Ti C Al

terbic
Te Rb I C

terebate
Te Re Ba Te

terebene
Te Re Be Ne

terebic
Te Re B I C
Te Re Bi C

terebinth
Te Re B I N Th
Te Re Bi N Th
Te Re B In Th

terebinthic
Te Re B I N Th I C
Te Re Bi N Th I C
Te Re B In Th I C

terebinthinate
Te Re B I N Th I Na Te
Te Re Bi N Th I Na Te
Te Re B In Th I Na Te

terebinthine
Te Re B I N Th I Ne
Te Re Bi N Th I Ne
Te Re B In Th I Ne

terebra
Te Re B Ra

terebras
Te Re B Ra S
Te Re Br As

terebrate
Te Re B Ra Te

terebration
Te Re Br At I O N
Te Re B Ra Ti O N

terebratula
Te Re Br At U La

terephthalic
Te Re P H Th Al I C

terete
Te Re Te

teretial
Te Re Ti Al

tergal
Te Rg Al

tergiferous
Te Rg I F Er O U S

tergite
Te Rg I Te

tergiversation
Te Rg I V Er S At I O N

tern
Te Rn

ternaries
Te Rn Ar I Es

ternary
Te Rn Ar Y

ternion
Te Rn I O N

tessera
Te S Se Ra

tesseraic
Te S Se Ra I C

tesseral
Te S S Er Al

testa
Te S Ta

testaceous
Te S Ta Ce O U S

testacy
Te S Ta C Y

testate
Te S Ta Te

testation
Te S Ta Ti O N

teste
Te S Te

testern
Te S Te Rn

testes
Te S Te S

testicond
Te S Ti C O Nd
Te S Ti Co Nd

testiculate
Te S Ti C U La Te
Te S Ti Cu La Te

testif
Te S Ti F

testification
Te S Ti F I C At I O N
Te S Ti F I Ca Ti O N

testifier
Te S Ti F I Er

testify
Te S Ti F Y

testimonial
Te S Ti Mo N I Al
Te S Ti Mo Ni Al

testimonies
Te S Ti Mo N I Es
Te S Ti Mo Ni Es

testimony
Te S Ti Mo N Y

testiness
Te S Ti Ne S S
Te S Ti N Es S

testis
Te S Ti S

tetanic
Te Ta N I C
Te Ta Ni C

tetanin
Te Ta N I N
Te Ta Ni N
Te Ta N In

tetanus
Te Ta N U S
tetany
Te Ta N Y
tetchiness
Te Tc H I Ne S S
Te Tc H I N Es S
Te Tc H In Es S
tetchy
Te Tc H Y
tete
Te Te
tether
Te Th Er
tethys
Te Th Y S
teuk
Te U K
tew
Te W
tewtaw
Te W Ta W
teyne
Te Y Ne
th
Th
thack
Th Ac K
thacker
Th Ac K Er
thalami
Th Al Am I
thalamic
Th Al Am I C
thalamophora
Th Al Am O P H O Ra
Th Al Am O P Ho Ra
thalamus
Th Al Am U S
thalassic
Th Al As S I C
Th Al As Si C
thaler
Th Al Er
thallate
Th Al La Te
thalli
Th Al Li
thallic
Th Al Li C
thalline
Th Al Li Ne
thallious
Th Al Li O U S
thallus
Th Al Lu S
thamyn
Th Am Y N
thar
Th Ar
tharos
Th Ar O S
Th Ar Os
that
Th At
thatch
Th At C H
thatcher
Th At C H Er
thereunder
Th Er Eu Nd Er
thereupon
Th Er Eu P O N
Th Er Eu Po N
therf
Th Er F
theriac
Th Er I Ac
theriacal
Th Er I Ac Al
therial
Th Er I Al
thermodynamic
Th Er Mo Dy N Am I C
thermodynamics
Th Er Mo Dy N Am I C S
Th Er Mo Dy N Am I Cs
thermogen
Th Er Mo Ge N
thermogenic
Th Er Mo Ge N I C
Th Er Mo Ge Ni C
thermogenous
Th Er Mo Ge N O U S
Th Er Mo Ge No U S
thermoscopic
Th Er Mo S C O P I C
Th Er Mo Sc O P I C
Th Er Mo S Co P I C
thermostatic
Th Er Mo S Ta Ti C
thermotension
Th Er Mo Te N S I O N
Th Er Mo Te N Si O N
thermotic
Th Er Mo Ti C
thermotical
Th Er Mo Ti C Al
thermotics
Th Er Mo Ti C S
Th Er Mo Ti Cs
thesaurus
Th Es Au Ru S
theses
Th Es Es
thesis
Th Es I S
theurgic
Th Eu Rg I C
theurgical
Th Eu Rg I C Al
theurgy
Th Eu Rg Y
thibetan
Th I Be Ta N
thick
Th I C K
thickish
Th I C K I S H
thickness
Th I C K Ne S S
Th I C K N Es S
thickskin
Th I C K S K I N
Th I C K S K In
thickwind
Th I C K W I Nd
thin
Th I N
Th In
thine
Th I Ne

think
[Th][I][N][K]
[Th][In][K]

thinker
[Th][I][N][K][Er]
[Th][In][K][Er]

thinner
[Th][I][N][N][Er]
[Th][In][N][Er]

thinness
[Th][I][N][Ne][S][S]
[Th][In][Ne][S][S]
[Th][I][N][N][Es][S]
[Th][In][N][Es][S]

thinnish
[Th][I][N][N][I][S][H]
[Th][In][N][I][S][H]
[Th][I][N][Ni][S][H]
[Th][In][Ni][S][H]

thinolite
[Th][I][N][O][Li][Te]
[Th][In][O][Li][Te]
[Th][I][No][Li][Te]

thiocarbonate
[Th][I][O][C][Ar][B][O][Na][Te]
[Th][I][O][Ca][Rb][O][Na][Te]

thiocarbonic
[Th][I][O][C][Ar][B][O][N][I][C]
[Th][I][O][Ca][Rb][O][N][I][C]
[Th][I][O][C][Ar][B][O][Ni][C]
[Th][I][O][Ca][Rb][O][Ni][C]

thionic
[Th][I][O][N][I][C]
[Th][I][O][Ni][C]

thionine
[Th][I][O][N][I][Ne]
[Th][I][O][Ni][Ne]

thionoline
[Th][I][O][N][O][Li][Ne]
[Th][I][O][No][Li][Ne]

thiophene
[Th][I][O][P][He][Ne]

thiophenic
[Th][I][O][P][He][N][I][C]
[Th][I][O][P][He][Ni][C]

thioxene
[Th][I][O][Xe][Ne]

thirlage
[Th][Ir][La][Ge]

thirstiness
[Th][Ir][S][Ti][Ne][S][S]
[Th][Ir][S][Ti][N][Es][S]

thirties
[Th][Ir][Ti][Es]

this
[Th][I][S]

thistly
[Th][I][S][Tl][Y]

thither
[Th][I][Th][Er]

thlipsis
[Th][Li][P][S][I][S]
[Th][Li][P][Si][S]

tho
[Th][O]

thoracentesis
[Th][O][Ra][Ce][N][Te][S][I][S]
[Th][O][Ra][Ce][N][Te][Si][S]

thoracic
[Th][O][Ra][C][I][C]

thoracica
[Th][O][Ra][C][I][Ca]

thorn
[Th][O][Rn]

thornback
[Th][O][Rn][Ba][C][K]
[Th][O][Rn][B][Ac][K]

thorny
[Th][O][Rn][Y]

those
[Th][O][Se]

thoth
[Th][O][Th]

thou
[Th][O][U]

thrack
[Th][Ra][C][K]

thrackscat
[Th][Ra][C][K][S][C][At]
[Th][Ra][C][K][Sc][At]

thranite
[Th][Ra][N][I][Te]
[Th][Ra][Ni][Te]

thrash
[Th][Ra][S][H]

thrasher
[Th][Ra][S][H][Er]

thrasonical
[Th][Ra][S][O][N][I][C][Al]
[Th][Ra][S][O][Ni][C][Al]

thraste
[Th][Ra][S][Te]

thraw
[Th][Ra][W]

threat
[Th][Re][At]

threne
[Th][Re][Ne]

threnetic
[Th][Re][Ne][Ti][C]

threnetical
[Th][Re][Ne][Ti][C][Al]

threnody
[Th][Re][N][O][Dy]
[Th][Re][No][Dy]

thresh
[Th][Re][S][H]

thresher
[Th][Re][S][H][Er]

threste
[Th][Re][S][Te]

threw
[Th][Re][W]

thru
[Th][Ru]

thrush
[Th][Ru][S][H]

thrusher
[Th][Ru][S][H][Er]

thunder
[Th][U][Nd][Er]

thunderclap
[Th][U][Nd][Er][C][La][P]

thunderer
[Th][U][Nd][Er][Er]

thunderfish
[Th][U][Nd][Er][F][I][S][H]

thunderous
[Th][U][Nd][Er][O][U][S]

thunderproof
[Th][U][Nd][Er][Pr][O][O][F]

thundershower
Th U Nd Er S H O W Er
Th U Nd Er S Ho W Er
thundery
Th U Nd Er Y
thunny
Th U N N Y
thurgh
Th U Rg H
thus
Th U S
thussock
Th U S S O C K
thuyin
Th U Y I N
Th U Y In
thwack
Th W Ac K
thwartly
Th W Ar Tl Y
thwite
Th W I Te
thy
Th Y
thylacine
Th Y La C I Ne
thysbe
Th Y S Be
tiar
Ti Ar
tibial
Ti B I Al
Ti Bi Al
tibicinate
Ti B I C I Na Te
Ti Bi C I Na Te
tic
Ti C
tical
Ti C Al
tice
Ti Ce
tick
Ti C K
ticker
Ti C K Er
ticklish
Ti C K Li S H
ticktack
Ti C K Ta C K
tidy
Ti Dy
tidytips
Ti Dy Ti P S
tier
Ti Er
tierce
Ti Er Ce
ties
Ti Es
tiff
Ti F F
tiffin
Ti F F I N
Ti F F In
tiffish
Ti F F I S H
tikus
Ti K U S
timocracy
Ti Mo C Ra C Y
Ti Mo Cr Ac Y
timocratic
Ti Mo Cr At I C
Ti Mo C Ra Ti C
timoneer
Ti Mo Ne Er
timothy
Ti Mo Th Y
timous
Ti Mo U S
tin
Ti N
tinamou
Ti N Am O U
Ti Na Mo U
tincal
Ti N C Al
tind
Ti Nd
tindal
Ti Nd Al
tinder
Ti Nd Er
tine
Ti Ne
tinge
Ti N Ge
tink
Ti N K
tinker
Ti N K Er
tinkershire
Ti N K Er S H I Re
tinmouth
Ti N Mo U Th
tinnen
Ti N Ne N
Ti N Ne
tinner
Ti N N Er
tinnock
Ti N N O C K
Ti N No C K
tinny
Ti N N Y
tinsmith
Ti N Sm I Th
tintinnabulation
Ti N Ti N Na B U La Ti O N
tiny
Ti N Y
tip
Ti P
tipcat
Ti P C At
tipper
Ti P P Er
tipsify
Ti P S I F Y
Ti P Si F Y
tipsiness
Ti P S I Ne S S
Ti P Si Ne S S
Ti P S I N Es S
Ti P Si N Es S
Ti P S In Es S
tipstaff
Ti P S Ta F F
tipsy
Ti P S Y
tiptoes
Ti Pt O Es

tiptop
Ti Pt O P

tipula
Ti P U La
Ti Pu La

tipulas
Ti P U La S
Ti Pu La S

tire
Ti Re

tisar
Ti S Ar

tisic
Ti S I C
Ti Si C

tisical
Ti S I C Al
Ti Si C Al

tisicky
Ti S I C K Y
Ti Si C K Y

tisri
Ti Sr I

titan
Ti Ta N

titanate
Ti Ta Na Te

titanic
Ti Ta N I C
Ti Ta Ni C

titaniferous
Ti Ta N I F Er O U S
Ti Ta Ni F Er O U S

titanite
Ti Ta N I Te
Ti Ta Ni Te

titanitic
Ti Ta N I Ti C
Ti Ta Ni Ti C

titanous
Ti Ta N O U S
Ti Ta No U S

tith
Ti Th

tither
Ti Th Er

tithonic
Ti Th O N I C
Ti Th O Ni C

titi
Ti Ti

titlark
Ti Tl Ar K

titler
Ti Tl Er

titmal
Ti Tm Al

titmice
Ti Tm I Ce

titmouse
Ti Tm O U Se

tiver
Ti V Er

tivy
Ti V Y

tmesis
Tm Es I S

U

uberous

U B Er O U S

ubeth

U Be Th

ubication

U B I C At I O N

U Bi C At I O N

U B I Ca Ti O N

U Bi Ca Ti O N

uchees

U C He Es

uhlan

U H La N

ulan

U La N

ulula

U Lu La

ululate

U Lu La Te

ululation

U Lu La Ti O N

unaboat

U Na B O At

unaccurate

U Na C C U Ra Te

U N Ac C U Ra Te

U Na C Cu Ra Te

U N Ac Cu Ra Te

unaccurateness

U Na C C U Ra Te Ne S S

U N Ac C U Ra Te Ne S S

U Na C Cu Ra Te Ne S S

U N Ac Cu Ra Te Ne S S

U Na C C U Ra Te N Es S

U N Ac C U Ra Te N Es S

U Na C Cu Ra Te N Es S

U N Ac Cu Ra Te N Es S

unambition

U N Am B I Ti O N

U N Am Bi Ti O N

unanimous

U Na N I Mo U S

U Na Ni Mo U S

unapt

U Na Pt

unartistic

U N Ar Ti S Ti C

unattire

U N At Ti Re

unau

U Na U

U N Au

unauspicious

U Na U S P I C I O U S

U N Au S P I C I O U S

unawares

U Na W Ar Es

unbag

U N B Ag

U Nb Ag

unbank

U N Ba N K

unbar

U N B Ar

U Nb Ar

unbark

U N B Ar K

U Nb Ar K

unbay

U N Ba Y

unbe

U N Be

unbear

U N Be Ar

unbeat

U N Be At

unbeknown

U N Be K N O W N

U N Be K No W N

unbend

U N Be Nd

unbethink

U N Be Th I N K

U N Be Th In K

unbewitch

U N Be W I Tc H

unbias

U N B I As

U Nb I As

U N Bi As

unbind
U N B I Nd
U Nb I Nd
U N Bi Nd

unbishop
U N B I S H O P
U Nb I S H O P
U N Bi S H O P
U N B I S Ho P
U Nb I S Ho P
U N Bi S Ho P

unblind
U N B Li Nd
U Nb Li Nd

unbody
U N B O Dy
U Nb O Dy

unbone
U N B O Ne
U Nb O Ne

unborn
U N B O Rn
U Nb O Rn

unbound
U N B O U Nd
U Nb O U Nd

unbow
U N B O W
U Nb O W

unboy
U N B O Y
U Nb O Y

unbrace
U N B Ra Ce
U Nb Ra Ce

uncage
U N Ca Ge

uncamp
U N C Am P

uncanny
U N Ca N N Y

uncap
U N Ca P

uncapper
U N Ca P P Er

uncarnate
U N C Ar Na Te

uncase
U N Ca Se

uncautious
U N Ca U Ti O U S
U N C Au Ti O U S

unce
U N Ce

uncertain
U N C Er Ta I N
U N C Er Ta In

uncertainties
U N C Er Ta I N Ti Es
U N C Er Ta In Ti Es

uncharge
U N C H Ar Ge

unchaste
U N C H As Te

unci
U N C I

uncial
U N C I Al

uncinata
U N C I Na Ta

uncinate
U N C I Na Te

uncini
U N C I N I
U N C In I
U N C I Ni

uncinus
U N C I N U S
U N C In U S

uncipher
U N C I P H Er

unclasp
U N C La S P
U N Cl As P

uncleship
U N Cl Es H I P

unclinch
U N Cl I N C H
U N C Li N C H
U N Cl In C H

unclose
U N Cl O Se

unclutch
U N Cl U Tc H
U N C Lu Tc H

unco
U N C O
U N Co

uncoach
U N C O Ac H
U N Co Ac H

uncock
U N C O C K
U N Co C K

uncoif
U N C O I F
U N Co I F

unconcern
U N C O N C Er N
U N Co N C Er N
U N C O N Ce Rn
U N Co N Ce Rn

unconditional
U N C O Nd I Ti O N Al
U N Co Nd I Ti O N Al

unconfound
U N C O N F O U Nd
U N Co N F O U Nd

uncongeal
U N C O N Ge Al
U N Co N Ge Al

unconscious
U N C O N S C I O U S
U N Co N S C I O U S
U N C O N Sc I O U S
U N Co N Sc I O U S

unconsecrate
U N C O N Se C Ra Te
U N Co N Se C Ra Te

unconspicuous
U N C O N S P I C U O U S
U N Co N S P I C U O U S
U N C O N S P I Cu O U S
U N Co N S P I Cu O U S

unconstancy
U N C O N S Ta N C Y
U N Co N S Ta N C Y

unconversion
U N C O N V Er S I O N
U N Co N V Er S I O N
U N C O N V Er Si O N
U N Co N V Er Si O N

uncous
U N C O U S
U N Co U S
uncouth
U N C O U Th
U N Co U Th
uncover
U N C O V Er
U N Co V Er
uncrown
U N Cr O W N
unction
U N C Ti O N
unctious
U N C Ti O U S
uncus
U N C U S
U N Cu S
uncuth
U N C U Th
U N Cu Th
uncypher
U N C Y P H Er
undam
U Nd Am
under
U Nd Er
underaction
U Nd Er Ac Ti O N
underback
U Nd Er Ba C K
U Nd Er B Ac K
underbear
U Nd Er Be Ar
underbearer
U Nd Er Be Ar Er
underbind
U Nd Er B I Nd
U Nd Er Bi Nd
underbrace
U Nd Er B Ra Ce
underbranch
U Nd Er B Ra N C H
underbrush
U Nd Er Br U S H
U Nd Er B Ru S H
underbuy
U Nd Er B U Y
underchamberlain
U Nd Er C H Am B Er La I N
U Nd Er C H Am B Er La In
undercharge
U Nd Er C H Ar Ge
underclay
U Nd Er C La Y
undercliff
U Nd Er Cl I F F
U Nd Er C Li F F
underclothes
U Nd Er Cl O Th Es
undercoat
U Nd Er C O At
U Nd Er Co At
undercry
U Nd Er Cr Y
underfaction
U Nd Er F Ac Ti O N
underfringe
U Nd Er Fr I N Ge
U Nd Er Fr In Ge
underfurnish
U Nd Er F U Rn I S H
underhew
U Nd Er He W
underkind
U Nd Er K I Nd
underlay
U Nd Er La Y
underlayer
U Nd Er La Y Er
underline
U Nd Er Li Ne
underlip
U Nd Er Li P
undern
U Nd Er N
underneath
U Nd Er Ne At H
underniceness
U Nd Er N I Ce Ne S S
U Nd Er Ni Ce Ne S S
U Nd Er N I Ce N Es S
U Nd Er Ni Ce N Es S
underofficer
U Nd Er O F F I C Er
underpay
U Nd Er Pa Y
underpin
U Nd Er P I N
U Nd Er P In
underpitch
U Nd Er P I Tc H
underplay
U Nd Er P La Y
underpoise
U Nd Er P O I Se
U Nd Er Po I Se
underpraise
U Nd Er P Ra I Se
underproof
U Nd Er Pr O O F
underprop
U Nd Er Pr O P
underproper
U Nd Er Pr O P Er
underrate
U Nd Er Ra Te
underreckon
U Nd Er Re C K O N
underrun
U Nd Er Ru N
underscore
U Nd Er S C O Re
U Nd Er Sc O Re
U Nd Er S Co Re
undersheriff
U Nd Er S H Er I F F
undersheriffry
U Nd Er S H Er I F Fr Y
undershrub
U Nd Er S H Ru B
underskinker
U Nd Er S K I N K Er
U Nd Er S K In K Er
undersky
U Nd Er S K Y
undersphere
U Nd Er S P He Re
underspore
U Nd Er S P O Re
U Nd Er S Po Re
understair
U Nd Er S Ta Ir

understairs
U Nd Er S Ta Ir S
understand
U Nd Er S Ta Nd
understander
U Nd Er S Ta Nd Er
understate
U Nd Er S Ta Te
undertaker
U Nd Er Ta K Er
undertenancy
U Nd Er Te Na N C Y
undervaluation
U Nd Er V Al U At I O N
undervaluer
U Nd Er V Al U Er
underverse
U Nd Er V Er Se
undeserver
U Nd Es Er V Er
undigenous
U Nd I Ge N O U S
U Nd I Ge No U S
undine
U Nd I Ne
undirectly
U Nd I Re C Tl Y
undisclose
U Nd I S Cl O Se
undistinctly
U Nd I S Ti N C Tl Y
undo
U Nd O
undock
U Nd O C K
undoer
U Nd O Er
undone
U Nd O Ne
undraw
U Nd Ra W
undress
U Nd Re S S
undulate
U Nd U La Te
undulation
U Nd U La Ti O N

unearth
U Ne Ar Th
uneasiness
U Ne As I Ne S S
U Ne As I N Es S
U Ne As In Es S
uneasy
U Ne As Y
uneath
U Ne At H
unelastic
U Ne La S Ti C
unessential
U Ne S Se N Ti Al
U N Es Se N Ti Al
unestablish
U Ne S Ta B Li S H
U N Es Ta B Li S H
unethes
U Ne Th Es
unfasten
U N F As Te N
unfeather
U N Fe At H Er
unfeaty
U N Fe At Y
unfence
U N Fe N Ce
unfestlich
U N Fe S Tl I C H
U N F Es Tl I C H
unfilial
U N F I Li Al
unfirmness
U N F Ir Mn Es S
unflesh
U N Fl Es H
unflower
U N Fl O W Er
unfrock
U N Fr O C K
unfurnish
U N F U Rn I S H
ungain
U N Ga I N
U N Ga In
ungainliness
U N Ga I N Li Ne S S
U N Ga In Li Ne S S
U N Ga I N Li N Es S
U N Ga In Li N Es S
ungear
U N Ge Ar
ungenerous
U N Ge N Er O U S
unharmonious
U N H Ar Mo N I O U S
U N H Ar Mo Ni O U S
unharness
U N H Ar Ne S S
U N H Ar N Es S
unhasp
U N H As P
unhat
U N H At
unheal
U N He Al
unhealth
U N He Al Th
unhinge
U N H I N Ge
U N H In Ge
unhitch
U N H I Tc H
unhook
U N H O O K
U N Ho O K
unhoop
U N H O O P
U N Ho O P
unhouse
U N H O U Se
U N Ho U Se
uniat
U N I At
U Ni At
unicameral
U N I C Am Er Al
U Ni C Am Er Al
uniclinal
U N I Cl I N Al
U Ni Cl I N Al
U N I C Li N Al
U Ni C Li N Al
U N I Cl In Al
U Ni Cl In Al

unicorn

U N I C O Rn

U Ni C O Rn

U N I Co Rn

U Ni Co Rn

unicornous

U N I C O Rn O U S

U Ni C O Rn O U S

U N I Co Rn O U S

U Ni Co Rn O U S

unicostate

U N I C O S Ta Te

U Ni C O S Ta Te

U N I Co S Ta Te

U Ni Co S Ta Te

U N I C Os Ta Te

U Ni C Os Ta Te

unifacial

U N I F Ac I Al

U Ni F Ac I Al

unific

U N I F I C

U Ni F I C

unification

U N I F I C At I O N

U Ni F I C At I O N

U N I F I Ca Ti O N

U Ni F I Ca Ti O N

unifier

U N I F I Er

U Ni F I Er

unifromness

U N I Fr O Mn Es S

U Ni Fr O Mn Es S

unify

U N I F Y

U Ni F Y

unigenous

U N I Ge N O U S

U Ni Ge N O U S

U N I Ge No U S

U Ni Ge No U S

unio

U N I O

U Ni O

union

U N I O N

U Ni O N

unionism

U N I O N I Sm

U Ni O N I Sm

U N I O Ni Sm

U Ni O Ni Sm

unionistic

U N I O N I S Ti C

U Ni O N I S Ti C

U N I O Ni S Ti C

U Ni O Ni S Ti C

uniovulate

U N I O V U La Te

U Ni O V U La Te

unipara

U N I Pa Ra

U Ni Pa Ra

uniparous

U N I P Ar O U S

U Ni P Ar O U S

unipersonal

U N I P Er S O N Al

U Ni P Er S O N Al

uniphonous

U N I P H O N O U S

U Ni P H O N O U S

U N I P Ho N O U S

U Ni P Ho N O U S

U N I P H O No U S

U Ni P H O No U S

U N I P Ho No U S

U Ni P Ho No U S

uniplicate

U N I P Li Ca Te

U Ni P Li Ca Te

uniramous

U N Ir Am O U S

U N I Ra Mo U S

U Ni Ra Mo U S

uniseptate

U N I Se P Ta Te

U Ni Se P Ta Te

uniserial

U N I S Er I Al

U Ni S Er I Al

unisilicate

U N I S I Li Ca Te

U Ni S I Li Ca Te

U N I Si Li Ca Te

U Ni Si Li Ca Te

unison

U N I S O N

U Ni S O N

unisonal

U N I S O N Al

U Ni S O N Al

unisonance

U N I S O Na N Ce

U Ni S O Na N Ce

unisonous

U N I S O N O U S

U Ni S O N O U S

U N I S O No U S

U Ni S O No U S

unite

U N I Te

U Ni Te

unities

U N I Ti Es

U Ni Ti Es

unition

U N I Ti O N

U Ni Ti O N

universal

U N I V Er S Al

U Ni V Er S Al

universalism

U N I V Er S Al I Sm

U Ni V Er S Al I Sm

universalistic

U N I V Er S Al I S Ti C

U Ni V Er S Al I S Ti C

universalness

U N I V Er S Al Ne S S

U Ni V Er S Al Ne S S

U N I V Er S Al N Es S

U Ni V Er S Al N Es S

universalties

U N I V Er S Al Ti Es

U Ni V Er S Al Ti Es

universe

U N I V Er Se

U Ni V Er Se

universities
U N I V Er S I Ti Es
U Ni V Er S I Ti Es
U N I V Er Si Ti Es
U Ni V Er Si Ti Es

univocacy
U N I V O Ca C Y
U Ni V O Ca C Y
U N I V O C Ac Y
U Ni V O C Ac Y

univocal
U N I V O C Al
U Ni V O C Al

univocation
U N I V O C At I O N
U Ni V O C At I O N
U N I V O Ca Ti O N
U Ni V O Ca Ti O N

unkind
U N K I Nd

unkindliness
U N K I Nd Li Ne S S
U N K I Nd Li N Es S

unkiss
U N K I S S

unknow
U N K N O W
U N K No W

unknown
U N K N O W N
U N K No W N

unlace
U N La Ce

unland
U N La Nd

unlap
U N La P

unlash
U N La S H

unlatch
U N La Tc H

unlaw
U N La W

unlay
U N La Y

unline
U N Li Ne

unlink
U N Li N K

unluckiness
U N Lu C K I Ne S S
U N Lu C K I N Es S
U N Lu C K In Es S

unlucky
U N Lu C K Y

unlute
U N Lu Te

unnature
U N N At U Re

unnear
U N Ne Ar

unnesessary
U N Ne Se S S Ar Y
U N Ne S Es S Ar Y
U N N Es Es S Ar Y

unnethes
U N Ne Th Es

unnotify
U N N O Ti F Y
U N No Ti F Y

unnun
U N N U N

unoften
U N O F Te N
U No F Te N

unpack
U N Pa C K
U N P Ac K
U Np Ac K

unpacker
U N Pa C K Er
U N P Ac K Er
U Np Ac K Er

unpartial
U N P Ar Ti Al
U Np Ar Ti Al

unpassionate
U N Pa S S I O Na Te
U N P As S I O Na Te
U Np As S I O Na Te
U N Pa S Si O Na Te
U N P As Si O Na Te
U Np As Si O Na Te

unpay
U N Pa Y

unperfection
U N P Er Fe C Ti O N
U Np Er Fe C Ti O N

unpersuasion
U N P Er S U As I O N
U Np Er S U As I O N

unpick
U N P I C K
U Np I C K

unpin
U N P I N
U Np I N
U N P In
U Np In

unpinion
U N P I N I O N
U Np I N I O N
U N P In I O N
U Np In I O N
U N P I Ni O N
U Np I Ni O N

unpitious
U N P I Ti O U S
U Np I Ti O U S

unpoison
U N P O I S O N
U Np O I S O N
U N Po I S O N

unpolish
U N P O Li S H
U Np O Li S H
U N Po Li S H

unpolite
U N P O Li Te
U Np O Li Te
U N Po Li Te

unpolitic
U N P O Li Ti C
U Np O Li Ti C
U N Po Li Ti C

unpossess
U N P O S Se S S
U Np O S Se S S
U N Po S Se S S
U N P Os Se S S
U Np Os Se S S
U N P O S S Es S
U Np O S S Es S
U N Po S S Es S
U N P Os S Es S
U Np Os S Es S

unpower
U N P O W Er
U Np O W Er
U N Po W Er

unpractical
U N P Ra C Ti C Al
U Np Ra C Ti C Al
U N Pr Ac Ti C Al

unpraise
U N P Ra I Se
U Np Ra I Se

unpray
U N P Ra Y
U Np Ra Y

unpreach
U N P Re Ac H
U Np Re Ac H

unprince
U N Pr I N Ce
U N Pr In Ce

unprison
U N Pr I S O N

unprop
U N Pr O P

unproper
U N Pr O P Er

unpucker
U N P U C K Er
U Np U C K Er
U N Pu C K Er

unpure
U N P U Re
U Np U Re
U N Pu Re

unreal
U N Re Al

unreason
U N Re As O N

unregeneracy
U N Re Ge Ne Ra C Y
U N Re Ge N Er Ac Y

unregenerate
U N Re Ge Ne Ra Te

unregeneration
U N Re Ge N Er At I O N
U N Re Ge Ne Ra Ti O N

unrein
U N Re I N
U N Re In

unresistance
U N Re S I S Ta N Ce
U N Re Si S Ta N Ce

unruinate
U N Ru I Na Te

unruliness
U N Ru Li Ne S S
U N Ru Li N Es S

unsatisfaction
U N S At I S F Ac Ti O N

unsaturation
U N S At U Ra Ti O N

unscrew
U N S C Re W
U N Sc Re W

unseal
U N Se Al

unseam
U N Se Am

unseason
U N Se As O N

unseat
U N Se At

unsecure
U N Se C U Re
U N Se Cu Re

unservice
U N S Er V I Ce

unsew
U N Se W

unsheathe
U N S He At He

unsheriff
U N S H Er I F F

unship
U N S H I P

unsin
U N S I N
U N Si N
U N S In

unsincere
U N S I N Ce Re
U N Si N Ce Re
U N S In Ce Re

unsinew
U N S I Ne W
U N Si Ne W

unsluice
U N S Lu I Ce

unsonsy
U N S O N S Y

unsophisticate
U N S O P H I S Ti Ca Te

unsound
U N S O U Nd

unspar
U N S P Ar

unsphere
U N S P He Re

unspin
U N S P I N
U N S P In

unstack
U N S Ta C K

unstate
U N S Ta Te

unstep
U N S Te P

unstick
U N S Ti C K

unstitch
U N S Ti Tc H

unsubstantial
U N S U B S Ta N Ti Al

unsubstantiation
U N S U B S Ta N Ti At I O N

unsuccess
U N S U C Ce S S
U N S U C Ce S S
U N S U C C Es S
U N S U C C Es S

unsuspicion
[U][N][S][U][S][P][I][C][I][O][N]

unswathe
[U][N][S][W][At][He]

untack
[U][N][Ta][C][K]

untappice
[U][N][Ta][P][P][I][Ce]

untaste
[U][N][Ta][S][Te]

unteach
[U][N][Te][Ac][H]

unteam
[U][N][Te][Am]

unthink
[U][N][Th][I][N][K]
[U][N][Th][In][K]

unthinker
[U][N][Th][I][N][K][Er]
[U][N][Th][In][K][Er]

untidy
[U][N][Ti][Dy]

unusual
[U][N][U][S][U][Al]

unvicar
[U][N][V][I][C][Ar]

unvote
[U][N][V][O][Te]

unwares
[U][N][W][Ar][Es]

unwariness
[U][N][W][Ar][I][Ne][S][S]
[U][N][W][Ar][I][N][Es][S]
[U][N][W][Ar][In][Es][S]

unwarp
[U][N][W][Ar][P]

unwary
[U][N][W][Ar][Y]

unwashen
[U][N][W][As][He][N]

unwind
[U][N][W][I][Nd]

unwise
[U][N][W][I][Se]

unwish
[U][N][W][I][S][H]

unwitch
[U][N][W][I][Tc][H]

unwonder
[U][N][W][O][Nd][Er]

unwrap
[U][N][W][Ra][P]

unwray
[U][N][W][Ra][Y]

unwreathe
[U][N][W][Re][At][He]

up
[U][P]

upas
[U][Pa][S]
[U][P][As]

upbar
[U][P][B][Ar]
[U][Pb][Ar]

upbear
[U][P][Be][Ar]

upbind
[U][P][B][I][Nd]
[U][Pb][I][Nd]
[U][P][Bi][Nd]

upbreathe
[U][P][B][Re][At][He]
[U][Pb][Re][At][He]

upcheer
[U][P][C][He][Er]

updraw
[U][Pd][Ra][W]

upflow
[U][P][Fl][O][W]

upgather
[U][P][Ga][Th][Er]

uphasp
[U][P][H][As][P]

upher
[U][P][H][Er]

upland
[U][P][La][Nd]

uplander
[U][P][La][Nd][Er]

uplandish
[U][P][La][Nd][I][S][H]

uplay
[U][P][La][Y]

upon
[U][P][O][N]
[U][Po][N]

upper
[U][P][P][Er]

uppish
[U][P][P][I][S][H]

uppluck
[U][P][P][Lu][C][K]

upprop
[U][P][Pr][O][P]

upraise
[U][P][Ra][I][Se]

uprear
[U][P][Re][Ar]

uprise
[U][Pr][I][Se]

uproar
[U][Pr][O][Ar]

uproarious
[U][Pr][O][Ar][I][O][U][S]

uprouse
[U][Pr][O][U][Se]

uprun
[U][Pr][U][N]
[U][P][Ru][N]

uprush
[U][Pr][U][S][H]
[U][P][Ru][S][H]

upsarokas
[U][P][S][Ar][O][K][As]

upsend
[U][P][Se][Nd]

upskip
[U][P][S][K][I][P]

upsnatch
[U][P][S][N][At][C][H]
[U][P][Sn][At][C][H]
[U][P][S][Na][Tc][H]

upsoar
[U][P][S][O][Ar]

upspurner
[U][P][S][P][U][Rn][Er]
[U][P][S][Pu][Rn][Er]

upstairs
[U][P][S][Ta][Ir][S]

upstand
[U][P][S][Ta][Nd]

upstare
[U][P][S][Ta][Re]

upstay

U P S Ta Y

upsun

U P S U N

uptear

U P Te Ar

upthunder

U Pt H U Nd Er

U P Th U Nd Er

uptown

U Pt O W N

uptrace

U Pt Ra Ce

uptrain

U Pt Ra I N

U Pt Ra In

upturn

U Pt U Rn

upupa

U P U Pa

U Pu Pa

upwards

U P W Ar Ds

upwind

U P W I Nd

upwreath

U P W Re At H

upyat

U P Y At

urachus

U Ra C H U S

urali

U Ra Li

uralic

U Ra Li C

uralite

U Ra Li Te

uranate

U Ra Na Te

uranic

U Ra N I C

U Ra Ni C

uranin

U Ra N I N

U Ra Ni N

U Ra N In

uraninite

U Ra N I N I Te

U Ra Ni N I Te

U Ra N In I Te

U Ra N I Ni Te

U Ra Ni Ni Te

uraniscoraphy

U Ra N I S C O Ra P H Y

U Ra Ni S C O Ra P H Y

U Ra N I Sc O Ra P H Y

U Ra Ni Sc O Ra P H Y

U Ra N I S Co Ra P H Y

U Ra Ni S Co Ra P H Y

uranite

U Ra N I Te

U Ra Ni Te

uranitic

U Ra N I Ti C

U Ra Ni Ti C

uranolite

U Ra N O Li Te

U Ra No Li Te

uranoscopy

U Ra N O S C O P Y

U Ra No S C O P Y

U Ra N Os C O P Y

U Ra N O Sc O P Y

U Ra No Sc O P Y

U Ra N O S Co P Y

U Ra No S Co P Y

U Ra N Os Co P Y

uranous

U Ra N O U S

U Ra No U S

uranus

U Ra N U S

urao

U Ra O

urare

U Ra Re

urate

U Ra Te

uratic

U Ra Ti C

ure

U Re

ureal

U Re Al

urechitin

U Re C H I Ti N

urethra

U Re Th Ra

uretic

U Re Ti C

urger

U Rg Er

urn

U Rn

urnal

U Rn Al

urubu

U Ru B U

urus

U Ru S

us

U S

usager

U S Ag Er

usbeks

U S Be K S

use

U Se

user

U S Er

usher

U S H Er

usherance

U S He Ra N Ce

ushership

U S H Er S H I P

usnic

U S N I C

U Sn I C

U S Ni C

ustion

U S Ti O N

usual

U S U Al

usucaption

U S U Ca Pt I O N

U S U Ca P Ti O N

usure

U S U Re

utas

U Ta S

uterus

U Te Ru S

utes

U Te S

utica

U Ti Ca

utis

U Ti S

utlary

U Tl Ar Y

uvic

U V I C

uvitic

U V I Ti C

uvula

U V U La

uwarowite

U W Ar O W I Te

V

v

V

vacation

V Ac At I O N

vaccary

V Ac C Ar Y

vaccina

V Ac C I Na

vaccinal

V Ac C I N Al

V Ac C In Al

vaccinate

V Ac C I Na Te

vaccination

V Ac C I N At I O N

V Ac C In At I O N

V Ac C I Na Ti O N

vaccine

V Ac C I Ne

vacher

V Ac H Er

vachery

V Ac H Er Y

vacuation

V Ac U At I O N

vacuna

V Ac U Na

vacuolation

V Ac U O La Ti O N

vacuous

V Ac U O U S

vacuousness

V Ac U O U S Ne S S

V Ac U O U S N Es S

V Ac U O U Sn Es S

vagal

V Ag Al

vagaries

V Ag Ar I Es

vagarious

V Ag Ar I O U S

vagary

V Ag Ar Y

vagina

V Ag I Na

vaginal

V Ag I N Al

V Ag In Al

vaginate

V Ag I Na Te

vaginati

V Ag I N At I

V Ag In At I

V Ag I Na Ti

vaginervose

V Ag I N Er V O Se

V Ag In Er V O Se

vaginicola

V Ag I N I C O La

V Ag In I C O La

V Ag I Ni C O La

V Ag I N I Co La

V Ag In I Co La

V Ag I Ni Co La

vaginismus

V Ag I N I Sm U S

V Ag In I Sm U S

V Ag I Ni Sm U S

vaginitis

V Ag I N I Ti S

V Ag In I Ti S

V Ag I Ni Ti S

vaginula

V Ag I N U La

V Ag In U La

vagous

V Ag O U S

vagrancy

V Ag Ra N C Y

vagrantly

V Ag Ra N Tl Y

vagus

V Ag U S

valeric

V Al Er I C

valerin

V Al Er I N

V Al Er In

valerone

V Al Er O Ne

valhalla

V Al H Al La

valinch
V Al I N C H
V Al In C H

valise
V Al I Se

valla
V Al La

vallancy
V Al La N C Y

vallation
V Al La Ti O N

valuation
V Al U At I O N

valuer
V Al U Er

valure
V Al U Re

valvula
V Al V U La

vambrace
V Am B Ra Ce

vamose
V Am O Se

vamp
V Am P

vamper
V Am P Er

vampire
V Am P I Re

vampirism
V Am P Ir I Sm

vamplate
V Am P La Te

vamure
V Am U Re

vari
V Ar I

variation
V Ar I At I O N

varices
V Ar I Ce S
V Ar I C Es

varicose
V Ar I C O Se
V Ar I Co Se

varicous
V Ar I C O U S
V Ar I Co U S

varier
V Ar I Er

varify
V Ar I F Y

variola
V Ar I O La

variolation
V Ar I O La Ti O N

variolic
V Ar I O Li C

variolite
V Ar I O Li Te

variolitic
V Ar I O Li Ti C

various
V Ar I O U S

variscite
V Ar I S C I Te
V Ar I Sc I Te

varisse
V Ar I S Se

vark
V Ar K

varnish
V Ar N I S H
V Ar Ni S H

varnisher
V Ar N I S H Er
V Ar Ni S H Er

varuna
V Ar U Na

vary
V Ar Y

vas
V As

vascula
V As C U La
V As Cu La

vassal
V As S Al

vassaless
V As S Al Es S

vastation
V As Ta Ti O N

vastly
V As Tl Y

vat
V At

vatical
V At I C Al

vatican
V At I Ca N

vaticanism
V At I Ca N I Sm
V At I Ca Ni Sm

vaticinal
V At I C I N Al
V At I C In Al

vaticinate
V At I C I Na Te

vaticination
V At I C I N At I O N
V At I C In At I O N
V At I C I Na Ti O N

vaticine
V At I C I Ne

vaunce
V Au N Ce

vauntmure
V Au N Tm U Re

veracious
V Er Ac I O U S

veratrate
V Er At Ra Te

verb
V Er B

verbal
V Er B Al

verbalism
V Er B Al I Sm
V Er Ba Li Sm

verbena
V Er Be Na

verbenaceous
V Er Be Na Ce O U S

verbenate
V Er Be Na Te

verberate
V Er Be Ra Te

verberation
V Er B Er At I O N
V Er Be Ra Ti O N

verbose
V Er B O Se

verbosities
V Er B O S I Ti Es
V Er B Os I Ti Es
V Er B O Si Ti Es
verfication
V Er F I C At I O N
V Er F I Ca Ti O N
verge
V Er Ge
vergency
V Er Ge N C Y
verifier
V Er I F I Er
verify
V Er I F Y
verine
V Er I Ne
veritas
V Er I Ta S
verities
V Er I Ti Es
vernage
V Er Na Ge
vernal
V Er N Al
vernate
V Er Na Te
vernation
V Er N At I O N
V Er Na Ti O N
vernicose
V Er N I C O Se
V Er Ni C O Se
V Er N I Co Se
V Er Ni Co Se
vernier
V Er N I Er
V Er Ni Er
vernine
V Er N I Ne
V Er Ni Ne
vernish
V Er N I S H
V Er Ni S H
vernonin
V Er N O N I N
V Er No N I N
V Er N O Ni N
V Er No Ni N
V Er N O N In
V Er No N In
veronese
V Er O Ne Se
veronica
V Er O N I Ca
V Er O Ni Ca
verray
V Er Ra Y
verrucose
V Er Ru C O Se
V Er Ru Co Se
verrucous
V Er Ru C O U S
V Er Ru Co U S
vers
V Er S
versal
V Er S Al
verse
V Er Se
verser
V Er S Er
versification
V Er S I F I C At I O N
V Er Si F I C At I O N
V Er S I F I Ca Ti O N
V Er Si F I Ca Ti O N
versifier
V Er S I F I Er
V Er Si F I Er
versify
V Er S I F Y
V Er Si F Y
version
V Er S I O N
V Er Si O N
verso
V Er S O
versual
V Er S U Al
versus
V Er S U S
versute
V Er S U Te
verteber
V Er Te B Er
vertebra
V Er Te B Ra
vertebral
V Er Te Br Al
vertebrata
V Er Te B Ra Ta
vertebrate
V Er Te B Ra Te
vertebre
V Er Te B Re
vertexes
V Er Te Xe S
vertical
V Er Ti C Al
verticalness
V Er Ti C Al Ne S S
V Er Ti C Al N Es S
vertices
V Er Ti Ce S
V Er Ti C Es
vertilinear
V Er Ti Li Ne Ar
very
V Er Y
vesica
V Es I Ca
vesical
V Es I C Al
vesicate
V Es I Ca Te
vesication
V Es I C At I O N
V Es I Ca Ti O N
vesicoprostatic
V Es I C O Pr O S Ta Ti C
V Es I Co Pr O S Ta Ti C
V Es I C O Pr Os Ta Ti C
V Es I Co Pr Os Ta Ti C
vesicovaginal
V Es I C O V Ag I N Al
V Es I Co V Ag I N Al
V Es I C O V Ag In Al
V Es I Co V Ag In Al
vesicula
V Es I C U La
V Es I Cu La

vesiculata
V Es I C U La Ta
V Es I Cu La Ta

vesiculate
V Es I C U La Te
V Es I Cu La Te

vesiculation
V Es I C U La Ti O N
V Es I Cu La Ti O N

vespa
V Es Pa

vesper
V Es P Er

vesperal
V Es P Er Al

vespers
V Es P Er S

vespertilio
V Es P Er Ti Li O

vespertiliones
V Es P Er Ti Li O Ne S
V Es P Er Ti Li O N Es

vespertilionine
V Es P Er Ti Li O N I Ne
V Es P Er Ti Li O Ni Ne

vespertinal
V Es P Er Ti N Al

vespertine
V Es P Er Ti Ne

vespiary
V Es P I Ar Y

vesses
V Es Se S
V Es S Es

vessicnon
V Es S I C N O N
V Es Si C N O N
V Es S I Cn O N
V Es Si Cn O N
V Es S I C No N
V Es Si C No N

vesta
V Es Ta

vestiary
V Es Ti Ar Y

vestibula
V Es Ti B U La

vestigate
V Es Ti Ga Te

vestige
V Es Ti Ge

vesuvine
V Es U V I Ne

vhook
V H O O K
V Ho O K

vial
V I Al

viary
V I Ar Y

viatic
V I At I C

vibices
V I B I Ce S
V I Bi Ce S
V I B I C Es
V I Bi C Es

vibracula
V I B Ra C U La
V I Br Ac U La
V I B Ra Cu La

vibrancy
V I B Ra N C Y

vibrate
V I B Ra Te

vibration
V I Br At I O N
V I B Ra Ti O N

vibrio
V I Br I O

vibriones
V I Br I O Ne S
V I Br I O N Es

vibrios
V I Br I O S
V I Br I Os

vicar
V I C Ar

vicarage
V I Ca Ra Ge

vicarial
V I C Ar I Al

vicarious
V I C Ar I O U S

vicarship
V I C Ar S H I P

vicary
V I C Ar Y

vice
V I Ce

vicegerency
V I Ce Ge Re N C Y

vicenary
V I Ce N Ar Y

vicennial
V I Ce N N I Al
V I Ce N Ni Al

viceroy
V I C Er O Y

viceroyship
V I C Er O Y S H I P

vichywater
V I C H Y W At Er

vicinal
V I C I N Al
V I C In Al

vicine
V I C I Ne

vicious
V I C I O U S

viinage
V I I Na Ge

vilany
V I La N Y

vilification
V I Li F I C At I O N
V I Li F I Ca Ti O N

vilifier
V I Li F I Er

vilify
V I Li F Y

vinaceous
V I Na Ce O U S

vinasse
V I Na S Se
V I N As Se
V In As Se

vinatico

V I N At I C O

V In At I C O

V I Na Ti C O

V I N At I Co

V In At I Co

V I Na Ti Co

vincula

V I N C U La

V In C U La

V I N Cu La

V In Cu La

vindicate

V I Nd I Ca Te

vindication

V I Nd I C At I O N

V I Nd I Ca Ti O N

vine

V I Ne

vineal

V I Ne Al

viner

V I N Er

V In Er

vinery

V I N Er Y

V In Er Y

vinic

V I N I C

V In I C

V I Ni C

vinny

V I N N Y

V In N Y

vinose

V I N O Se

V In O Se

V I No Se

vinous

V I N O U S

V In O U S

V I No U S

vintage

V I N Ta Ge

V In Ta Ge

viny

V I N Y

V In Y

viola

V I O La

violaceous

V I O La Ce O U S

violaniline

V I O La N I Li Ne

V I O La Ni Li Ne

violantin

V I O La N Ti N

violate

V I O La Te

violates

V I O La Te S

violation

V I O La Ti O N

violin

V I O Li N

violine

V I O Li Ne

viper

V I P Er

viperina

V I P Er I Na

viperine

V I P Er I Ne

viperish

V I P Er I S H

viperous

V I P Er O U S

virago

V Ir Ag O

viragoes

V Ir Ag O Es

vire

V I Re

virelay

V I Re La Y

vireo

V I Re O

virescence

V I Re S Ce N Ce

V Ir Es Ce N Ce

virgalieu

V I Rg Al I Eu

V Ir Ga Li Eu

virgate

V Ir Ga Te

virge

V Ir Ge

virger

V I Rg Er

virgin

V I Rg I N

V I Rg In

virginal

V I Rg I N Al

V I Rg In Al

virgo

V I Rg O

virgulate

V I Rg U La Te

virial

V Ir I Al

virose

V Ir O Se

virus

V Ir U S

V I Ru S

vis

V I S

viscera

V I S Ce Ra

visceral

V I S C Er Al

V I Sc Er Al

viscerate

V I S Ce Ra Te

viscin

V I S C I N

V I Sc I N

V I S C In

V I Sc In

viscountcy

V I S C O U N Tc Y

V I Sc O U N Tc Y

V I S Co U N Tc Y

viscountess

V I S C O U N Te S S

V I Sc O U N Te S S

V I S Co U N Te S S

viscous

V I S C O U S

V I Sc O U S

V I S Co U S

viscus
V I S C U S
V I Sc U S
V I S Cu S

vise
V I Se

vishnu
V I S H N U

vision
V I S I O N
V I Si O N

visional
V I S I O N Al
V I Si O N Al

visionaries
V I S I O N Ar I Es
V I Si O N Ar I Es

visionariness
V I S I O N Ar I Ne S S
V I Si O N Ar I Ne S S
V I S I O N Ar I N Es S
V I Si O N Ar I N Es S
V I S I O N Ar In Es S
V I Si O N Ar In Es S
V I Si O N Ar In Es S

visionary
V I S I O N Ar Y
V I Si O N Ar Y

visitation
V I S I Ta Ti O N
V I Si Ta Ti O N

visite
V I S I Te
V I Si Te

visne
V I S Ne

vison
V I S O N

vista
V I S Ta

vistas
V I S Ta S

visual
V I S U Al

vitalic
V I Ta Li C

vitalism
V I Ta Li Sm

vitalistic
V I Ta Li S Ti C

vitiation
V I Ti At I O N

vitilitigate
V I Ti Li Ti Ga Te

vitilitigation
V I Ti Li Ti Ga Ti O N

vitious
V I Ti O U S

vitiousness
V I Ti O U S Ne S S
V I Ti O U S N Es S
V I Ti O U Sn Es S

vitis
V I Ti S

vivacious
V I V Ac I O U S

vivaries
V I V Ar I Es

vivary
V I V Ar Y

viverra
V I V Er Ra

vivers
V I V Er S

vives
V I V Es

vivific
V I V I F I C

vivifical
V I V I F I C Al

vivificate
V I V I F I Ca Te

vivification
V I V I F I C At I O N
V I V I F I Ca Ti O N

vivify
V I V I F Y

vivipara
V I V I Pa Ra

viviparous
V I V I P Ar O U S

viviparousness
V I V I P Ar O U S Ne S S
V I V I P Ar O U S N Es S
V I V I P Ar O U Sn Es S

vivisection
V I V I Se C Ti O N

vivisectional
V I V I Se C Ti O N Al

vixen
V I Xe N

vixenish
V I Xe N I S H
V I Xe Ni S H

vmoth
V Mo Th

vocal
V O C Al

vocalic
V O C Al I C
V O Ca Li C

vocalism
V O C Al I Sm
V O Ca Li Sm

vocalness
V O C Al Ne S S
V O C Al N Es S

vocation
V O C At I O N
V O Ca Ti O N

vociferance
V O C I Fe Ra N Ce

vociferate
V O C I Fe Ra Te

vociferation
V O C I F Er At I O N
V O C I Fe Ra Ti O N

vociferous
V O C I F Er O U S

voice
V O I Ce

volacious
V O La C I O U S

volage
V O La Ge

volante
V O La N Te

volapuk
V O La P U K
V O La Pu K

volitation
V O Li Ta Ti O N

volition
V O Li Ti O N
volitional
V O Li Ti O N Al
volubilate
V O Lu B I La Te
V O Lu Bi La Te
volunteer
V O Lu N Te Er
voluptuaries
V O Lu Pt U Ar I Es
voluptuary
V O Lu Pt U Ar Y
voluptuous
V O Lu Pt U O U S
volupty
V O Lu Pt Y
voluta
V O Lu Ta
volutas
V O Lu Ta S
volutation
V O Lu Ta Ti O N
volute
V O Lu Te
volution
V O Lu Ti O N
volvulus
V O Lv U Lu S
vondsira
V O Nd S I Ra
V O N Ds I Ra
V O Nd Si Ra
voracious
V O Ra C I O U S
votaress
V O Ta Re S S
vote
V O Te
vouch
V O U C H
voucher
V O U C H Er
voussoir
V O U S S O Ir
vow
V O W
vower
V O W Er
voyager
V O Y Ag Er
vulvitis
V U Lv I Ti S
vulvovaginal
V U Lv O V Ag I N Al
V U Lv O V Ag In Al
vyce
V Y Ce

W

w
W

wacky
W Ac K Y

wag
W Ag

wagati
W Ag At I

wager
W Ag Er

wagerer
W Ag Er Er

wages
W Ag Es

wagnerite
W Ag N Er I Te

wagon
W Ag O N

wagonage
W Ag O Na Ge

wagoner
W Ag O N Er

walhalla
W Al H Al La

walk
W Al K

walker
W Al K Er

wallaba
W Al La Ba

wallabies
W Al La B I Es
W Al La Bi Es

wallaby
W Al La B Y

wallah
W Al La H

walrus
W Al Ru S

waly
W Al Y

wamp
W Am P

war
W Ar

wardship
W Ar Ds H I P

wares
W Ar Es

warfarer
W Ar F Ar Er

warine
W Ar I Ne

wariness
W Ar I Ne S S
W Ar I N Es S
W Ar In Es S

warish
W Ar I S H

warison
W Ar I S O N

wark
W Ar K

warmness
W Ar Mn Es S

warmouth
W Ar Mo U Th

warmth
W Ar Mt H

warn
W Ar N

warner
W Ar N Er

warp
W Ar P

warpage
W Ar Pa Ge

warpath
W Ar P At H
W Ar Pa Th

warper
W Ar P Er

warproof
W Ar Pr O O F

warrandice
W Ar Ra Nd I Ce

warranties
W Ar Ra N Ti Es

warrantise
W Ar Ra N Ti Se

warray
W Ar Ra Y

warre
W Ar Re

warren
W Ar Re N

warrener
W Ar Re N Er

wartless
W Ar Tl Es S

warwickite
W Ar W I C K I Te

warworn
W Ar W O Rn

wary
W Ar Y

was
W As

wash
W As H

washen
W As He N

washer
W As H Er

washhouse
W As H H O U Se
W As H Ho U Se

washiness
W As H I Ne S S
W As H I N Es S
W As H In Es S

washstand
W As H S Ta Nd
W As Hs Ta Nd

washy
W As H Y

wasite
W As I Te

wasp
W As P

waspish
W As P I S H

wastage
W As Ta Ge

waste
W As Te

wastebook
W As Te B O O K

wasteness
W As Te Ne S S
W As Te N Es S

watch
W At C H

watcher
W At C H Er

watches
W At C He S
W At C H Es

watchhouse
W At C H H O U Se
W At C H Ho U Se

watchhouses
W At C H H O U Se S
W At C H Ho U Se S
W At C H H O U S Es
W At C H Ho U S Es

water
W At Er

waterback
W At Er Ba C K
W At Er B Ac K

waterbailiff
W At Er Ba I Li F F

waterbath
W At Er B At H
W At Er Ba Th

waterbear
W At Er Be Ar

waterbok
W At Er B O K

waterbrain
W At Er B Ra I N
W At Er B Ra In

waterbrash
W At Er B Ra S H
W At Er Br As H

waterbreather
W At Er B Re At H Er

waterbuck
W At Er B U C K

waterbuffalo
W At Er B U F F Al O

watercan
W At Er Ca N

watercanker
W At Er Ca N K Er

watercavy
W At Er Ca V Y

waterclock
W At Er Cl O C K

watercock
W At Er C O C K
W At Er Co C K

watercrane
W At Er C Ra Ne

watercress
W At Er C Re S S
W At Er Cr Es S

watercrow
W At Er Cr O W

watercure
W At Er C U Re
W At Er Cu Re

waterer
W At Er Er

waterfeather
W At Er Fe At H Er

waterflag
W At Er Fl Ag

waterflounder
W At Er Fl O U Nd Er

watergage
W At Er Ga Ge

watergas
W At Er Ga S

watergate
W At Er Ga Te

watergauge
W At Er Ga U Ge

waterhen
W At Er He N

waterhorehound
W At Er H O Re H O U Nd
W At Er Ho Re H O U Nd
W At Er H O Re Ho U Nd
W At Er Ho Re Ho U Nd

waterhyacinth
W At Er H Y Ac I N Th
W At Er H Y Ac In Th

waterice
W At Er I Ce

waterinch
W At Er I N C H
W At Er In C H

wateriness

W At Er I Ne S S

W At Er I N Es S

W At Er In Es S

waterish

W At Er I S H

waterishness

W At Er I S H Ne S S

W At Er I S H N Es S

waterlander

W At Er La Nd Er

waterlaverock

W At Er La V Er O C K

waterline

W At Er Li Ne

watermoccasin

W At Er Mo C Ca S I N

W At Er Mo C C As I N

W At Er Mo C Ca Si N

W At Er Mo C Ca S In

W At Er Mo C C As In

watermouse

W At Er Mo U Se

wateroat

W At Er O At

waterparsnip

W At Er P Ar S N I P

W At Er P Ar Sn I P

W At Er P Ar S Ni P

waterpitcher

W At Er P I Tc H Er

waterplantain

W At Er P La N Ta I N

W At Er P La N Ta In

waterplate

W At Er P La Te

waterpoise

W At Er P O I Se

W At Er Po I Se

waterpore

W At Er P O Re

W At Er Po Re

waterpower

W At Er P O W Er

W At Er Po W Er

waterproof

W At Er Pr O O F

waterrate

W At Er Ra Te

waterscrew

W At Er S C Re W

W At Er Sc Re W

watershrew

W At Er S H Re W

watersouchy

W At Er S O U C H Y

waterspinner

W At Er S P I N N Er

W At Er S P In N Er

watersprite

W At Er S Pr I Te

waterstargrass

W At Er S Ta Rg Ra S S

watertabby

W At Er Ta B B Y

watertath

W At Er Ta Th

waterthrush

W At Er Th Ru S H

watertick

W At Er Ti C K

watervine

W At Er V I Ne

waterviper

W At Er V I P Er

waterwitch

W At Er W I Tc H

waterworn

W At Er W O Rn

watery

W At Er Y

werche

W Er C He

werk

W Er K

wern

W Er N

wernerite

W Er N Er I Te

werre

W Er Re

werrey

W Er Re Y

wesh

W Es H

western

W Es Te Rn

westerner

W Es Te Rn Er

whack

W H Ac K

whacker

W H Ac K Er

whaler

W H Al Er

wharf

W H Ar F

wharfs

W H Ar F S

wharp

W H Ar P

wharves

W H Ar V Es

what

W H At

whatso

W H At S O

whaup

W H Au P

wheal

W He Al

wheat

W He At

when

W He N

whenas

W He Na S

W He N As

whence

W He N Ce

whenever

W He Ne V Er

whennes

W He N Ne S

W He N N Es

where

W He Re

whereas

W He Re As

whereat

W He Re At

whereby

W He Re B Y

wherefore

W He Re F O Re

wherein

W He Re I N

W He Re In

whereness

W He Re Ne S S

W He Re N Es S

whereof

W He Re O F

whereon

W He Re O N

whereso

W He Re S O

W H Er Es O

whereupon

W He Re U P O N

W H Er Eu P O N

W He Re U Po N

W H Er Eu Po N

wherever

W He Re V Er

wherewith

W He Re W I Th

wherewithal

W He Re W I Th Al

wherso

W H Er S O

whether

W He Th Er

whew

W He W

whewer

W He W Er

whey

W He Y

wheyish

W He Y I S H

which

W H I C H

whichever

W H I C He V Er

whiff

W H I F F

whiffler

W H I F Fl Er

whin

W H I N

W H In

whinchat

W H I N C H At

W H In C H At

whine

W H I Ne

whiner

W H I N Er

W H In Er

whinge

W H I N Ge

W H In Ge

whinner

W H I N N Er

W H In N Er

whinnies

W H I N N I Es

W H In N I Es

W H In N I Es

W H I N Ni Es

W H I N Ni Es

W H In Ni Es

whinny

W H I N N Y

W H In N Y

whinock

W H I N O C K

W H In O C K

W H I No C K

whip

W H I P

whiplash

W H I P La S H

whipper

W H I P P Er

whipperin

W H I P P Er I N

W H I P P Er In

whippersnapper

W H I P P Er S Na P P Er

whipstaff

W H I P S Ta F F

whipstick

W H I P S Ti C K

whipstitch

W H I P S Ti Tc H

whipt

W H I Pt

whir

W H Ir

whirlicote

W H Ir Li C O Te

W H Ir Li Co Te

whisk

W H I S K

whisker

W H I S K Er

whiskies

W H I S K I Es

whiskin

W H I S K I N

W H I S K In

whisky

W H I S K Y

whisp

W H I S P

whisper

W H I S P Er

whisperer

W H I S P Er Er

whistler

W H I S Tl Er

whistly

W H I S Tl Y

white

W H I Te

whiteback

W H I Te Ba C K

W H I Te B Ac K

whitebeam

W H I Te Be Am

whiteboy

W H I Te B O Y

whiteboyism

W H I Te B O Y I Sm

whitecap

W H I Te Ca P

whitecoat

W H I Te C O At

W H I Te Co At

whitefish

W H I Te F I S H

whiteflaw

W H I Te F La W

whitefriar

W H I Te Fr I Ar

whiten
W H I Te N
whitener
W H I Te N Er
whiteness
W H I Te Ne S S
W H I Te N Es S
whites
W H I Te S
whitesmith
W H I Te Sm I Th
whitethorn
W H I Te Th O Rn
whitewash
W H I Te W As H
whitewasher
W H I Te W As H Er
whither
W H I Th Er
whitish
W H I Ti S H
whitishness
W H I Ti S H Ne S S
W H I Ti S H N Es S
whitlow
W H I Tl O W
who
W H O
W Ho
whobub
W H O B U B
W Ho B U B
whoobub
W H O O B U B
W Ho O B U B
whoop
W H O O P
W Ho O P
whop
W H O P
W Ho P
whopper
W H O P P Er
W Ho P P Er
whore
W H O Re
W Ho Re
whoreson
W H O Re S O N
W Ho Re S O N
whose
W H O Se
W Ho Se
whoso
W H O S O
W Ho S O
W H Os O
why
W H Y
wich
W I C H
wichitas
W I C H I Ta S
wick
W I C K
wicker
W I C K Er
wickliffite
W I C K Li F F I Te
wiclifite
W I Cl I F I Te
W I C Li F I Te
wicopy
W I C O P Y
W I Co P Y
wier
W I Er
wiery
W I Er Y
wife
W I Fe
wigan
W I Ga N
wigeon
W I Ge O N
wiliness
W I Li Ne S S
W I Li N Es S
win
W I N
W In
wince
W I N Ce
W In Ce
wincer
W I N C Er
W In C Er
wincey
W I N Ce Y
W In Ce Y
winch
W I N C H
W In C H
wind
W I Nd
windas
W I Nd As
windbore
W I Nd B O Re
W I N Db O Re
W In Db O Re
windbound
W I Nd B O U Nd
W I N Db O U Nd
W In Db O U Nd
winder
W I Nd Er
windflower
W I Nd Fl O W Er
windhover
W I Nd H O V Er
W I Nd Ho V Er
windiness
W I Nd I Ne S S
W I Nd I N Es S
W I Nd In Es S
windlace
W I Nd La Ce
windlass
W I Nd La S S
windore
W I Nd O Re
window
W I Nd O W
windowpane
W I Nd O W Pa Ne
windowy
W I Nd O W Y
windy
W I Nd Y
W I N Dy
W In Dy

wine

W I Ne

winebibber

W I Ne B I B B Er

W I Ne Bi B B Er

winery

W I N Er Y

W In Er Y

wink

W I N K

W In K

winker

W I N K Er

W In K Er

winnebagoes

W I N Ne B Ag O Es

W In Ne B Ag O Es

winner

W I N N Er

W In N Er

winnew

W I N Ne W

W In Ne W

winninish

W I N N I N I S H

W In N I N I S H

W I N Ni N I S H

W In Ni N I S H

W I N N In I S H

W In N In I S H

W I N N I Ni S H

W In N I Ni S H

W I N Ni Ni S H

W In Ni Ni S H

winnow

W I N N O W

W In N O W

W I N No W

W In No W

winnower

W I N N O W Er

W In N O W Er

W I N No W Er

W In No W Er

winy

W I N Y

W In Y

wiper

W I P Er

wirche

W Ir C He

wire

W I Re

wiriness

W Ir I Ne S S

W Ir I N Es S

W Ir In Es S

wiry

W Ir Y

wis

W I S

wise

W I Se

wiseacre

W I Se Ac Re

wiseness

W I Se Ne S S

W I Se N Es S

wish

W I S H

wishbone

W I S H B O Ne

wisher

W I S H Er

wisp

W I S P

wisse

W I S Se

wistly

W I S Tl Y

witch

W I Tc H

witcheries

W I Tc H Er I Es

witchery

W I Tc H Er Y

witchuck

W I Tc H U C K

wite

W I Te

witen

W I Te N

witenagemote

W I Te Na Ge Mo Te

with

W I Th

withal

W I Th Al

withamite

W I Th Am I Te

wither

W I Th Er

witherband

W I Th Er Ba Nd

witherite

W I Th Er I Te

withernam

W I Th Er N Am

withers

W I Th Er S

withies

W I Th I Es

within

W I Th I N

W I Th In

withouten

W I Th O U Te N

withstand

W I Th S Ta Nd

withstander

W I Th S Ta Nd Er

withvine

W I Th V I Ne

withwind

W I Th W I Nd

withwine

W I Th W I Ne

withy

W I Th Y

witless

W I Tl Es S

wiver

W I V Er

wivern

W I V Er N

wives

W I V Es

wo

W O

wolverine

W O Lv Er I Ne

wolves
W O Lv Es

wolvish
W O Lv I S H

won
W O N

wonder
W O Nd Er

wonderer
W O Nd Er Er

wonderland
W O Nd Er La Nd

wonderous
W O Nd Er O U S

wonders
W O Nd Er S

wone
W O Ne

wontless
W O N Tl Es S

woo
W O O

woodbind
W O O Db I Nd

woodbine
W O O Db I Ne

woodsy
W O O Ds Y

woody
W O O Dy

wooer
W O O Er

woof
W O O F

woofy
W O O F Y

woohoo
W O O H O O
W O O Ho O

wook
W O O K

woon
W O O N

woorali
W O O Ra Li

woosy
W O O S Y
W O Os Y

wore
W O Re

worn
W O Rn

woteth
W O Te Th

wound
W O U Nd

wounder
W O U Nd Er

woundy
W O U Nd Y
W O U N Dy

wourali
W O U Ra Li

wowf
W O W F

woxen
W O Xe N

wrack
W Ra C K

wraith
W Ra I Th

wrannock
W Ra N N O C K
W Ra N No C K

wranny
W Ra N N Y

wrap
W Ra P

wrappage
W Ra P Pa Ge

wrapper
W Ra P P Er

wraprascal
W Ra P Ra S C Al
W Ra Pr As C Al
W Ra P Ra Sc Al

wrapt
W Ra Pt

wrasse
W Ra S Se

wrath
W Ra Th

wrathy
W Ra Th Y

wraw
W Ra W

wrawness
W Ra W Ne S S
W Ra W N Es S

wray
W Ra Y

wreath
W Re At H

wreathe
W Re At He

wreathen
W Re At He N

wreaths
W Re At H S
W Re At Hs

wreathy
W Re At H Y

wrecche
W Re C C He

wreche
W Re C He

wreck
W Re C K

wrecker
W Re C K Er

wreckfish
W Re C K F I S H

wren
W Re N

wrench
W Re N C H

wrestler
W Re S Tl Er

wretch
W Re Tc H

wrey
W Re Y

wuste
W U S Te

wycliffite
W Y Cl I F F I Te
W Y C Li F F I Te

wyclifite
W Y Cl I F I Te
W Y C Li F I Te

wyes
W Y Es

wyla
W Y La

wynd
W Y Nd

wys
W Y S

wyten
W Y Te N

wynn
W Y N N

wyte
W Y Te

wyvern
W Y V Er N

X

xebec

Xe Be C

xenogenesis

Xe N O Ge Ne S I S

Xe No Ge Ne S I S

Xe N O Ge N Es I S

Xe No Ge N Es I S

Xe N O Ge Ne Si S

Xe No Ge Ne Si S

xenogenetic

Xe N O Ge Ne Ti C

Xe No Ge Ne Ti C

xenylic

Xe N Y Li C

xeres

Xe Re S

Y

y
Y

yacca
Y Ac Ca

yager
Y Ag Er

yaguarundi
Y Ag U Ar U Nd I

yam
Y Am

yamp
Y Am P

yardstick
Y Ar Ds Ti C K

yark
Y Ar K

yarn
Y Ar N

yarnen
Y Ar Ne N

yarwhip
Y Ar W H I P

yaup
Y Au P

yauper
Y Au P Er

yaupon
Y Au P O N
Y Au Po N

ybe
Y Be

yer
Y Er

yerba
Y Er Ba

yerk
Y Er K

yern
Y Er N

yerne
Y Er Ne

yes
Y Es

yestern
Y Es Te Rn

yesternoon
Y Es Te Rn O O N

yfere
Y Fe Re

yin
Y I N
Y In

yis
Y I S

yite
Y I Te

yliche
Y Li C He

ynambu
Y N Am B U

ynow
Y N O W
Y No W

yoga
Y O Ga

yoicks
Y O I C K S

yon
Y O N

yoncopin
Y O N C O P I N
Y O N Co P I N
Y O N C O P In
Y O N Co P In

yond
Y O Nd

yonder
Y O Nd Er

yoni
Y O N I
Y O Ni

yonker
Y O N K Er

yore
Y O Re

yote
Y O Te

you
Y O U

younker
Y O U N K Er

youpon

Y O U P O N

Y O U Po N

youth

Y O U Th

youths

Y O U Th S

youthy

Y O U Th Y

yow

Y O W

ypocras

Y P O C Ra S

Y Po C Ra S

Y P O Cr As

Y Po Cr As

ypreslace

Y P Re S La Ce

Y Pr Es La Ce

yren

Y Re N

yu

Y U

yucca

Y U C Ca

yuck

Y U C K

yuga

Y U Ga

yulan

Y U La N

yupon

Y U P O N

Y U Po N

ywar

Y W Ar

ywis

Y W I S

Z

{Since no words begin with Zn or Zr, there are no "Z" elements}

The Periodic Table

	1	2	3	4	5	6	7	8	9	10	11	12	13	14	15	16	17	18
1	1 H																	2 He
2	3 Li	4 Be											5 B	6 C	7 N	8 O	9 F	10 Ne
3	11 Na	12 Mg											13 Al	14 Si	15 P	16 S	17 Cl	18 Ar
4	19 K	20 Ca	21 Sc	22 Ti	23 V	24 Cr	25 Mn	26 Fe	27 Co	28 Ni	29 Cu	30 Zn	31 Ga	32 Ge	33 As	34 Se	35 Br	36 Kr
5	37 Rb	38 Sr	39 Y	40 Zr	41 Nb	42 Mo	43 Tc	44 Ru	45 Rh	46 Pd	47 Ag	48 Cd	49 In	50 Sn	51 Sb	52 Te	53 I	54 Xe
6	55 Cs	56 Ba		72 Hf	73 Ta	74 W	75 Re	76 Os	77 Ir	78 Pt	79 Au	80 Hg	81 Tl	82 Pb	83 Bi	84 Po	85 At	86 Rn
7	87 Fr	88 Ra		104 Rf	105 Db	106 Sg	107 Bh	108 Hs	109 Mt	110 Ds	111 Rg	112 Cn	113 Uut	114 Fl	115 Uup	116 Lv	117 Uus	118 Uuo
				57 La	58 Ce	59 Pr	60 Nd	61 Pm	62 Sm	63 Eu	64 Gd	65 Tb	66 Dy	67 Ho	68 Er	69 Tm	70 Yb	71 Lu
				89 Ac	90 Th	91 Pa	92 U	93 Np	94 Pu	95 Am	96 Cm	97 Bk	98 Cf	99 Es	100 Fm	101 Md	102 No	103 Lr

Source: Composite of Several Wikimedia Commons Images

About the Author

Dev Gualtieri received his PhD in 1974 and had a thirty-five year research career in physics and materials science.

He is listed as an inventor on thirty-five US patents, and on numerous international patents. His eclectic research interests included superconductivity, chemical thermodynamics, magnetism, electronics and computer science. At one time, he was an internationally recognized expert in crystal growth.

Dr. Gualtieri is now retired, and he resides in Northern New Jersey with his wife, Anne. They have a son and daughter who reside with their spouses in Pennsylvania.

Printed in Dunstable, United Kingdom

91222387R00194